T0254418

Mathematik und Gesellschaft

Gregor Nickel · Markus Helmerich ·
Ralf Krömer · Katja Lengnink ·
Martin Rathgeb
(Hrsg.)

Mathematik und Gesellschaft

Historische, philosophische und
didaktische Perspektiven

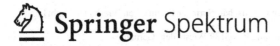 Springer Spektrum

Herausgeber

Gregor Nickel
Department Mathematik
Universität Siegen
Siegen, Deutschland

Markus Helmerich
Department Mathematik
Universität Siegen
Siegen, Deutschland

Ralf Krömer
Arbeitsgruppe Didaktik und Geschichte der
Mathematik
Bergische Universität Wuppertal
Wuppertal, Deutschland

Katja Lengnink
Institut für Didaktik der Mathematik
Justus-Liebig-Universität Gießen
Gießen, Deutschland

Martin Rathgeb
Institut für Mathematikdidaktik
Universität zu Köln
Köln, Deutschland

ISBN 978-3-658-16122-4   ISBN 978-3-658-16123-1 (eBook)
https://doi.org/10.1007/978-3-658-16123-1

Die Deutsche Nationalbibliothek verzeichnet diese Publikation in der Deutschen Nationalbibliografie; detaillierte bibliografische Daten sind im Internet über http://dnb.d-nb.de abrufbar.

Springer Spektrum
© Springer Fachmedien Wiesbaden GmbH, ein Teil von Springer Nature 2018
Das Werk einschließlich aller seiner Teile ist urheberrechtlich geschützt. Jede Verwertung, die nicht ausdrücklich vom Urheberrechtsgesetz zugelassen ist, bedarf der vorherigen Zustimmung des Verlags. Das gilt insbesondere für Vervielfältigungen, Bearbeitungen, Übersetzungen, Mikroverfilmungen und die Einspeicherung und Verarbeitung in elektronischen Systemen.
Die Wiedergabe von Gebrauchsnamen, Handelsnamen, Warenbezeichnungen usw. in diesem Werk berechtigt auch ohne besondere Kennzeichnung nicht zu der Annahme, dass solche Namen im Sinne der Warenzeichen- und Markenschutz-Gesetzgebung als frei zu betrachten wären und daher von jedermann benutzt werden dürften. Der Verlag, die Autoren und die Herausgeber gehen davon aus, dass die Angaben und Informationen in diesem Werk zum Zeitpunkt der Veröffentlichung vollständig und korrekt sind. Weder der Verlag noch die Autoren oder die Herausgeber übernehmen, ausdrücklich oder implizit, Gewähr für den Inhalt des Werkes, etwaige Fehler oder Äußerungen. Der Verlag bleibt im Hinblick auf geografische Zuordnungen und Gebietsbezeichnungen in veröffentlichten Karten und Institutionsadressen neutral.

Verantwortlich im Verlag: Ulrike Schmickler-Hirzebruch

Gedruckt auf säurefreiem und chlorfrei gebleichtem Papier

Springer Spektrum ist ein Imprint der eingetragenen Gesellschaft Springer Fachmedien Wiesbaden GmbH und ist ein Teil von Springer Nature.
Die Anschrift der Gesellschaft ist: Abraham-Lincoln-Str. 46, 65189 Wiesbaden, Germany

In Memoriam

Rudolf Wille

(1937–2017)

Vorwort

In modernen Gesellschaften spielt Mathematik eine zentrale Rolle, deren Bedeutung derzeit in extremer Weise zunimmt. Sie spielt diese Rolle nicht nur als Theoriesprache für Naturwissenschaft und Technik, sondern gerade auch in Form von mathematisch kodifizierten sozialen Regeln — etwa im Bereich der Ökonomie, bei den sozialen Sicherungssystemen oder demokratischen Wahlverfahren. Diese im Grundsatz unstrittige Situation wird allerdings kaum systematisch und kritisch reflektiert: seitens der wissenschaftlichen Mathematik und ihrer Anwendungsdisziplinen wird ein solcher Reflexionsbedarf entweder kaum wahrgenommen oder als außerhalb der eigenen Zuständigkeit empfunden, seitens der Gesellschaftswissenschaften, aber auch seitens der Philosophie fehlt häufig ein Verständnis für grundlegende Zusammenhänge und Argumentationsweisen der Mathematik. Diese empfindliche Lücke zu bearbeiten, ist die Intention des vorliegenden Bandes, der in seiner Struktur wesentlich multidisziplinär angelegt ist. Aus philosophischer, mathematik-didaktischer und -historischer Perspektive werden dabei u.a. die folgenden Fragen diskutiert:

1. Inwiefern — auf welche Weise, in welchem Ausmaß, mit welchen Folgen, mit welchem Recht — ist Mathematik prägend für die moderne Gesellschaft? Indirekt, insofern eine mathematisch kodifizierte Theorie essentiell für jede avancierte Technik ist, aber auch direkt, wenn zentrale Regeln der Gesellschaft mathematisch kodifiziert werden? Wie kann diese zunehmende Mathematisierung der Gesellschaft deskriptiv erfasst und normativ bewertet werden? Stehen insbesondere die Autonomie des Einzelnen und des Kollektivs in Konkurrenz zu „durchgerechneten" (bzw. von Algorithmen ermittelten) und damit unter Umständen „alternativlosen" Entscheidungen?

2. Welchen Einfluss haben mathematische Beschreibungen und mathematische Rationalitätskonzepte auf unser (soziokulturelles) Selbstverständnis und den einzelnen Menschen? Inwiefern und mit welchem Recht wirkt eine auf Mathematik basierende Beschreibung und Analyse gesellschaftlicher Phänomene (Sozial-Statistik, empirische Bildungsforschung etc.) auf die gesellschaftlichen Verhältnisse zurück? Auf welchen Annahmen basiert eigentlich die Mathematisierung gesellschaftlicher Phänomene?

3. Welche Ansprüche an mathematische Bildung ergeben sich aus dem Verhältnis von Mathematik und Gesellschaft? Welche (individuellen) Sichtweisen auf die Rolle von Mathematik in unserer Gesellschaft sind hilfreich und wie könnten sie im Mathematikunterricht gefördert werden? Welchen Einfluss haben Schule und Mathematikunterricht auf die gesellschaftliche Rolle von Mathematik?

4. Wie hat sich das Verhältnis von Mathematik und Gesellschaft entwickelt? Ergeben sich aus der historischen Betrachtung Hinweise, was die aktuelle Situation ausmacht? Wie kam der Mathematikunterricht historisch zu seiner Funktion und Stellung?

In diesem Band geht es darum, eine solche Komposition der Perspektiven zu erproben. Dies hatten wir angestoßen mit der 13. Tagung zur Allgemeinen Mathematik: **Mathe-**

matik und Gesellschaft – Philosophische, historische und didaktische Perspektiven, die vom 18. bis 20. Juni 2015 unter internationaler Beteiligung von ca. 40 Personen vornehmlich aus Mathematikphilosophie, -geschichte und -didaktik, aber auch aus der Schulpraxis, im Schloss Rauischholzhausen, dem Tagungszentrum der Universität Gießen, stattfand. Um in der Diskussion von vornherein eine Verschränkung der Disziplinen anzuregen, fand die Tagung in dem folgenden Format statt: Sechs eingeladene Vortragende entfalteten das Thema aus jeweils einer der drei Perspektiven (Philosophie, Geschichte, Didaktik). Auf jeden dieser Hauptvorträge folgten zwei vorbereitete Reaktionen, die jeweils eine der beiden anderen Perspektiven einbrachten. Es folgte jeweils eine intensive, gemeinsame Diskussion. Zwei weitere Vorträge waren einer 'Außensicht' auf das Verhältnis von Mathematik und Gesellschaft gewidmet, einerseits aus fach-mathematischer, andererseits aus soziologischer Perspektive. Einige weitere Teilnehmer hatten die Möglichkeit einen eigenen Kurzbeitrag einzubringen. Bewusst wurden im Tagungsverlauf Zeiten für eine Intensivierung der Diskussion (Abendgespräche) eingeplant. Der nun vorliegende Tagungsband spiegelt in seiner Struktur die Konzeption der Tagung wider. Seine drei Hauptteile repräsentieren die beteiligten Disziplinen, wobei die vorbereiteten Reaktionen als disziplinärer Kontrapunkt direkt auf die jeweiligen Beiträge folgen.

Die Tagung und damit auch dieser Band **Mathematik und Gesellschaft** stehen in einer Tradition von Tagungen, die in Darmstadt unter der Frage nach einer ‚Allgemeinen Mathematik' als Mathematik für die Allgemeinheit 1995 begonnen wurde, und die seit 2009 in Siegen fortgeführt wird. Ziel ist jeweils, das Verhältnis von Mensch und Mathematik in den Blick zu nehmen. Dabei wird ein interdisziplinärer Diskurs über Fragen nach Sinn und Bedeutung von Mathematik sowie nach ihren Zielen, Zwecken und Geltungsansprüchen für die Gesellschaft erörtert. Im Rahmen dieser Tagungsreihe sind mittlerweile fünf Bücher erschienen, die sowohl didaktische als auch philosophische und historische Perspektiven umfassen: *Mathematik und Mensch* (2001), *Mathematik und Kommunikation* (2002), *Mathematik präsentieren, reflektieren, beurteilen* (2005)[1], *Mathematik Verstehen. Philosophische und didaktische Perspektiven* (2011) und *Mathematik im Prozess. Philosophische, historische und didaktische Perspektiven (2013)*[2]. Wir freuen uns, hiermit ein sechstes Buch in dieser Folge vorlegen zu können.

Unser herzlicher Dank gilt Karl Heinrich Hofmann (Darmstadt) für das Tagungs-Plakat und die Abdruckerlaubnis in diesem Band, Daniel Koenig (Siegen) für die unschätzbare Unterstützung in der redaktionellen Arbeit sowie Ulrike Schmickler-Hirzebruch und Barbara Gerlach (Wiesbaden) für die stets angenehme Betreuung seitens des Verlages Springer Spektrum. Schließlich gilt unser Dank auch allen Vortragenden der Tagung und den Autoren dieses Bandes für das produktive gemeinsame Nachdenken.

Gießen, Köln, Siegen und Wuppertal, im Dezember 2017

Gregor Nickel, Martin Rathgeb, Markus Helmerich, Ralf Krömer, Katja Lengnink

---

[1] Verlag Allgemeine Wissenschaft, Mühltal.
[2] Vieweg+Teubner Verlag bzw. Springer Spektrum, Wiesbaden.

MATHEMATIK und GESELLSCHAFT

historische, philosophische & didaktische Perspektiven

13. TAGUNG ALLGEMEINE MATHEMATIK
SCHLOSS RAUISCH HOLZHAUSEN 18-20.6.
2015

VERANSTALTER:

RALF KRÖMER, U. WUPPERTAL

KATJA LENGNINK, U. GIESSEN

MARKUS HELMERICH, GREGOR NICKEL,

MARTIN RATHGEB, U. SIEGEN

Inhalt

II Mathematik und Gesellschaft aus historischer Perspektive

III Mathematik und Gesellschaft aus didaktischer Perspektive

Rudolf Wille – Begründer der Allgemeinen Mathematik

Markus Helmerich, Katja Lengnink

Rudolf Wille (1937-2017) hatte zunächst Schulmusik mit dem Nebenfach Mathematik für das Lehramt studiert, dann jedoch eine universitäre Laufbahn in der Mathematik eingeschlagen. Von 1970 bis zu seiner Emeritierung im Jahr 2003 lehrte und forschte er als Mathematik-Professor an der Technischen Universität Darmstadt – mathematisch im Bereich der Algebra, der Ordnungs- und Verbandstheorie. Eine Vielzahl seiner Arbeiten reicht über die Fachmathematik hinaus in die Philosophie und Didaktik der Mathematik.

Rudolf Willes Arbeit war geprägt durch den Anspruch eine „Allgemeine Mathematik" zu entwerfen, eine „Mathematik für die Allgemeinheit". Angeregt durch das Buch „Magier oder Magister. Über die Einheit der Wissenschaften im Verständigungsprozess" (von Hentig 1974) diskutierte die von Rudolf Wille gegründete „Arbeitsgruppe Mathematisierung" an der Technischen Hochschule Darmstadt die Umsetzbarkeit der von Hentigschen Forderung nach „guter Disziplinarität":

> „(...) dann müssen die einzelnen Wissenschaften in erster Linie ihre Disziplinarität überprüfen, und das heißt, ihre unbewußten Zwecke aufdecken, ihre bewußten Zwecke deklarieren, ihre Mittel danach auswählen und ausrichten und ihre Berechtigung, ihre Ansprüche, ihre möglichen Folgen öffentlich und verständlich darlegen und dazu ihren Erkenntnisweg und ihre Ergebnisse über die Gemeinsprache (und die von mir sogenannte „Anschauung") zugänglich machen." (von Hentig 1974, S. 136f)

Wissenschaft kann sich diesem Verständnis nach nicht darauf zurückziehen, neue Erkenntnisse zu gewinnen und diese einer Fachwelt zugänglich zu machen. Vielmehr wird Wissenschaft in die gesellschaftliche Pflicht genommen, ihre Relevanz, ihren Nutzen und ihre Grenzen mit zu kommunizieren und diese der Allgemeinheit verständlich zugänglich zu machen. Angesichts der zunehmenden Abwertung von Wissenschaft im Zeitalter von Fake News erscheint diese Forderung nahezu programmatisch aktuell.

Bereits Ende der 70er bis Anfang der 80er Jahre entstanden erste Arbeiten, die nicht viel an Aktualität verloren haben, die jedoch auch zeigen, wie mühsam und widerständig der eingeschlagene Weg auch innerhalb der eigenen Fachdisziplin Mathematik war und heute noch ist. Das in den 80er Jahren formulierte Programm einer „Allgemeinen Wissenschaft" verstand Rudolf Wille nämlich nicht als eigenes Wissenschaftsgebiet,

© Springer Fachmedien Wiesbaden GmbH, ein Teil von Springer Nature 2018
G. Nickel et al. (Hrsg.), *Mathematik und Gesellschaft*, https://doi.org/10.1007/978-3-658-16123-1_1

sondern als Teil jeder fachwissenschaftlichen Disziplin. Eine Allgemeine Wissenschaft ist für ihn charakterisiert durch

- „die Einstellung, die Disziplin für die Allgemeinheit zu öffnen, sie prinzipiell lernbar und kritisierbar zu machen,
- die Darstellung disziplinärer Entwicklungen in ihren Sinngebungen, Bedeutungen und Bedingungen,
- die Vermittlung der Disziplin in ihrem lebensweltlichen Zusammenhang über die Fachgrenzen hinaus,
- die Auseinandersetzung über Ziele, Verfahren, Wertvorstellungen und Geltungsansprüche der Disziplin." (Wille 2005)

Der darin formulierte Anspruch an die Wissenschaftler, die Beziehungen ihrer Disziplin zum Menschen und zur Allgemeinheit selbst mit zu bedenken, ist nicht nur in Darmstadt durchaus konfliktträchtig gewesen, wurde von Wille aber mit nachhaltiger Geduld beworben.

In seinem eigenen Wirkkreis der Mathematik und spezieller der Algebra hat Rudolf Wille in seiner Arbeitsgruppe dieses Programm der Allgemeinen Wissenschaft konsequent in die Entwicklung einer „Allgemeinen Mathematik" umgesetzt. Mit der Restrukturierung der Verbandstheorie konnte über eine mathematische Modellierung der philosophischen Begriffslehre die Methode der Formalen Begriffsanalyse entwickelt werden, die heute eine etablierte Methode zur qualitativen Datenanalyse darstellt. (Ganter und Wille 1996)

Die Kommunikation der Allgemeinen Mathematik mit der Allgemeinheit hat Wille in zwei Richtungen unternommen. Zum einen hat er Vorschläge für schulisches Mathematiklernen und mathematische Bildung formuliert und auch an der TU Darmstadt Seminare und Examensarbeiten in dieser Richtung betreut. Zum anderen hat er 1995 an der TU Darmstadt die Tagungsreihe „Allgemeine Mathematik - Mathematik für die Allgemeinheit" initiiert, in der er gemeinsam mit Roland Fischer (Klagenfurt/Wien), Knut Radbruch (Kaiserslautern) und Hans Werner Heymann (Siegen) sowohl allgemeinmathematischen wie auch philosophischen und didaktischen Themen nachgegangen ist. In diesen Tagungen stand fortwährend das Bemühen um den Austausch und die Verständigung mit anderen Wissenschaften im Vordergrund. In dieser Tradition ist der vorliegende Band entstanden:

1995	Allgemeine Mathematik: Mathematik für die Allgemeinheit
1996	Allgemeine Mathematik: Ordnen, Strukturieren, Mathematisieren
1997	Allgemeine Mathematik: Mathematik und Bildung
1998	Allgemeine Mathematik: Mathematik und Lebenswelt
1999	Allgemeine Mathematik: Mathematik und Realität
2000	Allgemeine Mathematik: Mathematik und Mensch
2001	Allgemeine Mathematik: Mathematik und Kommunikation
2002	Allgemeine Mathematik: Mathematik und ihr Bild in der Gesellschaft
2004	Allgemeine Mathematik: Mathematik präsentieren, reflektieren, beurteilen

2005 Allgemeine Mathematik: Sinn und Bedeutung von Mathematik
2009 Allgemeine Mathematik: Mathematik verstehen: Philosophische und didaktische Aspekte
2012 Allgemeine Mathematik: Mathematik im Prozess: Philosophische, historische und didaktische Perspektiven
2015 Allgemeine Mathematik: Mathematik und Gesellschaft: Philosophische, historische und didaktische Perspektiven

Angesichts der großen Bedeutung der Mathematik für die heutige von Technik, Daten, Algorithmen und Modellen geprägten Lebenswelt, erscheint es umso dringlicher, Rudolf Willes Programm fortleben zu lassen und uns für die Verständigung der Wissenschaften einzusetzen.

Literaturverzeichnis

Ganter, B., und R. Wille. 1996. *Formale Begriffsanalyse: Mathematische Grundlagen*. Springer-Verlag.

von Hentig, H. 1974. *Magier oder Magister? über die Einheit der Wissenschaft im Verständigungsprozeß*. Suhrkamp Verlag.

Wille, R. 2005. Allgemeine Wissenschaft und transdisziplinäre Methodologie. *Technikfolgenabschätzung – Theorie und Praxis. Zeitschrift des ITAS zur Technikfolgenabschätzung* 14 (2): 57–62.

Teil I
Mathematik und Gesellschaft aus
philosophischer Perspektive

1 „Wesen der Wirklichkeit" oder „Mathematikwahn"?

CLAUS PETER ORTLIEB

SPIEGEL: Herr Professor, wenn ihnen eine gut Fee verspräche, eine beliebige Frage über die Natur unserer Welt zu beantworten, was würden sie fragen?

Tegmark: Lassen Sie mich nachdenken. Hm, wahrscheinlich würde ich sie fragen: Welcher Satz von Formeln liefert eine exakte Beschreibung unserer Welt?

SPIEGEL: Und Sie sind überzeugt, dass es solche Weltformeln gibt?

Tegmark: Ich vermute es. Aber wenn die Fee mit dem Kopf schütteln und sagen würde: „Sorry, solche Formeln gibt es nicht", dann wäre auch das sehr spannend zu wissen.

SPIEGEL vom 4.4.2015, S. 113

In diesem Aufsatz möchte ich die Position der bösen Fee einnehmen und begründen, warum Tegmarks Frage unsinnig ist, um nicht zu sagen: verrückt. Max Tegmark, Physiker am MIT, ist Autor eines gerade ins Deutsche übersetzten Buches (Tegmark 2015), in dem er die These vertritt, das „Wesen der Wirklichkeit" sei mathematischer Art und das Universum reine Mathematik, eine mathematische Struktur, in der wir Menschen zwar leben, deren physikalische Realität aber völlig unabhängig von uns ist. Immerhin ist ihm zugute zu halten, dass er die Möglichkeit einräumt, die Frage nach der Weltformel lasse sich nicht beantworten. Es gibt noch härtere Dogmatiker, Leute, die sich für besonders aufgeklärt halten, religiöse Vorstellungen als „Gotteswahn" (Richard Dawkins) abqualifizieren und ihrerseits dem Glauben anhängen, die Wirklichkeit folge mathematischen Gesetzen. Aber gerade wenn man weiß, dass die religiösen Formen dem menschlichen Kopf entsprungen sind – dieser Auffassung bin ich ebenfalls –, sollte es einem doch zu denken geben, dass das für die Mathematik genauso gilt. Sie so ohne Weiteres in der Welt zu verorten, als deren von uns unabhängige Eigenschaft, ließe sich daher analog als „Mathematikwahn" bezeichnen.

Anders als die Mathematik ist die mathematische – und damit „exakte" – Naturwissenschaft und der mit ihr verbundene Zugang zur Welt eine Erfindung der Neuzeit. Wenn man über die Ursachen und Folgen der Mathematisierung der modernen Gesellschaft nachdenkt. für die es in der Vormoderne nichts Vergleichbares gegeben hat,

© Springer Fachmedien Wiesbaden GmbH, ein Teil von Springer Nature 2018
G. Nickel et al. (Hrsg.), *Mathematik und Gesellschaft*, https://doi.org/10.1007/978-3-658-16123-1_2

so sollte man daher diese Scharnierstelle zwischen Mathematik und Gesellschaft beachten. Über ihren ursprünglichen Gegenstandsbereich hinaus hat die mathematisch-
naturwissenschaftliche Methode inzwischen als Methode der „mathematischen Modellierung" in fast allen anderen Wissenschaftszweigen und in vielen nichtwissenschaftli-
chen Sektoren Fuß gefasst. Offenbar führt der Erfolg dieser Methode in Physik, Chemie
und neuerdings Biologie sowie den mit diesen Naturwissenschaften verbundenen technischen Fächern zu ihrer unreflektierten Adaption auch in solchen Bereichen, in denen
die Verwendung mathematischer Methoden doch zumindest auf Zweifel stoßen sollte,
weil sie bestimmte Voraussetzungen der „exakten" Wissenschaften nun einmal nicht
erfüllen.

So heißt es etwa in den Vorbemerkungen zu einem Standardlehrbuch der Volkswirtschaftslehre:

> „Die Volkswirtschaftslehre verbindet die Stärken von Politik- und Natur-
> wissenschaft. ... Durch die Anwendung naturwissenschaftlicher Metho-
> den auf politische Fragen sucht die Volkswirtschaftslehre bei den grund-
> legenden Herausforderungen voranzukommen, denen alle Gesellschaften
> gegenüberstehen."

(Mankiw und Taylor 2012, S. VIII)

Hier wird umstandslos vorausgesetzt, dass sich naturwissenschaftliche Methoden auf
politische Fragen anwenden lassen, auch wenn wahrlich nicht behauptet werden kann,
derartige Versuche seien von Erfolg gekrönt (vgl. Ortlieb 2004), worin sie sich von
ihren „exakten" Vorbildern nun einmal unterscheiden. Aber auch dort, wo die Idee
nicht besonders erfolgreich ist, die Verwendung mathematischer Verfahren zu einem
Ausweis von „Wissenschaftlichkeit" zu machen, trägt sie doch dazu bei, die Bedeutung
der Mathematik für die moderne Gesellschaft noch weiter zu erhöhen, gewissermaßen
über das gebotene Maß hinaus.

Die hier vertretene These lautet also, dass die Mathematik ihre Bedeutung in unserer
Gesellschaft zum einen dem unbestreitbaren Erfolg der mathematischen Naturwissenschaften verdankt, zum anderen aber auch einem falschen Verständnis dieses Erfolges,
wie es etwa in der Frage nach der Weltformel zum Ausdruck kommt, dem Glauben, die
Wirklichkeit folge mathematischen Gesetzen. Ich möchte zunächst deutlich machen,
warum dieser Glauben unbegründet ist, mich dann an Erklärungsversuche wagen, woher er kommt, und schließlich andeuten, welche schädlichen Folgen er hat.

1.1 Mathematik als positivistische Magie

Die Blindheit mathematisch-naturwissenschaftlichen Denkens für die eigene Form
springt geradezu regelhaft immer dann ins Auge, wenn Naturwissenschaftler anfangen, über das Verhältnis der eigenen Wissenschaft und ihres mathematischen Instrumentariums zur wirklichen Welt öffentlich nachzudenken:

> „Echte Wissenschaft hingegen bleibt wirkliche Magie. Es ist faszinierend zu
> sehen, wie viele physikalische Phänomene sich mit unheimlicher Genauig-
> keit an Theorien und Formeln halten, was nichts mit unseren Wünschen
> oder kreativen Impulsen, sondern mit der reinen Wirklichkeit zu tun hat.
> Es macht einen völlig sprachlos, wenn es sich herausstellt, daß Phänomene,
> die zunächst nur theoretisch begründet und mit Formeln errechnet worden
> sind, sich in der Folge als Realität erweisen. Warum sollte die Wirklichkeit
> so sein? Es ist reine Magie!"
>
> Dewdney 1998, S. 30

Warum passt die Mathematik, die doch unseren eigenen Köpfen entspringt, so gut auf
die Natur, die damit doch eigentlich gar nichts zu tun hat? Bei den im Rahmen positiver Wissenschaft praktisch Tätigen löst diese Frage, wie hier bei dem Mathematiker
Dewdney[3], regelmäßig ehrfürchtiges Staunen aus, je nach Standort entweder über die
Mathematik, die so Großes zu leisten vermöge, oder über die Natur, die so rational
eingerichtet sei. Der einzige Ausweg aus dieser Aporie scheint in der Zuflucht zu magischen Vorstellungen zu bestehen. Wenn allerdings auch professionelle Wissenschafts-
theoretiker über diesen Stand nicht hinauskommen, ziehen sie zu Recht den Spott auf
sich:

> „Carnap, einer der radikalsten Positivisten, hat es einmal als Glücksfall be-
> zeichnet, daß die Gesetze der Logik und reinen Mathematik auf die Realität
> zutreffen. Ein Denken, das sein ganzes Pathos an seiner Aufgeklärtheit hat,
> zitiert an zentraler Stelle einen irrationalen – mythischen – Begriff wie den
> des Glücksfalls, nur um die freilich an der positivistischen Position rütteln-
> de Einsicht zu vermeiden, daß der vermeintliche Glücksumstand keiner ist,
> sondern Produkt des naturbeherrschenden ... Ideals von Objektivität. Die
> von Carnap aufatmend registrierte Rationalität der Wirklichkeit ist nichts
> als die Rückspiegelung subjektiver ratio."
>
> Adorno 1969, S. 30

Von Adornos Kritik sind alle dem Positivismus zugehörenden Vorstellungen erfasst, bei
der mathematischen Gesetzmäßigkeit handele es sich um eine Eigenschaft der äußeren
Wirklichkeit, und Wissenschaft bestehe schlicht und einfach darin, die Tatsachen und
diese Gesetzmäßigkeit der Dinge selbst zu erfassen, so das positivistische Programm
laut Comte 1844, S.17.

Demgegenüber besteht Adorno auf der Feststellung – der ich hier folgen und die ich
genauer ausführen werde –, dass die Mathematik und ihre Gesetze keine Eigenschaft
der äußeren Natur, sondern Bestandteil unseres Erkenntnisinstrumentariums sind. Um
es an einem Bild deutlich zu machen: Wenn ich die Welt durch eine rosa Brille betrachte, so erscheint mir die Welt als rosa. Aber das ist offenbar keine Eigenschaft der Welt,
sondern eine der Brille. Man könnte hinzufügen, dass die Welt rosa Komponenten haben muss, damit man durch die rosa Brille überhaupt etwas sehen kann. Aber niemand
würde behaupten, dass die Welt lediglich aus diesen Komponenten besteht, nur weil

---

[3] Alexander K. Dewdney ist ein kanadischer Mathematiker und war von 1984 bis 1991 verantwortlich für
die Kolumne „Mathematical Recreations" im „Scientific American".

alle anderen von der Brille ausgeblendet werden. Für die mathematische Brille, durch die die neuzeitliche Wissenschaft die Welt betrachtet, gilt das entsprechend.

1.2   Ein Beispiel: Galileis Fallgesetze

Die Gesetze des freien Falls schwerer Körper stehen am Beginn der neuzeitlichen Physik. Sie besagen:

G1 Alle Körper fallen gleich schnell.

G2 Bei einem Fall aus der Ruhelage verhalten sich die zurückgelegten Wege wie die Quadrate der Zeiten.

Mit diesen Gesetzen geriet Galileo Galilei (1564 - 1642) in Widerspruch zu der in seiner Zeit vorherrschenden aristotelischen Wissenschaft, deren Lehre besagte:

Ar Jeder Körper hat das Bestreben, den ihm zukommenden Platz einzunehmen. Leichte Körper bewegen sich nach oben, schwere fallen nach unten. Je schwerer der Körper, desto schneller fällt er.

Tatsächlich handelt es sich hier um einen der seltenen Fälle, in denen sich die neuzeitliche Physik direkt mit mittelalterlichen Vorstellungen konfrontieren lässt, denn in der Regel behandelt sie Fragen, die sich Menschen in anderen oder früheren Gesellschaften gar nicht stellten. Umso interessanter ist, wie sich Galileis Fallgesetze durchsetzten.

Ein fester Bestandteil des Bildes, das die Moderne im Allgemeinen und die westliche Wissenschaft im Besonderen von sich selber hat, ist die Vorstellung, sie orientiere sich an Tatsachen, während vergangene Kulturen doch eher ihren Mythen und anderen Hirngespinsten gefolgt und daher folgerichtig und völlig zu Recht inzwischen vergangen seien. Als ein Paradigma dafür dient bis heute Galileis Auseinandersetzung mit der Autorität der aristotelischen Wissenschaft und der katholischen Kirche, obwohl doch die auf Galilei und Newton zurückgehende Mechanik ihren allgemeinen Geltungsanspruch schon längst hat aufgeben müssen. Noch Bertolt Brechts um 1945 entstandenes Theaterstück „Leben des Galilei" lebt von dem aufklärerischen Pathos dieses Kampfes des die Tatsachen aufdeckenden „kalten Auges der Wissenschaft" gegen den „tausendjährigen Perlmutterdunst von Aberglauben und alten Wörtern", durch den allein die Herrschaft „selbstsüchtiger Machthaber" weiterhin aufrecht erhalten werden kann. Die vor dem Hintergrund des Abwurfs der ersten Atombombe unumgängliche Kritik Brechts wird denn auch ausschließlich auf der moralischen Ebene vorgetragen, dass nämlich Galilei sich habe einschüchtern lassen und sein Wissen den Machthabern überliefert habe, „es zu gebrauchen, es nicht zu gebrauchen, es zu mißbrauchen, ganz, wie es ihren Zwecken diente". Jeder brave Naturwissenschaftler kann dem zu Recht entgegenhalten, dass Galileis Lehre trotz seines Widerrufs schließlich zum Allgemeingut geworden, die Wahrheit eben nicht aufzuhalten sei, auch wenn das der Menschheit wenig genützt zu haben scheint.

Die mit den Namen Galileis und Newtons verbundene und heute als „klassisch" bezeichnete Mechanik spielte von Beginn der Neuzeit bis ins 19. Jahrhundert hinein die Rolle

einer Leitwissenschaft. In gewisser Hinsicht ist sie es noch heute, auch wenn ihre Ergebnisse durch die „moderne" Physik des 20. Jahrhunderts ihren universellen Anspruch
verloren haben. Denn die an ihr entwickelte und mit durchschlagendem Erfolg angewandte mathematisch-naturwissenschaftliche Methode hat im letzten Jahrhundert an
Bedeutung weiter gewonnen und eine Vorbildfunktion für die westliche Wissenschaft
aller Fakultäten eingenommen, zumindest ihrer jeweiligen Mainstreams, so dass selbst
noch die Kritiker ihrer Übertragung etwa in die Sozialwissenschaften sich mit ihr auseinandersetzen müssen. So richtig deren Argument ist, dass eine Methode sich an ihren
Gegenstand anzupassen habe und „Gesellschaft" eben nicht dasselbe sei wie „Natur",
so sehr leiden derartige Diskussionen oft darunter, dass der positivistische Empirismus,
also die „Tatsachen-Fraktion", die Interpretations-Hegemonie darüber gewonnen hat,
was diese Methode eigentlich leiste und welcher Art die mit ihr zu erzielenden Ergebnisse seien. Die Behauptung, es handele sich dabei um objektive, für jedermann
überprüfbare Tatsachen, wird gar nicht mehr in Frage gestellt.

1.3   Der Mythos von Pisa

Ein Beispiel für dieses Phänomen ist die folgende Geschichte, die die Wissenschaftsgeschichtsschreibung über fast drei Jahrhunderte hinweg als gesichertes Wissen anzubieten hatte. Sie betrifft den freien Fall schwerer Körper, den ersten Teil des galileischen
Fallgesetzes, und figurierte als der „Schlag, von dem sich die aristotelische Wissenschaft
nie wieder erholte":

> „An dieser Stelle müssen wir auf die berühmten Experimente zum Fall der
> Körper zu sprechen kommen, sind diese doch aufs engste verknüpft mit
> dem schiefen Turm von Pisa, einem der kuriosesten Baudenkmäler Itali
> ens. Beinahe zweitausend Jahre zuvor hatte Aristoteles behauptet, daß im
> Falle zweier verschiedener Gewichte gleichen Materials, die aus gleicher
> Höhe fielen, das schwerere den Erdboden vor dem leichteren erreiche, und
> dies gemäß dem Verhältnis ihrer jeweiligen Schwere. Das Experiment ist
> gewiß nicht schwierig; nichtsdestoweniger war niemand auf die Idee ge
> kommen, einen derartigen Beweis zu führen, weshalb diese Behauptung
> kraft des Machtwortes des Aristoteles unter die Axiome der Wissenschaft
> von der Bewegung aufgenommen worden war. Galilei forderte nun unter
> Berufung auf die Sinneswahrnehmung die Autorität des Aristoteles her
> aus und behauptete, daß die Kugeln in gleicher Zeit fielen, abgesehen von
> einer unbedeutenden, auf dem unterschiedlichen Luftwiderstand beruhen
> den Differenz. Die Aristoteliker verspotteten diese Idee und verweigerten
> ihr das Gehör. Galilei aber ließ sich nicht einschüchtern und beschloß, sei
> ne Gegner dazu zu zwingen, gleich ihm der Tatsache ins Auge zu sehen.
> Daher bestieg er eines Morgens vor der versammelten Universität - Profes
> soren und Studenten - den schiefen Turm, zwei Kugeln mit sich führend,
> eine zehn- und eine einpfündige. Er legte sie auf den Rand des Turms und

ließ sie zugleich fallen. Und sie fielen gemeinsam und schlugen gemeinsam am Boden auf."

> J.J. Fahie. Galilei, His Life and Work, London 1903, S. 24 f., zitiert nach Koyré 1998, S. 124

Es ist wohl das Verdienst Alexandre Koyré s[4], fast 300 Jahre nach dem Tod Galileis der Geschichte von seinen Versuchen zum freien Fall am schiefen Turm von Pisa endgültig den Garaus gemacht zu haben, sodass heute kein Wissenschaftshistoriker, der ernst genommen werden will, sie noch erzählen kann. An der Geschichte ist eigentlich nur wahr, dass Galilei um das Jahr 1590 herum eine schlecht bezahlte und auf drei Jahre befristete Stelle als Professor für Mathematik an der Universität Pisa innehatte. Die Legende kam 60 Jahre nach dem beschriebenen Vorfall erstmals auf und wurde von späteren Wissenschaftshistorikern immer weiter ausgeschmückt. Was einem ohne weitere historische Kenntnis auffällt, ist ihre Inkonsistenz: Was hätte die aristotelischen Professoren, denen hier ihr Dogmatismus vorgehalten wird, wohl dazu veranlassen sollen, zusammen zu laufen, wenn einer ihrer unbedeutendsten Kollegen ein irrsinniges Experiment veranstaltet? Die Geschichte widerspricht allen Gebräuchen an Universitäten dieser Zeit und wohl auch noch heutiger Universitäten. Sie wurde von Galilei selbst nie erwähnt,[5] und schließlich: Die Experimente wären schief gegangen, bzw. sie wurden gemacht (1640, 1645, 1650), mit großen und kleinen Eisenkugeln, mit gleich großen Tonkugeln, eine massiv, die andere hohl, mit Kugeln aus verschiedenen Materialien, und sie sind (im Sinne der Legende) allesamt schief gegangen.[6]

Das eigentlich spannende an diesem modernen Märchen ist, dass es 300 Jahre lang zum allgemeinen Bildungsgut gehörte, gewissermaßen zum gesicherten Bestand unseres naturwissenschaftlichen Wissens. Wie alle Märchen transportiert auch dieses eine Botschaft, nämlich die von der neuzeitlichen Rationalität, die unvoreingenommen die Tatsachen sprechen lasse, während das finstere Mittelalter sich nur auf Autoritäten berufe und Lehrbuchwissen tradiere. Der spät geführte Nachweis, dass es sich hierbei um einen Mythos handelt, den Mythos des Empirismus, ändert nichts an dessen Wirksamkeit. 350 Jahre nach Galilei ist dieses Weltbild so selbstverständlich geworden, dass es keiner Begründung mehr bedarf. Und wie ein Blick in ein Standardlehrbuch der Experimentalphysik zeigt, ist auch das mit ihm verbundene Märchen zu schön, um einfach weggelassen zu werden, nur weil es ein Märchen ist:

> „Zunächst sei untersucht, ob die Fallbewegung von der Art des fallenden Körpers, z. B. von seiner Größe oder seinem Gewicht abhängig ist. Wir machen folgende Versuche: Zwei gleichgroße Kugeln aus Aluminium und Blei, die also sehr verschiedenes Gewicht haben, lassen wir gleichzeitig aus derselben Höhe zu Boden fallen. Wir stellen fest, daß sie zu gleicher Zeit zu Boden aufschlagen, wie bereits Galilei (1590) durch Fallversuche

---

[4] *Galileé et l'experience de Pise: À propos d'une legende*, Annales de l'Université de Paris 1937, Koyré 1998, S. 123 – 134.
[5] In einem Traktat Galileis aus demselben Jahr 1590 findet sich sogar der gegenteilige Hinweis: Wenn man Kugeln aus Holz und Blei von einem hohen Turm fallen lässt, bewegt sich das Blei weit voraus, s. Fölsing 1996, S. 85
[6] S. Koyré 1998, S. 129 – 132.

am schiefen Turm von Pisa festgestellt hat. Nehmen wir drei gleiche Kugeln aus demselben Stoff, so kommen diese natürlich zur gleichen Zeit am
Boden an. Verbinden wir nun zwei dieser Kugeln fest miteinander (etwa
durch einen hindurchgehenden Stift), und lassen wir diese Doppelkugel
mit der dritten Einzelkugel gleichzeitig fallen, so schlagen auch diese Körper von verschiedener Größe und verschiedenem Gewicht gleichzeitig am
Boden auf. Der hieraus zu ziehenden Folgerung, daß alle Körper, unabhängig von Gestalt, Art und Gewicht, gleich schnell fallen, scheint aber folgender Versuch zu widersprechen: Lassen wir eine Münze und ein gleich
großes Stück Papier fallen, so beobachten wir, daß die Münze wesentlich
früher unten ankommt, als das zur gleichen Zeit aus derselben Höhe fal-
lende Papierstückchen; letzteres flattert in unregelmäßiger Bewegung zu
Boden und benötigt zum Durchfallen eine größere Zeit. Der Gegensatz ist
indessen nur scheinbar. Bei diesem letzten Versuch macht sich nämlich der
Widerstand der Luft störend bemerkbar. Die beim Fall an dem Körper vor-
beiströmende Luft hemmt die Fallbewegung, und zwar umso stärker, je
größer die Angriffsfläche der Luft an dem betreffenden Körper ist. Ballen
wir das Papierstück zu einer kleinen Kugel zusammen, so fällt es ebenso
rasch wie die Münze. Der störende Einfluß des Luftwiderstandes auf den
freien Fall läßt sich noch durch einen von Newton angegebenen Versuch
anschaulich zeigen. Ein etwa 2 m langes, mehrere Zentimeter weites Glas-
rohr, das an beiden Enden zugeschmolzen ist, enthält eine Bleikugel, ein
Stück Kork und eine Flaumfeder. Befinden sich die drei Körper am Boden
der Röhre und dreht man diese rasch um 180°, so beobachtet man, wie
zuerst die Bleikugel, dann das Korkstück und schließlich die Flaumfeder
unten ankommen. Pumpt man aber die Luft aus der Röhre und wiederholt man den Versuch, so erkennt man, daß nunmehr die drei Körper im
gleichen Augenblick auf dem Boden des Rohres aufschlagen. Wir dürfen
also das Erfahrungsgesetz aussprechen: **Im luftleeren Raum fallen alle
Körper gleich schnell.**"

Bergmann-Schaefer 1974, S. 40

Wieso eigentlich nur im luftleeren Raum, in Pisa hat es doch schließlich auch funktioniert? Die Schlussfolgerung bleibt ebenso undurchsichtig wie die Begründung. Der
Grund liegt darin, dass hier Aussagen mit völlig verschiedenem methodischen Status
wild durcheinandergeworfen werden:

- Der Text enthält falsche und richtige Behauptungen über alltägliche Beobachtungen, wobei die richtigen gerade diejenigen sind, die zum galileischen Fallgesetz
  in Widerspruch stehen. Sie werden unter Hinweis auf den „störenden" Luftwiderstand einfach weginterpretiert.

- Es wird ein Gedankenexperiment durchgeführt (Kugel und Doppelkugel), aus
  welchem das Fallgesetz logisch zwingend, aber ohne Rückgriff auf irgendeine
  Beobachtung sich ergibt.

- Es wird schließlich ein Experiment beschrieben, das durchzuführen einen hohen technischen Aufwand erfordert (Leerpumpen der Röhre). Erst in der so hergestellten künstlichen Situation lässt sich das behauptete Gesetz auch beobachten.

Das Ganze dann als „Erfahrungsgesetz" zu bezeichnen, ist schon stark und setzt in der Tat die Verwirrung voraus, die zuvor erst gestiftet werden musste. Von dieser Verwirrung lebt der Empirismus.

Der Text ist ein Beispiel dafür, wie wenig die meisten Naturwissenschaftler von der Geschichte und Methode der Wissenschaft wissen, die sie selbst betreiben. Das war keineswegs immer so, sondern was sich hier konstatieren lässt, hat vielmehr den Charakter einer Verfallserscheinung. Galilei selbst jedenfalls war sich seines Vorgehens, anders als die meisten seiner Epigonen, durchaus bewusst. Es lohnt daher, zu den Quellen zurückzugehen.

Was brachte das galileische Fallgesetz in die Welt, wenn es denn die Erfahrung nicht sein konnte, weder die unmittelbare Beobachtung, denn die lehrt etwas anderes, noch ein Experiment im luftleeren Raum, das Galilei schon deswegen nicht durchführen konnte, weil ihm dazu die technischen Mittel fehlten? Die schlichte Antwort ist: Das Fallgesetz ergibt sich aus einem logischen Argument, einem mathematischen Beweis oder, wie man heute sagen würde, einem Gedankenexperiment. Das Argument war schon 1585 von dem Mathematiker Benedetti in Venedig veröffentlicht worden und ist auch in dem oben zitierten Text aus dem Physiklehrbuch enthalten, wenn auch dort seines methodischen Stellenwerts völlig beraubt.

1.4 Beweis des Ersten Fallgesetzes

Benedetti argumentierte: Zwei gleiche Körper fallen gleich schnell, das jedenfalls scheint unbestritten. Verbindet man sie nun durch einen leichten (im Idealfall masselosen) Stab, so ändert sich an ihrer Geschwindigkeit nichts, die dann aber einem Körper doppelter Masse zukommt (vgl. Abb. 1.1). Genauso lässt sich mit drei, sieben oder auch hunderttausend Körpern argumentieren, in jedem Fall ergibt sich dieselbe Geschwindigkeit für Körper beliebig verschiedener Masse.

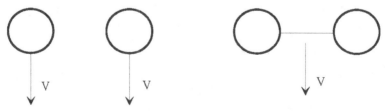

Abbildung 1.1. Benedettis Argument

Galilei 1638, S. 57/58 machte daraus einen Widerspruchsbeweis: Wäre das aristotelische Fallgesetz **Ar** richtig, so müsste ein schwererer Körper einem leichteren vorauseilen. Verbindet man nun beide mit einer Schnur, so müsste der schwerere Körper den leichteren hinter sich herziehen, der leichtere den schwereren aber abbremsen (vgl. Abb. 1.2). Es ergäbe sich eine kleinere Geschwindigkeit als die des ursprünglichen schwereren Körpers, allerdings für einen insgesamt noch schwereren, ein Widerspruch also.

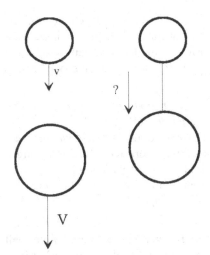

Beide Beweise des Ersten Fallgesetzes **G1** abstrahieren von der Gestalt der Körper, beziehen sich also nur auf ihre Masse.[7] Gezeigt wurde also: Hängt die Fallgeschwindigkeit von der Gestalt der Körper, ihrer Massenverteilung, nicht ab, so müssen alle Körper gleich schnell fallen. Dieses Ergebnis steht nun aber in offensichtlichem Widerspruch zur Empirie, die Körper fallen schließlich nicht gleich schnell. Würden nun Logik und Empirie gleichermaßen berücksichtigt, so wäre daraus der Schluss zu ziehen, dass von der Gestalt der Körper eben nicht abstrahiert werden darf. Diesen Schluss zieht Galilei nun aber gerade nicht, und genau hier liegt das revolutionär Neuartige seiner Naturbetrachtung: Er entscheidet

Abbildung 1.2. Galileis Argument

sich für die Logik und Mathematik und gegen die unmittelbare Empirie und damit für eine Naturauffassung, die Antike oder Mittelalter nur als verrückt hätten ansehen können.

1.5   Die mathematisch-naturwissenschaftliche Methode

Die Verbindung der so gewonnenen Naturgesetze zur Empirie liegt im *Experiment*, der zweiten großen Neuerung der neuzeitlichen Naturwissenschaft, deren Differenz zur einfachen Beobachtung gar nicht genug herausgehoben werden kann. Ein Experiment ist die *Herstellung* einer Situation, in der die Bedingung des abgeleiteten Gesetzes erfüllt ist, hier also: von der Gestalt der Körper abstrahiert werden kann, also z. B. von Vakuum, wozu Galilei noch gar nicht in der Lage war.

Insofern lässt sich sagen, dass mathematische Naturgesetze nicht auf Beobachtung beruhen, sondern *produziert* werden. Genauer gesagt: Es handelt sich bei ihnen um Handlungsanleitungen zur Herstellung von Situationen (im Experiment), in denen sie gelten. Hier liegt denn auch der Bezug zur naturbeherrschenden Technik der Neuzeit.

---

[7] Eine weitere implizite Voraussetzung ist die Annahme, dass die masselose Verbindung der jeweiligen beiden Körper an den Geschwindigkeiten nichts ändert. Das ist das Prinzip „Die Natur macht keine Sprünge" oder, in der hier betrachteten Situation äquivalent: „träge Masse = schwere Masse".

Die so konstituierte mathematisch-naturwissenschaftliche Methode beruht auf der *Grundannahme*, es gebe *universell gültige*, von Ort und Zeit unabhängige *Naturgesetze*, die sich mathematisch beschreiben lassen (der Begriff der Messung wäre sonst sinnlos). Vorausgesetzt wird dazu eine linear fließende, kontinuierliche Zeit und ein homogener, also nicht in verschiedene Sphären unterteilter Raum.

Der Einwand, die universelle Gesetzesförmigkeit der Natur sei doch durch die moderne Naturwissenschaft längst nachgewiesen, geht an der Sache vorbei: Denn fehlende Gesetzesförmigkeit in irgendwelchen Bereichen würden ja nie der Natur zur Last gelegt, sondern damit begründet werden, dass die Wissenschaft halt noch nicht so weit sei, sie zu erkennen.

Das Vorgehen besteht dann zunächst in der Formulierung von *Idealbedingungen*, aus denen im Gedankenexperiment auf letztlich *mathematischem* Wege Schlussfolgerungen gezogen werden. Das anschließende Experiment besteht dann in der *Herstellung* dieser Idealbedingungen und der Überprüfung der Schlussfolgerungen durch *Messungen*. Dabei ist darauf zu achten, dass der Messvorgang, also der körperliche Einsatz des Experimentators, den idealen Ablauf nicht stört. Experimente müssen *wiederholbar* sein, auch darin unterscheiden sie sich von bloßen Beobachtungen.[8]

Es kann also keine Rede davon sein, dass die neuzeitliche Wissenschaft sich im Gegensatz zum Mittelalter an „den Tatsachen" orientiert, eher ist das Gegenteil der Fall. Koyré macht das am Beispiel des Trägheitsprinzips, das als (mathematisches) Prinzip keine unmittelbare Entsprechung in der Empirie hat und gleichwohl die neuzeitliche Physik begründete, sehr deutlich:

> „Dieses Prinzip erscheint uns völlig klar, plausibel, ja es liegt auf der Hand. Es scheint uns offensichtlich, dass ein in Ruhe befindlicher Körper auch darin verharren wird … . Und gerät er umgekehrt einmal in Bewegung, so wird er fortfahren, sich zu bewegen, in ursprünglicher Richtung. Und mit immer gleicher Geschwindigkeit. Wir sehen auch wirklich nicht ein, aus welchem Grunde oder welcher Ursache es sich anders zutragen sollte. Das erscheint uns nicht bloß als plausibel, es erscheint uns ganz natürlich. Doch es ist nichts weniger als das. Die natürliche, handgreifliche Evidenz, die diese Auffassungen genießen, ist nämlich vergleichsweise jungen Datums. Wir verdanken sie Galilei und Descartes. In der griechischen Antike ebenso wie im Mittelalter wären die gleichen Auffassungen als ‚offenkundig' falsch, ja absurd eingestuft worden."
>
> Koyré 1998, S. 72

Es bleibt die Frage zu klären, warum diese Verkennung des tatsächlichen mathematisch-naturwissenschaftlichen Vorgehens so verbreitet ist. Koyré erklärt das durch Gewöhnung:

---

[8] Auch das hier nicht genauer dargestellte Fallgesetz **G2** wird in den *Discorsi* nach diesem Schema eingeführt: Es wird als ein mathematischer Satz bewiesen (Galilei 1638, S. 159), der besagt, dass ein gleichförmig beschleunigter Körper dem Gesetz **G2** genügt. Auf die gleichförmige Beschleunigung kommt Galilei ihrer Einfachheit wegen, ein anderes Argument gibt es nicht. Erst *danach* folgen die Experimente (Galilei 1638, S. 162). Ob Galilei sie tatsächlich durchgeführt oder nur beschrieben hat, ist strittig (vgl. Koyré 1998, S. 129).

„Wir kennen die grundlegenden Auffassungen und Prinzipien zu gut, oder
richtiger, wir sind zu sehr an sie gewöhnt, um die Hürden, die es zu ihrer
Formulierung zu überwinden galt, richtig abschätzen zu können. Galileis
Begriff der Bewegung (und auch der des Raumes) erscheint uns so ‚natürlich‘, daß wir vermeinen, ihn selbst aus Erfahrung und Beobachtung abgeleitet zu haben. Wenngleich wohl noch keinem von uns ein gleichförmig
verharrender oder sich bewegender Körper je untergekommen ist – und
dies schlicht deshalb, weil so etwas ganz und gar unmöglich ist. Ebenso
geläufig ist uns die Anwendung der Mathematik auf das Studium der Natur, so daß wir kaum die Kühnheit dessen erfassen, der da behauptet: ‚Das
Buch der Natur ist in geometrischen Zeichen geschrieben.‘ Uns entgeht die
Waghalsigkeit Galileis, mit der er beschließt, die Mechanik als Zweig der
Mathematik zu behandeln, also die wirkliche Welt der täglichen Erfahrung
durch eine bloß vorgestellte Wirklichkeit der Geometrie zu ersetzen und
das Wirkliche aus dem Unmöglichen zu erklären."

Koyré 1998, S. 73

Die Erklärung bleibt unbefriedigend: Dass wir ein „offenkundig absurdes" Vorgehen
für völlig „natürlich" halten, springt zwar ins Auge. Warum wir es tun, bleibt hier aber
letztlich ungeklärt.

1.6 Revolution der Denkart

Immanuel Kant, selbst zehn Jahre lang naturwissenschaftlich tätig, fasst die mathematisch-naturwissenschaftliche Methode in der Vorrede zur 2. Auflage seiner *Kritik der
reinen Vernunft* 1787 in der ihm eigentümlichen Sprache zusammen:

„Als Galilei seine Kugeln die schiefe Fläche mit einer von ihm selbst gewählten Schwere herabrollen, oder Torricelli die Luft ein Gewicht, was er
sich zum voraus dem einer ihm bekannten Wassersäule gleich gedacht hatte, tragen ließ, oder in noch späterer Zeit Stahl Metalle in Kalk und diesen
wiederum in Metall verwandelte, indem er ihnen etwas entzog und wie-
dergab; so ging allen Naturforschern ein Licht auf. Sie begriffen, daß die
Vernunft nur das einsieht, was sie selbst nach ihrem Entwurfe hervorbringt,
daß sie mit Prinzipien ihrer Urteile nach beständigen Gesetzen vorangehen
und die Natur nötigen müsse auf ihre Fragen zu antworten, nicht aber sich
von ihr allein gleichsam am Leitbande gängeln lassen müsse; denn sonst
hängen zufällige, nach keinem vorher entworfenen Plane gemachte Beobachtungen gar nicht in einem notwendigen Gesetze zusammen, welches
doch die Vernunft sucht und bedarf. Die Vernunft muß mit ihren Prinzipi-
en, nach denen allein übereinkommende Erscheinungen für Gesetze gelten
können, in einer Hand, und mit dem Experiment, das sie nach jenen aus-
dachte, in der anderen, an die Natur gehen, zwar um von ihr belehrt zu
werden, aber nicht in der Qualität eines Schülers, der sich alles vorsagen
läßt, was der Lehrer will, sondern eines bestallten Richters, der die Zeugen

nötigt, auf die Fragen zu antworten, die er ihnen vorlegt. Und so hat sogar
Physik die so vorteilhafte Revolution ihrer Denkart lediglich dem Einfalle
zu verdanken, demjenigen, was die Vernunft selbst in die Natur hinein-
legt, gemäß, dasjenige in ihr zu suchen (nicht ihr anzudichten), was sie
von dieser lernen muß, und wovon sie für sich selbst nichts wissen würde.
Hierdurch ist die Naturwissenschaft allererst in den sicheren Gang einer
Wissenschaft gebracht worden, da sie so viel Jahrhunderte durch nichts
weiter als ein bloßes Herumtappen gewesen war."

Kant 1781, S. B XIII

Zum einen wird hier deutlich, welch wichtige Rolle Kant den „Prinzipien der Vernunft‘"
zuschreibt, die sich nicht aus der Empirie ableiten lassen (das Kantsche Apriori). Er löst
damit das Problem, das den modernen Positivismus immer noch umtreibt, wie nämlich
objektive Erkenntnis möglich ist.

Zum anderen schlägt bei Kant ein typischer Widerspruch des Aufklärungsdenkens
durch, das „die Vernunft" für eine allgemein-menschliche Eigenschaft oder Fähigkeit
hält, diese aber gleichwohl ausschließlich für sich selbst reklamiert und sie anderen
oder früheren Kulturen abspricht. Streift man dieses Vorurteil ab, so lässt sich festhalten, dass in der Tat die mathematisch-naturwissenschaftliche Methode sich gegen
das mittelalterliche Denken erst durchsetzen musste und die Rede von der „Revolution der Denkart" somit die Sache trifft, dass diese Revolution aber einer Vernunft zum
Durchbruch verhalf, die der bürgerlichen Epoche spezifisch ist, gegen die Vernunft des
Mittelalters, die ganz anders, aber deswegen nicht schlechthin unvernünftig war.

Auch der Begriff der „objektiven Erkenntnis" erhält damit eine andere Bedeutung als
die in unserem Sprachgebrauch übliche einer ahistorischen, von der Gesellschaftsform
unabhängigen und für alle Menschen gleichermaßen gültigen, weshalb denn auch
Greiff 1976 von der „objektiven Erkenntnis*form*" spricht. Ein Vertreter einer anderen
oder früheren Kultur, der die Grundannahmen der mathematisch-naturwissenschaftlichen Methode, die Prinzipien der bürgerlichen Vernunft nicht anerkennt, würde auch
von der Wahrheit naturwissenschaftlicher Erkenntnis nicht zu überzeugen sein. Der
einzige Bestandteil der Naturwissenschaft, den man ihm glaubhaft vorführen könnte,
ist das Experiment: Wenn ich diese bis ins kleinste Detail festgelegte (dem anderen vermutlich rituell bis skurril anmutende) Handlung A ausführe, so stellt sich regelmäßig
der Effekt B ein. Aber daraus folgt nichts weiter, solange mein Gegenüber meine Grundannahme der universellen Naturgesetze, die im Experiment angeblich zum Ausdruck
kommen, nicht teilt, sondern das Naturgeschehen für willkürlich und regellos hält.

1.7 Fetischismus

Ein Fetisch ist ein Ding, in das übersinnliche Eigenschaften projiziert werden und das
damit über die ihm Verfallenen Macht auszuüben vermag. Über solcherart Fetischismus, wie er zu Beginn des Kolonialismus vor allem an westafrikanischen Religionen
festgemacht wurde, weiß die Aufklärung sich erhaben. Marx sah das bekanntlich anders:

> „Das Geheimnisvolle der Warenform besteht also einfach darin, daß sie den
> Menschen die gesellschaftlichen Charaktere ihrer eignen Arbeit als gegen-
> ständliche Charaktere der Arbeitsprodukte selbst, als gesellschaftliche Na-
> tureigenschaften dieser Dinge zurückspiegelt, daher auch das gesellschaft-
> liche Verhältnis der Produzenten zur Gesamtarbeit als ein außer ihnen exis-
> tierendes gesellschaftliches Verhältnis von Gegenständen. ... Es ist nur das
> bestimmte gesellschaftliche Verhältnis der Menschen selbst, welches hier
> für sie die phantasmagorische Form eines Verhältnisses von Dingen an-
> nimmt. Um daher eine Analogie zu finden, müssen wir in die Nebelregion
> der religiösen Welt flüchten. Hier scheinen die Produkte des menschlichen
> Kopfes mit eignem Leben begabte, untereinander und mit den Menschen
> in Verhältnis stehende selbständige Gestalten. So in der Warenwelt die Pro-
> dukte der menschlichen Hand. Dies nenne ich den Fetischismus, der den
> Arbeitsprodukten anklebt, sobald sie als Waren produziert werden, und der
> daher von der Warenproduktion unzertrennlich ist."

Marx 1867, S. 86/87

Die Analogie zur positivistischen Vorstellung von mathematisch-naturwissenschaftlicher Erkenntnis springt ins Auge. Sie ist der Versuch, Produkte des menschlichen
Kopfes, hier also Zahlen und andere mathematische Formen, an die Wirklichkeit anzulegen und diese nach ihrem Bilde zu gestalten oder jedenfalls durch sie hindurch wahrzunehmen. Und das Ende dieser Geschichte besteht in dem Glauben, die Wirklichkeit
bzw. die „Natur" selber sei gesetzesförmig und der Erfolg der Naturwissenschaft der
schlagende Beweis dafür.

Doch es handelt sich nicht um eine bloße Analogie, nicht um die zufällige Parallelität
zweier voneinander unabhängiger Fetischismen. Seit der späten Veröffentlichung des
Ansatzes von Sohn-Rethel 1970 hat es immer wieder Versuche gegeben, die von der
Aufklärung ausgeblendete und vom Positivismus schließlich tabuisierte Frage anzugehen, also den Zusammenhang von „Warenform und Denkform", „Gesellschaftsform
und Erkenntnisform", „Geld und Geist" auszuleuchten, so etwa von Greiff 1976, Müller 1977, Bolay und Trieb 1988, Ortlieb 1998. Die Angelegenheit ist komplex und lässt
sich nicht auf wenigen Seiten klären. Den direktesten Weg nimmt Bockelmann 2004,
den ich hier kurz skizziere. Eine der Schwierigkeiten, an der der erste Versuch Sohn-
Rethels letztlich gescheitert ist, besteht darin, die moderne Form der Erkenntnis ebenso wie der Warengesellschaft in ihrer Besonderheit von ihren Vorläufern in der Antike
klar abzugrenzen. Es ist nicht das bloße Vorhandensein von Geld oder der Tausch der
überschüssigen Produktion, die die moderne Denkform auf den Weg bringen, sondern
dazu ist notwendig, dass das Geld zur bestimmenden Allgemeinheit und dem eigentlich
Zweck der Produktion wird,

> „wenn es ein historisch erstes Mal also heißen kann, »all things came to
> be valued with money, and money the value of all things«. Dann beginnt
> Geld– in diesem für uns prägnanten Sinn – Geld zu sein, indem es *als Geld*
> allein noch *fungiert*. Der feste Bestand, den es bis dahin nur im wertvoll
> gedachten *Material* hatte, geht dann nämlich über in die bestandsfeste *All-
> gemeinheit des Bezugs* aller Dinge auf den Geldwert – und also in dessen

für sich genommen festes Bestehen. Wenn die Handlungen des Kaufens und Verkaufens für die Versorgung bestimmende *Allgemeinheit* erlangen, entsteht damit die allgemeine *Notwendigkeit*, den Markt, zu dem es dafür gekommen sein muss, als *das Geflecht dieser Kaufhandlungen* fortzusetzen, ganz einfach deshalb, damit die Versorgung, die daran hängt, nicht ihrerseits abreißt. Die Notwendigkeit, allgemein über Geld zu verfügen, übersetzt sich so in die Allgemeinheit, mit der die Geld*funktion* auch *weiterhin* notwendig ist; und übersetzt sich damit in die Festigkeit dieser Funktion *als einer für sich bestehenden Einheit.*"

Bockelmann 2004, S. 225

Die historisch neue Situation besteht in einer *Realabstraktion*. Sie verlangt von den Marktteilnehmern eine Abstraktionsleistung, die sie erbringen müssen, ohne sie als bewusste Denkleistung zu vollziehen; in der Marxschen Formulierung:

> „Die Menschen beziehen also ihre Arbeitsprodukte nicht aufeinander als Werte, weil diese Sachen ihnen bloß sachliche Hüllen gleichartiger menschlicher Arbeit gelten. Umgekehrt. Indem sie ihre verschiedenartigen Produkte einander im Austausch als Werte gleichsetzen, setzen sie ihre verschiednen Arbeiten einander als menschliche Arbeit gleich. Sie wissen das nicht, aber sie tun es."

Marx 1867, S.88

Es sollte darauf hingewiesen werden, dass Bockelmann sich an keiner Stelle auf Marx bezieht, der Begriff der (abstrakten) Arbeit tritt bei ihm nirgendwo auf. Hinsichtlich der Frage, was die Warenproduktion, die Produktion also zum alleinigen Zweck des durchs Geld vermittelten Erwerbs anderer Waren, in den ihr unterworfenen Menschen bewirkt, sind beide Erklärungen aber kompatibel. Die Warensubjekte müssen um ihrer Überlebensfähigkeit willen einen Reflex ausbilden, der fortan als ein ihnen nicht bewusster Zwang nicht nur die Geldhandlungen, sondern ihren Zugang zur Welt überhaupt bestimmt:

> „Dies die Form, in der kein Mensch bis dahin hatte denken müssen und keiner daher hatte denken können, die neuzeitlich *bedingte* synthetische Leistung, welche die Menschen damit aufzubringen haben: zwei auf Inhalte bezogene, selbst aber nicht-inhaltliche Einheiten im reinen Verhältnis von bestimmt gegen nicht-bestimmt. Diese Synthesis wird dem Denken, so bedingt, zur Notwendigkeit und zum Zwang. ... Ihren genuinen Bereich hat diese Synthesis im Umgang mit Geld, und ebendort haben die Menschen sie anzuwenden auf alle, *unbestimmt welche* Inhalte, haben sie die reine Einheit 'Wert' auf *gleichgültig welchen* Inhalt zu beziehen. ... Über die ältere und ebenfalls synthetische Leistung *materialer* Denkform, nämlich Wert in den Dingen zu denken und sie nach diesem *inhärent* gedachten Wert aufeinander zu beziehen, legt sich die neue, *funktionale* Leistung, ihn zu formen in die nicht-inhaltlichen Einheiten."

Bockelmann 2004, S. 229/230

Es ist unschwer zu erkennen, wie weitgehend der hier abstrakt beschriebene, von der Warenform erzwungene Weltzugang dem der mathematischen Naturwissenschaft entspricht und sich noch in den Details ihrer Methode wiederfindet:

> „Das Experiment ist das Medium zur *Verwandlung* von Natur in Funktion. Der neuzeitlich veränderte Blick auf das empirisch Gegebene ist keiner der Betrachtung mehr, sondern dringt ein, um das darin zu finden, was er voraussetzen muss, das gesetzmäßige Verhalten."

Bockelmann 2004, S.354

Und auch das fehlende bzw. fetischistische Bewusstsein positivistischer Wissenschaft von ihrer Methode und ihrem Gegenstand lässt sich auf diese Weise zwanglos erklären:

> „Welt und Natur werden funktional gedacht: das heißt – *solange die Genese der funktionalen Denkform unerkannt bleibt* –, sie werden gedacht, als wäre die funktional *gedachte* ihre *wirkliche* Form. Danach muss es die Naturgesetze wirklich so geben, wie wir sie denken und voraussetzen, wirklich in dieser Form funktionaler Nicht-Inhaltlichkeit."

Bockelmann 2004, S.358

Dass für die Überwindung dieses Bewusstseins die Kenntnis der Genese seiner Form notwendig ist, heißt nicht – und wird von Bockelmann auch nicht behauptet –, dass sie allein ausreichen wird, wenn damit nicht zugleich die Überwindung des ihm zu Grunde liegenden Warenfetischs einhergeht.

1.8 Modelle

Wäre die fetischistische Denkweise von der mathematischen Gesetzmäßigkeit als einer Eigenschaft der Dinge selbst nicht so tief im gesellschaftlichen Unbewussten der Moderne verankert, hätte sie spätestens mit dem Aufkommen des Modellbegriffs Ende des 19. Jahrhunderts (vgl. Ortlieb 2008) obsolet werden müssen. Denn dieser Begriff beinhaltet – anders als noch Galileis Vorstellung vom in geometrischen Zeichen geschriebenen Buch der Natur – eine Mehrdeutigkeit: Mathematische Modelle gehen nicht eindeutig aus der Sache hervor, sondern ihre Entwicklung unterliegt immer auch willkürlichen Gesichtspunkten der Zweckmäßigkeit (vgl. Hertz 1894). Derselbe Untersuchungsgegenstand erlaubt verschiedene mathematische Modelle, die nebeneinander Bestand haben können, auch wenn sie sich widersprechen, weil sie unterschiedliche Aspekte erfassen. Das sollte es eigentlich verbieten, Modell und Wirklichkeit in eins zu setzen.

Dass „gewisse Übereinstimmungen vorhanden sein (müssen) zwischen der Natur und unserem Geiste", wovon auch Hertz 1894, S. 67 spricht, wird in der Physik dadurch gewährleistet, dass die Natur im Experiment an unseren Geist, also an die mathematischen Idealbedingungen angepasst und die besagte Übereinstimmung damit erst hergestellt wird. Lassen sich dagegen die im Modell unterstellten Idealbedingungen nicht

oder nur unzureichend herstellen, so bleiben die zu beobachtenden Naturgesetze letztlich mathematische Fiktionen, wie jeder wissen könnte, der einmal Modelle und Daten
„gefittet" hat. Die Gesetzmäßigkeit steckt allein in der mathematischen Funktion des
Modells, während die Abweichungen der Beobachtungsdaten davon durch „externe
Störungen" erklärt werden, die sich der Modellierung entziehen. Abb. 1.3 gibt dafür
ein beliebig herausgegriffenes Beispiel.

Unter der *Annahme,* die Wirklichkeit folge mathematischen Gesetzen, versuchen wir
diejenige mathematische Struktur und Gesetzmäßigkeit herauszufinden, die mit kon-
trollierten Beobachtungen am besten zusammenpasst. Offenbar funktioniert das in vielen Bereichen, nur folgt daraus eben nicht die Richtigkeit der zu Grunde liegenden
Annahme. Umgekehrt wird es schlüssig:

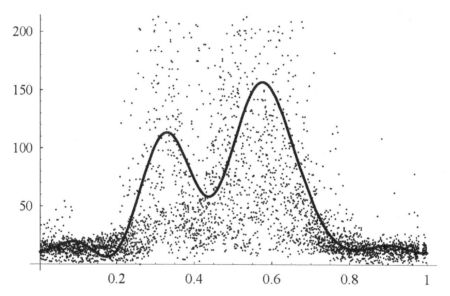

Abbildung 1.3. Beobachtungsdaten und „Gesetzmäßigkeit", hier am Beispiel des mittleren Jahresgangs einer
Phytoplanktondichte, Helgoland-Reede-Daten 1976 - 1991

Durch die Wahl eines bestimmten Instrumentariums – das der exakten Wissenschaften
– fokussieren wir und beschränken wir uns auf die Erkenntnis derjenigen Aspekte der
Wirklichkeit, die sich mit diesem Instrumentarium erfassen lassen. Und es spricht nichts
dafür, dass das schon die ganze Wirklichkeit wäre oder einmal werden könnte.

Damit sind die Grenzen mathematischer Naturerkenntnis zwar nicht bestimmt, aber
immerhin benannt. Die Identität von Natur und Mathematik, wie sie Galilei oder Newton noch postulieren konnten, ist endgültig dahin, und dafür hat nicht zuletzt die historische Entwicklung der Naturwissenschaften und der Mathematik selbst gesorgt.

Als ein ideologisches Selbstverständnis steckt sie freilich weiterhin in vielen Köpfen.
Anders ist jedenfalls nicht zu verstehen, dass Begriffe wie „Künstliche Intelligenz"
oder „Weltformel" nicht nur zum Zwecke der Selbstreklame und Einwerbung von

Forschungsgeldern, sondern durchaus in einem emphatischen Sinne gebraucht werden, als wären sie wörtlich zu verstehen, als könnten also mathematische Maschinen wirklich intelligent sein und mithin Bewusstsein besitzen, oder als hätten wir die Welt „im Griff", wenn wir denn nur eine Formel für sie hätten. Die mathematisch-naturwissenschaftliche Methode wird hier als grenzenlos gedacht: keine Frage, die wir mit ihr nicht irgendwann würden beantworten können, kein Problem, das ihr unzugänglich wäre.

Die Grenzen des eigenen Instrumentariums – hier das der exakten Wissenschaften, der mathematischen Modellierung also – nicht sehen zu können, ist ein sicheres Zeichen für die Bewusstlosigkeit, mit der es eingesetzt wird. Angesichts der offenbaren Unmöglichkeit, die großen Menschheitsprobleme mit naturwissenschaftlichen Mitteln allein lösen zu können, wäre eine gewisse Bescheidenheit durchaus angebracht, wie sie – im Sinne des sokratischen Worts, „dass ich, was ich nicht weiß, auch nicht glaube zu wissen" (Platon 1994, S. 18) – nur aus einer selbstreflexiven Bewusstheit für das eigene Denken und Tun erwachsen kann.

Literaturverzeichnis

Adorno, Theodor W. 1969. *Der Positivismusstreit in der deutschen Soziologie. Einleitung.* Neuwied: Luchterhand.

Bergmann-Schaefer. 1974. *Lehrbuch der Experimentalphysik, Band I, Mechanik, Akustik, Wärme.* 9. verbesserte Auflage. Berlin: de Gruyter.

Bockelmann, Eske. 2004. *Im Takte des Geldes. Zur Genese des modernen Denkens.* Springe: Klampen.

Bolay, Eberhard, und Bernhard Trieb. 1988. *Verkehrte Subjektivität. Kritik der individuellen Ich-Identität.* Frankfurt.

Comte, Auguste. 1844. *Rede über den Geist des Positivismus.* Neuausgabe der deutschsprachigen Ausgabe: 1994. Hamburg: Meiner.

Dawkins, Richard. 2007. *Der Gotteswahn.* 9. Aufl. Berlin: Ullstein.

Dewdney, Alexander K. 1998. *Alles fauler Zauber?* Basel: Birkhäuser.

Fölsing, A. 1996. *Galileo Galilei. Prozeß ohne Ende. Eine Biographie.* Reinbek: Rowohlt.

Galilei, Galileo. 1638. *Discorsi e dimostrazioni matematiche, intorno a due nove scienze.* Übersetzung von A. v. Oettingen 1890, Nachdruck 1995. Frankfurt/Main: Deutsch.

Greiff, Bodo von. 1976. *Gesellschaftsform und Erkenntnisform. Zum Zusammenhang von wissenschaftlicher Erfahrung und gesellschaftlicher Entwicklung.* Frankfurt/Main: Campus.

Hertz, Heinrich. 1894. *Die Prinzipien der Mechanik in neuem Zusammenhange darge-stellt. Einleitung.* Nachdruck, Frankfurt/Main: Deutsch 1996.

Kant, Immanuel. 1781. *Kritik der reinen Vernunft.* Hamburg: Meiner 1990.

Koyré, Alexandre. 1998. *Leonardo, Galilei, Pascal. Die Anfänge der neuzeitlichen Natur-wissenschaft.* Frankfurt: Fischer.

Mankiw, N. Gregory, und Mark P. Taylor. 2012. *Grundzüge der Volkswirtschaftslehre.* 5. Aufl. Stuttgart: Schäffer-Poeschel.

Marx, Karl. 1867. *Das Kapital. Erster Band.* MEW 23, 1984. Berlin: Dietz.

Müller, Rudolf-Wolfgang. 1977. *Geld und Geist. Zur Entstehungsgeschichte von Identi-tätsbewußtsein und Rationalität seit der Antike.* Frankfurt: Campus.

Ortlieb, Claus Peter. 1998. Bewusstlose Objektivität. In *Krisis 21/22,* 15–51.

Ortlieb, Claus Peter. 2004. Methodische Probleme und methodische Fehler der mathe-matischen Modellierung in der Volkswirtschaftslehre. *Mitteilungen der Mathema-tischen Gesellschaft in Hamburg,* Nr. 23: 1–24.

Ortlieb, Claus Peter. 2006. Die Zahlen als Medium und Fetisch. In *media marx. Ein Handbuch,* herausgegeben von J. Schröter / G. Schwering / U. Stäheli, 151–165. Bielefeld: Transcript.

Ortlieb, Claus Peter. 2008. Heinrich Hertz und das Konzept des Mathematischen Mo-dells. In *Heinrich Hertz (1857 - 1894) and the Development of Communication,* herausgegeben von G. Wolfschmidt, 53–71. Norderstedt bei Hamburg.

Platon. 1994. *Sämtliche Werke, Übersetzt von Friedrich Schleiermacher, Band 1.* Reinbek: Rowohlt.

Sohn-Rethel, Alfred. 1970. *Geistige und körperliche Arbeit. Zur Theorie der gesellschaft-lichen Synthesis.* Frankfurt: Suhrkamp.

Tegmark, Max. 2015. *Unser mathematisches Universum – Auf der Suche nach dem Wesen der Wirklichkeit.* Berlin: Ullstein.

2 Reaktion auf Claus Peter Ortlieb – Eine mathematikdidaktische Sicht

Katja Krüger

Ortlieb vertritt in seinem Text die These, dass die Mathematik ihre Bedeutung in der Gesellschaft nicht nur dem unbestreitbaren Erfolg der mathematischen Naturwissenschaften verdanke, sondern auch dem unbegründeten „Glauben", dass die Wirklichkeit bzw. Natur selbst gesetzesförmig sei. Sich Adorno anschließend stellt er fest, „dass die Mathematik und ihre Gesetze keine Eigenschaft der äußeren Natur, sondern Bestandteil unseres Erkenntnisinstrumentariums sind" (Ortlieb, in diesem Band S. 9). Auf seine These möchte ich aus mathematikdidaktischer Perspektive reagieren. Da sich die gesellschaftliche Bedeutung einer Wissenschaft auch daran ablesen lässt, wie diese im Rahmen schulischer Bildung curricular verortet ist, stellt sich die Frage, wie die zunehmende Bedeutung der Mathematik in der modernen Gesellschaft, vor dem Hintergrund der von Ortlieb herausgestellten positivistischen Vorstellung von mathematisch-naturwissenschaftlicher Erkenntnis, Ziele und Inhalte des schulischen Mathematikunterrichts beeinflusst hat. Dazu werde ich im Folgenden das Grundanliegen einer tiefgreifenden Reform des gymnasialen Mathematikunterrichts zu Beginn des 20. Jahrhunderts skizzieren, an dem sich seine These prüfen lässt. Anschließend erfolgt ein kurzer Ausblick, inwiefern die von ihm problematisierte, fehlende Unterscheidung von mathematischem Modell und Wirklichkeit in der mathematikdidaktischen Diskussion aufgenommen wurde bzw. wird.

2.1 Meraner Reform des gymnasialen Mathematikunterrichts

Ein beachtenswerter Einfluss der zunehmenden Wertschätzung mathematisch-naturwissenschaftlicher Erkenntnis auf gymnasiale Mathematiklehrpläne lässt sich in der sogenannten „Meraner Reform" ausmachen. Auf der Jahreshauptversammlung der Gesellschaft Deutscher Naturforscher und Ärzte im Jahr 1904 wurde eine Unterrichtskommission eingesetzt, die den Auftrag hatte, den gesamten Komplex des mathematisch-naturwissenschaftlichen Unterrichts zu reformieren. Eine Hauptforderung der damaligen Unterrichtsreformer betraf die Gleichwertigkeit der mathematisch-naturwissenschaftlichen mit der an den Gymnasien dominierenden sprachlich-historischen Bildung. Als Initiator und Organisator dieser Reformbewegung gilt der Göttinger Mathematiker Felix Klein. Innerhalb eines Jahres legte die Unter-

© Springer Fachmedien Wiesbaden GmbH, ein Teil von Springer Nature 2018
G. Nickel et al. (Hrsg.), *Mathematik und Gesellschaft*, https://doi.org/10.1007/978-3-658-16123-1_3

richtskommission ihre Reformvorschläge in Form von Lehrplänen dar. Den Mathematiklehrplan entwickelte eine Unterkommission gemeinsam mit dem Physiklehrplan. Federführend beteiligt war neben Felix Klein noch der Hochschulmathematiker August Gutzmer. Außerdem war die Schulseite durch drei Lehrer vertreten, Friedrich Pietzker, Friedrich Poske und Heinrich Schotten, allesamt führende Mitglieder des 1891 gegründeten Vereins zur Förderung des mathematisch naturwissenschaftlichen Unterrichts und Herausgeber von einschlägigen Fachzeitschriften.

Im Hinblick auf die Mathematik kann der Meraner Lehrplan als Versuch begriffen werden, die auch damals schon vielfach beklagte ‚Kluft' zwischen Schul- und Hochschulmathematik zu verringern. Dazu sollte der Unterricht „zeitgemäß neugestaltet" werden, indem neue Inhalte in den Lehrplan aufgenommen wurden, wie etwa die Einführung und Anwendung des Funktionsbegriffs (samt dessen graphischer Darstellung) in der Mittelstufe und Elemente der Differenzial- und Integralrechnung in der Oberstufe. Die Reformbestrebungen wurden erfolgreich mit dem konsensfähigen Schlagwort vom „funktionalen Denken" gebündelt (Krüger 2000).

> „Ferner wird es sich darum handeln, unter voller Anerkennung des formalen Bildungswertes der Mathematik doch auf alle einseitigen und praktisch bedeutungslosen Spezialkenntnisse zu verzichten, dagegen die Fähigkeit zur mathematischen Betrachtung der uns umgebenden Erscheinungswelt zu möglichster Entwicklung zu bringen. Von hier aus entspringen zwei Sonderaufgaben: die Stärkung des räumlichen Anschauungsvermögens und die Erziehung zur Gewohnheit des funktionalen Denkens." (Gutzmer 1908, S. 104)

Funktionales Denken im Sinne der Meraner Reformer meinte ursprünglich mehr als die Vermittlung von Kenntnissen über gewisse elementare Funktionen und einige Techniken der Differenzial- und Integralrechnung. Von „Erziehung zur Gewohnheit" war die Rede, von einer anzuerziehenden Denkgewohnheit. Es handelte sich um den groß angelegten Versuch, das mit dem Unterricht zu fördernde Denken „material" zu fassen und zu vergegenständlichen, um es nicht länger nur als „formale" Begleiterscheinung jedweden Mathematikunterrichts postulieren zu müssen. Der Anspruch, mit dem höheren Mathematikunterricht auf die Denkform der Schüler einwirken zu wollen, erschien als gerechtfertigt, weil sich der Funktionsbegriff sowie die Differenzial- und Integralrechnung bei zahlreichen inner- und außermathematischen Anwendungen besonders bewährt hatte.

> „Das funktionstheoretische Denken in der sozusagen naiven Form, in der es von den großen Mathematikern im 18. Jahrhundert entwickelt wurde, also die elementare Lehre von der Differential- und Integralrechnung, hat im Laufe des 19. Jahrhunderts alle Gebiete exakter Forschung immer vollständiger durchdrungen, – von der Physik beginnend, die sich in dieser Hinsicht als erste neben die von je mathematisch formulierte Astronomie stellte, bis hin zur Statistik und dem Versicherungswesen. Den Unterricht an den höheren Schulen so zu führen, daß der Schüler instand gesetzt werde, die solcherweise gewonnene Geltung der Mathematik nach ihrer allge-

meinen Bedeutung zu verstehen, das ist die Aufgabe." (Klein und Riecke 1904, S. 49)

Bezogen auf die von Ortlieb ausgeführte positivistische Vorstellung von mathematisch-naturwissenschaftlicher Erkenntnis eignen sich nun gerade diese beiden Themengebiete, Funktionenlehre und Elemente der Differenzial- und Integralrechnung, wie kaum andere zuvor, Schülern zu vermitteln, wie die (konstruierte) „Wirklichkeit" im Hinblick auf Bewegliches, Veränderliches und Prozesshaftes mathematisch beschrieben werden kann. Funktionale Abhängigkeiten stellten aus damaliger Sicht das grundlegende Konzept zur Darstellung von Gesetzmäßigkeiten dar, unabhängig davon, ob die Wirklichkeit selbst als gesetzesförmig angenommen oder diese Gesetzesförmigkeit erst durch die mathematische Modellierung in sie hineingedacht werden kann. Die Forderung nach Erziehung zum funktionalen Denken im gymnasialen Mathematikunterricht kann damit als Versuch gedeutet werden, die mathematisch-naturwissenschaftliche, „objektive Erkenntnisform" (Ortlieb, in diesem Band S. 18) curricular zu verankern. Funktionales Denken erschien zu diesem Zweck als besonders geeignet, zumal diese Denkform als charakteristisch für die experimentelle Methode in den mathematischen Naturwissenschaften galt („Wie ändert sich die abhängige Größe...., wenn die unabhängige systematisch verändert wird...?"), die mit dem Meraner Lehrplan neu im Physikunterricht verankert wurde (Krüger 2000, S. 220).

Mit dieser Hervorhebung funktionalen Denkens als besonderem Ziel des gymnasialen Mathematikunterrichts ging eine stärkere Berücksichtigung von Anwendungen (insb. in der Mechanik) einher. Damit griffen die Meraner Reformer ältere Reformbestrebungen des Vereins zur Förderung des mathematisch-naturwissenschaftlichen Unterrichts auf, der in seiner Gründungssitzung erklärte:

> „Die Schüler der höheren Lehranstalten sind im allgemeinen noch zu wenig imstande, das Mathematische in den sich ihnen im Leben darbietenden Erscheinungen zu erkennen, und zwar ist die Ursache davon vorzugsweise in dem Umstande zu suchen, daß die Anwendungen der mathematischen Theorie vielfach in künstlich gemachten Beispielen bestehen, anstatt sich auf die Verhältnisse zu beziehen, welche sich in der Wirklichkeit darbieten. – Daher muß das System der Schulmathematik, unbeschadet seiner vollen Selbständigkeit als Unterrichtsgegenstand, im einzelnen mit Rücksicht auf die sich naturgemäß darbietenden Verwendungen (Physik, Chemie, Astronomie usw. und kaufmännisches Rechnen) aufgebaut werden. Die demgemäß heranzuziehenden Beispiele sollen die Schüler daran gewöhnen, in dem sinnlich Wahrnehmbaren nicht nur Qualitatives, sondern auch Quantitatives zu beobachten, in solchem Grade, daß ihnen eine solche Beobachtungsweise zum unwillkürlichen Bedürfnis wird." ('Braunschweiger Beschlüsse' 1891, zit. nach Lorey 1938, S. 243)

Mit diesem Zitat lässt sich ein weiterer Beleg für die von Ortlieb als „fetischistisch" charakterisierte Denkweise „von der mathematischen Gesetzmäßigkeit als einer Eigenschaft der Dinge selbst" finden. Anstelle „künstlicher" Anwendungen von Mathematik sollten Schüler „das Mathematische in den sich ihnen im Leben darbietenden Erscheinungen" erkennen lernen (s.o.). Im Hinblick auf den schulischen Mathematikunterricht sollte es schließlich noch rund 100 Jahre dauern, bis die Idee des mathematischen Modellierens, die von Heinrich Hertz zum Ende des 19. Jahrhunderts als Ausgangspunkt mathematischer Beschreibung in den Naturwissenschaften geprägt wurde (Ortlieb u. a. 2009, Kap. 1.2), Berücksichtigung in schulischen Lehrplänen fand.

2.2 Ausblick: Mathematisches Modellieren kritisch reflektieren lernen

In den 1980er Jahren wurde in der mathematikdidaktischen Diskussion um Anwendungsorientierung des Mathematikunterrichts die mathematische Modellbildung verstärkt in den Blick genommen (z.B. Blum 1985 und Schupp 1988). Fischer und Malle (1985, S. 101ff.) forderten in ihrem lesenswerten Buch „Mensch und Mathematik", dass Mathematikunterricht ein reflektiertes Metawissen über das Anwenden von Mathematik vermitteln soll. Dazu müssten Schüler zunächst erfahren, dass das Erstellen mathematischer Modelle einen Prozess darstellt. Von besonderer Bedeutung sind dabei die Wechselwirkungen zwischen mathematischem Modell und der dadurch repräsentierten Situation. Fischer und Malle stellen, ähnlich wie Ortlieb, die Rückwirkungen von mathematischen Modellen auf die durch sie zu beschreibenden Situationen heraus:

> „Man schaffte sich also Laborsituationen als eine „künstliche" Natur, die dem mathematischen Modell immer besser entsprach. Dieser Prozeß erwies sich einerseits als sehr fruchtbringend für die Naturwissenschaft, weil die Theorie an solchen künstlichen Situationen experimentell überprüft und weiterentwickelt werden konnte. Andererseits erwies sich dieser Prozeß als sehr gefährlich ..., weil man immer stärker diese künstliche Natur für das „eigentlich Reale" an der Natur hielt und die ausgeklammerten Aspekte, d.h. im wesentlichen die nicht messbaren Aspekte, „vergaß oder „verdrängte"." (Fischer und Malle 1985, S. 103)

Schüler müssten daher lernen, dass ein Modell von der repräsentierten Situation verschieden ist und diese im Allgemeinen nur ausschnittsweise und ungenau beschreibt. Diese Trennung ermöglicht es, dass eine Situation durch verschiedene Modelle beschrieben werden kann, die unter Umständen einander widersprechen, oder verschiedene Situationen durch ein Modell beschrieben werden können. Schließlich sollten Schüler im Mathematikunterricht auch Grenzen und Gefahren des Mathematisierens reflektieren und eine kritische Einstellung zur Modellbildung erlangen können.

Was ist von diesen Vorschlägen heute auf der curricularen Ebene angekommen? Leider lässt sich nur eine oberflächliche Adaption der immer noch fortschrittlichen und anspruchsvollen Ansätze von Fischer und Malle in den deutschlandweit verbindlichen Bildungsstandards der Kultusministerkonferenz finden. Darin ist zwar von der Kompetenz des mathematischen Modellierens die Rede, wobei aber nur das Kennen der grundlegenden Modellierungsschritte (übersetzen, im Modell arbeiten, interpretieren und prüfen) aufgeführt wird (KMK 2004, S. 8). Selbst in der Vorbereitung auf die Allgemeine Hochschulreife geht die Kompetenzbeschreibung kaum über Modellierungsaktivitäten beim Konstruieren passender und Verstehen gegebener mathematischer Modelle hinaus. Lediglich das nicht genauer ausgeführte „Bewerten vorgegebener Modelle" bietet einen Ansatzpunkt, das von Fischer und Malle eingeforderte Metawissen des Anwendens bei Schülern anzubahnen (KMK 2012, S. 15).

Insofern muss leider auch aus mathematikdidaktischer Perspektive Ortliebs Fazit zugestimmt werden. Die Grenzen der mathematischen Modellierung nicht erkennen und reflektieren zu können, mag die Bewusstlosigkeit mit verursachen, mit der dieses Instrumentarium der exakten Wissenschaften eingesetzt wird. „Angesichts der offenbaren Unmöglichkeit, die großen Menschheitsprobleme mit naturwissenschaftlichen Mitteln allein lösen zu können, wäre eine gewisse Bescheidenheit durchaus angebracht, wie sie nur aus einer selbstreflexiven Bewusstheit für das eigene Denken und Tun erwachsen kann." (Ortlieb, in diesem Band S. 23)

Literaturverzeichnis

Blum, W. 1985. Anwendungsorientierter Mathematikunterricht in der didaktischen Diskussion. *Mathematische Semesterberichte* 32 (2): 195–232.

Fischer, R., und G. Malle. 1985. *Mensch und Mathematik*. Mannheim: BI-Wiss. Verlag.

Gutzmer, A. 1908. Bericht betreffend den Unterricht in der Mathematik an den neunklassigen höheren Lehranstalten. In *Die Tätigkeit der Unterrichtskommission der Gesellschaft Deutscher Naturforscher und ärzte. Gesamtbericht.* Herausgegeben von A. Gutzmer, 104–114. Leipzig und Berlin: Teubner.

Klein, F., und E Riecke. 1904. *Neue Beiträge zur Frage des mathematischen und physikalischen Unterrichts an den höheren Schulen*. Teubner.

KMK. 2004. *Bildungsstandards im Fach Mathematik für den mittleren Schulabschluss (JGST 10)*. (Beschluss der Kultusministerkonferenz vom 12.2003).

KMK. 2012. *Bildungsstandards im Fach Mathematik für die Allgemeine Hochschulreife*. (Beschluss der Kultusministerkonferenz vom 18.10.2012).

Krüger, K. 2000. *Erziehung zum funktionalen Denken – Zur Begriffsgeschichte eines didaktischen Prinzips*. Berlin: Logos-Verlag.

Lorey, W. 1938. *Der Deutsche Verein zur Förderung des mathematischen und naturwissenschaftlichen Unterrichts*. Frankfurt: Otto Salle.

Ortlieb, C.P., C. v. Dresky, I. Gasser und S. Günzel. 2009. *Mathematische Modellierung. Eine Einführung in zwölf Fallstudien*. Wiesbaden: Springer.

Schupp, H.. 1988. Anwendungsorientierter Mathematikunterricht in der Sekundarstufe I zwischen Tradition und neuen Impulsen. *Der Mathematikunterricht* 34 (6): 5–16.

3 Reaktion auf Claus Peter Ortlieb – Bewertungen in Moral und Gesellschaft mittels Mathematik

PETER ULLRICH

Abstract

Bereits das Hauptreferat untermauert seinen (selbst)kritischen Blick auf die Befähigung der Mathematik zur Beschreibung der Welt mit Beispielen aus der Geschichte. Ebenso nimmt die „didaktische" Reaktion in Teilen eine historische Perspektive ein.

Daher gibt das „historische" Koreferat nicht einen allgemeinen Blick aus der Geschichte auf das Thema der Mathematisierung von Wirklichkeit. Stattdessen werden zwei konkrete Beispiele (aus der deutschen Aufklärung und aus der jüngsten Geschichte) gegeben, in denen von Nicht-Mathematikern versucht wurde, Bewertungen und Analysen aus dem Bereich von Moral und Gesellschaft mit Methoden aus der (elementaren) Mathematik zu begründen.

Einleitung

Als ich den Text von Herrn Kollegen Ortlieb erhalten und studiert hatte, war ich von der kritischen Selbstreflexion zur Mathematik beeindruckt. Allerdings stellte sich mir aufgrund des – im doppelten Sinne – Fall-Beispiels Galilei die Frage, was ich noch an historischer Kommentierung leisten könnte.

Somit musste auch ich kritisch reflektieren, nämlich meine Rolle als Koreferent.

Herr Kollege Ortlieb hat angekündigt, in seinem Vortrag die Rolle der bösen Fee einzunehmen, die die Frage nach einem Satz von Formeln zur Beschreibung unserer Welt als „unsinnig [...], um nicht zu sagen: verrückt" entlarvt. Damit stellt sich für mich die Frage, ob ich

© Springer Fachmedien Wiesbaden GmbH, ein Teil von Springer Nature 2018
G. Nickel et al. (Hrsg.), *Mathematik und Gesellschaft*, https://doi.org/10.1007/978-3-658-16123-1_4

- die böse Fee der bösen Fee, also – Der Feind meines Feindes ist mein Freund. Bzw.: Minus mal Minus gibt Plus. – die gute Fee bin. Dies passt zu der weiteren Umgebung des Tagungsortes, in der die Gebrüder Grimm ihre Märchen gesammelt haben: Wie weiland bei Dornröschen würde die gute Fee den Tod der Weltformel nur in einen hundertjährigen Schlaf verwandeln, aus dem sie dann vielleicht ein wiedergeborener Hilbert wieder erweckt.

Die Idee des wiedergeborenen Hilbert hat für mich als Mathematiker einen gewissen Reiz; allerdings habe ich die letzten sechseinhalb Jahre meines Lebens in intensivem Kontakt mit allen Fächern meiner Universität gestanden. Daher möchte der Mathematikhistoriker in mir darauf hinweisen, dass die Existenz der Weltformel bzw. Weltformeln vielleicht gar nicht das Problem ist, und noch viel weniger, wie sie denn aussehen. Kritisch ist die Frage, warum ein Bedürfnis nach dieser bzw. diesen besteht, und zwar gerade außerhalb der Mathematik.

Damit sehe ich mich in der Rolle

- der noch böseren Fee, die sagt: Ob der genannte Satz von Formeln zur Beschreibung unserer Welt existiert, ist irrelevant, so lange es das Bedürfnis gibt, dass es ihn gibt – oder, etwas abgeschwächt, so lange es das Bedürfnis gibt, dass die Mathematik eine unbezweifelbare Beschreibung von bestimmten Aspekten der Welt liefern kann.

Welche Aspekte mit diesen „bestimmten" gemeint sind im Gegensatz zu jenen, zu denen sie unzweifelbar etwas beisteuern kann, darüber ließe sich sicherlich noch mindestens eine weitere Tagung abhalten; ich habe mich in meinen Beispielen auf moralisch-gesellschaftliche beschränkt.

Herr Kollege Ortlieb fragt nicht nur, was die Mathematik denn wirklich leisten kann, sondern er verwendet auch den Begriff „positivistischer Fetischmus" und bezeichnet „Mathematik als positivistische Magie", also als eine Art von Be-Gründungsmythos der Naturwissenschaften im heutigen Sinne oder gar als Religionsersatz. Ich will diesen Blick von außen verschärfen zu: Wozu soll die Mathematik dienen, um nicht zu fragen, wozu wird sie missbraucht? (Hierbei soll allerdings nicht bezweifelt werden, dass sich die Mathematik manchmal auch bereitwillig missbrauchen lässt oder zum Missbrauch gar regelrecht einlädt.)

Das mathematische Niveau meiner Beispiele habe ich absichtlich auf die Sekundarstufe I beschränkt. Damit möchte ich sichergehen, dass es hier garantiert nicht um irgendwelche „abgehobenen" Überlegungen im Bereich großtechnologischer Forschung und Entwicklung geht, sondern um die Mathematisierung an sich.

3.1 „Im abgesonderten Begrif, ist eine negative Grösse ein Unding."

Und mein erstes Beispiel stammt auch aus einer eigentlich unverdächtigen und zudem mathematikkundigen Quelle: Moses Mendelssohn (1729–1786) kannte schon seit Jugendtagen die „Elemente" des Euklid, ihm war auch die Leibnizsche Infinitesimalrechnung bekannt, und er rezensierte später Eulers „Calculus differentialis".

Dennoch sprach er 1755 in seinem Briefroman „Über die Empfindungen" aus einem moralischen Antrieb den negativen Zahlen die Existenz ab:

In diesem Roman geht es um die Rechtfertigung der Selbsttötung – ein auch momentan in der gesellschaftlichen Diskussion aktuelles Thema –. Mendelssohn lehnte die Selbsttötung ab und wollte dieses moralische Urteil begründen, wobei er sich in der nicht ganz einfachen Situation befand, als Aufklärer jüdischen Glaubens für eine überwiegend christliche Leserschaft zu schreiben. Dies bewog ihn offensichtlich, sich nicht auf transzendentale Gründe zu berufen, sondern seinen Gedankengang eher „more geometrico" zu führen:

Unter der Prämisse, dass die Existenz mit dem Tod ende, wählte er folgende „Mathematisierung" seines Problems:

> „Ein Algebraist würde das Gute in seinem Leben mit p o s i t i v e n , das Uebel mit n e g a t i v e n Grössen, und den Tod mit dem Z e r o vergleichen. Wenn in der Vermischung von Gut und Uebel nach gegenseitiger Berechnung eine positive Grösse übrig bleibt; so ist der Zustand erwünschter als der Tod. Heben sie sich einander auf; so ist er dem Zero gleich. Bleibt eine negative Grösse; was weigert man sich ihr das Zero vorzuziehen?"

> (Mendelssohn 1755, S. 78)

Dass die letztgenannte Situation auftreten könne, wollte Mendelssohn aber gerade ausschließen. Dazu argumentierte er aber weder direkt auf der moralisch-sittlichen Ebene noch durch genauere Betrachtung der Art und Weise, wie die genannte Lebensbilanz gezogen werden könne. Stattdessen stellte er die innermathematische Struktur in Frage, die er für seine Modellierung benötigte.

So fragte er:

> „Was ist eine negative Grösse? Ein Kunstwort, das die Mathematiker angenommen haben, eine wirkliche Grösse anzudeuten, um welche eine andere verringert werden muß.

> Im abgesonderten Begrif, ist eine negative Grösse ein Unding. Die Wirklichkeit kann ihr so wenig als dem mathematischen Punkte zukommen. Wenn ein Algebraist sagt, eine negative Grösse sey w e n i g e r als Z e r o ; so muß er entweder gar nichts, oder dieses dabey denken: eine negative Grösse, zu einer wirklichen hinzugethan, oder deutlicher, eine ihr gleiche positive Grösse, von einer anderen positiven abgezogen, läßt weniger übrig als wenn das Z e r o zu eben der Grösse hinzugethan wird."

> (Mendelssohn 1755, S. 96)

In der „Verbesserten Auflage" seiner Schrift aus dem Jahre 1771 (Mendelssohn 1771) hat Mendelssohn diese recht unglückliche Argumentation überarbeitet, insbesondere die Frage der Existenz negativer Zahlen (Mendelssohn 1771, S. 292). Aber auch wenn jetzt die Frage des möglichen Ergebnisses einer Bilanzierung eines Menschenlebens und die Kritik des Konzepts der negativen Zahl mehr auf die Anwenderseite verlegt wird, bleibt der Versuch bestehen, eine moralische Frage durch Rückgriff auf die Mathematik entscheiden zu wollen – selbst um den Preis, der Mathematik vorgeben zu müssen, was in ihr zulässig ist.

3.2 „Some Trivial But Useful Mathematics"

War Mendelssohn, wie man an der „Verbesserten Auflage" erkennen kann, sachlichen Argumenten aus der Mathematik noch aufgeschlossen, so zeigt mein zweites Beispiel, dass die Anwenderwissenschaften keinesfalls bereit sind, die Deutungshoheit über die Mathematik den Mathematikerinnen und Mathematikern zu überlassen.

Da Herr Kollege Ortlieb mit seinem historischen Beispiel die Grenzen der in Frage kommenden Zeitspanne bereits ausgelotet hat, sehe ich mich dazu berechtigt, in meinem historischen Koreferat mit meinem zweiten Beispiel in die Zeitgeschichte zu gehen:

Samuel P. Huntington (1927–2008), amerikanischer Politikwissenschaftler, Autor und Berater des US-Außenministeriums, ist vielleicht eher wegen seines 1996 erschienenen Buchs „The Clash of Civilizations" (deutsch: „Kampf der Kulturen") (Huntington 1996) in Erinnerung. Hier soll es allerdings um ein früheres Buch von ihm gehen, das 1968 erschienene „Political Order in Changing Societies" (Huntington 1969). Hierin fasste er seine Ergebnisse in drei Gleichungen zusammen:

$$\frac{\text{soziale Mobilisierung}}{\text{ökonomische Entwicklung}} = \text{soziale Frustration,}$$

$$\frac{\text{soziale Frustration}}{\text{Gelegenheiten zur Mobilität}} = \text{politische Teilhabe,}$$

$$\frac{\text{politische Teilhabe}}{\text{politische Institutionalisierung}} = \text{politische Instabilität."}$$

(Huntington 1969, S. 55; Übersetzung P. U.)

(Vergleiche auch Huntingtons 1971 erschienene Zusammenfassung von (Huntington 1969) in (Huntington 1971, insb. S. 314).) Dass Huntington unter Verwendung dieser Gleichungen zu dem Ergebnis kam, das Südafrika der 1960er Jahre sei eine „satisfied society" gewesen, trug sicherlich schon bei Erscheinen des Buches nicht dazu bei, dass sie allgemein für eine angemessene Modellierung politisch-gesellschaftlicher Realitäten gehalten wurden.

Wirklich publik wurden diese Gleichungen allerdings erst 1986, als die Abteilung für Sozialwissenschaften der amerikanischen National Academy of Sciences beabsichtigte, Huntington zu ihrem Mitglied zu machen. Dem Mathematiker Serge Lang (1927–2005), der selbst erst ein Jahr zuvor in die National Academy gewählt worden war, missfielen sowohl die Ergebnisse von Huntington als auch – aus professionellen Gründen – die mathematische Einkleidung ihrer Begründung, so dass er eine, letztlich erfolgreiche, Kampagne in die Wege leitete, um die Wahl von Huntington im Jahr 1987 zu verhindern.[9]

Nach dem bisher Gesagten könnte man das Ganze als eine eher politische Auseinandersetzung interpretieren, bei der sich die eine Seite nur der Prägnanz – oder auch des besseren Eindrucks wegen – auf das Feld der Mathematik gewagt hatte. Die Debatte bekam aber noch eine ganz andere Dimension, als sich Herbert A. Simon (1916–2001) als Fürsprecher für Huntington einschaltete, der sich als mathematischer Sozialwissenschaftler verstand und immerhin im Jahr 1978 den Alfred-Nobel-Gedächtnispreis für Wirtschaftswissenschaften, verkürzt bezeichnet als „Wirtschaftsnobelpreis", erhalten hatte.

Er verfasste noch 1987 eine Schrift „Some Trivial But Useful Mathematics: Ordinal Variables" (Simon 1987), in der er Huntingtons drei Formeln in eine Theorie der ordinalen Größen einzubetten versuchte. Da er dabei durchaus zu Differentiationen griff, sogar partiellen, überschritt er damit die inhaltliche Barriere, die ich mir für die mathematische Komplexität meiner Beispiele gesetzt hatte. Daher sei hier nur noch erwähnt, dass sich an dieses Preprint ein Austausch von Argumenten Simons mit dem Mathematiker Neal Koblitz (*1948) in der Zeitschrift „The Mathematical Intelligencer" anschloss, der sich immerhin über drei Beiträge erstreckte – und zwar von jedem der beiden, (Koblitz 1988a), (Koblitz 1988b), (Koblitz 1988c) und (Simon 1988a), (Simon 1988b), (Simon 1988c).

3.3 Schlussgedanke: Evolution von Symbionten

Man sieht also: Die Nutzer von Mathematik akzeptieren diese keinesfalls sklavisch, sondern versuchen teilweise auch, sie in ihrem Sinne zu beeinflussen.

Die umgekehrte Beeinflussung gibt es allerdings auch: Herr Kollege Ortlieb hat das Bild von der rosa Brille verwendet, durch die man alle Dinge nur rosa sieht, entsprechend bei einer mathematischen Brille eben nur die mathematischen bzw. mathematisierbaren Aspekte der Dinge.

Etwas abweichend von dieser Sicht möchte ich darauf aufmerksam machen, dass sich nach der Beobachtung evolutionärer Prozesse in biologischen Gemeinschaften durchaus wechselseitige Beziehungen herausbilden:

- Einerseits können die bestäubenden Tiere, wie Bienen, Schmetterlinge, Vögel, ..., nur den Nektar derjenigen Pflanzen aufnehmen, deren Blüten ihre Augen

---

[9] Die Wellen schlugen hoch um diese Geschehnisse, die Charles J. Sykes (*1954) bereits 1988 in seiner Generalabrechnung „ProfScam" mit dem amerikanischen Universitätssystem (Sykes 1988) unter der Überschrift „The pseudo-scientists: The social sciences" sezierte (Sykes 1988, Chap. 12). Lang selbst war diese Angelegenheit so wichtig, dass er ihr 222 Seiten seines Buches (Lang 1998) widmete. Aber auch die „Gegenseite" nahm sie sehr ernst; so beginnt ein Nachruf auf Huntington in der von ihm mitbegründeten Zeitschrift „Foreign Policy" mit einer Erinnerung an diese Vorkommnisse (Zakaria 2011).

erkennen können, so dass die Tiere ihr visuelles Wahrnehmungsvermögen den Farben anpassen, in denen die Pflanzen ihre Blüten gestalten.

- Andererseits passen aber auch die Pflanzen ihre Morphologie den Vorlieben ihrer Bestäuber an.

Wenn man so will: Vielleicht färbt sich gerade ein Teil der Wirklichkeit rosa ein, um mit mathematischen Methoden (besser) erkennbar zu werden.

Da auf dieser Tagung zahlreiche Mathematikdidaktikerinnen und -didaktiker anwesend sind, brauche ich hier nur das Stichwort der „Empirisierung und Quantifizierung der Bildungswissenschaften und Fachdidaktiken" zu nennen.

Wenn Sie jetzt fragen: „Und wo bleibt das Positive, Herr Ullrich?", so fällt mir spontan zugebenermaßen nur ein: Wir als Gruppe mathematisch Versierter haben wenigstens noch den Vorteil, dass wir manchmal den Spieß umdrehen und etwa für die Qualitäts-offensive Lehrerbildung den Korrelationskoeffizienten berechnen können zwischen der Anzahl der Vertreterinnen und Vertretern von Ministerien und Wissenschaft eines Bundeslandes in der Auswahlgruppe und der Anzahl der in der ersten Runde bewilligten Projekte für dieses Bundesland.

Literaturverzeichnis

Huntington, Samuel Phillips. 1969. *Political order in changing societies.* New Haven: Yale University Press.

Huntington, Samuel Phillips. 1971. The change to change: Modernization, development and politics. *Comparative Politics* 3 (3): 283–322.

Huntington, Samuel Phillips. 1996. *Clash of Civilizations and the Remaking of World Order.* New York.: Simon & Schuster. Deutsch *Kampf der Kulturen. Die Neugestaltung der Weltpolitik im 21. Jahrhundert.* München: Goldmann 2002.

Koblitz, Neal. 1988a. A tale of three equations; or the emperors have no clothes. *The Mathematical Intelligencer* 10 (1): 4–10.

Koblitz, Neal. 1988b. Reply to unclad emperors. *The Mathematical Intelligencer* 10 (1): 14–16.

Koblitz, Neal. 1988c. Simon falls off the wall. *The Mathematical Intelligencer* 10 (2): 11–12.

Lang, Serge. 1998. *Challenges.* New York: Springer Science+Business Media.

Mendelssohn, Moses. 1755. *Über die Empfindungen.* Berlin: Christian Friedrich Voß, Hier in (Mendelssohn 1971, S. 41–123).

Mendelssohn, Moses. 1771. *Über die Empfindungen.* Berlin: Christian Friedrich Voß, Hier in (Mendelssohn 1971, S. 233–334).

Mendelssohn, Moses. 1971. *Schriften zur Philosophie und Ästhetik I. Bearbeitet von Fritz Bamberger.* Bd. 1. Gesammelte Schriften, Jubiläumsausgabe. Stuttgart, Bad Cannstatt: Friedrich Frommann Verlag (Günther Holzboog).

Simon, Herbert Alexander. 1987. *Some trivial but useful mathematics: Ordinal variables.* Technischer Bericht. Department of Psychology, Carnegie-Mellon University.

Simon, Herbert Alexander. 1988a. Unclad emperors: A case of mistaken identity. *The Mathematical Intelligencer* 10 (1): 11–14.

Simon, Herbert Alexander. 1988b. The emperor still unclad. *The Mathematical Intelligencer* 10 (2): 10–11.

Simon, Herbert Alexander. 1988c. Final reply to Koblitz. *The Mathematical Intelligencer* 10 (2): 12.

Sykes, Charles J. 1988. *ProfScam. Professors and the demise of higher education.* Washington, D. C.: Regnery Gateway.

Zakaria, Fareed. 2011. Remembering Samuel Huntington. *Foreign Policy* January 6.

4 Mathematische Bildung vs. formalistische Generalisierung

PIRMIN STEKELER-WEITHOFER

4.1 Logische Geographie und Problemgeschichte

Die folgenden Überlegungen zur mathematischen Bildung in ihrer Beziehung zur Philosophie, Logik und Ideengeschichte der mathematikgeprägten Wissenschaften skizzieren eine Art Topographie oder Landkarte dazu, wie Mathematik als besondere Form des Wissens zu verstehen ist. Die als wahr bewerteten Sätze der Mathematik können oder sollten dabei immer (auch) als Artikulationen zulässiger Regeln in einem schematischen Schließen und Rechnen begriffen werden. Ihre Beweise sind Nachweise der Zulässigkeit. Als solche sind sie keine rechnenden Ableitungen, sondern müssen als Folgerungen wahrer Aussagen deutbar sein. Um sie voll zu verstehen, muss man die jeweils relevante Form der Zulässigkeit kennen – samt der sprachtechnischen Grundlagen der abstrakten Gegenstände und Wahrheiten in ihrem methodischen Aufbau.

Für das Verständnis von reflexionslogischen Kommentaren der hier vorgelegten Art wiederum ist die Tiefenschärfe der Lektüre anzupassen an den Allgemeinheitsgrad der Skizze. Sie wird in ihrem durchaus auch plakativen Einspruch gegen scheinbare Selbstverständlichkeiten möglicherweise als ungewohnt und damit als ‚thought provoking‘ erscheinen – ein Ausdruck, der in angelsächsischer Höflichkeit häufig auch ironisch gemeint ist, bei vorschneller Kritik aber möglicherweise nur ein Unverständnis oder einen Unwillen des Rezipienten ausdrückt. In der Tat stützen sich reflexionslogische Analysen oder Rekonstruktionen auf drei nichttriviale Voraussetzungen: auf eigenes Vorwissen, Distanz zu angelernten Intuitionen und auf die Einsicht, dass alle *Schematisierungen* (besonders der Mathematik) auf *idealisierenden Abstraktionen* beruhen und dabei einen Übergang zu (reinen) Formen voraussetzen. Schon eine so genannte *Menge* von empirischen Dingen, etwa der Möbel in diesem Raum oder der Körner auf dem Tisch, ist abstrakt, weil wir in der Rede über sie unter anderem von räumlichen Anordnungen wie im Fall eines Haufens abstrahieren.

Eines der tiefsten Probleme eines gebildeten Verständnisses nicht bloß mathematischer Redeformen besteht darin, dass man unmittelbar gegenständlich, ‚objektstufig‘ denkt und nicht auf die von Kant und Hegel hervorgehobene *Konstitution* der Gegenstände

© Springer Fachmedien Wiesbaden GmbH, ein Teil von Springer Nature 2018
G. Nickel et al. (Hrsg.), *Mathematik und Gesellschaft*, https://doi.org/10.1007/978-3-658-16123-1_5

in den einzelnen Bereichen reflektiert. Denn dann begreift man nie mehr, dass es keine Identität von Gegenständen gibt ohne eine Setzung der Äquivalenz diverser Präsentationen und Repräsentationen. Es gibt auch keine Ungleichheit ohne entsprechende Kontrastierungen.[10] Besonders wichtig ist dann noch die Einsicht, dass nur *mathematische* Gegenstände – wie z. B. die Lösungen einer algebraischen Gleichung – wirklich diskrete, rein sortale Klassen bilden. Nur sie sind als *Elemente* situations- und zeitallgemein in ihrer Identität, ihren Ungleichungen und Relationen bestimmt. Der gesamte materialistische Atomismus geht darin fehl, Atome als ‚wirklich' ewige Substanzen aufzufassen und nicht als idealisierte theoretische Entitäten.

Ein Bereich G mathematischer Gegenstände setzt voraus, dass klar und deutlich bestimmt ist, was alles als *G-Belegung* $b(x)$ der *G*-Gegenstandsvariablen x zugelassen ist und wie die (Wahrheitswerte für) *G*-Gleichungen $b(x) = b(y)$, *G*-Ungleichungen $b(x) {\neq} b(y)$ und relativ zu *G* elementaren ein- oder mehrstelligen Prädikatoren $R(bx, by, \dots)$ bestimmt sind. Ein solcher Bereich G ist eine ‚semantische' aber natürlich rein formale, ‚Interpretation' einer Formelsprache der ‚ersten Stufe' mit einem einzigen Typ von Objektvariablen wie in Freges Begriffsschrift. Er heißt „Modell" derjenigen axiomatischen Theorien, deren Axiome in G zu wahren Aussagen werden. Dabei ist für die *Konstitution* von G die Verträglichkeitsbedingung des so genannten *Leibnizprinzips* zentral, nach welchem aus $b(x) = b(x^*)$, $b(y) = b(y^*)$ und so fort immer folgen soll, dass $R(bx, by, \dots)$ als wahr bewertet ist genau dann, wenn $R(bx^*, by^*, \dots)$ als wahr bewertet ist. Außerdem müssen die Relationen R auf ganz G definiert sein, d. h. für $R(bx, by, \dots)$ muss genau einer von zwei Wahrheitswerten bestimmt sein, das Wahre oder das Falsche. Einen dritten Fall darf es nicht geben (*tertium non datur*). Alle genannten Prinzipien artikulieren erst sekundär Aussagen über Gegenstände und Wahrheiten in G. Das ist schon deswegen nicht trivial, weil der vermeintlich allgemein gültige Satz des ausgeschlossenen Dritten und des Widerspruchs, nach welchem eine Aussage (in G) wahr oder falsch ist und nicht beides zugleich, nur dort gilt, wo die genannten Konstitutionsbedingungen erfüllt sind. Primär artikulieren die Prinzipien also formalsemantische Idealbedingungen an einen sortalen Bereich von Gegenstandsbenennungen und elementaren Prädikaten, samt den Gleichungen und Ungleichungen. Ihre zureichende Erfüllung ist die implizite, selten bewusst explizierte, Voraussetzung der entsprechenden objektstufigen Reden über Gegenstände. Die Prinzipien übertragen sich dann auch auf alle logisch komplexen, d. h. durch Wörter wie „nicht", „und" und „für alle" auf ihrer Grundlage definierbare, Prädikate bzw. *G*-Eigenschaften.[11]

---

[10] Bloß intuitive Vorstellungen über Gegenstände und Eigenschaften unterstellen reflexionsblind, dass es neben den vermeintlich unmittelbar gegebenen Dingen der empirischen Welt auch die abstrakten Gegenstände, über welche ‚die Mathematiker' reden, in einem so genannten platonistischen Reich reiner Zahlen oder Formen gäbe. Anders als es die übliche Historiographie der Philosophie lehrt, hat gerade der Namensgeber dieser Fehlhaltung, Platon selbst, diese Blindheit als erster *kritisiert* und sich *gegen* den *pythagoräistischen Glauben* an eine vermeintlich unmittelbare Existenz von reinen, d.h. mathematischen, Gegenständen in einem Reich von Formideen (*eidē*) gewendet. ‚Die Mathematiker' denken, sagt Platon im 6. Buch der *Politeia*, über die logische Konstitution ihrer idealen Gegenstände durch *logoi*, also durch *sprachliche* Formen, nicht dialektisch-reflexiv nach.

[11] Logisch elementar ist also ein Prädikat, wenn in seinem Ausdruck intern, d. h. relativ zum Bereich G der Gegenstände-mit-Relationen, keine logischen Wörter vorkommen. Das schließt nicht aus, dass die Wahrheits-

Es entstehen beliebige ‚neue' Gegenstandbereiche auf der Grundlage von Äquivalenz- oder Gleichgültigkeitsbeziehungen zwischen Repräsentationen t und t^*. Diese werden zu einer Gegenstandsgleichheit $t = t^*$, indem ein zur Äquivalenz passendes System von ein- oder mehrstelligen Grundprädikaten $P(x)$ für G festgesetzt wird. Der Übergang zu Äquivalenz*klassen* (Extensionen, Umfängen) reicht dafür allerdings noch nicht aus. So ist z. B. eine reelle Zahl deswegen keine bloße Klasse von Folgen, weil für Klassen (noch) keine Addition, Multiplikation, oder Zahlordnung usf. als elementare Relationen definiert sind. Im Unterschied zu bloßen Klassen sind sogar schon Mengen Gegenstände. Um das zu sehen, ist auf den Unterschied zwischen der bloßen Kopula ‚ϵ' und der Element*relation* ‚$\in$' zu achten. Didaktisch wird selten genug hervorgehoben, dass Benennungen von Mengen bzw. Belegungen von Mengenvariablen ‚links' von der Element*beziehung* $\in$ vorkommen dürfen, was für Klassen keineswegs immer gilt, obwohl für sie eine Extensionsgleichheit definiert ist.

Einen relativ einfachen Fall für gesetzte Relationen liefert die Nachfolgerrelation $S(t, t^*)$ – die man natürlich auch so notiert: $t^* = t+1$ – und die zugehörige Ordnungsrelation $t < t^*$ für basale Terme oder Namen natürlicher Zahlen in einem der vielen passenden Zahltermsysteme, z. B. dem arabischen dezimalen Stellensystem mit einer Null. Dabei sind die Prinzipien, welche artikulieren, dass ein solches Benennungssystem für Zahlen wohlgeformt ist, primär bloß erst *prototheoretische* Bedingungen. Verlangt ist z. B. von Zahltermsystemen, dass die Ordnung der Terme „<" linear und antireflexiv sein soll. Von den Termen als Zahlrepräsentanten gelangen wir zu den durch sie, wie man im Rückblick sagt, benannten Zahlen über die Zahläquivalenz, welche freilich die Terme nicht bloß als Ausdrucksfiguren, sondern in ihren verschiedenen Bereichen zu betrachten haben, wie die Stellensysteme binärer bzw. dezimaler Zahltermsysteme zeigen. Die prototheoretischen Prinzipien verwandeln sich per Abstraktion in wahre Aussagen oder ‚Axiome' über die Zahlen.[12]

Der empiristische Versuch Humes und der logizistische Freges, reine Zahlen als Anzahlen und diese als gleichzahlige Klassen von Mengen zu definieren, führen, wie wir noch genauer sehen werden, beide in Sackgassen. Denn wohldefinierte vollsortale Mengen setzen entweder die Zahlen oder sogar schon die komplexeren mathematischen Berei-

---

werte oder Wahrheitsbedingungen ‚extern' durch logisch komplexe Aussagen *in anderen* Bereichen definiert sein können.

[12] Es gibt gerade in der Mathematik ein absolutes Primat der Namen bzw. Benennungen vor den Gegenständen, der Repräsentation vor dem Repräsentierten. Das klingt zunächst paradox oder gar falsch. Denn Namen benennen immer nur, so ist man geneigt zu sagen, was es schon gibt. Alles andere erscheint als eine Art (linguistischer) ‚Idealismus', wie man zu sagen pflegt. Insbesondere für ‚so große' (besser: vage) Gegenstandsbereiche, wie wir sie in der Analysis und Mengenlehre betrachten, scheint die These unangemessen zu sein. Denn hier gibt es bekanntlich nicht schon für jeden Gegenstand einen Namen in einem vorab syntaktisch fixierten System der Namenbildung. Das ergibt sich aus Cantors Überabzählbarkeitsargument. Wir sind aber auch im Weltbezug nicht an ein rein syntaktisch definiertes Namensystem gebunden, wenn wir die Sprechhandlung der *Benennung* genauer bedenken. Die Quantifikation über ‚alle' reelle Zahlen ist dann zwar nicht mehr rein *namensubstitutionell* deutbar, wohl aber *benennungssubstitutionell*. D. h., wir können die Variablen durch beliebige semantisch wohlgeformte Benennungen ersetzen, um sie auf einen konkret benannten oder auch nur als möglicherweise benennbar angedeuteten Gegenstand zu beziehen und so zu ‚belegen'. Entsprechend bezieht man sich nicht bloß auf eine konfigurativ fixierte Liste von *Sätzen*, wenn man Formeln belegt, sondern auf mögliche ‚Aussagen'.

che der reinen Mengen bzw. der geometrischen Proportionen längst schon als wohlkonstituiert voraus.

Im Übergang von Zahltermsystemen zu den natürlichen Zahlen wird dagegen erst klar,
dass die reinen ‚natürlichen' Zahlen keineswegs, wie Kronecker sagt, ‚der liebe Gott gemacht' hat. Die Definition der reellen Zahlen ist dann aber schon eine mathematikin-
terne Abstraktion. Für sie möchte man alle und nur die so genannten Cauchy folgen
(a_n) rationaler Zahlen als konkretisierende Belegungen für reellzahlige Variablen in
Betracht ziehen.[13] Dazu muss man aber in jedem konkreten Belegungsfall schon wissen, dass die Cauchy-Eigenschaft erfüllt ist. Nur dann *repräsentiert* eine Folge (a_n) und
benennt ihre Beschreibung eine reelle Zahl. In einem kantischen Sinn ist die Erfüllung
der Cauchy-Eigenschaft eine *apriorische Präsupposition* in der logisch-methodischen
Konstitution der reellen Zahlen – so wie die räumliche Lokalisierbarkeit in einer begrenzten Zeit *transzendentale Bedingung* dafür ist, etwas als physisches Ding auch nur
der Möglichkeit nach zu identifizieren.

Ohne ideale Formierung oder Formalisierung der in der realen Welt immer kontinuierli-
chen und damit vagen Unterscheidungen ihrer Repräsentationen gibt es keine wirklich
diskreten Gegenstände und keine *sortalen* Mengen, wie sie die Mathematik in ihren re-
lationalen Strukturen sowohl der Arithmetik als auch der Geometrie *intern* voraussetzt.
Es bedarf *externer* Projektionen solcher Strukturen in der Anwendung zur Hervorhebung generischer Formen in der realen Welt. Ohne das Hin-und-Her von idealisierender
Abstraktion und urteilskräftiger Projektion haben die bloß intern distinkten bzw. exakten, schematisch geregelten, Rede- und Argumentationsformen der Mathematik keinen
klaren externen Sinn.

Dabei hatte Descartes zwar die *Distinktheit* sortaler Gegenstandsbereiche mit ihren
Prädikaten von der *Klarheit* der immer über die (sinnliche) Anschauung vermittelten
innerweltlichen Repräsentationen und Anwendungen unterschieden. Aber weder er
noch seine Nachfolger haben bemerkt, dass es ‚punktförmige' Diskretheiten nur in den
reinen Größen und Formen mathematisierter Arithmetik und Geometrie gibt, deren
externe Klarheit über prototypische Paradigmen vermittelt ist, die als solche aber immer so vage sind wie die Übergänge von einer Figur wie dem Zeichen „1" zu einer
anderen wie dem Zeichen „2". Distinkt sind die Zahlen, nicht die Ziffern. Aber klar
sind nur die Terme als Figuren. Allerdings können wir in jedem konkreten Fall die Figuren, die wir ja selbst herstellen, in ihren Kontrasten ausreichend deutlich machen.
Diese Tatsache ist es allein, welche die Zahlen zu einem idealen Bereich klarer und di-
stinkter Unterscheidungen macht. Im empirischen Fall wird der fromme Wunsch, *clare
et distincte* zu sprechen, immer an recht enge Grenzen stoßen, da sich die bloß *per-
zipierten* Erscheinungen der Welt in ihrer passiven *Rezeptivität* immer nur vage, lokal
und in begrenzten Situationen oder Zeitepochen hinreichend klar und deutlich voneinander unterscheiden bzw., wie man auch sagt, ‚mit sich selbst' identifizieren lassen.
Der Kontrast zu den von uns herstellbaren Formen (als dem Bereich der *Spontanei-
tät* im Sinn Kants) ist insbesondere deswegen so wichtig, weil alles bloße *Glauben* an

---

[13] Eine Folge (a_n) heißt Cauchyfolge oder auch „konzentriert" genau dann, wenn es für jede natürliche Zahl
n ein m gibt, so dass für alle k, l größer als m der Abstand von a_l und a_k kleiner ist als $1/n$. Zwei konzentrierte
Folgen sind äquivalent und repräsentieren die gleiche reelle Größe (Länge) als Punkt auf der Zahlengeraden
(der Abszisse und der Ordinate), wenn, grob gesagt, hohe Folgenglieder beliebig nahe beieinander liegen.

gegebene Wahrheiten in einem ‚platonistischen' Bereich mathematischer Gegenstände abzuwehren ist, samt der Meinung, es gäbe ein intuitives mathematisches Denken, das erst nachträglich in Worte und symbolische Zeichen gefasst werde. Intuition ist, wo sie sich nicht bloß aus einem impliziten Können ergibt, ein angelerntes Wissen, das, wenn wir genauer hinsehen, oft genug auf partiell unhinterfragten, sogar partiell unbegriffenen, jedenfalls nicht auf souveräne Weise explizit gemachten und erst damit kritisch reflektierten Voraussetzungen eines *Ondit* beruht, also darauf, was *man* zu sagen pflegt. Dabei ist freilich bis heute schon der folgende Kommentar umstritten, obwohl er seit Platon, Hobbes oder Kant für alle Kenner nur eine Plattitüde zum Ausdruck bringt: Mathematisches Denken ist, wie jedes Denken, *stille Rede mit sich selbst* samt einer Vorstellung von Modellbildern, deren schriftlich oder bildlich reproduzierbare Formen gerade die ‚Strukturen' konstituieren, wie sie ohne Analyse ihrer Seinsweise in verschiedensten Wissenschaften untersucht werden. Eine oberste Maxime mathematischer Didaktik sollte daher sein, Mathematik als Technik des Umgangs mit geformten Figuren verstehbar zu machen, nicht unmittelbar über bloß unterstellte Gegenstände und Strukturen zu reden und hier möglichst nichts einer subjektiven Intuition zu überlassen.

Wie im leisen Lesen oder in dem aus dem Erwerb von Fremdsprachen bekannten *verbal planning* werden im mathematischen Denken also real ausführbare Operationen mit Symbolen, auch Diagrammen, Formeln oder Sätzen (ggf. leise) entworfen. Im Fall des musikalischen Denkens sind das z. B. Kompositionen, im Fall von Bildern oder in der Architektur aufzeichenbare Skizzen. Besonders das ‚anschauliche' Denken in der elementaren Synthetischen Geometrie geschieht, wo es überhaupt noch explizit gelehrt und nicht der bloßen Intuition begabter Schüler überlassen bleibt, im engen Zusammenhang mit normierten Beschreibungen planimetrischer Bildkonstruktionen und deren Ausführung in Diagrammen. Kant spricht von *reinen Anschauungen*, wo er auf die Betrachtung, Beurteilung und Kommentierung der von uns selbst hergestellten und geformten Figuren und deren Ordnungen verweist – wie schon im Fall der Zahlterme der *elementaren Arithmetik*, zu denen auch digitale Strichlisten und meinetwegen auch die Finger zählen. Reine Anschauungen dürfen also nicht mit subjektiven Intuitionen oder subjektiven Vorstellungsbildern verwechselt werden. Vorstellungen im guten Sinn sind stille Repräsentationen äußerlicher Präsentierbarkeiten.

Alle Rechenregeln der heute unmittelbar in die höhere Analysis eingebetteten und damit längst schon voll algebraisierten und arithmetisierten Analytischen Geometrie basieren auf der ‚reinen Anschauung' der elementaren *Geometrie*, die als solche eine ideale Theorie (besser: ein System von Modellstrukturen) architektonischer *Planzeichnungen* ist. Die idealisierende Reinigung der Anschauung der von uns konstruierten Planskizzen besteht in einem Übergang von den realen Figuren zu deren Formen, wobei die Formäquivalenz vermittelt ist durch die Konstruktionsbeschreibung, wie das unten noch skizziert werden wird.

Nicht zuletzt eine verfehlte Kant -Kritik motiviert das Gerede des späteren 19. und 20. Jahrhunderts, die moderne Mathematik zeichne sich dadurch aus, dass sie sich in ihrer Axiomatik von jeder *Anschaulichkeit* emanzipiert habe. Man übersieht, dass auch alle Arithmetik, Algebra und höhere Analysis auf einer geformten Anschauung von Figurenfolgen aufruht, auch wenn diese als lineare Folgen übersichtlicher und leichter kontrollierbar sind als zweidimensionale Diagramme (auf einer hinreichend ebenen Bildfläche). Gerade auch hier dürfen wir die methodische Ordnung der Konstitution von (formalen) Theorien, ihren reinen Modellstrukturen und deren Gegenstände nicht einfach vergessen. Man sollte die Modelle also nicht stillschweigend-naiv als (,unmittelbar') gegeben voraussetzen. Der Mythos des Gegebenen (Wilfrid Sellars) ist hier noch irreführender als im Fall der mangels klarer und deutlicher Gleichsetzungen und Relationen noch nicht einmal als halbsortale Gegenstände auffassbaren Sinnesdaten und so genannten Qualia.

Der Mythos erstreckt sich insbesondere auf die *Mengen* der Mengenlehre. Gerade im Blick auf die Rede von Mengen wird zu unterscheiden sein zwischen den *reinen* Mengen der Cantorschen Mengenlehre oberhalb der hereditär-endlichen Mengen mit einem einzigen Urelement, der leeren Menge,[14] für die eine einzige zweistellige Beziehung, nämlich die Element-Relation $x \in y$, als wahr oder falsch definiert ist (1), den *intensional benannten*, aber schon mathematischen Mengen oder Quantitäten in konkreten Relations- oder Gegenstandsbereichen wie den natürlichen Zahlen oder den planimetrischen Punkten und Längen der Euklidischen Geometrie (2) und schließlich den *empirischen*, zeitabhängigen, daher bestenfalls halbsortalen Mengen endlicher Dinge (3).[15]

Indem man auf derartige allgemeine Kommentare zur Ordnung des mathematischen Denkens verzichtet, entsteht der Anschein, es handele sich bei der Mathematik um einen Art Geheimwissenschaft von Eingeweihten oder Begabten mit ,schneller Auffassungsgabe'. Hellere Köpfe wie Heraklit haben eben diesen Schein und damit eine falsche Didaktik schon an der Esoterik der Schule des Gurus Pythagoras vehement kritisiert – was allerdings eine entsprechende Rekonstruktion des wahrscheinlichen Inhalts seiner Kritik voraussetzt. Das pythagoräistische Erbe firmiert später zumeist unter dem Titel „Platonismus" und prägt noch die Vorstellung, die ganze Welt sei in ihrem Wesen der Inhalt eines in mathematischen Lettern geschriebenen Buches, was mit ihrer Propagierung durch Galilei zu einem tief sitzenden Aberglauben der Moderne geworden ist. Der Aberglaube entsteht und verfestigt sich dadurch, dass man die methodische Ordnung des systematischen Aufbaus der reinen Formen der Mathematik nicht expli-

---

[14] Das Zeichen „∅" für die reine leere Menge ist der einzige nicht zusammengesetzte Basisnamen im System der reinen hereditär endlichen Mengen V_ω. Der Ausdruck $\{x : \forall y. \neg y \in x.\}$ ist zwar koextensional, hat also dieselbe Bedeutung$_F$ im Sinne Freges, ist aber ein logisch komplexer Ausdruck, eine Kennzeichnung bzw. definite Beschreibung, da er ja zwei gebundene Variablen enthält. Die hereditär-endlichen Mengen entstehen aus dem System von basalen, weil variablenfreien Termen der Form: $\emptyset, \{\emptyset\}, \{\{\emptyset\}\}, \{\{\emptyset\}, \emptyset\}$, etc. Die syntaktische Bildungsregel ist: Wenn $a, b \ldots$ als endliche Liste wohlgebildeter Ausdrücke gegeben ist, darf man eine Mengenklammer $\{\ldots\}$ um sie machen. Für die Elementrelation $\in$ setzt man fest, dass c ein ,Element' der Menge ist genau dann, wenn es in der Liste der $a, b \ldots$ vorkommt und man schreibt: $c \in \{a, b \ldots\}$. Die übliche Schreibweise $c \in \{x : x = a \vee x = b \ldots\}$ lässt es so erscheinen, als nehme die Variable x auf einen schon definierten Gegenstandsbereich Bezug. Tatsächlich wird der Bereich der reinen hereditär endlichen Mengen durch die obigen logikfreien Ausdrucksbildungsregeln, die Definition der Elementbeziehung und die Definition der Extensions- oder Mengengleichheit allererst definiert.

[15] So ändert sich z. B. Menge und Anzahl der Menschen auf der Erde dauernd, weil Menschen geboren werden und sterben. Die zu zählenden Dinge in der Welt sind grundsätzlich so unscharf wie die Menge der Berge und Hügel der Alpen. Die Vagheit empirischer Mengen zeigt sich auch an der Frage, ob man auch tote Personen mitzählen soll oder ungeborenes Leben, wobei Zukunft und Möglichkeiten vollends indefinit werden.

zit lehrt oder selbst noch nicht versteht. Schon daher ist eine philosophische Reflexion auf die Konstitution mathematischer Gegenstandsbereiche über ihre Darstellungsformen für echte mathematische Bildung gerade auch im Blick auf Anwendungen in den Realwissenschaften wie der Physik oder beispielsweise auch den Wirtschaftswissenschaften so grundlegend. Das geht weit über ein gelerntes Wissen und technisches Können hinaus. Es verlangt eine Rekonstruktion von Ideen -Entwicklungen, Kompetenz im Umgang mit Kommentaren zu den methodischen Ordnungen in der Konstitution der internen Wahrheitsbegriffe idealer Gegenstandsbereiche und ein erfahrenes Wissen über die Grenzen der Anwendbarkeit von Schemata, die nur für hinreichend prototypische oder gar ideale Fälle verlässlich gelten. Es ist dabei unbedingt zu unterscheiden zwischen dem *Setzen* von Wahrheiten und der *Einsicht* in gesetzte Wahrheiten, also zwischen einer ‚ontologischen' (bzw. ‚metaphysischen') Analyse des Gesetztseins von Wahrheiten bzw. Gegenständen und einer epistemologischen Analyse des Zugangs zu ihnen über Formen des Beweisens, Wissens und Glaubens.

Die Arithmetik der Zahlen gilt als Muster an Exaktheit, solange man keine unbeschränkten Quantoren verwendet. Doch wirklich interessant werden formale Gegenstandsbereiche erst im Kontext der Geometrie der pythagoräischen oder euklidischen Konstruktionen von planimetrischen Formen mit einem markierten Geo-Dreieck bzw. einem Zirkel. Die *Invarianz* der Formen solcher architektonischen Planskizzen in Bezug auf *Ort, Zeit und Größe* kann in ihrer Bedeutung kaum überschätzt werden. Die Geometrie wird sogar zum Paradigma für alles *generische* bzw. *eidetische* Wissen, dessen Gegenstände Arttypen bzw. Formen sind, nicht bloß empirische ‚Mengen' mancher, vieler oder irgendwie ‚aller' empirischen Einzeldinge oder Sachlagen. Generisches Wissen ist in dem Sinn *nicht* empirisch, als es jeden Zufall kontingenter Ausnahmefälle, die aus dem Typus fallen, ebenso wie Grenzfälle sozusagen wegabstrahiert.

Die Geometrie beginnt mit der in der handlungsfreien Natur gar nicht vorkommenden Quaderform und ihren zu einander passend gemachten (‚ebenen') Flächen und orthogonalen Kanten. Solche Quader sind in einer großen Variation von Genauigkeit und Größe herstellbar. Wer unbedingt will, kann das eine ‚empirische' Tatsache nennen, sollte dann aber bloß rezeptive Einzelwahrnehmungen entsprechend unterscheiden. Besser ist es, generische bzw. eidetische Tat-Sachen dieser Art nicht „empirisch" zu nennen, zumal sie in einem ‚apriorischen' Wissen um ein Handelnkönnen fundiert sind, das sich in der Herstellung etwa von Gebäuden und Geräten verschiedenster Art zeigt. Erst recht nichtempirisch sind die in den invarianten planimetrischen Formen definierten Größenproportionen. Denn die Formen haben als ideale Abstrakta (modulo ihrer Strukturäquivalenz) weder einen Ort noch eine empirische Größe. Die Proportionen bilden die Grundlage der Entwicklung von Algebra und Analysis, der diversen Körper (*fields*) von (archimedischen) Größen(verhältnissen), zunächst mit Addition, seit Descartes aber mit Multiplikation (samt Division). Ihre Arithmetisierung führt zu den reellen Zahlen, den höherdimensionalen Vektorenräumen und Mengen der abstrakten Analysis.[16]

---

[16] Detailliertere Argumente finden sich in Pirmin Stekeler-Weithofer, *Grundprobleme der Logik. Elemente einer Kritik der formalen Vernunft*, Berlin, de Gruyter, 1986 und ders., *Formen der Anschauung. Eine Philosophie der Mathematik*, Berlin, de Gruyter, 2006.

4.2　Exemplarische Probleme der Konstitution infinitesimaler Größen

Eine Revision üblicher Geschichten zur Entwicklung mathematischer Theorien ist für ein tieferes Verständnis der Mathematik selbst notwendig, wenigstens hilfreich. Eine besser rekonstruierte Ideengeschichte der Mathematik zeigt zum Beispiel die Denk- und Beweisfehler, die im Zusammenhang der Erfindung der Integral- und Differential-kalküle entstanden sind, weil man sich die Grundbedingungen dafür, dass man über-haupt sortale Gegenstandsvariable verwenden kann, nicht hinreichend klargemacht hat. Es sind daher sowohl aus logischer als auch didaktischer Sicht die einfachen Grundmuster mathematischen Denkens nicht bloß implizit durch Praxis und Einübung zu vermitteln, sondern in reflektierenden Kommentaren anhand von Standardparadig-men explizit zu machen. Das lässt sich besonders schön und schnell an den Proble-men der logisch-mathematischen Begründung der Differentiation und Integration seit Newton und Leibniz zeigen, deren Reden über ‚infinitesimale‘ Größen größer als 0 und kleiner als jede reelle Größe der Form $1/n$ im Widerspruch steht zum Archimedischen Prinzip, das für ‚echte‘ bzw. ‚reelle‘ Größen a, b traditionell vorausgesetzt wird: Es ist hier $a = b$ genau dann wahr (bzw. bewiesen), wenn für jede natürliche Zahl n die Ungleichung $-1/n < a - b < 1/n$ gilt (bzw. gezeigt ist).

Newton liefert noch nicht einmal im Ansatz eine angemessene mathematische Be-gründung der Differentialrechnung. Er operiert mit einer halbempirischen Vorstellung von *Fluenten* oder *fluentes quantitates u* als (lokal betrachteten) *Bewegungen*. New-tons *Fluxionen* sind dann gleichförmig-geradlinige, später „inertial" genannte, Tangen-ten(steigungen) bzw. *Geschwindigkeiten* an einer Stelle. Zunächst wurden sie durch einen Punkt über dem *u* notiert, der zur heutigen linearen Schreibung der *Ableitung u′* führt. Die zweite Ableitung *u″* gibt dann die lokale (Winkel-)*Beschleunigung* an. Das logisch-mathematische Problem, das wir mit Newtons Vorgehen haben sollten, ist dies: Fluenten und Fluxionen werden auf schwankende Weise mal als (teilbare, infini-tesimale) Gegenstände, mal (implizit) als Funktionen $f(x)$ bzw. $f(t)$ vorgestellt, mit ‚Zeitzahlen‘ als Argumenten – was später zur Darstellung $u(t)$ und $du(t) = u'(t)dt$ führt.[17] Newtons Kommentar, es handele sich um fließende und verschwindende Grö-ßen, die (lokal betrachtet) gar keine echten Größen mehr seien, kein Etwas, also kein Gegenstand, und doch (noch) nicht nichts, nicht Null, bringt in die Mathematik ganz fremde Elemente, nämlich Zeit und Bewegung.[18]

---

[17] „Im Unterschied zur heutigen Praxis, die eher auf die Arbeiten von Barrow, Leibniz und Euler zurückgeht, macht Newton vom Konzept einer *abhängigen* Größe keinen Gebrauch, so dass unsere obige Notation einer Funktion $y = f(x)$ sozusagen über das hinausgeht, was bei Newton zu finden ist. Stattdessen behandelt er die Variablen x, y und ihre Zuwächse dx, dy so, als wären sie selbständig oder als wären beide abhängig von einer dritten Größe, welche bei Newton die Zeitvariable t darstellt. Das führt zur Benennung seiner infinitesimalen Größen als ‚*Fluxionen*‘ und zur Rede von unendlich kleinen ’Inkrementen‘ oder ‚Zuwächsen‘." Vojtech Kolman, *Grundthemen Philosophie: Zahlen*, Berlin, de Gruyter 2016, 61f.

[18] Allerdings werden auch in der Leibniztradition ‚unendlichkleine‘ Größen dx so vorgestellt, als sei ihre Identität als wohldefiniert, und zwar so, dass $0 \leq dx < 1/n$ für jedes n gelten soll, was aber der Bedingung widerspricht, dass jeder Bereich von Größen *archimedisch* sein soll. Das ist dann auch der Grund dafür, dass Euler $dx = 0$ setzen möchte – was offenbar sinnlos ist. Andererseits kann man sich durchaus eine Ord-nungsrelation $0 < (a_n) < (b_n)$ für ‚schneller‘ bzw. ‚langsamer‘ konvergierende Nullfolgen wie $a_n = 1/n$ oder $b_n = 1/n^2$ vorstellen, samt einer Ordnung von größeren und kleineren Krümmungen von Kurven an einem

Es ist in der Tat ein logischer Kategorienfehler, in der Mathematik mit Vorstellungen von einer (noch dazu bloß impliziten) Zeitabhängigkeit des Werdens und der Veränderung zu arbeiten.[19] Denn in der Mathematik wirkt ‚seit Thales‘ das *kategorische Grundprinzip*, dass ihre Gegenstände und Wahrheiten *nichts Empirisches* enthalten dürfen. Es wird praktisch glücklicherweise immer anerkannt, auch wenn es selten genug explizit begriffen ist. Das Prinzip besagt, dass mathematische Wahrheiten nicht, wie historische, erst *a posteriori* gelten. Sie enthalten insbesondere keine *indexikalischen* Bezüge auf einzelne, viele oder alle ‚realen‘ Gegenstände im *sinnlich* erfahrbaren Dasein – je aus der subjektiven Perspektive des Betrachters und Sprechers. Sie beziehen sich vielmehr *a priori* auf reproduzierbare, zunächst geometrische, *Formen*, die man in ihrer *idealen Reinheit* und Situationstranszendenz auch als ‚ewig‘ ansieht. Das ist keine erst noch zu beweisende (oder gar falsche) Behauptung, wie das gerade auch Kritiker Kants zumeist darstellen. Es ist eine unbezweifelbare Feststellung, wenn man die Wörter angemessen auf die uralte Unterscheidung zwischen einer *mathesis* oder *epistēmē* als Wissen über ideale Formen oder Strukturen (Platons *eidē*) und einer bloßen *empeiria* der Perzeption von Einzelphänomenen, einer zugehörigen *doxa* als subjektivem Wahrnehmungsurteil und einer *historia* als bloßem Augenzeugenbericht bezieht. Was wir heute „Empirie" nennen, sollte unbedingt bloß als *aisthesis*, *doxa* und *historia* und damit als rein subjektives Kennen begriffen werden.

Die Einsicht, dass wahre Wissenschaft allgemeines Formenwissen ist und sein muss, geht auf Heraklit, Parmenides und Platon zurück. Wenn man die überlieferten Texte mit Verstand liest, erkennt man in ihnen Kommentierungen der Ideen der frühen Erfinder mathematischer und mathematikanaloger Wissenschaft, gerade auch der Schule des Pythagoras. Ihre Kritik am Empirismus wird in Kants und Hegels Abwehr des Britischen Empirismus nur wiederholt. Es geht dabei um die schon erwähnte Einsicht, dass die Gegenstände jeder Wissenschaft zeitallgemeine Formen oder generische Typiken sind und sein müssen, keine ‚Mengen‘ einzelner Erscheinungen. Man kann eben wegen ihrer Abstraktheit und Allgemeinheit keine Gattung, Art oder Form, keine reine Zahl (Proportion) oder Struktur, kurz: kein *genos* oder *eidos* unmittelbar wahrnehmen. Was man alles an Einzelheiten im deiktischen Bezug auf ein präsentisches Dasein empirisch perzipiert und zu erkennen meint oder woran man sich *a posteriori* erinnert oder zu erinnern glaubt, das nimmt, wie Platon sagt, vermöge entsprechender projektiver

---

gemeinsamen Berührpunkt. Hier entsteht aber, wie schon Hegel scharfsichtig sagt, ‚derselbe Widerspruch‘, nämlich zum Archimedischen Prinzip für echte Größen. Auch die folgende Definition ist inkonsistent, wenn man infinitesimale Größen als Quantitäten, diese als Elemente in einem archimedischen Bereich deutet und nicht, wie in der *Nonstandard Analysis* von Abraham Robinson (Amsterdam 1966, 2. rev. Ed. 1974) zwischen internen und externen Aussagen oder Eigenschaften unterscheidet: „Infinitely small quantities are smaller than any given quantity, but greater than zero; infinitely large quantities are larger than any given quantity". Cf. S. 61 von Eberhard Knobloch, „Leibniz' Rigorous Foundation of Infinitesimal Geometry by Means of Riemannian Sums", *Synthese 133*, 2002, 59-73, einer Abhandlung zu G.W. Leibniz (1675) „On the arithmetical quadrature of the circle, the ellipse, and the hyperbola. A corollary is a trigonometry without tables". Wir müssen offenbar auch unterscheiden, ob Autoren logisch und mathematisch streng genug vorgehen oder nur von sich oder anderen sagen, sie hielten sich an die „certainty, rigour, and preciseness of mathematics" (a.a.O.).

[19] Zur Zeit Kants und Hegels hießen übrigens Sätze, welche Kategorienfehler als syntaktosemantisch unrichtig gebildete Ausdrucksformen zum Ausdruck bringen, „unendliche", d. h. unendlich negierte Urteile. Beispiele sind: „Cäsar ist keine Primzahl" (Carnap), „eine Flächengröße ist nie gleich der Länge einer Strecke", „ein Tisch ist kein Elephant" (Hegel) oder auch „das Gehirn denkt nicht".

Urteile an den Formen des Wissens teil und kann nur vor diesem Hintergrund als wahr oder falsch beurteilt werden.

Es sind jetzt offenbar drei unterschiedliche Vorstellungen von infinitesimalen (Pseudo-)Größen zu unterscheiden: 1. Newtons Fluxionen als momentane Geschwindigkeiten, die man sich als infinitesimale Proportionen mit einer reellen Größe in der Nähe bloß anschaulich vorgestellt hatte. 2. Infinitesimale Größen, die aus Ordnungen von Nullfolgen stammen.[20] 3. Die Differentialformen dx von Leibniz.

Leibniz erkennt immerhin schon das Synkategorematische in den Pseudoverhältnissen dy/dx und den unendlichen Pseudosummen des Integrals „$\int f x \cdot dx$", die auch Newton nicht als Summen infinitesimaler Produkte $f x \cdot dx$, sondern als Grenzwerte von (Partial-)Summen verstehen möchte. Unendlich kleine (oder große) Größen sollen also von besonderer Art sein, sind *gar keine echten, reellen*, Größen. Aber auch Leibniz löst das Problem ihres rechten Verständnisses noch nicht völlig,[21] wie ein Text noch aus dem Jahr 1710 zeigt, nach welchem „die Größe dx selbst nicht immer konstant sei, sondern gemeinhin sich kontinuierlich vermehre und vermindere".[22]

Hegel als Rektor eines Gymnasiums in Nürnberg erweist sich hier als einer der hervorragendsten Mathematiklehrer seiner Zeit und in der 2. Auflage der *Lehre vom Sein* seiner *Wissenschaft der Logik* (postum 1832)[23] als der wohl beste Philosoph der Mathematik vor Frege und Wittgenstein. Das ist explizit gegen Bernard Bolzano und die ihm folgende Analytische Philosophie in ihrer irreführenden Kritik an (Kant und) Hegel gesagt.

---

[20] Man kann ja Nullfolgen der Art $1/n, 1/n^2, a/n^m$ etc. in der Tat ordnen, etwa indem man $(a_n) \leq (b_n)$ als ‚wahr' setzt, *wenn* die Indexmenge $\{n : a_n > b_n\}$ endlich ist. Für jede Konstante $c \geq 0$ und jede Nullfolge a_n gilt dann $0 < (a_n) < c$. Damit sind die Ungleichungen und Gleichungen für Nullfolgen aber bloß erst partiell definiert und nicht für jedes Folgenpaar $(a_n), (b_n)$ gilt genau eine der Alternativen $(a_n) < (b_n)$ oder $a_n = b_n$ oder $b_n < a_n$. Daher lassen sich infinitesimale Größen und ihre Ordnung auf diesem Weg erst dann definieren, wenn man oberhalb der Komplemente endlicher natürlicher Zahlen einen Ultrafilter zur Verfügung hat. Ein solcher Ultrafilter ist ein System U von Teilmengen der natürlichen Zahlen, so dass noch zusätzlich gilt: für jede Teilmenge $A \subseteq \mathbb{N}$ gilt $A \in U$ oder $A^c \in U$, aus $A \in U$ und $B \in U$ folgt, dass $A \cap B \in U$, und wenn $A \in U$ und A Teilmenge von B ist, so ist auch $B \in U$. In der Cantorschen Mengenlehre ‚gibt' es solche Ultrafilter, sofern man das Auswahlaxiom ‚als wahr annimmt' (was man durchaus darf). Damit kann man nonstandard-Zahlen und Infinitesimalzahlen ‚definieren', muss aber jeweils beachten, über welche Bereiche die Quantoren laufen. Denn es gilt weiter das Archimedische Axiom, wenn man ‚intern' über nonstandard-Zahlen bzw. standard-rationale und -reelle Zahlen quantifiziert. ‚Extern' aber sind infinitesimale Größen ξ (größer Null) kleiner als alle (konstanten) Standardgrößen. Es haben jetzt alle reellen Größen x eine ‚infinitesimale' Umgebung $x + \xi$ mit $\xi \simeq 0$. Zu jeder ‚endlichen' nonstandard-Zahl α gibt es ein reelles x mit $\alpha \simeq x$ bzw. $\alpha - x \simeq 0$. Beweistechnisch gewinnt man mit dem Vorgehen aber fast nichts gegenüber dem Stetigkeitsprinzip und der Epsilontik.

[21] „Man darf nicht glauben, dass … die Wissenschaft des Unendlichen … auf Fiktionen zurückgeführt wird, denn es bleibt – um mich schulmäßig auszudrücken – immer ein synkategorematisch Unendliches bestehen." (Brief an Varignon 1702): in: G.W. Leibniz, *Hauptschriften zur Grundlegung der Philosophie I*. Übers. A Buchenau, hg. v. E. Cassirer, Hamburg (Meiner) 1966 (Leipzig 1904), 98f.

[22] Cf. Sybille Krämer, „Zur Begründung des Infinitesimalkalküls durch Leibniz", *Philosophia naturalis, 28*, 1991, 129, samt Fußnoten S. 141. Das Kommentarwort „Moment" markiert übrigens bei Hegel einen synkategorematischen, d. h. nur in speziellen Kontexten und damit nie ‚gegenständlichen' Gebrauch in einem Gesamtausdruck, bei Newton einen ‚empirischen' Zeitpunkt mit einem infinitesimalen Hof.

[23] Cf. GW 21 = G.W.F. Hegel, *Wissenschaft der Logik. Die Lehre vom Sein* (1832) ed. F. Hogemann, W. Jaeschke, Hamburg (Meiner) 1985.

Allerdings sollte eine logische Kritik an der mangelnden Exaktheit in den Grundlagen, wie ich sie gerade vorführe, immer auch beachten, dass die größten Erfolge der neueren Mathematik auf das Konto von Regelbrüchen,[24] eines *framebreaking*[25] gehen. Was zunächst als ein logischer Kategorienfehler erscheint, *könnte* durchaus zu einem Denkfortschritt führen[26] und zwar gerade auch im Fall der ‚gewöhnlichen Bestimmung des mathematischen Unendlichen‘.[27] Man sollte daher auch Newtons Überlegungen zu den Fluxionen mit Nachsicht (‚*charity*‘) lesen, zumal er in der Tat auf eine Definition der Differentiation über einen Grenzübergang oder Limes abzielt. Allerdings stellt erst Karl Weierstraß ca. 150 Jahre später in seiner ‚Epsilontik‘ einen exakten Grenzwertbegriff zur Verfügung. Newton spricht dagegen noch ganz anschaulich und inexakt von ‚letzten Verhältnisse der verschwindenden Größen‘.[28]

Den richtigen Ansatz für die Deutung von Grenzwerten vor Weierstraß findet *Hegel* bei Carnot und Lagrange, was ein erstaunlich klares Verständnis von Sache und Problem voraussetzt. Carnot erklärt in leicht obskurer Weise, es läge an einem *Gesetz der Stetigkeit*, dass die verschwindenden Größen ‚noch das Verhältnis, aus dem sie herkommen, ehe sie verschwinden, behalten‘.[29] Hegel liest dies als Hinweis darauf, dass der *reellzahlige* Grenzwert $c = \lim_{h \to 0}(f(x_0 + h) - f(x_0))/h$ die *stetige Ergänzung* der Funktion $F(h)/h$ mit $F(h) = f(x_0 + h) - f(x_0)$ an der Argumentstelle 0 ist.[30] Diese ist in der Tat

---

[24] Hegel drückt das so aus: „Die Mathematik hat ihre glänzendsten Erfolge der Annahme jener Bestimmung, welcher der Verstand widerspricht, zu danken.“ GW 21, 92.

[25] „Die … Unsicherheiten rühren von der Ahnung her, dass das Rechnen mit den neuen Termen, unbestimmt andeutenden Vertretern von Gegenständen und Gegenstandsvariablen in quantifikationellen Ausdrücken wie „es gibt ein x, so dass …“ in seinem logischen Status noch nicht klar verstanden ist, so lange nicht für alle möglichen Repräsentanten der Einzelgegenstände ihr Fürsichsein definiert ist.“ Vojtech Kolman, *Grundthemen Philosophie: Zahlen*, Berlin, de Gruyter 2016, 53.

[26] „Wenn man von Diophants Rechnen mit Brüchen als Vertreter von rationalen Zahlen absieht, schaffte erst Descartes die erste und zugleich wichtigste explizite Erweiterung des Zahlbegriffs nach Euklid (…), in welcher man die arithmetischen Basisoperationen des Addierens, Multiplizierens, Quadrierens und ihre Umkehroperationen geometrisch so interpretieren kann, dass man den eindimensionalen Raum des Streckenbereiches nicht verlassen muss. (…) Wenn man nämlich ganz konventionell eine der Strecken als Einheitsstrecke festsetzt, sind … über die bekannten Konstruktionen einer vierten Proportionale und einer mittleren Proportionale, sowohl Produkt AB und Quotient $A : B$ als auch Quadratwurzel $\sqrt{A}$ repräsentierbar. Am Ende gelangte man so zur Vorstellung einer *Zahlengerade* und damit auch zur Identifikation der *reellen* Zahlen mit den Punkten einer *reellen Achse*.“ Vojtech Kolman, *Grundthemen Philosophie: Zahlen*, Berlin, de Gruyter 2016, 53.

[27] Vgl. dazu Hegel: „Die gewöhnliche Bestimmung des mathematischen Unendlichen ist, daß es eine *Größe* sey, *über* welche es – wenn sie als das Unendlichgroße – *keine größere oder* – wenn sie als das Unendlichkleine bestimmt – *kleinere mehr* gebe oder die in jenem Falle größer, in diesem Falle kleiner sey als jede beliebige Größe. – In dieser Definition ist freylich nicht der wahre Begriff ausgedrückt, vielmehr nur, wie schon bemerkt, derselbe Widerspruch, der im unendlichen Progreß ist; aber sehen wir, was *an sich* darin enthalten ist. Eine Größe wird in der Mathematik definiert, daß sie etwas sey, das vermehrt und vermindert werden könne, überhaupt also eine gleichgültige Grenze. Indem nun das Unendlichgroße oder -kleine ein solches ist, das nicht mehr vermehrt oder vermindert werden könne, so ist es in der Tat *kein Quantum* als solches mehr.“ GW 21, 239.

[28] „Jene letzten Verhältnisse, mit denen die Größen verschwinden, sind in der Wirklichkeit nicht die Verhältnisse der letzten Größen, sondern die Grenzen, denen die Verhältnisse fortwährend abnehmender Größen sich beständig nähern, und denen sie näher kommen, als jeder angebbare Unterschied beträgt, welche jedoch niemals überschreiten und nicht früher erreichen können, als bis die Größen ins Unendliche verkleinert sind.“ I. Newton, *Philosophiae naturalis principia mathematica*, dt. Übers. v. J. P. Wolfers, Berlin 1872, 54.

[29] Vgl. Hegel zu *Carnot, Reflexions sur la Métaphysique du Calcul Infinitésimal* in GW 21, 254.

die Definition der Ableitung der Funktion $f(x)$ im Punkt x_0 und als solche eine *wirkliche, reelle, Größe c*,[31] die genau dann existiert, wenn f an der Stelle x_0 differenzierbar ist. Der zentrale logische Punkt der Differentiation, der didaktisch unbedingt herauszuarbeiten ist, liegt, wie Hegel aufweist, in einem *Wechsel der Variablen* von x zu h. Das verlangt *überhaupt* keine Betrachtung schlecht definierter infinitesimaler Größen und Größenverhältnisse in der Nähe von x. Es geht *nur* um die stetige Ergänzung der *Funktion der Differenzenquotienten* $F_x(h)/h = (f(x + h) - f(x))/h$ an der zunächst nicht definierten Stelle $h = 0$. Dabei ist Lagranges doppelt vernünftige Strategie zu verfolgen, erstens, die Argumentation möglichst unabhängig von Vorstellungsbildern, Intuitionen oder empirischen Bewegungen zu halten, und zweitens, „von dem Unendlichkleinen keinen Gebrauch" zu machen. Letzteres ist schon vor Weierstraß möglich, wenn man mit Lagrange zunächst nur solche Funktionen betrachtet, für welche man die Differenzenfunktion $F_x(h) = D_{f,x}(h) = f(x + h) - f(x)$ durch eine Potenzreihe $P_f(h)$ in h (an der Stelle x) der folgenden Form darstellen kann: $D_{f,x}(h) = p_1 h^1 + p_2 h^2 + \cdots + p_n h^n + \ldots$ Wenn h gegen 0 geht, bleibt in $D_{f,x}(h)/h$ der erste Koeffizient p_1 stehen und alle späteren Folgenglieder gehen ganz *offenbar* gegen 0. Das heißt, die Ableitung von f an der Stelle $x = x_0$ ist gerade gleich p_1.[32] Die Ableitung c wird als der *lineare Koeffizient p_1* der Reihe $P_f(h)$ für f an der Stelle x_0 zunächst definitorisch gesetzt. $c = p_1$ hat dann *nachweisbar alle Eigenschaften einer stetigen Ergänzung* von $P_f(h)/h$ an der Stelle $h = 0$. Diese Definition der Ableitung $c = df/dx$ (an einer Stelle x_0) ist quantitativ insofern, als sie eine reelle Größe p_1 ist. Sie ist qualitativ insofern, als p_1 der Linearkoeffizient von $P_f(h)$ (an der Stelle x_0) ist. In ihr besteht, wie Hegel ganz richtig sagt, „die ganze Natur der Sache".[33]

Lagrange folgt Euler darin, dass die Verhältnisse $(f(x) - f(x_0))/(x - x_0)$ für alle x definiert sind, wie nahe auch immer sie bei der Stelle x_0 liegen, nicht aber ein Funktionswert $f(\xi)$ ‚in infinitesimaler Nähe' von x_0.[34] Das Verlangen, das Maß der „Strenge der Beweise der Alten" wieder zu erhalten, bedeutet gerade, dass man die Variablen

---

[30] Nach Weierstraß bedeutet $c = \lim_{h \to 0} F(h)/h$, dass es zu jedem $\epsilon > 0$ ein $\delta > 0$ gibt, so dass für jedes h mit $-\delta < h < \delta$ gilt, dass $-\epsilon < c - (F(h)/h) < \epsilon$ ist.

[31] Die Eindeutigkeit der Zahl c ergibt sich auf einfache Weise aus dem Archimedischen Prinzip. Knoblochs Formulierung auf S. 63, „Leibniz called two quantities equal if their difference can be made arbitrarily, that is infinitely small", ist noch ungenau, da man eine Differenz nicht eigentlich *klein machen* kann.

[32] Es mag sein, dass Leibniz eben dies in der oben FN 19 und 31 zitierten und von Knobloch entsprechend kommentierten Überlegung *ausdrücken* wollte, aber noch nicht zureichend ausdrücken konnte. Für Polynome und Potenzreihen muss man ohnehin nur die Funktion $f(x) = x^n$ und die binomiale Entwicklung von $(x_0 - h)^n$ näher ansehen, da die Additivität der Ableitung, also $(f + g)'(x) = f'(x) + g'(x)$, trivial ist. Es ergibt sich nämlich $((x_0)^n - (x_0 - h)^n)/h = a_1 h/h + a_2 h^2/h + \ldots + a_n h^n/h = a_1 + R(h)$ mit $a_1 = n x_0^{n-1}$ als Steigung der Funktion an der Stelle x_0. Der Gesamtwert der angegebenen Restfunktion $R(h) = a_2 h^2/h + \ldots + a_n h^n/h$ mit höheren Potenzen wird offenbar beliebig klein, wenn man h hinreichend klein wählt.

[33] Ungefähr so hätte man sich schon damals den Beweis des Hauptsatzes der Differential- und Integralrechnung vorstellen können: Es sei $f(x)$ eine (stetige) Funktion ≥ 0 auf einem Intervall $[a, b]$ mit Stammfunktion F von f. Es ist also $F'(x) = f(x) = \lim_{h \to 0}(F(x + h) - F(x))/h$. Zur technischen Vereinfachung betrachten wir den Fall $a = 0$ und teilen das Intervall $[0, b]$ in n gleiche Teile der Länge b/n. Es ist dann die Fläche bzw. das Integral $\int^b f(x)dx = \int^b F'(x)dx = \lim_n \sum_{m=0}^{n-1} b/n \cdot F'(mb/n) = \lim_n \sum^n b/n \lim_{h \to 0} 1/h \cdot [F((mb/n) + h) - F(mb/n)] = \lim_n \lim_{h \to 0} \sum^n 1/h \cdot [F((mb/n) + h) - F(m \cdot b/n)] = \lim_n \sum^n 1/(b/n) \cdot [F((mb/n) + b/n) - F(mb/n)] = F(b) - F(0)$, da für konvergente Doppelfolgen, $\lim_n (\lim_m a_{nm}) = \lim_n a_{nn}$ ist.

[34] In Robinsons *Nonstandard Analysis* werden die Nonstandard-Werte $f(\xi)$ einer reellen Funktion $f(x)$ über die ξ repräsentierenden Folgen $[q_n]$ durch die Werte -Folge $[f(q_n)]$ definiert.

x, y nur mit denjenigen Gegenständen a, b belegt, deren Konstitution durch mögliche Repräsentanten zusammen mit einer Gleichheit $a = b$ und einem System von Relationen aRb und deren Erfüllungs- oder Wahrheitsbedingungen so klar und deutlich definiert ist, wie im System der natürlichen Zahlen, der pythagoräischen oder eudoxischen Proportionen bzw. nach Descartes den algebraischen Nullstellen von Polynomen. Freilich entsteht dann als neues Problem, in welchem Bereich Potenzreihen und sogar ‚beliebige‘ stetige Funktionen ihre Nullstellen finden können bzw. wie ‚alle‘ stetigen Ergänzungen der algebraischen Punkte auf der Zahlengerade zu konstituieren sind.

Der wichtigste Satz der Differentiation ist der Produktsatz $(f \cdot g)'(x) = f'(x)g(x) + g'(x)f(x)$. Bei seinem Beweis haben die ‚älteren‘ Analytiker, besonders auch Newton, mit einer völlig unbegründeten Streichung von Produkten $dx \cdot dy$ oder $dx \cdot dx$ operiert.[35] Mit ihm steht schon fast die gesamte Rechentechnik der elementaren Analysis zur Verfügung.[36] Denn es bilden die Polynome und Potenzreihen einen zunächst völlig ausreichenden Bereich von differenzierbaren und integrierbaren Funktionen.[37]

Über die Mathematik hinaus ist Klarheit in diesen Dingen für folgende metaphysikkritische Einsicht zentrale Voraussetzung: Die mechanistische Weltanschauung des Physikalismus beruht seit den Newtonianern des 18. Jahrhunderts auf der Vorstellung, es brächten infinitesimale Kraftimpulse irgendwelcher Art die Abweichungen von geradlinig-unbeschleunigten Punkt-Bewegungen ‚kausal‘ hervor. *Empirisch* gibt es aber gar keine solchen ‚inertialen‘ Bewegungen. Alle natürlichen Bewegungen sind schon deswegen irgendwie beschleunigt, weil es trotz Kopernikus keine ausgezeichneten Ruhe-Orte oder Raumzeitnullpunkte gibt, wie schon vor Einstein Leibniz, Kant und Hegel betonen. Es ist daher bloßer Schein, dass Newton in seinem mathematischen System auch nur die Gesetze Keplers kausal erkläre. Richtig ist nur, dass er Erdballistik und Sonnenballistik, sozusagen Galilei mit Kepler, systematisch *verbunden* hat.[38]

---

[35] „Die Aeltern unter den Neuern, wie z.B. *Fermat*, *Barrow* und andere, die sich zuerst des Unendlich-Kleinen in derjenigen Anwendung bedienten, welche später zur Differential- und Integralrechnung ausgebildet wurde, und dann auch *Leibniz* und die Folgenden, auch *Euler*, haben immer unverhohlen die Produkte von unendlichen Differenzen sowie ihre höheren Potenzen nur aus dem Grunde weglassen zu dürfen geglaubt, weil sie *relativ* gegen die niedrige Ordnung *verschwinden*. Hierauf beruht bey ihnen allein der *Fundamentalsatz*, nämlich die Bestimmung dessen, was das Differential eines Produktes oder einer Potenz sey, *denn hierauf reducirt sich die ganze theoretische Lehre*. Das Übrige ist theils Mechanismus der Entwicklung, theils aber Anwendung, in welche jedoch, was weiterhin zu betrachten ist, in der Tat auch das höhere oder vielmehr einzige Interesse fällt.“ GW 21, 260. Es ist allerdings auch zu betonen, „dass sich Newton anscheinend, wie übrigens auch Leibniz, mancher Restprobleme der jeweils vorgeschlagenen Kalküle bzw. der beweisenden Denkformen zumindest partiell bewusst war. Andererseits erfüllt sein Begriff der Grenze, des Annäherns usw., weil er stets kinematisch, also anschaulich, von der Zeit abhängig und eben damit empirisch bestimmt ist, die Bedingungen formentheoretischer Rede keineswegs.“ Vojtech Kolman, *Grundthemen Philosophie: Zahlen*, Berlin, de Gruyter 2016, 64.

[36] Zur Darstellung des Satzes bei Leibniz aus den *Acta Eruditorum* 1684 vgl. Oskar Becker, *Grundlagen der Mathematik in geschichtlicher Entwicklung*, Freiburg 1964, 160.

[37] Für Polynome reicht Hegels Rückgriff auf den Binomialsatz aus.

[38] „Diese und viele andere theoretische Lücken in den grundlegenden Redeweisen, Beweisen und dann auch Rechenverfahren der mathematischen Analysis hat George Berkeley in einem scharfsinnigen Essay kritisiert. Im Anschluss an seine frühere Kritik an Newtons Kraftbegriff, den er als obskure Ursache eines materialistischen Okkultismus angreift, bezweifelt Berkeley auch die selbständige Existenz von Newtons infinitesimalen Größen: ‚Und was sind diese Fluxionen? Die Geschwindigkeiten von verschwindenden Zuwüchsen. Und was sind diese verschwindenden Zuwüchse? Sie sind weder endliche Größen, noch unendlich kleine Größen noch auch nichts. Dürfen wir sie nicht die Gespenster abgeschiedener Größen nennen?‘ (*The*

4.3   Fundierungen vs. Verallgemeinerungen

Man wird nun vielleicht gern die Polynome und Potenzreihen hinter sich lassen und ‚alle' Funktionen daraufhin untersuchen wollen, ob sie an einer Stelle x oder in einem Intervall differenzierbar sind. Das setzt aber voraus, dass die Rede von ‚allen' reellen Größen und ‚allen' reellzahligen Funktionen schon einen klaren und deutlichen Sinn hat. Erst Cantors spekulativer Begriff ‚aller' reinen Mengen liefert einen solche – und bleibt dabei vage genug, wenn man die natürlichen Zahlen bzw. die hereditär-endlichen Mengen verlässt und über ‚alle' ihre Teilmengen sprechen möchte. Durch sie soll der *allgemeinste* Begriff der reellen Größe und der reellzahligen Funktion erläutert werden. Die reine Mengenlehre wird so sogar zum *allgemeinsten Rahmenbereich* für *alle* auch nur denkbaren modelltheoretischen bzw. wahrheitswertsemantischen Interpretationen von axiomatischen bzw. algebraischen Theorien. Sie erhält damit schon nach ihrer Konzeption durch Cantor die spekulative, sozusagen göttliche, Eigenschaft, dass man sich keinen größeren sortalen Bereich konsistent denken kann, ganz gemäß der klassischen Formel für Gott: *„quo maius cogitari non potest"*. Allerdings wurde die Debatte um diese mengentheoretische Fundierung der reellen und abstrakten Analysis im 20. Jahrhundert auf unglückliche Weise einfach abgebrochen. Man hat sich auf die so genannte *axiomatische Methode* zurückgezogen, welche sich der Klärung der Konstitution der Gegenstand- und Variablenbereiche einfach verweigert. Das wird vertuscht durch die Meinung, man könne oder solle sich in der Mathematik auf ein Beweisen formal gültiger Schlussfolgerungen aus Axiomen beschränken, die man ihrerseits teils als hypothetische Annahmen (‚über die Welt'?), teils als evidente Aussagen über (mathematische?) Grundtatsachen ansieht. Dabei bemerkt man weder das Schwanken noch den *pythagoräistischen Glauben an einen bloß vermeintlich ausreichend geklärten Begriff der Wahrheit im Hintergrund.* Stattdessen ist mit einem Wissen darum zu beginnen, was wir sprachlich und diagrammatisch *herstellen* können.

Die Kritik an formalistischen Überverallgemeinerungen steht denn auch im Zentrum von Wittgensteins späterer Philosophie der Mathematik. Als ausgebildeter Ingenieur fordert er dazu auf, immer erst die einfachen Kernparadigmen zu betrachten.[39] Schon der Handwerker Sokrates scheint aus nicht bloß didaktischen Gründen ein ähnliches Vorgehen in allen Wissenschaften einzufordern – in analoger Kritik an einem Missbrauch scheinbar allgemein gültiger Schlussformen in diversen sophistischen Argumentationen, welche das Ideale des Formalen übersehen und in ihren schema-

---

Analyst, 1734, § 35 Übers. Oskar Becker). In seiner *Wissenschaft der Logik* übernimmt Hegel Berkeleys Kritik, ohne den Autor zu nennen, obwohl er sich ganz offensichtlich inhaltlich auf diese Kritiktradition stützt. Er geht allerdings über die Kritik insofern hinaus, als er das methodisch Haltbare und Wichtige retten bzw. in einer genauen Begriffsanalyse aufheben möchte. Das logische Hauptproblem identifiziert er ganz korrekt in einer zu ‚schlichten', naiven, Annahme eines Gegenstands- oder Variablenbereichs infinitesimaler *Größen.*" Vojtech Kolman, *Grundthemen Philosophie: Zahlen*, Berlin, de Gruyter 2016, 67.

[39] „Es ist immer mit Recht höchst verdächtig, wenn Beweise in der Mathematik allgemeiner geführt werden, als es der bekannten Anwendung des Beweises entspricht. Es liegt hier immer der Fehler vor, der in der Mathematik allgemeine Begriffe und besondere Fälle sieht. In der Mengenlehre treffen wir auf Schritt und Tritt diese verdächtige Allgemeinheit. Man möchte immer sagen: „Kommen wir zur Sache!" Jene allgemeinen Betrachtungen haben stets nur Sinn, wenn man einen bestimmten Anwendungsbereich im Auge hat." L. Wittgenstein, *Philosophische Grammatik*, Frankfurt, Suhrkamp 1984, 467.

tischen Subtilitäten auf jede Urteilskraft (*sophrosynē*) bei der Prüfung der Anwendungsbedingungen verzichten.

Das Problem fällt dadurch aus dem Blick, dass man sich blind auf den Begriff des allgemeingültigen Schlusses verlässt, der in *allen* wertsemantischen Interpretationen der zugelassenen Formeln (also in vollsortalen Bereichen mit total definierten Relationen) immer von wahr bewerteten Sätzen zu wahr bewerteten Sätzen führt. Aber weder lassen sich Axiome und Theoreme der mathematischen Theorien direkt in der ‚Empirie‘, etwa in einer ‚realen Raumzeit‘, irgendwie als wahr erweisen, noch hilft ein instrumentalistischer Pragmatismus, dem zufolge sich irgendwelche Kalküle irgendwie als nützlich erwiesen hätten oder sich als nützlich erweisen könnten, da man damit jede methodische Strenge[40] im Verständnis der Kalküle selbst aufgibt.[41]

Da axiomatische Theorien bloß Kalküle zur Erzeugung von Formelmengen sind, führt der Axiomatizismus zum Zusammenbruch aufgeklärter Wissenschaftstheorie im 20. Jahrhundert. Inzwischen macht sich dieser Kollaps längst in einem allgemeinen und auch institutionellen Desinteresse an Logik und Mengenlehre bemerkbar. Dabei liegt ein Hauptproblem schon darin, dass man trotz der Einsichten Kurt Gödels und der so genannten Beweistheorie in der Nachfolge von Gerhard Gentzen noch nicht einmal ‚halbformale‘ Festlegungen und Nachweise der Wahrheit quantorenlogisch komplexer Sätze (bzw. Aussagen) *in einer Modellstruktur* von einer ‚vollformalen‘ Deduktion einer Formel *in einem axiomatischen System* klar und deutlich genug unterscheidet. Man meint, nur das Ableiten von Theoremen nach allgemein gültigen Schlussregeln sei ein exaktes Beweisen. Dabei sind solche Deduktionen bloß *allgemeinere* Beweise, die für *viele* Strukturen, nämlich für alle Modelle der Formeln, die als Axiome gesetzt sind, gültige Folgerungen darstellen. Es gibt aber als wahr bewiesene Sätze oder Aussagen *im Standardmodell der Zahlen*, die nicht auf die *besondere Weise* der Ableitung aus einer (aufzählbaren) Liste von (erststufigen) Axiomen wie etwa der so genannten Peano-Arithematik bewiesen sind. Der Gödelsche Unvollständigkeitssatz zeigt das glasklar, wenn man seinen Beweis voll begreift. Für ein folgerndes Begründen einer Wahrheit reicht es ja völlig aus, dass diese als in der *konkreten Struktur* gesichert gelten kann. Der Weg des Beweises und seine Verallgemeinerbarkeit auf *alle* Strukturen, die ein System von Axiomen wahr machen, spielt dafür überhaupt keine Rolle.

Es ist zum Beispiel ein verbreiteter Aberglaube, eine ‚inhaltliche‘ Überlegung der folgenden Art (der antiken ‚Steinchenarithmetik‘) sei kein voller Beweis der Formel $(n + 1)^2 = n^2 + 2n + 1$, weil er noch nicht in das ‚formale‘ Format der Anwendung des Induktionsaxioms gebracht ist: Wenn man an ein Quadrat der Länge n an zwei benachbarten Seiten n Einheitsquadrate anlegt und die ‚Ecke‘ mit einem weiteren Quadrat schließt, entsteht offenbar ein Quadrat der Länge $n + 1$. Sich das ‚vorzustellen‘, ist nur ein Kommentar dazu, was man auch diagrammatisch zeigen kann. Er führt zu

---

[40] Zum Kontrast zwischen strengem Denken und kalkülmäßigem Rechnen vgl. besonders auch Friedrich Kambartel, „Strenge und Exaktheit", in: G.-L Lueken (Hg.), *Formen der Argumentation*, Leipzig, Universitätsverlag 2000, 75-86.

[41] Im gedankenlosen Rechnen mit Schemata, die nur für ideale Fälle entworfen und gültig sind, sieht Platon das eine Hauptproblem so genannter Sophistik, die als mangelhafte Wissenschaft zu verstehen ist, das andere in einem skeptischen Empirismus, der zugunsten seiner Reden über Erscheinungen keine Formentheorie betreibt. Auf andere Mängel wie im Konformismus bezahlter Wissenschaftler gehe ich hier nicht ein.

einer Einsicht in ein Können, das schon Zweijährige praktisch beherrschen. Das Argument ist daher offenbar nicht von der Form der von mir selbst vehement kritisierten ‚Intuition'. In der Mathematikdidaktik wäre dem entsprechend immer auch explizit zu machen, welches Beweisformat man sich zu welchen Übungszwecken wünscht. Viele Aussagen der Form „das ist kein Beweis" sind nämlich einfach falsch. Sie besagen häufig nur, dass eine bestimmte implizite oder bloß intuitive, damit aber gerade noch nicht explizit bewusst gemachte oder auch nur verstandene Formatanforderung nicht (voll) erfüllt ist.

Das Problem zeigt sich auf dramatische Weise am Fall des Parallelenaxioms bzw. des Winkelsummensatzes im Dreieck. Denn zunächst ist es ganz richtig, prototheoretisch so zu argumentieren: Würde eine gerade Linie g an einer Stelle P mit einer Parallele h^* zu h einen positiven Winkel (in Richtung h) bilden, könnte man anhand des Abstandes zu h sofort abschätzen, wie lang man g verlängern muss, so dass h geschnitten wird. Es steht daher die ‚Wahrheit' des Satzes, dass sich nur die geraden Linien in der Ebene nie schneiden, welche auf einer Verbindungslinie orthogonal stehen, keineswegs infrage. Wohl aber kann man fragen, ob es wahrheitswertsemantische Modelle ‚aller übrigen' durch satzartige Axiome ausgedrückten Prinzipien der Planimetrie gibt, in denen das Parallelenaxiom falsch wird, so dass es nicht allgemeinlogisch oder formal aus den anderen ableitbar ist. Bolyai und Lobatschewsky haben eben das bekanntlich gezeigt. Das aber bedeutet nur, dass man auf der Basis der Standardarithmetik und/oder Standardgeometrie auch entsprechende Nonstandardmodelle skizzieren oder wenigstens ihre ‚prinzipielle' Existenz beweisen kann. Von einer ‚Widerlegung' des Parallelenaxioms und damit der Euklidizität der Standardgeometrie kann keinesfalls die Rede sein. Die Bedeutung der Überlegung besteht bei angemessenem Verständnis eher darin, dass wir die engen Grenzen rein formaler (‚apagogischer' oder ‚deduktiver') Beweise in axiomatischen Theorien einsehen lernen müssen.

Das *besondere* Interesse an algebraischen oder axiomatischen *Verallgemeinerungen* im deduktiven Ableiten ist dementsprechend von *zureichenden Folgerungen* und *Beweisen* wahrer Aussagen *in* den Modellen zu unterscheiden. Der Wahrheitsbegriff in den interpretativen Modellen ist für das axiomatisch-deduktive Vorgehen ohnehin absolut fundamental, weil ohne ihn der Begriff des allgemein gültigen Schlusses in der Luft hinge. Man kann, heißt das, das richtige Schließen *nicht* einfach durch ein Befolgen rein syntaktischer Deduktionsregeln *definieren*, auch wenn Regelbefolgungen schon dann als ‚richtig' bewertet werden, wenn die Schemata korrekt angewendet werden, wie man das z. B. bei der Bildung von Formeln einer rekursiven Form sehen kann. Die Semantik der Wahrheitswertzuordnung für Sätze und Aussagen (als Sprechhandlungen) und die Beweise, dass für gewisse Sätze oder Aussagen der Wert das Wahre festgelegt ist, für andere nicht, sind von anderem Typ.

Wenn man alles zusammennimmt, kann es keine *rein axiomatische* Fundierung der Mathematik und ihrer Methode geben, allem *gegenteiligen* Gerede zum Trotz. Diese nur scheinbar unerhörte Feststellung ist ganz unabhängig von dem (durchaus irreführenden) Streit zwischen klassischer und ‚intuitionistischer' Logik (nach L.E.J. Brouwer und A. Heyting), gerade auch in ihrer konstruktivistischen Lesart (nach A.N. Kolmogoroff oder P. Lorenzen). Intuitionisten wie Michael Dummett wünschen sich nämlich für das deduktive Schließen im Umgang mit dem „oder" und „es gibt" die stärkere Bedingung der Erhaltung effektiver Berechnungsverfahren und verlangen daher, dass eine Existenzaussage nur dann als bewiesen gilt, wenn man ein konkretes Beispiel benennen kann. Das ist aber für die Mathematik im Allgemeinen zu viel verlangt, und zwar weil grundsätzlich zwischen der Frage zu unterscheiden ist, ob ein mathematischer Gegenstandsbereich G mit basalen Relationen (und damit Wahrheitswertzuordnungen) soweit wohlkonstituiert ist, dass man (logisch komplexe) wahre Aussagen in G beweisen kann, etwa auch, indem man aus in G geltenden Axiomen mit Hilfe des klassischen Prädikaten- oder Relationenkalküls Sätze ableitet, oder ob man, wie die Intuitionisten, aus unklaren Gründen darauf besteht, echte Beweise von Sätzen der Form „für alle x gibt es genau ein y mit xRy" müssten direkt als Beschreibungen *berechenbarer* Funktionen deutbar sein. Die Wahrheit eines logisch komplexen Satzes im klassischen Sinn in einem Gegenstandsbereich G bedeutet allerdings zunächst immer nur, dass der Gebrauch des Satzes als Schlussregel in dem Sinn zulässig ist, als keine Anwendung von wahren Prämissen zu einem falschen Elementarsatz (wie etwa $0 = 1$) führt.[42]

Die Mathematik ist insgesamt ein Wissen über Kalküle. Aber ihre *Grundlagen* und *Beweise* sind gerade *nicht rein kalkülartig*. Kalküle sind auch nie allein durch ihren erhofften Nutzen begründbar, und zwar weil wir etwas über die allgemeinen Eigenschaften der Kalküle wissen müssen, was sich nie durch ein deduktives Rechnen allein ergeben kann, sondern auf der Wahrheit von Aussagen der Standardarithmetik oder Standardgeometrie aufruht. Wir beginnen daher besser nicht mit einer mehr oder weniger willkürlichen oder auch nur intuitiv plausiblen Setzung von Axiomen und eines Systems logisch-inferentieller Deduktionsregeln, weder in der Arithmetik oder der Geometrie, noch in der Mengentheorie.

4.4   Formentheorie

Es gibt ein übliches Gerede nicht bloß von Philosophen über die ,überabzählbar vielen' Punkte des (physikalischen?) Raumes oder über die Raum-Zeit als Riemannsche Mannigfaltigkeit. Um dessen methodische Inkompetenz einzusehen, ist an die Zeit- und Ortlosigkeit aller mathematischen Entitäten zu erinnern. Alle reinen Linien, Kurven, Funktionen, Längen und Flächen ergeben sich in der idealen Geometrie aus gewissen protowissenschaftlichen und materialbegrifflichen Grundtatsachen, die nicht empirisch sind in dem Sinn, als es sich um reproduzierbare Formen handelt, nicht um

---

[42] So richtig und wichtig Gottlob Freges sprachtheoretische bzw. logizistische Wende in der Betrachtung des mathematischen Denkens ist, zumal sie die logische Syntax als Trägerin semantischer Komplexität explizit macht, so problematisch ist die Verschärfung dieses Ansatzes in Hilberts, Tarskis und Carnaps *Formalismus* mit der bis heute überall verbreiteten Vorstellung, ein wirklicher, voller, Beweis eines Satzes bestehe in einer rein schematisch bzw. syntaktisch kontrollierbaren Ableitung von Sätzen oder Formeln aus explizit gesetzten axiomatischen Hypothesen gemäß kalkülmäßigen Deduktionsregeln, etwa des Prädikatenkalküls der 1. Stufe. Als Leitlinie für das Verstehen von Argumenten ist diese Vorstellung vom Beweisen und Begründen grundsätzlich irreführend, und zwar sowohl innerhalb als auch außerhalb der Mathematik. Dennoch hat sich die ,Ideologie' von einem ,exakten' Beweisen im obigen Sinne als einem Deduzieren aus Axiomen ,*more geometrico*' spätestens seit Baruch (oder Benedikt) Spinoza (und Gottfried Wilhelm Leibniz) bis heute erhalten.

(subjektive) Wahrnehmungsinhalte oder direkt um relationale Bewegungseigenschaften der Dinge der physischen Welt. Die wichtigste ‚Tatsache' ist dabei gerade, dass planimetrische Figurenformen in variablen empirischen Größen und Genauigkeiten an beliebigen Orten reproduzierbar sind, ähnlich wie man Worte überall (ohne Mühe und Unkosten) reproduzieren kann. Innertheoretisch wird der Strahlensatz oder die Zentralprojektion von Dreiecken zur Kernmethode des Formenvergleichs der Euklidischen, planimetrischen, Geometrie. Er ist Grundlage der Größeninvarianz der Formen.

Wir beginnen also erneut mit einer Reflexion auf den längst bekannten praktischen Umgang mit Körperformen wie Quadern, etwa im Ziegelbau. Deren diagonale Hälften ergeben rechtwinklige Keile, die im Profil einem Geo-Dreieck entsprechen. Die Formen sind in einer zunächst scheinbar beliebigen Variation von empirischen Größen und Genauigkeiten reproduzierbar und zeichnen sich durch die Passungen ebener Oberflächen und rechter Winkel aus. Aus vortheoretischem Wissen und den entsprechenden materialbegrifflichen, generisch-allgemeinen Passungseigenschaften hinreichend guter Quader und Keile entsteht eine reine, d. h. idealabstrakte, Modellstruktur geometrischer Formen durch sprachtechnische Schachzüge, die man in der Heroengeschichte der Mathematik aus Gründen der Vereinfachung dem Thales zuschreibt, wohl wie man den Herakles zum Symbol der Landnahme der Griechen in Asien und Italien gemacht hat. Allerdings verläuft die geschichtliche Entwicklung dialektisch in dem Sinn, als man in der Verfolgung einer Projektidee häufig genug auf später erst noch zu leistende Konstitutionen hofft bzw. auf sie glaubend vorgreift. Im Fall der infinitesimalen Größen könnte man so z. B. einen Vorgriff auf die Nonstandard Analysis sehen oder in Newtons Reden von Grenzwerten eine Hoffnung auf die spätere Definition bei Weierstraß. In analoger Weise greifen die Reden der antiken Mathematiker von idealen geometrischen Formen mit sortalen Punkten und Linien in ihnen vor auf eine vollständige Konstitutionsanalyse, die ohne jede intuitive Vorstellung und ohne jeden Glauben an eine pythagoräistische oder auch ‚platonistische' Hinter- oder Ideenwelt reiner Formen auskommt.

Der Vorgriff in der formentheoretischen Sprache der antiken Mathematik besteht gerade darin, dass man *exakte Wahrheitswerte für Sätze über Formen unterstellt.* Damit hat man sich sozusagen entschlossen, über *reine, ideale,* nicht empirische Gegenstände (‚Entitäten') zu sprechen, eine Tatsache, die als erster Platon bemerkt hat. Das heißt, es werden, erstens, gewisse *syntaktisch* definierten Sätze (*logoi*) über Formen in genau zwei Klassen eingeteilt, in die wahren und die falschen. Das geschieht, zweitens, indem zuvor schon rekursiv aufgebaute Ausdrücke als mögliche Formenbenennungen in genau zwei Klassen eingeteilt werden, nämlich in die *semantisch* wohlgeformten und in die, welche, wie wir im Rückblick dann sagen, nicht ‚auf existierende Formen referieren'. Dabei betont schon Platon den Weg von den Ausdrücken zu den Formen, von der Syntax der *logoi* zur Semantik der *eidē.* Erst nach Hegel und Frege lässt sich dann aber vollends klarmachen, wie Punkte, Linien, Flächen, Längen, Proportionen und Flächengrößen zunächst als synkategorematische Momente von Formen zu verstehen sind. Das soll im Folgenden kurz und grob skizziert werden.

Es ‚gibt' reine geometrische Formen nur dadurch, dass wir für sie Formen-Namen in formal als wahr bewerteten Konstruierbarkeitsaussagen vorkommen lassen. Diese Namen

sind, wie wir dem Euklid als dem herausragenden Kanonisator des weitgehend münd-
lich überlieferten mathematischen Wissens der Antike entnehmen können, als diejenigen Konstruktionsterme zu rekonstruieren, welche sagen, wie ein planimetrisches
Diagramm als Präsentation einer Form zu konstruieren ist. Die Konstruktionsschritte
bestehen im pythagoräischen Fall aus dem Abtragen einer Einheitslänge (Schritt A),
der Konstruktion von Orthogonalen zu einer geradlinigen Verbindung zweier Punkte P,
Q durch einen (ggf. weiteren) Punkt R (Schritt B), und, im eudoxisch-euklidischen Fall,
der Konstruktion von Kreislinien (Schritt C). Auf technische Einzelheiten gehe ich hier
nicht weiter ein, wie z. B. auf die nötige Explikation eindeutiger Rückbezüge auf schon
konstruierte und entsprechend benannte Linienschnittpunkte.[43] Aus einem rein syntaktisch definierten System von Folgen der Schritte A,B,C, die immer mit A beginnen
müssen, nämlich als Setzung zweier Punkte P_0 und P_1, deren Abstand für das Folgende
die Einheitslänge definiert, sortiert man die Folgen aus, welche eine Form benennen.
Welche das sind, entscheidet sich an einem planimetrischen Diagramm. Es werden
sogar alle ‚Wahrheiten‘ über die Identität und Verschiedenheit von Punkten und Lini-
en in einer Form dadurch festgelegt, dass man die Ausführbarkeit einer Konstruktion
an einem guten Diagramm demonstrativ aufweist. Man kann z. B. keine Konstruktion
ausführen, die verlangt, man solle Punkte, auf welche durch zwei verschiedene Punkt-
namen Bezug genommen wird, geradlinig verbinden, wenn sich zeigen lässt, dass in
guten Diagrammen die Punkte gleich sind. Dabei wird die Güte des Diagrammes unter
anderem durch Passungseigenschaften beweglicher Oberflächen geprüft, z. B. in der
Kontrolle, ob die Zeichenfläche eben genug und die Konstruktionsmittel (Lineal, Dreieck, Zirkel) starr genug geformt sind, um die Ausführbarkeit bzw. Nicht-Ausführbarkeit
einer sprachlichen Konstruktionsanweisung im Sinn des Euklid allgemein zu zeigen.
Insgesamt ergibt sich ein eigenes diagrammatisch-demonstratives Entscheidungsver-
fahren für die elementaren Konstruktionsterme. Diese enthalten keine Quantoren, im
Unterschied zu logisch komplexen Konstruktionsaufgaben wie die Zwei- oder Dreiteilung beliebig konstruierter Winkel. In idealisierender Extrapolation entsteht so eine
prototheoretische Definition der modellinternen geometrischen Wahrheit für Formen
beliebiger Komplexität – mit einer potentiellen Unendlichkeit, gerade wie bei den Zahlen oder den hereditär-endlichen Mengen.[44] Da sich je zwei Formen zu einer Form
zusammenfügen lassen, werden die Punkte und Linien in den Formen von diesen relativ unabhängig – was zur idealen Ebene der pythagoräischen bzw. euklidischen Punkte,
Linien und Längen führt.

Wie die Planzeichnungen eines Architekten haben die geometrisch wahren Aussagen
ein Janusgesicht. Wenn wir sie aus der einen Richtung betrachten, dann sagen sie etwas
dazu, was zu tun ist und was zu tun ‚möglich‘ ist. Sie werden dabei als richtig oder wahr

---

[43] Details finden sich in Pirmin Stekeler-Weithofer, *Formen der Anschauung. Eine Philosophie der Mathematik*,
Berlin, de Gruyter, 2006.
[44] Die Sicherheit des Verfahrens ist am Ende so streng und exakt wie die Unterscheidung zwischen a und
b bzw. 1 und 2. Sie ist also von derselben Art wie alle von uns entworfenen schriftsprachlichen Schemata.
Auch wenn bei komplexen Konstruktionen die Prüfdiagramme beliebig komplex werden, ist ihre Kontrolle
im Prinzip analog wie in der Arithmetik, in welcher beliebig lange Buchstaben- oder Ziffernfolgen beliebiger
Zahltermsysteme einander zuzuordnen sind, nur dass hier rein lineare Ordnungen von vornherein ausreichen, während die ebenen Figuren der Geometrie natürlich zweidimensional sind und sich ihre Darstellung
erst durch Arithmetisierung der Längen über die Vektoren in einem Koordinatensystem sozusagen lineari-
sieren lassen.

bewertet, wenn die behauptete Möglichkeit in einer Realisierung demonstrativ aufgezeigt wird. Das vermittelt zugleich den Weltbezug der mathematischen Geometrie. Von der anderen Seite gesehen, konstituieren die als wahr bewerteten geometrischen Sätze, in denen Terme vorkommen, die sich als Namen oder Kennzeichnungen von Formen deuten lassen, den Bereich der reinen geometrischen Form.

Für den weiteren Aufbau der Algebraischen und Analytischen Geometrie spielen Flächenvergleiche eine zentrale Rolle. Über die Normierung von Einheitslängen $e = 1$ und die Konstruktion flächengleicher Rechtecke mit gegebener Seite erhalten wir die geometrische Deutung der Multiplikation von Strecken (Längen) mit Strecken (Längen), wie sie zu den geometrischen Repräsentationen algebraischer Längenkörper mit Multiplikation und Division führen. Damit werden auch *Proportionen* von Längen $a : b$, die bislang dimensionslos waren, zu *Divisionen* a/b, die (zunächst in der pythagoräischen bzw. euklidischen Planimetrie) eine operative Konstruktion einer Länge c mit $b \cdot c = a \cdot e$ ist. Der Mathematikunterricht würde wesentlich besser, wenn man diese Form der Einführung der Multiplikation und Division für elementargeometrische Längen neben das rein arithmetische Rechnen mit ganzen und rationalen Zahlen stellen würde. Damit würde klar, dass die reellen Zahlen Verallgemeinerungen der schon den Griechen bekannten Proportionen sind und die Zahlen gerade im Koordinatensystem ebenso wie die Addition und Multiplikation im cartesischen Längenkörper zunächst rein geometrisch zu deuten ist. Wichtig ist dabei die (nicht selbst irgend zu ,beweisende') *Konvention*, nach welcher $-e \cdot -e = e$ bzw. $-1 \cdot -1 = 1$ gesetzt ist und die ebenfalls naheliegende Setzung $-e \cdot e = e \cdot -e$ bzw. $-1 \cdot 1 = 1 \cdot -1 = -1$.

Am Anfang der Analytischen Geometrie stehen also die geometrischen Operationen mit Längen, die zu den algebraischen Gleichungen der cartesischen Geometrie führen, wobei den Rechenregeln des Längen-Körpers zunächst elementargeometrische Konstruktionen korrespondieren, und zwar so, dass man jetzt klassische Konstruktionsaufgaben rechnerisch lösen kann. Eine wirkliche Arithmetisierung der zunächst geometrisch konstituierten Zahlen als Größenverhältnissen (wie schon bei Platon) gibt es erst, nachdem Cantor nach den Vorarbeiten durch Cauchy und Weierstraß zu der oben schon angegebenen *rein arithmetischen Definition* der reellen Zahlen über eine Äquivalenzrelation zwischen Cauchyfolgen gelangte bzw. kurz zuvor Richard Dedekind über das Supremum von nach oben beschränkten Mengen rationaler Zahlen.[45] Cantors Mengenlehre versucht darüber hinaus die Frage zu klären, wie man die Rede von *allen* reinen Mengen, Folgen und Funktionen und damit den *Gesamtbereich* ,mathematischer' Strukturen zu verstehen habe. Gottlob Frege entwickelt parallel dazu die in beliebigen rein sortalen Gegenstandsbereichen gültigen logischen Deduktions- oder Inferenzformen des Prädikatenkalküls – allerdings in der bloß erst intuitiven Vorstellung, es ließen sich alle derartigen Gegenstandsbereiche zu einem Gesamtbereich ver-

---

[45] Vor Dedekind sind die sogenannten reellen Größen bzw. Zahlbloße erst als *geometrische Längenverhältnisse*, also als *Proportionen* bestimmt. Zu den elementar konstruierbaren Längenproportionen kommen zunächst die ,algebraischen' Wurzeln als die Schnittpunkte von Polynomen mit der x-Achse hinzu, dann aber auch vereinzelt andere auf der Zahlgeraden effektiv lokalisierbare bzw. approximierbare ,Punkte' wie die Kreiszahl oder die Eulersche Zahl, die, wie wir seit Lindemann wissen, nicht algebraisch sind. Aber noch nicht einmal die Nullstellen von Potenzreihen reichen aus, wenn man den Funktionsbegriff liberalisiert.

einigen bzw. aus diesem durch aussondernde Formeln definieren. Cantors spekulative Mengenlehre ist hier immerhin expliziter.

4.5 Prototheoretische Begründungen in der höheren Mengenlehre

Es sind, wie wir jetzt sehen, wenigstens grob die folgenden drei Begründungsarten zu unterscheiden:

1. *Proto-mathematische Begründungen*

2. *Mathematische Beweise der Wahrheit* von Aussagen in sortalen, d. h. wahrheits-wertsemantisch wohldefinierten mathematischen Redebereichen

3. *Vollformale Deduktionen von Formeln* als Vertreter von Satz- oder Aussageformen in einer formalaxiomatischen Theorie

Gerade auch Cantors Argument, dass es überabzählbar viele reelle Zahlen gebe, gehört zu den externen, vor-mathematischen, Begründungen, nicht zu den internen Beweisen, die eine Wahrheit in einem schon wohldefinierten Gegenstands- und Aussagenbereich aufweisen würden. Das zeigen gerade auch Wittgensteins Kommentare zur ‚Unabzähl-barkeit' aller Zahlenfolgen bzw. reellen Zahlen:

> „Den Zahlbegriff nenne ich unabzählbar, wenn festgesetzt ist, dass, wel-che der unter ihn fallenden Zahlen immer du in eine Reihe bringst, die Diagonalzahl dieser Reihe auch unter ihn fallen soll".[46]

Wittgenstein meint nun allerdings, es handele sich bei Cantor um eine Art *prahlerischen Beweis*, der mehr zu zeigen vorgibt, als er wirklich zeigt.[47] Das läge daran, dass er „das, was eine Begriffsbestimmung, Begriffsbildung ist, als eine Naturtatsache erscheinen" lasse.[48] In der Tat liegt es an uns, uns dafür oder dagegen zu entscheiden, die oft situa-tionsabhängig bestimmten Diagonalfolgen als mögliche Benennungen reeller Zahlen zuzulassen oder nicht. Denn Cantors ‚Beweis' besteht aus der folgenden ‚dialektischen' Überlegung: Gesetzt, jemand liefere uns irgendeine Aufzählung von Zahlenfolgen a_{nm}. Dann liegt die Folge $b_{nn} := a_{nn} + 1$ sicher nicht in der Aufzählung. Wenn wir das Argu-ment in dieser Allgemeinheit (nicht bloß in seiner Begrenzung auf rekursive Folgen) zulassen, anerkennen wir Folgenbenennungen, welche bloß *ad hoc* in Sprechakten be-stimmt sind und nicht schon einen und damit *situationsungebundenen* Namen in einem festen Ausdruckssystem haben müssen.

Wenn man indefinite Benennungen dieser Art zulässt, explodiert sozusagen die ‚An-zahl' der Folgen (bzw. der Teilmengen der Zahlen). Wenn wir, andererseits, diese spe-kulative Indefinitheit nicht zulassen, müssen wir auf bestimmte ‚Beweise' und ‚Sätze' verzichten, etwa auf den allgemeinen Beweis des Zwischenwertsatzes (oder auch den Satz von Bolzano-Weierstraß über Häufungspunkte, erst recht aber den Ultrafiltersatz

---

[46] Ludwig Wittgenstein, *Bemerkungen über die Grundlagen der Mathematik* (= Werkausgabe Bd. 6, Frankfurt 1984, Suhrkamp) II, Nr. 10, p. 128.
[47] Bem. Grdl. Math. II, Nr. 21, p. 132.
[48] Bem. Grdl. Math. II, Nr. 19, p. 131.

und das k Auswahlaxiom), die nur gelten, wenn wir sicher sind, dass der Bereich der reellen Punkte bzw. Mengen ‚maximal‘ ist, durchaus so, wie das auch Hilberts Vollständigkeitsaxiom in seinen *Grundlagen der Geometrie* (1899) zum Ausdruck bringt. Diesem zufolge kann man keinen weiteren Punkt hinzunehmen, ohne dass das System inkonsistent wird. Das System aller Dedekindschen Schnitte, aller Dezimalentwicklungen bzw. aller Cauchyfolgen in den rationalen Zahlen soll also so sein, dass keine größere Menge dieser Art denkbar ist.

Brouwer deutet Cantors Liberalität und Vagheit so, dass auch Bereiche *verzeitlichter* Nennungen von Zahlenfolgen und reellen Zahlen zugelassen werden. Wegen der entstehenden *Zeitabhängigkeit* der Gegenstandsbereiche meint Brouwer, logisch unterscheiden zu müssen zwischen einer Existenzaussage hier und heute der Form „Es gibt ein x mit der Eigenschaft A“ und einer allgemeinen Widerlegung der Aussage „für alle x gilt *non − A* nicht“. Die Existenz aussage soll besagen, dass ein Beispiel a hier und heute auf Nachfrage benennbar ist, für das man $A(a)$ beweisen kann. Mit der Behauptung der verneinten Allaussage macht man sich anheischig, aus der Annahme, für alle x gelte *non − A*, eine allgemeine Inkonsistenz aufweisen zu können, was erfolgreich möglich sein kann, ohne dass man ein Exemplar a mit $A(a)$ benennen kann.

Hilbert dagegen unterstellt wie Cantor einen fixfertig abgeschlossenen Bereich ‚aller möglichen reeller Zahlen‘ (bzw. aller Teilmengen der natürlichen oder rationalen Zahlen). Daher rechnet er auch mit dem klassischen Prädikatenkalkül und entscheidet sich eben damit für einen ‚unabzählbaren Zahlbegriff‘ im Sinne Wittgensteins. Die spätere Flucht in den Axiomatizismus und die (vergebliche) Suche nach ‚finiten‘ Widerspruchsfreiheitsbeweisen ist in gewissem Sinn ein ganz unglückliches Zugeständnis an die Forderung der ‚Intuitionisten‘ und ‚Konstruktivisten‘ nach ‚exakten‘ Beweisen.

Wie man auch immer die Lage beurteilt, Wittgenstein behält darin Recht, dass Cantors ‚Beweis‘ *nicht*, wie alle Welt meint, die alternativlose Notwendigkeit der Anerkennung der ‚Existenz‘ überabzählbarer Mengen und damit am Ende der Hierarchie der mengentheoretischer Alephs, d. h. der Kardinalzahlen überabzählbarer Mächtigkeiten, zur Folge hat.[49] Wittgenstein sieht, dass Cantor nur für diese Anerkennung oder Entscheidung mit mehr oder minder guten Gründen *wirbt*. Allerdings hatte diese Werbung für die Einführung eines neuen, imprädikativen Mengenbegriffs, der in der Tat eine ähnliche wissenschaftliche Revolution bedeutete wie Descartes' Identifizierung von Proportionen mit Längen und Flächen, nicht nur aus rein kontingenten Gründen Erfolg. Denn erst so lässt sich die *Arithmetisierung* der Geometrie beenden. Erst jetzt gibt es einen logisch wenigstens in Umrissen geklärten *allgemeinen* Begriff der *reellen Zahl*.

Cantors Mengenlehre wird also deswegen wichtig, weil man erstens Linien und Flächen nur in ihr sinnvoll als Punktmengen auffassen kann und zweitens nur durch sie der Zwischenwertsatz intern wahr wird.[50] Die Bedingungen dafür, wie ein solcher Be-

---

[49] Vgl. dazu Bem. Grdl. Math. II, Nr. 22-38, pp. 132-136.

[50] Nicht aus jeder Beschreibung einer stetigen Funktion $f(x)$ erhalten wir eine Beschreibung der Nullstellen konstruktiv. Zu sagen, dass es sie ‚geben‘ muss, hilft nicht weiter, zumal die ‚Definition‘ der Nullstellen ‚imprädikativ‘ wird, d.h. sie transzendiert das Definitionsformat der fregeschen Logik. Mit anderen Worten, es ist

reich von Punkten zu definieren ist, werden dabei allerdings gegenüber der Tradition neu gefasst. Es werden nämlich die Grenzen jeder rein logischen (prädikativen, frege schen) bzw. algebraischen Gegenstandskonstitution überschritten, und zwar dadurch, dass nur noch vage Bedingungen angegeben werden, was als Mengenbenennungen alles zugelassen ist. Daraus entstehen durchaus auch Folgekosten. Auch für die Mathematik gilt: *there is no free lunch*. Eine davon ist, dass abzählbare Punktmengen in der Maßtheorie das Maß Null erhalten, was inkompetente Kommentatoren zu Aussagen der Art verleitet, es sei bloß sehr unwahrscheinlich, aber nicht unmöglich, dass man in einer Fläche genau auf einen ganz bestimmten Punkt P trifft. Die Inkompetenz liegt daran, dass Stellen als Flächen aufzufassen sind und die innermathematischen Punkte keine innerweltlichen Stellen repräsentieren.

Es passt der neue Mengenbegriff sogar überhaupt nicht mehr zur prototypischen Definition einer Menge durch prädikative Aussonderung, wie sie Frege noch verlangt. Die so benennbaren Mengen bzw. Punkte sind abzählbar und verschwinden sozusagen maßtheoretisch völlig hinter den indefiniten und nie benennbaren ‚Pseudomengen‘ und ‚Pseudopunkten‘ der Cantorschen Darstellung von Kontinua.

Es ist daher eine mehrfache Naivität in der didaktischen Überfrachtung der Schulmathematik durch eine ‚Mengenlehre‘ seit den 60er Jahren des letzten Jahrhunderts zu konstatieren: Erstens repräsentieren Euler - oder Venn-Diagramme mit angekreuzten Punkten in Flächen keine Mengen und taugen bestenfalls als Modelle für die aristotelische Syllogistik, zweitens wäre zwischen empirischen, mathematischen und reinen Mengen und dabei, drittens, auch zwischen Mengen, Klassen und sortalen Gegenstandsbereichen genauer zu unterscheiden, erst recht aber, viertens, zwischen prädikativ definierten Mengen der fregeschen Form $\{x : A(x)\}$ und den Cantorschen Potenzmengen als indefinite bzw. spekulative Totalitäten ‚aller‘ Teilklassen einer gegebenen, auch unendlichen, Klasse. Diese Totalitäten macht man zu ‚Mengen‘, indem man sie als Elemente höherer Klassen auffasst, die ihrerseits zu Elementen und damit zu ‚Mengen‘ werden, die weit über sortal ausgesonderte Teilklassen oder Prädikatextensionen hinausgehen. Die Logik aussondernder Definitionen und die Algebra der Nullstellen von Polynomen wird durch Cantors extreme Liberalisierung des Mengen-, Punkt- und Funktionsbegriffs weit transzendiert. Die *neue* kategoriale Differenz zwischen ‚abzählbaren‘ und ‚überabzählbaren‘ Punktmengen *ersetzt* jetzt sozusagen die *alte* kategoriale Differenz zwischen Linien und Punkten (als Linienschnitten) bzw. zwischen Flächen und Linien (als Flächenschnitten).

Während also die klassische Geometrie und Algebra, wenn man ihre implizite Form explizit macht, im Grunde nur ‚abzählbare‘ Systeme von Punkten kennen konnte, führen Dedekinds und Cantors *mengentheoretische* Definitionen der reellen Zahlen zu der uns heute bekannten abstrakten Analysis. Freges ‚logizistischer‘ Versuch einer Formulierung der *Grundgesetze der Arithmetik* bleibt dagegen aus mehreren Gründen unzureichend, selbst wenn sich nicht schon aufgrund der Russellschen Antinomie ein formaler Wi-

---

keineswegs trivial, den *Zwischenwertsatz* für eine hinreichend weite Klasse von Funktionen wahr zu machen. Das Problem ist, dass das ‚Verfahren‘ der Intervallschachtelung, mit dem man seit Bolzano und Weierstraß den Satz ‚beweist‘, nicht nur kein *effektives* Verfahren ist, sondern zunächst nur eine Art intuitive Vorstellung, die bestenfalls ein frei anzuerkennendes prototheoretisches Argument für einen liberalen Begriff der reellen Zahl darstellt und keineswegs einen ‚zwingenden Beweis‘ in einem schon gegebenen Gegenstandsbereich.

derspruch eingeschlichen hätte. Frege setzt nämlich, erstens, einen irreführenden Ehrgeiz darein, die Zahlen aus einem umfänglicheren Bereich von (reinen!) Gegenständen durch eine Definition der Art „x ist eine (natürliche) Zahl genau dann, wenn $A(x)$" *aussondern* zu wollen. Der Zirkel in diesem Vorgehen besteht darin, dass nur Zahlen, geometrische Punkte und andere Formen neben den reinen Mengen Cantors sortale Bereiche im Vollsinn bilden. Man kann Kants These, dass die Aussagen der Arithmetik zwar a priori gelten, aber nicht analytisch sind, als eine Art Ahnung dessen ansehen, dass alle Versuche, zu reinen Zahlen (und Punktmengen) über andere Wege als die einer geformten Anschauung von Figuren wie Zahltermen (mit einer Ordnung) oder Diagrammen (mit einer Konstruktionsbeschreibung) einfach Holzwege sind.

Die am syntaktischen Aufbau der Formeln und Sätze orientierten Definitionsschemata Freges erlauben, zweitens, gar keine volle Mengenlehre, wie man sie für die Analysis braucht. Die bei Frege definierbaren Wertverläufe von Funktionen oder Relationen verlassen den Bereich des Abzählbaren nämlich gar nicht. Der *Logizismus* Freges würde daher in jedem Fall, nicht anders als der Intuitionismus, zu einer *Revision* der Cantor schen *Reform* der *Analysis* führen. Die Cantorsche Großzügigkeit im Umgang mit imprädikativen Definitionen in seinen zugegebenermaßen bloß vage skizzierten Mengenbildungen und den entsprechend vagen Beweisen von Prinzipien, die man dann seit Zermelo in Axiome einer immer bloß partiellen Vollformalisierung axiomatischer Mengentheorie verwandelt hat, ist am Ende wohl das kleinere Übel, also die bessere Alternative. Man sollte nur wissen, was man dabei tut.

5 Mathematikdidaktische Kommentare zu "Mathematische Bildung vs. Formalistische Generalisierung"

Thomas Jahnke

Ob und wieweit man sich in die philosophischen Betrachtungen "Mathematische Bildung vs. Formalistische Generalisierung" einarbeitet, ihnen ganz oder in Teilen oder gar in ihren Verästelungen zustimmt oder ob man dies nicht tut, sich an ihrem apodiktischen Tonfall, ihren voraussetzungslosen Begriffssetzungen und ihren gönnerhaften Bezügen auf große Philosophen und Mathematiker stößt oder nicht, diese Betrachtungen regen zum einen an, nach einer Mathematikdidaktik zu fragen, die aus dem Fach emergiert, und nicht ein Kompositum aus einem mehr oder minder beliebigen Fach und didaktischen Gemeinplätzen ist, und stellen zum anderen explizite Hinweisschilder auf, die man beherzigen kann oder nicht, die man in jedem Fall inhaltlich befragen kann.

Der Schulleiter Georg Wilhelm Friedrich Hegel betont in seiner Rede zum Schulabschluss 1809 die Bedeutung des Stoffs:

> "Es ist gesagt worden, dass die Geistestätigkeit an jedem Stoffe geübt werden könne, und als zweckmäßigster Stoff erschienen teils äußerlich nützliche, teils die sinnlichen Gegenstände, die dem jugendlichen oder kindlichen Alter am angemessensten seien, indem sie dem Kreise und der Art des Vorstellens angehören, den dieses Alter schon an und für sich selbst habe.
>
> Wenn vielleicht, vielleicht auch nicht, das Formelle von der Materie, das Üben selbst von dem gegenständlichen Kreise, an dem es geschehen soll, so trennbar und gleichgültig dagegen sein könnte, so ist es jedoch nicht um das Üben allein zu tun. Wie die Pflanze die Kräfte ihrer Reproduktion an Licht und Luft nicht nur übt, sondern in diesem Prozesse zugleich ihre Nahrung einsaugt, so muss der Stoff, an dem sich der Verstand und das Vermögen der Seele überhaupt entwickelt und übt, zugleich eine Nahrung sein. Nicht jener sogenannte nützliche Stoff, jene sinnliche Materiatur, wie sie unmittelbar in die Vorstellungsweise des Kindes fällt, nur der geistige Inhalt, welcher Wert und Interesse in und für sich selbst hat, stärkt die Seele und verschafft diesen unabhängigen Halt, diese substantielle Innerlichkeit, welche die Mutter von Fassung, von Besonnenheit, von

© Springer Fachmedien Wiesbaden GmbH, ein Teil von Springer Nature 2018
G. Nickel et al. (Hrsg.), *Mathematik und Gesellschaft*, https://doi.org/10.1007/978-3-658-16123-1_6

> Gegenwart und Wachen des Geistes ist; er erzeugt die an ihm großgezo-
> gene Seele zu einem Zwecke, der erst die Grundlage von Brauchbarkeit
> zu allem ausmacht und den es wichtig ist, in allen Ständen zu pflanzen."
> (Georg Wilhelm Friedrich Hegel: Rede zum Schulabschluss am 29. Sep-
> tember 1809 (http://gutenberg.spiegel.de/buch/-1655/1))

Der Stoff der Bildung ist für Hegel das wesentliche, das zentrale Element. „Den edelsten Naturstoff …, die goldenen Äpfel in silbernen Schalen, enthalten" – führt er in
seiner Apologie des humanistischen Gymnasiums aus – „die Werke der Alten, und un-
vergleichbar mehr als jede anderen Werke irgendeiner Zeit und Nation". Er konzediert
allerdings, dass „das Studium der Wissenschaften und die Erwerbung höherer geistiger
und nützlicher Fertigkeiten, in ihrer Unabhängigkeit von der alten Literatur, in einer
eigenen Schwesteranstalt ihr vollständiges Mittel bekommen" hat. Hier nun ist – so
ist aus heutiger Sicht mit seinen Worten zu ergänzen – einer der ‚edelsten Naturstoffe'
die Mathematik, deren geistiger Inhalt ‚Wert und Interesse in und für sich hat'. Eine
Mathematikdidaktik, die in diesem Fach wurzelt, hat nicht geringere Ansprüche, als
sie oben für die Beschäftigung mit den Werken der Alten behauptet wird.

Vorab ist aber – auch im Hinblick auf die angesprochenen Hinweistafeln – die Frage
aufzuwerfen:

Kann der Schüler gegenüber der Mathematik eine philosophische Haltung einnehmen
(lernen)?

Eine erste Antwort ist nein. Der Schüler lernt nicht, die Mathematik als ein In-sich-
Ganzes zu sehen und zu begreifen. Er kann das zunächst auch nicht. Freudenthal bemerkt dazu aus didaktischer Sicht:

> „Will man zusammenhängende Mathematik unterrichten, so muss man
> in erster Linie die Zusammenhänge nicht direkt suchen; man muss sie
> längst der Ansatzpunkte verstehen, wo die Mathematik mit der erlebten
> Wirklichkeit des Lernenden verknüpft ist. Das – ich meine die Wirklich-
> keit – ist das Skelett, an das die Mathematik sich festsetzt, und wenn
> es erst scheinbar zusammenhanglose Elemente der Mathematik sein
> mögen, so erfordert es Zeit und Reifung, die Beziehungen zwischen
> ihnen zustande zu bringen. Den Mathematiker möge ein freischweben-
> des System der Mathematik interessieren – für den Nichtmathematiker
> sind die Beziehungen zur erlebten Wirklichkeit unvergleichlich wichti-
> ger. (…) Beziehungslos Gelerntes ist schnell vergessen. (…) Dass ein
> logischer Weg vom Damaligen zum Heutigen führte, hilft da nichts,
> denn es war nicht der Schüler, sondern der Lehrer oder Lehrbuchver-
> fasser, der diesen Zusammenhang konstruiert hatte, in der Meinung,
> dass solche Konstruktionen geheimnisvoll im Geist des Schülers wirken."
> (Hans Freudenthal: Mathematik als pädagogische Aufgabe. Band 1. Klett
> Verlag. Stuttgart 173. S. 77/78)

Eine zweite Antwort ist ebenfalls nein. Schülerinnen und Schüler begegnen der Schulmathematik und nicht der Mathematik als wissenschaftlicher Disziplin, auf die sich
der vorstehende Artikel bezieht. Die Schulmathematik ist von ganz eigener Materia-

tur und nicht etwa eine Art propädeutischer Mathematik oder eine Projektion Höherer Mathematik ins Elementare. Eingeschrieben in die Schulmathematik ist die Schule – mit ihrem, einen langen Lebensabschnitt der Adoleszenten beherrschenden System, die Mathematiklehrerinnen und -lehrer, die Schulbücher, die Stunden, Aufgaben und Klassenarbeiten, die Tests, die Geschichte der Schulmathematik, die manche rituelle Exerzitien fortschreibt, Angst und Ohnmacht, seltener Lust und andere Gefühle.

Sieben didaktische Hinweisschilder von Stekeler-Weithofer

(1) „Mathematisches Denken ist, wie jedes Denken, stille Rede mit sich selbst samt einer Vorstellung von Modellbildern, deren schriftlich oder bildlich reproduzierbare Formen gerade die ‚Strukturen' konstituieren, wie sie ohne Analyse ihrer Seinsweise in verschiedensten Wissenschaften untersucht werden. Eine oberste Maxime mathematischer Didaktik sollte daher sein, Mathematik als Technik des Umgangs mit geformten Figuren verstehbar zu machen, nicht unmittelbar über bloß unterstellte Gegenstände und Strukturen zu reden und hier möglichst nichts einer subjektiven Intuition zu überlassen." (Stekeler-Weithofer, in diesem Band S. 43)

Von der Mathematikdidaktik wird am Unterricht und den diesem zugrunde liegenden Schulbüchern in der Tat vielfach ein Überbetonung des ‚technischen' Arbeitens kritisiert und stattdessen ‚Verständnisorientierung' gefordert. Mir scheint dies ein fragliches Gegenüber. Zum einen ist nicht ausreichend untersucht und benannt, worin dieses technische Arbeiten besteht. Ist es mit Heranziehen des passenden Verfahrens, was sich vielfach auf Einsetzen in die erwartete Formel reduziert, stabiles Umformen nach gängigen Regeln und Notation des Ergebnisses ausreichend charakterisiert? Zum anderen kann man nach der Bedeutung von Formeln fragen: mathematisch gesehen ersparen sie Arbeit; man hat zum Beispiel alle quadratischen Gleichungen in einer Zeile gelöst; schulmathematisch gesehen beginnt paradoxerweise mit ihnen die Arbeit, da soll man nun seitenweise quadratische Gleichungen lösen. Was heißt es, eine Formel zu verstehen? Die einzige Bedeutung der binomischen Formeln, dass sie ein Faktorisieren gewisser Terme ermöglicht, verschwindet nahezu unter ihrem ständigen Üben. Aber man könnte den Hinweis auf die Bedeutung reproduzierbarer Formen noch ernster nehmen. Eine stoffliche Hürde im Mathematikunterricht zu Beginn der Sekundarstufe I stellt die Bruchrechnung dar. Dass ein gewisser Anteil an Schülerinnen und Schülern hier Schwierigkeiten hat, wird zumeist darauf zurückgeführt, dass die zugehörigen Grundvorstellungen und -begriffe nicht ausreichend entwickelt wurden: das führt dann zur Arbeit mit Pappkreisen, Pizza- oder Kuchenstücken u.a.. Hilft das bei Rechnungen wie $\frac{3}{7} + \frac{7}{11} =$? oder $\frac{3}{7} : \frac{7}{11} =$?? Hier geht es um ein Rechnen mit Zahlenpaaren, dessen Regeln man beherrschen und anwenden können muss, und nicht um eine Vorstellungsübung.

(2) „Indem man auf derartige allgemeine Kommentare zur Ordnung des mathematischen Denkens verzichtet, entsteht der Anschein, es handele sich bei der Mathematik um einen Art Geheim-wissenschaft von Eingeweihten oder Begabten mit ‚schneller Auffassungsgabe'. Hellere Köpfe wie Heraklit haben eben diesen Schein und damit eine falsche Didaktik schon an der Esoterik der Schule des Gurus Pythagoras vehement kritisiert – was allerdings eine entsprechende Rekonstrukti-

on des wahrscheinlichen Inhalts seiner Kritik voraussetzt." (Stekeler-Weithofer, in diesem Band S. 44)

Ob die vorangestellten Beispiele für „allgemeinen Kommentare zur Ordnung des mathematischen Denkens" schulgeeignet sind, sei dahin gestellt. Dass es zu Zeiten der schulischen ‚Mengenlehre' zu mancherlei Unsinn kam, ist auch nicht zu bestreiten. Ohne Frage bedarf es im Mathematikunterricht immer wieder Reflexionsphasen, nicht nur für die Lernenden, denen es an ‚schneller Auffassungsgabe' mangelt.

(3) „Es sind daher sowohl aus logischer als auch didaktischer Sicht die einfachen Grundmuster mathematischen Denkens nicht bloß implizit durch Praxis und Einübung zu vermitteln, sondern in reflektierenden Kommentaren anhand von Standardparadigmen explizit zu machen. Das lässt sich besonders schön und schnell an den Problemen der logisch-mathematischen Begründung der Differentiation und Integration seit Newton und Leibniz zeigen, deren Reden über ‚infinitesimale' Größen größer als 0 und kleiner als jede reelle Größe der Form $1/n$ im Widerspruch steht zum Archimedischen Prinzip." (Stekeler-Weithofer, in diesem Band S. 46)

Gegen solche „reflektierenden Kommentare" wird die Didaktik der Analysis sich wohl kaum aussprechen oder diese verwehren, insbesondere nicht, wenn sie den Begriff der Ableitung historisch-genetisch angeht. Dass es reflektierende Momente im Mathematikunterricht geben soll und muss, wenn es sich um einen ‚geistigen Inhalt, welcher Wert und Interesse in und für sich selbst hat' (wie Hegel formuliert), handeln soll, lässt sich leichter fordern als realisieren: die Unterrichtszeit und das Fassungsvermögen der (etwa sechzehnjährigen) Lernenden sind endlich. Folgte man übrigens Felix Kleins didaktisch gewendeter Unterstellung der Parallelität von Phylo- und Ontogenese, so würde man in einem ersten Durchgang der Differenzialrechnung nicht vordringlich auf die Grundlegung der reellen Zahlen eingehen, die erst fast zwei Jahrhunderte nach den Arbeiten von Leibniz und Newton geklärt wurde, oder den Zahlbegriff der noch mehr als weiteres Jahrhundert späteren Nonstandard-Analysis thematisieren. In dem von uns inspizierten Text heißt es an späterer Stelle:

„Newton liefert noch nicht einmal im Ansatz eine angemessene mathematische Begründung der Differentialrechnung." (Stekeler-Weithofer, in diesem Band S. 46)

Spricht hier der historische Hochmut oder das Jüngste Gericht am Ende der Zeit? Häufig waren Begriffe in den Naturwissenschaften und der Mathematik besonders fruchtbar, so lange man noch nicht wusste, was sie meinten, so lange man noch um ihre Bedeutung rang. Sollte man das im Nachhinein schelten?

(4) „Der zentrale logische Punkt der Differentiation, der didaktisch unbedingt herauszuarbeiten ist, liegt, wie Hegel aufweist, in einem Wechsel der Variablen von x zu h." (Stekeler-Weithofer, in diesem Band S. 50)

Um zu sehen, dass die Differenzenquotientenfunktion m zu $m(h) = [f(x+h)-f(x)]/h$ eine Funktion in der Variablen h und nicht der Variablen (?) x ist, muss man nicht Hegel sein oder fragen. Es liegt auch kein Wechsel der Variablen vor, da man zunächst die Stelle festlegt, an der man sich für die – noch zu definierende – Steigung des Funktionsgraphen interessiert. Mit dem Anfänger fragt man etwa: Welche Steigung hat die Normalparabel im Punkt $P(2|4)$? Eine Variable x taucht dabei gar nicht auf.

(5) „Die Kritik an formalistischen Überverallgemeinerungen steht denn auch im Zentrum von Wittgensteins späterer Philosophie der Mathematik. Als ausgebildeter Ingenieur fordert er dazu auf, immer erst die einfachen Kernparadigmen zu betrachten. Schon der Handwerker Sokrates scheint aus nicht bloß didaktischen Gründen ein ähnliches Vorgehen in allen Wissenschaften einzufordern … " (Stekeler-Weithofer, in diesem Band S. 52)

Die Warnung vor formalistischen Überverallgemeinerungen trifft die gegenwärtigen schulmathematischen Darstellungen und Texte kaum. Im Zuge der sogenannten Anwendungsorientierung ist geradezu das Gegenteil der Fall. „Mathematik im Kontext" heißen inzwischen einige Mathematikschulbücher und -reihen. Hier wird verkannt, dass Mathematik die Kraft ihres Denkens gerade dadurch gewinnt und entfaltet, dass sie vom Kontext absieht. Die Fachdidaktik Mathematik demontiert ihr Fach, wenn sie die Schulmathematik durchgängig zu re-kontextualisieren sucht, statt ihr dekontextualisierendes Denken ausreichend zu thematisieren.

(6) „Es ist zum Beispiel ein verbreiteter Aberglaube, eine ‚inhaltliche' Überlegung der folgenden Art (der antiken ‚Steinchenarithmetik') sei kein voller Beweis der Formel $(n + 1)^2 = n^2 + 2n + 1$, weil er noch nicht in das ‚formale' Format der Anwendung des Induktionsaxioms gebracht ist: Wenn man an ein Quadrat der Länge n an zwei benachbarten Seiten n Einheitsquadrate anlegt und die ‚Ecke' mit einem weiteren Quadrat schließt, entsteht offenbar ein Quadrat der Länge $n + 1$. Sich das ‚vorzustellen', ist nur ein Kommentar dazu, was man auch diagrammatisch zeigen kann. Er führt zu einer Einsicht in ein Können, das schon Zweijährige praktisch beherrschen. Das Argument ist daher offenbar nicht von der Form der von mir selbst vehement kritisierten ‚Intuition'. In der Mathematikdidaktik wäre dem entsprechend immer auch explizit zu machen, welches Beweisformat man sich zu welchen Übungszwecken wünscht. Viele Aussagen der Form „das ist kein Beweis" sind nämlich einfach falsch. Sie besagen häufig nur, dass eine bestimmte implizite oder bloß intuitive, damit aber gerade noch nicht explizit bewusst gemachte oder auch nur verstandene Formatanforderung nicht (voll) erfüllt ist." (Stekeler-Weithofer, in diesem Band S. 53)

Dieser Auftrag an die Mathematikdidaktik, das geforderte Beweisformat zu benennen, ignoriert schlicht deren Kenntnisstand und Literatur. Übrigens ist wohl ein noch schöneres Beispiel für Zweijährige (?) der Beweis von $\binom{n}{k} = \binom{n}{n-k}$: Ob der Förster im Wald die Bäume ankreuzt, die gefällt werden sollen, oder die, die stehen bleiben sollen, läuft auf dasselbe hinaus, was die Zahl der Möglichkeiten anlangt.

(7) „Es ist daher eine mehrfache Naivität in der didaktischen Überfrachtung der Schulmathematik durch eine ‚Mengenlehre' seit den 60er Jahren des letzten Jahrhunderts zu konstatieren … ". (Stekeler-Weithofer, in diesem Band S. 61)

Über diesen – längst korrigierten – didaktischen Sündenfall, der – woran mancher Fachmann sich heute ungern erinnert – von der Mathematik und nicht ihrer Didaktik angestoßen wurde, lässt sich auch heute noch trefflich höhnen. Aber ob die vier im Anschluss an das Zitat aufgeführten logischen Gründe für das Misslingen der Einführung der ‚Mengenlehre' ursächlich waren, kann man bestreiten.

Abschließend werfen wir erneut die Frage auf:

Kann der Schüler gegenüber der Mathematik eine philosophische Haltung einnehmen (lernen)?

Die dritte Antwort lautet ja. Schülerinnen und Schüler entwickeln eine Vorstellung von Mathematik, vorwiegend durch die Schulmathematik, aber auch jegliche sprachliche und gesellschaftliche Präsenz von Mathematik, deren Ansehen und Wirkung. Philosophisch könnte man diese Vorstellung nennen, wenn sie nicht nur erfahren und erlitten, sondern auch überlegt und durch-dacht ist und wird. Grundlegend dafür könnte eine Schulmathematik sein, die ‚reflektierende Kommentare' und ‚allgemeine Kommentare zur Ordnung des mathematischen Denkens' einschließt und auch die Natur, Wesen, Eigenheit und Grenzen formalen Denkens diskutiert.

6 Die Innensicht der Außensicht der Innensicht

ALBRECHT BEUTELSPACHER

Wie ist die Beziehung von Mathematik zum Rest der Welt? Wie das Verhältnis von Mathematikern zu anderen Menschen? Und umgekehrt? Beim Versuch, diese Fragen zu beantworten, kann ich – als Mathematiker – nicht objektiv sein. Das ist völlig unmöglich.

Am ehesten kann ich die Welt der Mathematik, die ich aus eigener Anschauung kenne, beschreiben. Mathematiker glauben sogar, dass ihnen das vergleichsweise objektiv gelingt. Das bezieht sich auf die Mathematik selbst, auf die Mathematiker und die Art und Weise, wie die Mathematiker ihre Welt und den Rest der Welt sehen. Das alles gehört zur „Innensicht", also zu der Art und Weise, wie Mathematiker sich selbst und ihre Wissenschaft sehen. Diese soll im ersten Teil beschrieben werden.

Im zweiten Teil versuche ich die Perspektive der Außensicht einzunehmen: Wie sehen Nichtmathematiker die Mathematik und die Mathematiker? Wenn ich das tue, dann tue ich das notwendigerweise mit dem Blick des Mathematikers. Ich kann versuchen, die Haltungen, Erwartungen, Befürchtungen der anderen Menschen wahrzunehmen – aber ich tue es aus meiner Sicht. Die Frage ist also: Wie glauben (oder fürchten) Mathematiker, wie die Mathematik und sie von außen gesehen werden? Es geht somit um die „Innensicht der Außensicht".

Schließlich will ich im dritten Teil versuchen auszuloten, was an Verhältnis, an Beziehung zwischen Mathematik und dem Rest der Welt überhaupt funktionieren kann. Welche Hoffnung auf Verständnis und Kommunikation gibt es prinzipiell? Genauer gefragt: Was können wir als Mathematiker zur Entspannung des Verhältnisses beitragen? So erklärt sich dieser komplizierte Titel des Beitrags: „Die Innensicht der Außensicht der Innensicht".

6.1 Die Innensicht oder Wie sehen die Mathematiker die Welt?

6.1.1 Die Welt der Mathematik

Die Mathematik ist die Königin der Wissenschaften. Sie trägt diesen Titel zu Recht. Mathematik ist – zusammen mit der Astronomie – die älteste Wissenschaft, die schon von

© Springer Fachmedien Wiesbaden GmbH, ein Teil von Springer Nature 2018
G. Nickel et al. (Hrsg.), *Mathematik und Gesellschaft*, https://doi.org/10.1007/978-3-658-16123-1_7

Euklid in seinem bahnbrechenden Buch „die Elemente" (300 v.Chr.) ein für alle Mal dargestellt wurde. Mathematik galt zu allen Zeiten geradezu als ein Modell für Wissenschaft. Mathematik hat das Bewusstsein der Menschen durch Zahlen und Formen fundamental geprägt, sie hat atemberaubende Denkmöglichkeiten und geistige Räume geschaffen und sie hat die Erfassung der Welt und ihre Beherrschung in kaum zu überschätzender Weise ermöglicht. Für uns Mathematiker ist die Mathematik die Wissenschaft, für viele ist sie die einzige gültige Wissenschaft überhaupt. Der Göttinger Physiker und Philosoph Georg Christoph Lichtenberg (1742-1799) sagte es deutlich: Ich glaube, dass es, im strengsten Verstand, für den Menschen nur eine einzige Wissenschaft gibt, und diese ist reine Mathematik. Hierzu bedürfen wir nichts weiter als unseren Geist. (Lichtenberg 1789)

Wenden wir uns jetzt kurz von der Wissenschaft der Mathematik ab und den Mathematiker zu. Klar: Mathematiker sind untereinander völlig unterschiedlich. Sie unterscheiden sich in ihrem Arbeitsstil, in ihren Forschungsgebieten, in ihrer wissenschaftlichen Qualität, in ihrem beruflichen Status, in ihren weltanschaulichen und religiösen Überzeugungen und Haltungen, in ihrem Aussehen, ihrem Familienstand und so weiter, kurz: sie sind Menschen wie du und ich. Aber in einem sind sie sich überraschend einig, in einem Punkt gibt es kaum Differenzen, ja sie erleben eine beglückende Übereinstimmung untereinander, nämlich in ihrem Sinn und ihrem Gespür und ihrer Suche nach mathematischer Schönheit. Der Beweis für die Irrationalität von Wurzel 2, der Beweis für die Unendlichkeit der Primzahlen, die Definition der Konvergenz einer Folge und vieles mehr zeigen für Mathematiker ohne jeden Zweifel Schönheit, ja eine vollkommene Schönheit. Mathematiker sind überzeugt, dass Mathematik im Grunde schön ist, ja schön sein muss; denn in ihrer Schöheit zeigt sich etwas Wesentliches. Berühmt ist das Wort von Godfrey H. Hardy (1877-1947) „Beauty is the first test: there is no permanent place in the world for ugly mathematics". Einer der großartigsten, einflussreichsten und eigenartigsten Mathematiker des 20. Jahrhunderts war der Ungar Paul Erdös (1913-1996). Er verbreitete die Legende, dass der „Liebe Gott" ein Buch habe, in dem die allerschönsten mathematischen Beweise stehen. Und manchmal, so Erdös, finden wir Menschen einen Beweis, von dem wir sicher sind, dass er in „dem Buch" steht. Martin Aigner und Günter Ziegler haben in ihrem Buch „Das BUCH der Beweise" (M. Aigner 2014) diejenigen Beweise gesammelt, die ihrer Meinung bestimmt in dem BUCH zu finden sind.

Was Mathematiker unter Schönheit verstehen, ist nicht ganz leicht zu erklären. Manchmal wählen sie andere Begriffe: Sie sprechen von „Eleganz", von einem „glasklaren" oder „makellosen" Beweis. Sicher ist, dass der Schönheitsbegriff der Mathematik nicht in barocker Fülle schwelgt, sondern sich an einem Minimalismus orientiert. Kein Strich zu viel, treffende Begrifflichkeit, keine unnötige Voraussetzung, der „wahrhaft wunderbare Beweis": das ist das Ziel! Auch wenn es oft nicht so aussieht: Mathematiker sind Schönheitssucher. Weil sie der Überzeugung sind, dass sich in der Schönheit das Wesentliche zeigt. (Siehe auch Spies 2013)

6.1.2 Mathematik als Insel der Seligen

Mathematiker sind davon überzeugt, dass ihre Methode die beste wissenschaftliche Methode ist. Die Methode der logischen Deduktion ist die einzige, die im strengen Sinn objektive Sicherheit der Ergebnisse erzielt. Deshalb halten mathematische Erkenntnisse auch ewig: Der Satz des Pythagoras gilt heute noch wörtlich so, wie vor 2500 Jahren, als er zum ersten Mal bewiesen wurde. Diese Überzeugung hat bei den meisten Mathematikern eine zweite Seite. Sie wissen, dass die Methode des logischen Schließens im Grunde nur auf ideale Gegenstände der Mathematik angewendet werden kann. In anderen Wissenschaften, die sich mit realen Objekten beschäftigen, funktioniert das nur in beschränktem Umfang.

Mathematiker sehen die Mathematik als eine friedliche Welt, eine wahrhaft wunderbare Welt, eine geistige Welt mit – davon sind sie überzeugt – eigenem Existenzrecht. Diese Welt ist differenziert: Geometrie, Algebra, Analysis, Stochastik und all die anderen Gebiete sind dort zu finden, manche nah beisammen, manche auf Abstand, manche saturiert, manch andere erst im Entstehen. Aber völlig unabhängig, wie sich jeder einzelne die Welt der Mathematik vorstellt, es kann keinem Zweifel unterliegen, dass die Mathematik mit die größten Kulturleistungen hervorgebracht hat: Die ganzen Zahlen, das Stellenwertsystem, die Konzeption der Unendlichkeit, der Grenzwertbegriff, der Ableitungsbegriff, die mathematische Sprache als solche usw. In der Mathematik kann man die verrücktesten Gedanken ausspinnen, man kann das Wesen geistiger Objekte erforschen und die größten geistigen Abenteuer erleben. Kurz: Die Mathematik ist ein Paradies, aus dem uns niemand vertreiben soll.

Die Mathematik ist die Wissenschaft, die am wenigsten negative Auswirkungen hat, vielleicht weil selbst die Interaktionen mit der Welt, seien es Anwendungen oder z.B. kosmologische Erkenntnisse in sehr kontrollierter Weise stattfinden. Das sieht in anderen Gebieten wie Chemie, Atomphysik, Gentechnik, Islamwissenschaft oder Dyskalkulie ganz anders aus. Die Mathematik als Insel der Seligen dient auch als Refugium in turbulenten oder allgemein schwierigen Zeiten. Immer wieder haben Mathematiker, die in Diktaturen gelebt haben, berichtet, dass die Mathematik in diesen Zeiten für sie ganz besonders wichtig war, weil mathematische Argumente, Behauptungen, Sätze, Beweise, Theorien eben grundsätzlich menschlicher Willkür entzogen sind.

6.1.3 Der Mathematiker in der Welt

Der Mathematiker ist in seiner Welt, der Mathematik, zu Hause. Dort kennt er sich aus. Hier fühlt er sich wohl. Wie sehen sich die Mathematiker in der „normalen" Welt, einer Welt, die nur zu einem geringen Teil aus Mathematik besteht? Zunächst sehen sie eine scharfe Grenze zwischen der Welt der Mathematik und dem Rest der Welt: Innen herrscht Sicherheit, außen bewegt man sich auf gefühlt schwankendem Grund. Innen ist grundsätzlich alles (oder vieles) prinzipiell beherrschbar, außen wirken unkontrollierbare Kräfte. In der Innenwelt der Mathematik hat man fast unbeschränkt viel Zeit, außen fühlen wir uns von Stress und Entwicklungen bedroht, die Entscheidungen fordern.

Was passiert, wenn ein Mathematiker die andere Welt betritt? Wie kann er in der Welt der Gefühle, der Emotionen, der Konflikte der Macht, der Politik, des äußeren Scheins, der guten bzw. schlechten Sitten, dem Recht des Stärkeren überleben? Im Grunde sind Mathematiker außerhalb ihrer Wissenschaft keine mutigen Menschen. Innerhalb der Mathematik erleben sie furchtlos die größten Abenteuer, aber außerhalb gehen sie auf Nummer sicher: Wenn sie durch klare Argumente zu einer Schlussfolgerung kommen, dann halten sie diese für unbezweifelbar. Wenn sie aber mit diesen Mitteln zu keiner Aussage kommen, dann treffen sie am liebsten keine Entscheidung, sondern versuchen, nichts zu unternehmen.

Der Schriftsteller Hans Magnus Enzensberger (geb. 1929) beschreibt „Die Mathematiker" so (Enzensberger 1991):

> Hochmütig verliert ihr euch
> im Überabzählbaren, in Mengen
> von leeren, mageren, fremden
> in sich dichten und Jenseits-Mengen.
>
> Geisterhafte Gespräche
> unter Junggesellen:
> die Fermatsche Vermutung,
> der Zermelosche Einwand,
> das Zornsche Lemma.
>
> Von kalten Erleuchtungen
> schon als Kinder geblendet
> habt ihr euch abgewandt,
> achselzuckend,
> von unseren blutigen Freuden.

Ein Mathematiker hält die Außenwelt für bestenfalls defizitär. Das ist nicht die ideale Welt, denn dort geht es ganz anders zu als in der Welt der Mathematik. Oft sind Mathematiker versucht, ihre Logik in der realen Welt anzuwenden. Diese Versuche können als gescheitert betrachtet werden, obwohl sich ganz bedeutende Mathematiker dafür eingesetzt haben. Der prominenteste ist sicher Gottfried Wilhelm Leibniz (1646-1716). Leibniz war überzeugt, dass sich alles durch Vernunft, und das heißt letztlich durch Mathematik erklären und lösen lassen muss. Er war explizit der Meinung, dass man Konflikte menschlicher oder politscher Art „nur" in einer formalen Sprache beschreiben müsse, und dann ausrechnen könne, wer Recht hat beziehungsweise, wo die optimale Kompromisslinie liegt.

6.2 Wie glauben (oder fürchten) Mathematiker, wie sie (beziehungsweise die Mathematik) von außen gesehen wird?

Aus Sicht der Mathematiker ist die öffentliche Wahrnehmung ihrer Wissenschaft – wenn überhaupt vorhanden – schief, einseitig und verengt. Wir Mathematiker glauben, dass andere Menschen nicht das richtige Bild von Mathematik haben.

6.2.1 Verengung des Gebiets

Für viele Menschen ist Mathematik gleich Rechnen. Das ist ein Widerhall des traditionellen Schulunterrichts, der – jedenfalls in der Grundschule – stark auf das Rechnen, genauer gesagt: die Grundrechenarten, fixiert war und ist. Das ist übrigens ja fast das Einzige, was Menschen aus dem 9- bis 13-jährigen Mathematikunterricht noch unfallfrei und mit Selbstvertrauen können. Und Mathematik ist – so ist vermutlich die Vorstellung der meisten Menschen – das Gleiche, nur mit mehr und mit größeren Zahlen und viel schwieriger.

Damit einher geht der fast universelle Glaube an Zahlen. Genauer gesagt, der Glaube an die Zahl. Wir glauben, alles mit einer einzigen Zahl ausdrücken zu können: Die Intelligenz mit dem IQ, den Leistungsstand in der Schule mit der Durchschnittsnote, die körperliche Fitness mit dem BMI, die Kreditwürdigkeit mit dem Scorewert der Schufa, die Schönheit mit den Körpermaßen (90 – 60 – 90), die Gesundheit bzw. Krankheit mit der Körpertemperatur, das gesellschaftliche Ansehen mit dem Jahreseinkommen, die Fahrtüchtigkeit mit dem Punktestand in Flensburg, usw. usw. Das gibt es natürlich auch im Großen: Ratingbewertung, Bruttosozialprodukt, Platz auf der PISA-Liste, … Und das gibt es auch noch ein bisschen mathematiknäher: denken Sie an den goldenen Schnitt, der von manchen als das Maß für Schönheit überhaupt gilt. Und wo eine Zahl nicht hilft, muss eine Formel her Die Formel für das perfekte Frühstücksei, die Formel für das ideale Heiratsalter die Formeln für die Dauer des Glück, die Formel für die Dauer des Liebeskummers usw.

Die Überzeugung ist allgemein, dass schon die Verwendung mathematischer Konstrukte wie Zahlen und Formeln dem so beschriebenen etwas objektiv Richtiges geben. Zahlen vermitteln Sicherheit und – indem sie sich anscheinend auf das Entscheidende konzentrieren – Konzentration auf das Wesentliche. Als Mathematiker würden wir grundsätzlich nüchtern einwenden, dass all diese Konstrukte auf Setzungen, auf Entscheidungen von Menschen aufbaut.

6.2.2 Verengung der Methode

Mathematik ist kompliziert, davon sind alle überzeugt. Furchtbar kompliziert. Jeder hat diese Szene schon erlebt: Wenn in einer Quizsendung eine mathematische Frage gestellt wird, kann man die unmittelbare Reaktion der Kandidaten vorhersagen: lautes

Aufstöhnen: Egal, ob es einen Prozentaufgabe, um Multiplikation von Brüchen oder eine Frage über Primzahlen ist: Purer Stress! Andererseits wird der Mathematik ein unglaubliches Vertrauen, ja Hochachtung und Ehrfurcht entgegengebracht: Wir haben das schon oben bei den Zahlen und den Formeln über das Liebesleben gesehen. Die pure Logik und damit die glasklare Unterscheidung in richtig und falsch – das macht Eindruck. Niemand zieht Berechnungen und Überlegungen in Zweifel, die das Label „Mathematik" tragen. Wir glauben an Zahlen, Formeln, Kurven, Diagramme.

Kompliziertheit der Mathematik zeigt sich oft in ihrer vermeintlichen oder tatsächlichen Unverständlichkeit. Daran sind wir Mathematiker zu einem Teil selber schuld. Denn für uns ist jede Unpräzision, jede Auslassung, jede Vertauschung von Plus und Minus ein Fehler. Und unser mathematischer Schreibstil, nämlich nur das zu schreiben, was wirklich notwendig ist und nichts „auszuschmücken", führt dazu, dass jedes Weglassen, jede Änderung bereits ein Fehler ist, weil dadurch die lückenlose Argumentationskette unterbrochen ist. Ich plädiere für einen offeneren Stil, für Präsentation und Diskussion von Alternativen, für Metabotschaften, um der hermetischen Abgeschlossenheit mathematischer Texte zu entgehen.

Neben der Kompliziertheit der mathematischen Methode spüren die „normalen Menschen" häufig eine unüberbrückbare Distanz zur Mathematik. Mathematik ist ein kaltes Spiel der Logik, ein Glasperlenspiel, das emotionslos abläuft wie ein mechanisches Räderwerk. Mathematik kommt einem vor wie ein Uhrwerk hinter Glas: regelhaft, kalt und unbarmherzig funktionierend, aber von meinem Leben getrennt.

6.2.3 Wie kommt ein Mathematiker mit der Außenwelt zurecht?

Für uns Mathematiker ist völlig unverständlich, wie man Mathematik nicht verstehen kann. Es ist doch alles klar, und wir sind auch gerne bereit, es zu erklären. Sogar zwei Mal oder drei Mal. Aber dann müsste es eigentlich jeder verstanden haben. – Aus für uns unerklärlichen Gründen scheint das aber nicht zu funktionieren. Noch viel unverständlicher ist für uns, dass Menschen die Mathematik mit unangenehmen Gefühlen verbinden, ja, dass die Mathematik hassen oder – das wagen wir kaum auszusprechen – dass Menschen Angst vor der Mathematik haben. Kein Mathematiker kann das verstehen.

Umgekehrt können wir die Außenwelt nicht verstehen: Dass sich Positionen durchsetzen, weil man sie gut darstellt, weil man sie laut vorbringt, weil man dafür viele Menschen gewinnt, weil man antichambriert, weil man trickst, weil man sich zu benehmen weiß, weil man die Diskussion emotionalisiert, weil man die richtigen Menschen kennt, weil man Mehrheiten organisieren kann, weil man nachgeben muss, weil man auf den richtigen Zeitpunkt warten muss, weil man auf Partys gehen oder Golf spielen muss – all das ist einem Mathematiker fremd.

Die Welt der Mathematik ist in gewisser Weise wie die der antiken Philosophie. Dort war die Vorstellung die folgende: Man muss nur das Gute erkennen, zum Beispiel in einem rationalen Dialog herausfinden – und dann tut man es automatisch, weil man ja eingesehen hat, was gut ist. Ganz entsprechend ist in der Mathematik: Es geht darum, den Stoff (Definitionen, Sätze, Beweise) zu verstehen– und dann ist alles klar. Negative Gefühle oder außerwissenschaftliche Hemmnisse kommen in unserer Welt nicht vor.

6.3 Wie wünschen sich Mathematiker, dass ihre Wissenschaft gesehen wird?
Anders gefragt: Was sind unsere realistischen Hoffnungen? Ist Verständigung möglich?

Ich orientiere mich im Folgenden an den drei Winterschen Grunderfahrungen (Winter 1995), die zwar in ganz anderem Zusammenhang formuliert wurden, die aber auch hier anwendbar sind.

6.3.1 Mathematik und Welt.

Warum ist Mathematik wichtig? Eine einfache Antwort auf diese Frage ist: Mathematik hat viele Anwendungen. Während der ganzen Geschichte der Mathematik wurden mit mathematischen Methoden viele praktische Probleme gelöst; umgekehrt haben praktische Probleme zahlreiche Impulse für die mathematische Forschung gegeben. Mathematik ist ist immer auch eine Anwendungswissenschaft gewesen, die heutige Mathematik wird sogar als Schlüsseltechnologie gesehen. Die Menschheit brauchte Zahlen, um Kalender zu machen, sie brauchte Geometrie, um auf der Erde zurechtzukommen und die Umwelt zu gestalten. Zahlreiche Spezialgebiete kamen hinzu: Beispielsweise konnte man mit Hilfe der Ballistik Geschoßbahnen berechnen, das Dezimalsystem hat Handelshemmnisse beseitigt, die projektive Geometrie entstand aus militärischen Anwendungen – und heute können wir uns vor Anwendungen nicht mehr retten: Stochastik für die Finanzmathematik, Primzahlen für die Kryptographie, Analysis für die Computertomographie, Graphentheorie für die Optimierung, …

Aber nicht nur die Mathematik als Wissenschaft greift gestaltend in die Welt ein, sondern auch viele Mathematiker engagieren sich als Wissenschaftler und übernehmen bewusst Verantwortung für die Gesellschaft. Das tut eine Großzahl von „normalen" Mathematikern, aber es gibt auch sehr bekannte Mathematiker, die diesen Weg gehen: Wir sehen Mathematiker wie Neal Koblitz oder Alexander Grothendieck, die plötzlich politische Aktivisten werden. Auf der anderen Seite müssen wir auch den Unabomber Theodore Kaczynski wahrnehmen, der ein ziemlich guter mathematischer Forscher war.

Eine große Zahl von Mathematikern sieht sogar ihr Arbeitsgebiet als Teil ihrer gesellschaftlichen Verantwortung. Das kann in der Wahl oder zumindest der Akzeptanz des Arbeitgebers zum Ausdruck kommen. Wir wissen, dass die NSA der größte Arbeitgeber für Mathematiker weltweit ist. Es gibt aber auch die andere Position: Der Mathematiker und Informatiker Phil Zimmerman hat bewusst kryptographische Verfahren dafür entwickelt, dass sich der normale Bürger gegen den Big Brother schützen kann. Er sagt: Zum ersten Mal in der Geschichte haben wir Bürger die Möglichkeit, unsere Kommunikation– mit Hilfe der Mathematik (!) – gegen jeden Angriff von außen, insbesondere gegen Vereinnahmung durch den Staat zu schützen.

Neben dieser hohen Ebene gibt es auch eine elementare. Denn wir können nicht nur durch Anwendung von Mathematik die Welt verändern – hoffentlich zum Guten –, sondern wir können auch in der Welt Mathematik entdecken – und dabei die Welt so lassen wie sie ist. Galilei sagte: Das Buch der Natur . . . „ist in der Sprache der Mathematik geschrieben, und deren Buchstaben sind Kreise, Dreiecke und andere geometrische Figuren, ohne die es dem Menschen unmöglich ist, ein einziges Bild davon zu verstehen; ohne diese irrt man in einem dunklen Labyrinth herum." (Galilei 1623) Ich liebe es, in meiner Umwelt Mathematik zu entdecken: Die Formen, Muster, Strukturen und Funktionen. Man denkt vermutlich zuerst an die Natur: Formen von Blüten, Symmetrie bei Pflanzen und Tieren, Bienenwaben von oben und von unten, die Geheimnisse der Fibonacci-Spiralen bei Sonnenblumen usw. Aber auch die von uns gestaltete Umwelt bietet dem mathematischen Auge vieles: Gehen Sie mal durch Ihre Stadt; Sie sehen Formen der Verkehrszeichen, die parallelen Linien der Zebrastreifen, die perspektivisch verzerrten Bilder von Fahrradfahrern auf den Straßen, Stapelware, die die Ordnung der natürlichen Zahlen 1, 2, 3, usw. reflektiert, die Parabeln der Wasserfontänen, die Eiskegel und die Eiskugeln usw. usw. Mathematik ist überall.

Mit solchen Beobachtungen wird das mathematische Auge in ganz besonderer Weise geschult. Das liegt auch daran, dass vieles nicht plakativ ist, sondern dass es sich um Mathematik am Rande der Wahrnehmbarkeit handelt. Wir sehen mit dem mathematischen Auge mehr, die Welt erscheint differenzierter. Kurz: Mathematik ist eine Art und Weise (nicht die einzige!) die Schönheiten der Welt zu erkennen.

6.3.2 Mathematik als geistige Welt eigener Art

Wenn man einen Mathematiker fragt, was er sich im Tiefsten seines Herzens wünscht, was die Welt von der Mathematik erfahren sollte – dann ist es bestimmt die Schönheit der Mathematik. Das ist es, was wir erträumen: Die Menschen sollen nicht nur wissen, dass Mathematik extrem nützlich ist, sie sollen nicht nur erfahren, dass gewisse Ausprägungen der Mathematik Spaß machen können (wie zum Beispiel die (Computer-)spiele Tetris, Sudoku, 2048), sondern sie sollen fühlen, dass Mathematik schön ist.

Im Gegensatz dazu gibt es auch eine ganz pragmatische Ebene: Ich glaube, dass es unter Mathematikern eine große Übereinstimmung darüber gibt, was Menschen von der Mathematik tatsächlich wissen und können sollen. Ich glaube, die meisten Mathematiker wollen, dass „alle" Menschen die Grundrechenarten beherrschen, dass sie keine Probleme mit Bruchrechnung haben, dass sie die Teilbarkeitsregeln können, dass sie stressfrei mit Termen, inklusive binomischen Formeln umgehen können, dass sie Geometrie der Dreiecke und Kreise beherrschen, dass sie Polynome ableiten können usw. Und natürlich sollen sie auch Größenordnungen von Zahlen erkennen und einschätzen können, sie sollen Modelle und Diagramme kritisch reflektieren können usw.

Wie können wir Mathematiker dazu beitragen? Zunächst drei allgemeine Hinweise; im nächsten Abschnitt werden einige Aktivitäten konkret benannt werden.

– Kraft des Denkens.

Mit Mathematik können wir unsere Erfahrungen bestätigen, verstehen und präzisieren. Das ist das eine. Aber viele mathematische Überlegungen und Erkenntnisse übersteigen unsere Erfahrung. Das bedeutet: Mathematik ist ein Werkzeug, mit dem wir neue Stufen von (geistiger) Erkenntnis erreichen können. Ein einfaches Beispiel macht dies klar: Wenn man ein A4-Papierblatt in der Mitte faltet, erhält man ein (zweilagiges) A5-Format. Wenn man dieses faltet, ein A6-Papier und so weiter. In jedem Schritt wird das Blatt halb so groß, aber doppelt so dick. Frage: Wie oft müsste man falten, damit das Papier so dick ist, dass es bis zum Mond reicht? Die Antwort ist: nur 42 mal! Das kann man nicht glauben, es entzieht sich unserer Erfahrung, aber es ist richtig, weil man's ausrechnen kann: 2^{42} mal 0,1mm ist viel mehr als die 350.000 km bis zum Mond.

– Sprachlich abrüsten!

Der mathematische Stil hat mindestens seit Gauß das Ziel, Begriffe, Sachverhalte („Sätze") und Argumentationen („Beweise") so stringent wie möglich darzustellen. Die Argumentation darf auch nicht die kleinste Lücke aufweisen (sonst wäre sie nicht vollständig), sie soll nichts Unnötiges enthalten (das würde ablenken oder verwirren) und jeder logische Schluss braucht nur einmal dargestellt zu werden (denn damit ist ja alles klar). Manche Mathematiker beherrschen diesen Stil in atemberaubender Perfektion, so dass – neben den eigentlichen Resultaten – ihre Arbeiten auch wegen ihrer zum Äußersten getriebenen Präzision und Konzentration gelesen, ja genossen werden. Als Leser muss man allerdings schon fast das Niveau des Autors erreicht haben, um zu einem Verständnis oder gar Genuss zu gelangen. Auf alle anderen wirkt diese Art des Schreibens hermetisch abgeschlossen, oft sogar abweisend. Sie zeigt dem Leser seine Grenzen auf.

Deshalb plädiere ich dafür, dass wir, wenn wir mehr als nur die happy few erreichen wollen, im Stil und in der Argumentation eine gewisse Lockerheit zulassen. Wir müssen nicht alles in größtmöglicher Allgemeinheit sagen; im Gegenteil: oft macht ein gut gewähltes Beispiel vieles klar. Der italienische Geometer Federigo Enriques hat das schon im Jahre 1915 in unüberbietbarer Klarheit gesagt: Man soll ein Problem nicht in der größtmöglichen Allgemeinheit behandeln, sondern in der kleinstmöglichen, in der das Problem deutlich wird (il primo grado in cui il problema stesso rivela la sua natura). (F. Enriques (a cura di O. Chisini) 1915)

– Rechtzeitig aufhören!

Die Situation hat man nicht allzu häufig: Sie haben einen Vortrag vor einem allgemeinen Publikum gehalten und es hat alles wunderbar funktioniert: Die Zuhörer haben aufmerksam zugehört, sie haben verstanden, um was es geht, offenbar haben Sie genau die richtigen Anknüpfungspunkte gefunden und das richtige Niveau getroffen, die Zuhörer haben sich erfreut und sind zufrieden. Alles ist gut – da schießt Ihnen ein kleiner teuflisch verführerischer Gedanke durch den Kopf: Du könntest doch jetzt, wo alle so gutwillig und aufmerksam dasitzen, noch schnell erläutern, dass das alles im Grunde auf folgende Differentialgleichung hinausläuft/in der Sprache der projektiven Geometrie formuliert werden müsste/eigentlich auf das quadratische Reziprozitätsgesetz führt/... Widerstehen Sie dieser Versuchung! Das Beste was Ihnen passieren kann, ist die Versicherung der Zuhörer „ich hätte Ihnen noch eine Stunde lang zuhören können". Das ist keine Aufforderung, die Sie als Klartext deuten sollen und tatsächlich noch ein Stunde lang reden. Sondern es ist eine verschlüsselte Botschaft, die heißt: Sie haben genau zum richtigen Zeitpunkt aufgehört!

6.3.3 Schließlich: Mathematik und ich

Wie können wir es schaffen, „normale Menschen" mit Mathematik in Berührung zu bringen? Ich meine hier ausdrücklich nicht Schülerinnen und Schüler, die im Laufe ihres Schullebens in weit über 1000 Stunden Mathematik beigebracht bekommen. Die Frage ist viel radikaler: Kann es gelingen, dass sich „normale Menschen" freiwillig mit Mathematik beschäftigen, dass sie in gewissem Sinne Mathematik machen? Ich will in diesem letzten Abschnitt vergleichsweise subjektiv von meinen Versuchen berichten, Menschen und Mathematik in Kontakt zu bringen.

Die obige Frage hat zwei Antworten: Erste Antwort: Es ist unglaublich einfach. Es gibt eine Fülle von Formaten, mit denen das möglich ist. Die Erfahrung all dieser Aktivitäten zeigt: Wenn wir es richtig machen, rennen wir offene Türen ein! Zweite Antwort: Es ist furchtbar schwer. Genauer gesagt: Mir fiel es schwer. Obwohl ich, glaube ich, ein Vermittlungsgen habe, war jeder neue Schritt für mich eine Mutprobe – und manchmal war ich froh darüber, dass ich ab einem gewissen Punkt nicht mehr zurück konnte! Es hat sich aber immer gelohnt! Auch für mich. Nun zu einer Auswahl der möglichen Vermittlungsformate.

Was uns als Hochschullehrer nahe liegt, ist Vorträge zu halten. Je nach Zielgruppe ist die Öffentlichkeit mehr oder weniger groß: Je nachdem, ob man einen Vortrag für Mathematiklehrerinnen und -lehrer hält, ob man vor Schülern auftritt oder ob man in einer Volkshochschule referiert, wird sich das Thema und die Art der Präsentation ändern. Mit vielen Themen kann man aber auch ein nicht fachlich vorgebildetes Publikum ansprechen: Wenn man über Geschichte der Mathematik, über Kunst und Mathematik, über Musik und Mathematik redet, kann nichts grundsätzlich schief gehen.

Eine anspruchsvolle Variante sind Kindervorlesungen oder Veranstaltungen im Rahmen der Kinder-Unis. Das Problem liegt (a) an den Kindern und (b) an der Anzahl der Kinder. Kinder sind ehrlich, manchmal erschreckend ehrlich; wenn sie etwas langweilig finden, fangen sie an, etwas anderes zu machen und miteinander zu schwätzen. Dieser Effekt ist umso stärker, je mehr Kinder in der Vorlesung sitzen. Bei den Kinder-Unis sind das oft Hunderte! Das heißt, man muss den Vortrag gründlichst vorbereiten, man muss viele Anknüpfungspunkte für Kinder schaffen – und auf Überraschungen gefasst sein. Aber es lohnt sich: Der emotionale Wärmestrom, der nach einer gelungenen Kindervorlesungen auf einen zukommt, ist überwältigend. Nie musste ich so viele Autogramme geben wie nach solchen Veranstaltungen.

Was uns als Wissenschaftler auch nahe liegt, sind Beiträge in Printmedien, also Artikel in Zeitschriften oder in Zeitungen. Zeitungen sind prinzipiell offen für Beiträge, da die

Redaktionen alle ausgedünnt wurden. Hier, wie überall, muss man auf Gelegenheiten warten und diese dann ergreifen. Ich finde übrigens: Man braucht auch keine Angst zu haben, dass man irgendetwas unvollständig sagt oder dass etwas falsch oder schief in der Zeitung steht: Die Zeitung ist ein flüchtiges Medium; nichts ist so alt wie die Zeitung von gestern. In den letzten Jahrzehnten sind auch in Deutschland eine Reihe von populären Mathematikbüchern auf den Markt gekommen. Manche wurden quasi Bestseller! Erstaunlich und erfreulich!

Noch flüchtiger als die Zeitung ist der Rundfunk. Aber auch das ist ein dankbares Medium. Manchmal wird man um ein Interview gebeten. Meist ist nicht nur die Anfrage kurzfristig, sondern auch das Interview kurz. Es dauert wenige Minuten; gesendet wird dann manchmal nur eine Minute. In der Regel wird man nicht über das eigene Forschungsgebiet befragt, sondern zum Beispiel darüber, wie hoch die Chancen im Lotto sind (wenn sich wieder mal ein Jackpot angehäuft hat), wie es um den Schulunterricht steht (wenn angeblich unlösbare Abituraufgaben gestellt werden), wie häufig ein witziges Datum wie 9.9.99, 20.02.2002 möglich ist, wie der Ball aufgebaut ist, der bei einer Fußballeuropameisterschaft oder -weltmeisterschaft benutzt wird, und so weiter. Man kann das belanglos finden, aber ich lasse mich in der Regel darauf ein. Dann haben wieder ein paar Menschen gehört, dass es Mathematik gibt und dass die Mathematik zu diesen Ereignissen etwas zu sagen hat!

Schließlich kann man Menschen mit der Mathematik in Verbindung bringen, indem sie mathematische Experimente machen. Im Mathematikum in Gießen haben wir eine Umgebung geschaffen, in der Menschen mit Freude und völlig selbständig einen Schritt in die Mathematik machen. An vielen Experimentierstationen können sie selbständig – alleine oder in einer Gruppe – mathematische Erfahrungen machen, Vorstellungen entwickeln – und häufig einen „Klick-Moment", ein „Aha-Erlebnis", einen „fruchtbaren Moment" der Erkenntnis erleben. Dieses Konzept ist so erfolgreich, dass an vielen Orten temporäre und auch permanente Ausstellungen mit mathematischen Experimenten entstanden sind.

Als Resümee dieses letzten Abschnitts möchte ist festhalten: Mathematik an „Laien" zu vermitteln ist möglich, auch für Mathematiker. Man kann es mit den unterschiedlichsten Mitteln und auf verschiedensten Ebenen tun. Es lohnt sich in jedem Fall, und zwar für beide Seiten.

Literaturverzeichnis

Enzensberger, H.M. 1991. *Zukunftsmusik*. Suhrkamp.

F. Enriques (a cura di O. Chisini). 1915. *Lezinioni sulla teoria geometrica delle equazioni e delle funzioni algebriche*. Zanchelli.

Galilei, G. 1623. *Il saggiatore*. Roma: Appresso Giocomo Mascardi, p. 25.

Lichtenberg, G. F. 1789. *Sudelbücher Heft J (1129)*.

M. Aigner, G. Ziegler. 2014. *Das BUCH der Beweise*. 4. Auflage. Springer Spektrum.

Spies, S. 2013. *Ästhetische Erfahrung Mathematik – über das Phänomen schöner Beweise und den Mathematiker als Künstler*. Siegener Beiträge zur Philosophie und Geschichte der Mathematik 2. Siegen: universi.

Winter, H. 1995. Mathematikunterricht und Allgemeinbildung. *Mitteilungen der Gesellschaft für Didaktik der Mathematik*, Nr. 61: 37–46.

7 Eine schicksalhafte Verbindung: Mathematik und Soziologie

MAREN LEHMANN

Die Diskussion um eine mögliche Unterscheidung von Soziologie und Mathematik und um eine mögliche Zirkularität dieser Unterscheidung – also die Möglichkeit des Wiedervorkommens der ganzen Unterscheidung in ihrem eigenen Raum, das heißt des Wiedervorkommens der Unterscheidung auf jeder ihrer beiden Seiten mit der Folge einer (und sehr bald zahlloser) spezifisch soziologischen Interpretation dieser Unterscheidung und einer (und sehr bald zahlloser) spezifisch mathematischen Interpretation dieser Unterscheidung – erinnert an ein persistentes Problem der Soziologie: eine schicksalhafte Verbindung.

Man versteht das nur, wenn man weiß, daß dieses Fach von seinem ersten Auftauchen im frühen 19. Jahrhundert an seine Möglichkeiten zugleich überschätzt und unterschätzt. Der typische soziologische Habitus verknüpft seit jeher Selbstwert mit Selbstverdacht, Begeisterung mit Verachtung, Hybris mit Depression. Soziologen neigen ebenso oft dazu, mit Gesetzen, Prinzipien und Regeln zu flirten, wie dazu, diese Gesetze, Prinzipien und Regeln als Variablen, Funktionen oder Probleme zu verstehen. Sie sehen sich berufen, das Bestehende zu bewahren, und bewundern doch jeden Versuch, es zu ändern; sie kokettieren also mit der Möglichkeit sozialer Ordnung ebenso wie mit der Wahrscheinlichkeit sozialer Unordnung. (Das war der berühmt gewordene Vorwurf Wilhelm Diltheys an die Soziologie, unter der er vor allem die französische Soziologie verstand.) Das Fach verdankt sich einem Umsturz, einer Krise – der Französischen Revolution, deren Ursachen und Konsequenzen Tocqueville und Comte (u.v.a.) zu verstehen suchten –, es beschäftigt sich mit Umstürzen und Krisen – der Möglichkeit sozialer Ordnung, nach der Simmel und Luhmann (u.v.a.) fragen –, und es befindet sich selbst in einer permanenten Krise – weil es eben seine Möglichkeiten im Kontext dieses Ordnungsproblems immer zugleich über- und unterschätzt. Soziologen machen, Max Webers These zur *Wissenschaft als Beruf* folgend, die Krise, den Umsturz, die unwahrscheinliche Ordnung und die wahrscheinliche Unordnung, kurz: den *wilden Hasard* der sozialen Umstände, zu ihrem Beruf.

Einer dieser *wilden Umstände*, wahrscheinlich der wichtigste, ist nun die Mathematik – oder, um es präzise zu formulieren, die Unterscheidung zwischen Soziologie und Mathematik als eine soziologische, nicht als eine mathematische Unterscheidung. Es ist diese Überlegung, die ich gern vorstellen und diskutieren möchte. Es mag daher sein, daß Talcott Parsons' berühmtes oder berüchtigtes Verdikt über Herbert Spencers *First Principles* (»Spencer is dead«, 1968: 3) heute die Soziologie insgesamt trifft, weil sie

© Springer Fachmedien Wiesbaden GmbH, ein Teil von Springer Nature 2018
G. Nickel et al. (Hrsg.), *Mathematik und Gesellschaft*, https://doi.org/10.1007/978-3-658-16123-1_8

noch immer nicht gelernt hat, mathematisches Beobachten als distinktes, von soziologischem Beobachten unterschiedenes Beobachten zu verstehen (ein »dead by suicide«, ebd.). Aber immerhin könnten wir – oder könnte ich, als Soziologin – die ersten Anflüge von Verzweiflung abwehren und uns daran erinnern, daß Krisen immer im selben Moment Überlebensformen (eine Krise bestünde darin, sagte mir einmal ein Student, zu bemerken, daß man seinen Selbstmord überlebt habe) und Wetten auf Überlebensfähigkeit schlechthin sind. Eine Disziplin in einer permanenten Krise hat immerhin ihr eigenes Ende bereits hinter sich gelassen und kann daher mit ihrem künftigen Ende – das in zahllosen Varianten auftreten mag – gelassen rechnen.

Wir riskieren vier kurze Blicke auf die Anfänge der Soziologie.

7.1

Am Anfang war die Idee einer integrierten Wissenschaft. Auguste Comte entwarf in den 1830er Jahren ein »System des Denkens und Lebens«, das eine diachrone (›dynamische‹) und eine synchrone (›statische‹) Differenzierung der Wissenschaften in sich vereinen sollte. Dieses System namens »positive Philosophie« (Comte) ist nicht nur organisiert bzw. geordnet, sondern organisiert bzw. ordnet sich auch selbst, weil es gar keine ordnende Super-Instanz gibt: es ist, in Comtes Worten, ein naturales und kein soziales (bzw. kein im Sinne des Gesellschaftlichen politisches) System, und es ordnet bzw. organisiert sich selbst mittels der Differenz von Allgemeinheit (identifiziert durch Abstraktion) und Komplexität (identifiziert durch Konkretion). Jede spezielle Wissenschaft, als Element dieses Systems der positiven Philosophie, enthält ihrerseits sowohl abstrakte als auch konkrete Beobachtungen, sowohl allgemeine als auch partikulare Probleme und sowohl komplexe als auch einfache Fragen. Comte nennt dieses Enthalten einen »positiven Zustand« bzw. das ›positive Stadium‹ des Wissens (Comte 1868, 683ff.) und behauptet eine gewisse Sicherheit (oder ›Positivität‹), daß dieser Zustand der Triumph der Rationalität (besser: des Handlungsvermögens) über Theologie und Metaphysik sein würde – ein endgültiger Triumph, gewiß; doch hatten wir als Grundform soziologischer Erkenntnis bereits die Einsicht bemerkt, daß das Endgültige stets nur das Vorläufige ist.

Der interessante Punkt ist, daß Comte von Positivität in Begriffen der Relativität spricht; das positive Stadium involviert unvermeidlich theologische und metaphysische Residuen – es bezeichnet eine Epoche, die zugleich letzte und umfassende Epoche ist und daher alle früheren Zustände als ihre eigene Vergangenheit einschließt, während jene früheren Zustände nur episodische Vorformen sind, die diese letzte Epoche als bevorstehende Endlichkeit ausschließen. Man könnte das positive Stadium als eine Epoche ohne Umgebung verstehen, genauer: als umweltlose Welt (Luhmann), als Milieu oder als totalinklusive Population (vgl. Luhmanns Notiz *niemand nicht*), und letzterer Ausdruck kann bereits als Bestimmung des modernen Begriffs der Gesellschaft gelten.

Für Comte tauchen soziale Probleme im strengen Sinne erst in diesem dritten Stadium, erst in der positiven Epoche auf, nämlich erst dann, wenn eine Inklusivitätsnorm (z.B.

›Positivismus‹) mit der Exklusivität (dem ›Negativismus‹) theologischer Gewißheiten und metaphysischer Ungewißheiten konkurriert (vgl. Peirce 1877, 1878). Comte assoziiert die positive Epoche bzw. das positive Stadium mit ökonomischem Wachstum (›Industrie‹), das theologische Stadium mit institutionalisierter Kontrolle (›Militär‹) und das metaphysische Stadium mit einer Dominanz akademisch gebildeter Experten und Professionen. Das impliziert einige wichtige Konsequenzen: Auf der einen Seite ist positive Wissenschaft dazu verdammt, eine Angelegenheit konkreter Fakten zu sein und eine allgemeine Vernunft zu unterstellen – was mit der theologischen Glaubensunterstellung verwechselt werden könnte, ohne diese Unterstellung mit den eigenen Mitteln je zuverlässig vermeiden zu können (sie ist ihr Schicksal); und sie ist dazu verdammt, industrielle Produktivität (Wachstum) zu affirmieren und zu befördern, ohne überkomme Disziplinierungen vermeiden zu können und ohne diese Affirmation irgendwie anders denn als Analogon eines Bekenntnisses handhaben zu können (als ihr Schicksal). Auf der anderen Seite ist positive Wissenschaft dazu verdammt, die so entstandene Komplexität in Begriffen wahrscheinlicher Gewissheiten und gewisser Wahrscheinlichkeiten zu bestimmen (›Daten‹ als wissenschaftlichen Erben von ›Fakten‹) und mit Unwahrscheinlichkeit und Ungewißheit zwar rechnen zu können, aber dabei eine gewisse Praktikabilität und Alltagstauglichkeit (›Verständlichkeit‹, ›Anwendbarkeit‹) immer zu privilegieren und unentscheidbare dritte Werte stets auszuschließen sowie ›esoterischen‹ Abstraktionen stets zu misstrauen, sich also immerzu gegen einen Metaphysikverdacht zu wehren. Schließlich ist positive Wissenschaft außerdem auch dazu verdammt, sich als eine Art ›natürliche Philosophie‹ (und *Denken* und *Leben* als datierbare Fakten) zu inszenieren und ›moralische Philosophie‹ der esoterischen Reflexion auf die Unwahrscheinlichkeit der Wirklichkeit zu verdächtigen. Davon sind bis heute, und auch das ist schicksalhaft (vermutlich für Mathematik und Soziologie gleichermaßen) der Verdacht gegen ›Theorie‹ und der Rückzug auf ›Empirie‹ geblieben.

Comte versteht, was ich hier *Verdammtsein* nenne, als Ermöglichung einer integrativen positivistischen Wissenschaft, die nicht theologisch und nicht metaphysisch sein soll, sondern ›soziophysisch‹, das heißt (für Comte): ›soziologisch‹. Für ihn ist *Soziophysik* der Gegenpart der *Meta*physik (und eine simple Anwendung physikalischer Konzepte auf soziale Probleme ist ebenfalls nicht gemeint, vgl. Buch VI in Comte (1868)); und *Soziologie* ist der Gegenpart der *Theologie*. Ganz ähnlich wie sein ›Dreistadiengesetz‹ beschreibt Comtes ›enzyklopädisches Gesetz‹ die Integration der Wissenschaften in einer positiven Philosophie namens Soziologie, die – in diesem dritten, positiven Stadium – Anwalt und Prokurator von fünf ›anderen Fakultäten‹ (Comte 1868, 485) ist: Mathematik, Astronomie, Physik, Chemie und Biologie. Zwar haben sich alle diese fünf anderen Disziplinen in diesem positivistischen Stadium von theologischen und metaphysischen Implikationen sorgsam (*diszipliniert*) zu unterscheiden; aber die Soziologie ist, um es deutlich zu sagen, entworfen als Observanz dieses Unterscheidungsproblems selbst. Soziologie ist demnach die Superdisziplin schlechthin, komplementiert allein durch die Soziophysik; man könnte sagen: Positivismus ist die Einheit der Differenz von *Sozio*logie und *Sozio*physik, was das genuin moderne Mißverständnis heraufbeschwört, die Begriffe *sozial* und *positiv* seien synonym. Dieses Mißverständnis feiert heute Urstände in der Netzwerktheorie.

Dieses Selbstverständnis als Superdisziplin und Wissenschaftsobservanz verweist die Soziologie an die Mathematik. Bezogen auf den Raum, den sie zu kontrollieren hat, hat sie nämlich nicht nur einen externen Konkurrenten bzw. ein externes Komplement – die Soziophysik –, sondern auch einen internen Konkurrenten bzw. ein internes Komplement – die Mathematik. In Comtes System korrespondieren, wie erwähnt, Abstraktheit und Konkretheit bzw. Allgemeinheit und Komplexität. Er setzt nun Mathematik als Repräsentantin des höchstmöglichen Grades an Abstraktheit und Allgemeinheit ein, während Soziologie als Repräsentantin des höchstmöglichen Grades an Konkretheit und Komplexität auftritt. Beide sind unvermeidlich aufeinander verwiesen; wir können einen *double bind* im Sinne von Bateson (2000, 271ff.) vermuten. Die Differenz von Mathematik und Soziologie kreuzt (das heißt: trennt und verknüpft zugleich) die beiden höchsten Ausprägungen des positiven Stadiums – aber Comte bezeichnet (rahmt) diese Differenz eben als *Soziologie* (»this is sociology« im Sinne von Bateson 2000, 184). Diese behauptete Rahmung ist die Erfindung der Soziologie als neue Disziplin, als Superdisziplin. Aber richtig ist eben auch, daß der Rahmen eine Differenz bezeichnet, die er nicht löschen kann: Wenn Soziologie und Mathematik (sowie Soziophysik und Metaphysik) die beiden oppositionellen Pole der wissenschaftlichen Evolution durch die genannten Stadien hindurch bilden (den »menschlichen Fortschritt«, wie Comte (1868, 25) es nennt), dann begegnen sie einander wie sich selbst in immer neuen Varianten in dem durch diese Evolution beschriebenen Rahmen immer wieder; das ist ihr Schicksal.

Wenn George Spencer-Brown notiert, »*unlike more superficial forms of expertise,* mathematics *is a way of saying less and less about more and more*« (Spencer-Brown 1994, xxix, kursiv ML), dann bezeichnet er diese Schicksalhaftigkeit – jetzt: für die Seite der Mathematik – präzise. Denn diese *anderen Formen* sind Formen, mehr und mehr über weniger und weniger zu sagen. Man könnte fast meinen, daß sich im Raum der Wissenschaften mittlerweile nicht mehr nur Abstraktion und Konkretion, sondern Verschwiegenheit und Geschwätzigkeit begegnen. Und haben wir nicht tatsächlich gegenwärtig eine Komplementarität diagrammatischer Methoden einerseits (*weniger und weniger über mehr und mehr*) und narrativer Methoden andererseits (*mehr und mehr über weniger und weniger*) zu verzeichnen?

7.2

Danach kam die Idee einer deskriptiven Synthesis aggregierter und relationierter Daten. Über zwei Dekaden hinweg, beginnend um 1860, versucht Herbert Spencer ein »system of synthetic philosophy« (Spencer 1868, Spencer 1883) zu arrangieren, das – ausdrücklich auf Comte bezugnehmend – Soziologie nicht nur berücksichtigt, sondern bevorzugt. Spencers Schlüsselbegriff ist *Evolution*, wobei zwar auch er die Idee der Integration des Möglichen zu einem *System* verfolgt, dies aber in Form umweltbezogener Daten tut – und zwar zahlloser Daten, *big data*. Diese Daten werden zu Faktoren, Phänomenen und Ideen verknüpft, die demnach ihrerseits allesamt Datenmengen sind (vgl. Spencer 1883, Teil I). Spencer entwickelt dieses Konzept in drei Schritten von anorganischer Evolution über organische Evolution zu »super-organic evolution« (Spencer 1883, 3ff.) und definiert letztere als das Gebiet der Soziologie. Was er sodann als das »first principle« der Wissenschaftsevolution bestimmt, lautet so: »Our attention will be directed not so much to the truth that every aggregate has undergone, or is undergoing, integration as to the further truth that in every more or less separate part of every aggregate, integration has been, or is, in progress. Instead of simple wholes and wholes of which the complexity has been ignored, we have to deal with wholes as they actually exist – mostly made up of many members in many ways. And in them we shall have to trace the transformation as displayed under several forms – a passage of the total mass from a more consolidated state; a concurrent similar passage in every portion of it that comes to have a distinguishable individuality; and a simultaneous increase of combination among such individuated portions« (Spencer 1868, 307f.).

Davon leitet sich die soziologische Behauptung ab, daß alle diese vorbei- und voranschreitenden (*passing and progressive*) Formen als »joint actions« verstanden werden müssen; folglich handelt es sich bei »super-organic evolution‹ um einen Vorgang »we may mark... off as including all those processes and products which imply the co-ordinated actions of many individuals – co-ordinated actions which achieve results exceeding in extent and complexity those achievable by individual actions« (Spencer 1883, 4). Zahllose Beteiligte, zahllose Wege, zahllose Produkte, mithin zahllose Formen der Relation und der Integration – und alle sich unablässig vermehrend und sich unablässig ausdehnend im Verlauf der Zeit: das ist, nach Spencer, das Problem der superorganischen Evolution. Die soziologische Frage lautet demnach, wie alle diese ›multiplicities and varieties‹, alle diese Zahllosigkeiten und alle diese Varietäten jemals geordnet werden können – um so mehr dann, wenn man ernst nimmt, daß auch die Ordnungen selbst variantenreich und zahllos auftreten werden, also Elemente ihres eigenen Raums sind. (Noch Niklas Luhmann wird die Soziologie an diesen Umstand erinnern: sie beobachtet die Gesellschaft, aber sie beobachtet sie nicht von außen.)

Spencers Antwort auf diese Frage ist: funktionale Differenzierung. Je weiter der evolutionäre Prozeß voranschreitet, desto differenzierter – desto komplexer – sind die sozialen Formen und ihre Verknüpfungen. Am Ende (das Spencer als das höchste und zugleich unwahrscheinlichste Komplexitätsniveau bezeichnet) entsteht eine Gesellschaft (*society),* die aus individuellen Einheiten zusammengesetzt ist, deren keines mehr fähig zu singulärer organischer Existenz (als *single organism*) und deren jedes verdammt ist zur Kooperation mit zahllosen anderen innerhalb einer umgebenden Population – das heißt, deren jedes nur noch in ›super-organischen‹ Relationen existieren kann: Existenz ist Fragilität par excellence. Wenn Spencer diesen evolutionären Prozeß als fortschreitende ›co-ordination‹ bezeichnet, nicht aber als ›co-operation‹, dann versucht er (wenn ich hier richtig liege), diese Fragilität gewissermaßen zu heilen, indem er – genuin soziologisch – einen Ordnungsbegriff einführt. Denselben Versuch unternimmt er mit seinem Begriff eines möglichen »survival of the fittest« ((Spencer 1898, 530) und mit der Verschiebung dieses Begriffs aus der Biologie in die Soziologie. Der *Fitteste* ist eben der am besten Vernetzbare, in diesem Sinne auch: der am besten – und zwar: im Modus im Einzelfall immer fragil bleibender Relationierung – Integrierte. Was ›natural selection‹ für lebende Systeme bedeutet, bedeutet Differenzierung für soziale Systeme (vgl. Spencer 1898, 530f. irgendwie zugleich stolz und polemisch auf Darwin bezugnehmend). Was Variationen für das organische Leben bedeuten, bedeuten Funktionen für die super-organische Gesellschaft. In genau diesem Sinne kann die Gesellschaft als »Organismus« bezeichnet werden (Spencer 1883, 467f.): als evolutionäres System, das die (seine eigene) Evolution überlebt hat.

Konsequenterweise entwirft Spencer alle Arten von Wissenschaft, nicht nur die Soziologie, als Arten des Umgangs mit Daten (vgl. Teil I in Spencer 1883/1898, wo Daten als Formen »dynamischer Elemente« bestimmt werden). Aber die Soziologie hat es mit Problemen hoher und höchster Komplexität zu tun, weil ihre Daten nicht einfach einzelne Individuen sind, sondern but »growths, structures, functions, products« (Spencer 1883, 8) – das menschliche Individuum ist ein vielfach vernetztes Element, das durch riesige Varietäten dieser Wachstumsformen, dieser Strukturen, dieser Funktionen und dieser Produkte kontextualisiert ist. Es ist, um es mit Spencer in Talcott Parsons' Ausdruck zu sagen, ein ökologisches Element und deshalb eine »more or less distinguished« »social unit« (Spencer 1883, 10).

Wir haben es hier mit einer (vielleicht *der*) ersten modernen *bottom-up*-Theorie der Gesellschaft zu tun, die zu berücksichtigen und damit zu rechnen vermag, daß soziale Daten zwar wissbar sind (»knowable«, Spencers Ausdruck zur Bezeichnung des wissenschaftlichen, nichtmetaphysischen Forschungsfeldes), aber zugleich nicht-wissbar bzw. unkenntlich und ungenau bleiben in dem Sinne, daß sie Variablen sind. Um den soziologiehistorisch kritischen Punkt in den Blick zu nehmen: Spencer war nicht jener ideologische, quasi-religiöse Bewunderer industriellen Wachstums, als den Parsons ihn denunziert hat; er hat vielmehr das Problem des Wachstums als Problem ernst genommen: »Apart from social changes otherwise produced, there are social changes produced by simple growth. Mass is both a condition to, and a result of, organization in a society. It is clear that heterogeneity of structure is made possible only by multiplicity of units... There can be no differentiation into classes in the absence of numbers... Hence, then, a derivative factor which, like the rest, is at once a consequence and a cause of social progress, is social growth, considered simply as accumulation of numbers. Other factors co-operate to produce this, and this joins other factors in working further changes« (Spencer 1883, 12). Es ist den modernen Wissenschaften bekanntlich bis heute nicht gelungen, zumindest den Soziologen nicht, einen brauchbaren Begriff des Wachstums und der Grenzen des Wachstums zu bilden. Die Komplementarität von Soziologie und Mathematik wäre hier ganz sicher nicht nur Fatum, sondern auch Chance.

Spencer entwirft das Problem jener ›social units‹ in Begriffen abstrakter, substituierbarer Variablen, und er präferiert das Rechnen mit großen Datenmengen gegenüber dem Beobachten des rational handelnden und emotional fühlenden Individuums. Sein Versuch, auf diese Weise zu einem Beobachtungs- und Beschreibungsstil ohne jeglichen Versuch der Kritik solchen Handelns zu kommen, mag naiv erscheinen, und sein Versuch, durch dieses Rechnen sämtliche akademischen Disziplingrenzen zu überwinden, mag ein wildes Unternehmen sein. Aber wer könnte entscheiden, ob Spencers *bottom-up*-Verfahren wirklich dem *top-down*-Verfahren Comtes unterlegen ist, oder ob (um es präziser zu sagen) Comtes hierarchisches Sozialmodell gegenüber Spencers heterarchischem Sozialitätsentwurf wirklich im Vorteil ist? Spencer gibt uns wenigstens einen Hinweis darauf, wie Comtes metaphysisches Problem der Differenz von Abstraktion und Konkretion, das heißt: wie Positivität zu operationalisieren sein könnte. Er selbst mag daran gescheitert sein, diese Operationalisierung zu realisieren, weil er seine Daten immer nur gesammelt und kaum je systematisiert hat. Aber seine theoretische Idee (wir haben Parsons 1968, 3 bereits erwähnt) ist *nicht* tot.

7.3

Zugleich kam in der letzten Dekade des 19. Jahrhunderts die Hoffnung auf, eine »reine Soziologie« würde die Mathematik entschieden und nachhaltig ersetzen (vgl. Tarde 1903, ix; Tarde 1899, xi, vgl. 6f.). Wiederum vertraut die Soziologie auf Gesetze anstelle von Prinzipien. Gabriel Tarde betrachtet Soziologie als Beobachtung logischer und nicht- oder extralogischer Ursachen und Einflüsse, die er *Imitationen* nennt. Der Begriff umfasst sowohl willentliche als auch nichtwillentliche Nachahmungen (er nennt sie Wiederholungen), und der Begriff umfasst sowohl willentliche als auch nichtwillentliche Nichtnachahmungen (bisher haben wir von Variationen gesprochen): Erfindungen durch Nachahmung nennt Tarde sie, beides – Imitation und Invention – zur selben Zeit, im selben Moment (Tarde 1903, 142, 143). Die Gesetze dieser Nachahmung (Repetition, Opposition, Adaptation) regeln diesen Moment der Gleichzeitigkeit bzw. der »unendlichen Bifurkation«, der sozialen »Form«; und das soziale ›Material‹ dieses Moments sind »verschiedene Grade von Glauben und Unglauben«, jenen beiden »realen sozialen Quantitäten« (Tarde 1903, 145, 146). Soziologie ist auf der einen Seite nicht mehr und nicht weniger als die Statistik dieses Moments, die Statistik sozialer Formen, und auf der anderen Seite ist sie nicht mehr und nicht weniger als die kombinatorische Logik jener zwei substantiellen Elemente (eben: Ereignisse des Glaubens und Ereignisse des Unglaubens). Demnach kann Soziologie verstanden werden als »soziale Logik, soziale Algebra «, die mit der »Zweiseitenform« des Aktuellen rechnet und dieses Rechnen durch »Substitutions- und Akkumulationsgesetze« regelt (Tarde 1903, 150,149; ausdrücklich bezogen auf Spencer). Wir haben es hier mit einer soziologischen Proto-version von Spencer-Browns *Laws of Form* zu tun.

(Das erinnert zugleich an Heinz von Foerster (2003, 194) Definition des Rechnens (*computing*) als einer Beobachtung, die mit Ordnungsproblemen befaßt ist und deshalb mit dem klassischen soziologischen Problem verbunden ist, das vor allem Georg Simmel und Niklas Luhmann bestimmt haben: »I wish to interpret ›computation‹ in the most general sense as a mechanism, or ›algorithm‹, for *ordering*.... There are two levels on which we can think of ›ordering‹. The one is when we wish to make a description of a given arrangement of things. The other one when we wish to re-arrange things according to certain descriptions. It will be obvious at once that these two operations constitute indeed the foundations for all that which[2028?]we call ›computation‹«. Was Foerster *Rechnen* nennt, nennt Tarde *Logik*.)

Tarde entwickelt auf dieser Grundlage eine historische und eine statistische Version soziologischer Theorie. Ich sehe aus Zeitgründen davon ab, diese Entwicklung und ihre Theoriearchitektur genauer nachzuzeichnen, gebe aber immerhin am Rande den Hinweis, daß es Friedrich Schleiermacher gewesen war, der Theologe, der 1811/30 einen verwandten Vorschlag gemacht hat, als er eine mögliche Brücke zwischen historischen und statistischen Beschreibungen als das spezifische Gegenstandsfeld der Ekklesiologie nannte. Das Studium der Theologie sollte aus seiner Sicht drei Gebiete umfassen: die philosophische Theologie (Apologetik und Polemik), die praktische Theologie (Gottesdienst und Gemeindeverwaltung) – und als Brücke oder ›Joker‹ zwischen diesen beiden ›prinzipiellen‹ Feldern ein drittes: die historische Theologie, einschließlich der Exegetik, der Kirchengeschichte der Vergangenheit sowie – und das ist der interessante Punkt – die Kirchengeschichte der Gegenwart als Differential von Vergangenheit und Zukunft im Sinne des »Wissens über die gegenwärtige Verfaßtheit des Christentums« (Dogmatik und »kirchliche Statistik«) (Schleiermacher 1850, 87ff.). Es gibt zwar, soweit ich sehe, keine Verbindung zwischen Schleiermacher auf der theologischen Seite und Comte, Spencer und Tarde auf der soziologischen Seite. Aber trotz dieser Unverbundenheit kommen sie zu vergleichbaren Problematisierungen; Tarde hätte dies vermutlich als Beweis seiner soziologischen Idee imitativer Strukturbildungen verstanden.

7.4

Schließlich entstand das Konzept einer Unterscheidung von Medien und Formen – losen und strikten Kopplungen –, das Georg Simmel um die Jahrhundertwende einführt und etabliert (ergänzt durch die Arbeiten von Fritz Heider 1927). Das Konzept blieb zwar im zwanzigsten Jahrhundert lange Zeit marginal, wenn man von drei – allerdings namhaften – Ausnahmen absieht, die dezidiert auf dieses Konzept zugegriffen haben: Niklas Luhmann und Karl E. Weick in den achtziger Jahren, wenig später außerdem Harrison C. White. Und es ist bis heute weit davon entfernt, als grundlegendes, erkenntnisleitendes Konzept anerkannt zu sein. Aber es ist eben doch der erste soziologische Kalkül in einem strengen Sinne. Diese Strenge liegt in der Möglichkeit, zwischen Mathematik und Soziologie qualifiziert zu unterscheiden – und zwar nicht einfach nur als disziplinäre Inanspruchnahme (dafür stehen längst die empirische Sozialforschung und elaborierte Versionen von Statistik, Spiel- und Entscheidungstheorie sowie generell die Theorien rationaler Wahl zur Verfügung), sondern als soziologische Problematisierung. Die Differenz von Medium und Form bzw. von loser und strikter Kopplung bringt, anders gesagt, das Problem der Möglichkeit sozialer Ordnung auf einen operationsfähigen Begriff, und damit kommt die Soziologie zu ihrem Gegenstand, zu sich selbst.

Georg Simmel jedenfalls nennt den basalen Begriff der die beiden unterschiedenen Seiten dieser Differenz eint, eine »Gesellschaft« (Simmel 1909, 290; vgl. Simmel 1950, 3ff.). In Parsons' Terminologie: die Gesellschaft eine Medium-Form-Einheit. In den 1960er Jahren versucht Niklas Luhmann die soziologischen Theorietraditionen zu rekonzeptualisieren mittels (zunächst) nicht der Unterscheidung von Medium und Form, sondern der Unterscheidung von System und Umwelt, und wiederum ist der einende Begriff dieser Unterscheidung der der Gesellschaft (vgl. Luhmann 1995). Bekanntlich hat er dreißig Jahre später beide Differenzen ineinander geführt und dabei den Begriff der Gesellschaft als »Grundproblem der Soziologie« bestätigt (Simmel 1909, vgl. Luhmann 2012). Wir können daher (und mit sehr vielen weiteren Gründen, die zu nennen und zu diskutieren hier nicht der Raum ist) davon ausgehen, daß die Medium-Form-Differenz eine Reformulierung der System-Umwelt-Differenz ist. Der Begriff der Gesellschaft bezeichnet sehr wahrscheinlich sowohl ein Arrangement von Medium-Form-Differenzen wie ein Arrangement von System-Umwelt-Differenzen (wobei wir diese Differenzen mit Parsons ›units‹ nennen können, und wobei wir diese Arrangements mit White Strukturen bzw. ›networks‹ nennen können). Simmel (1950) bezeichnet die Operation, die lose oder strikte Kopplungen dieser *Units* herstellt und variiert, als »Wechselwirkung«; Luhmann (1995) nennt sie »Kommunikation«; White (2008) ganz abstrakt nur noch »tying (coupling/switching)«. Die Gräben zwischen diesen Theorieentwürfen sind vermutlich weit schmaler, als die Schulkämpfe vermuten lassen, denn der entscheidende Punkt ist nicht die Frage, wie diese ›basic unit‹ genannt wird, sondern daß es sich bei ihr in allen diesen Theorieentwürfen um eine Unterscheidung handelt, um eine Variable, und um so abstraktes wie perfekt kontinentes Element.

Simmel vertraut, um dies ausarbeiten zu können, auf Abstraktion (also auf Comtes Auffassung von Metaphysik) und auf Variabilität bzw. auf evolutionäre Multiplizität (also auf Spencers Auffassung von *big data*). Aber er misstraut den organischen Metaphern. Seine wichtigste Referenz ist daher nicht die Biologie oder irgendeine andere Naturwissenschaft, sondern – und so versteht er dann auch die Soziologie – die »so genannten Geisteswissenschaften« (Simmel 1909). Comtes und Spencers Idee einer Superwissenschaft lehnt Simmel ab; diese würde nie mehr sein als ein Sammelbecken (ein vermüllter Haufen), in das jeder das schmeißt, was ihm gerade als wissenschaftlich interessante Angelegenheit erscheint (a.a.O.: 291). Soziologie solle keine neue Denkprovinz in der akademischen Landschaft sein (ebenso wenig wie ja vermutlich Mathematik einfach ein Ablageplatz für jede irgendwie quantifizierbare Idee sein kann), sondern eine neue Perspektive des Beobachtens, ein neuer Aspekt des Denkens. Soziologie etabliert weder ein neues wissenschaftliches Reich, noch richtet sie sich in einer kleinen spezifischen Provinz innerhalb dieses Reiches ein; sie erarbeitet sich eine neue funktionale Differenz, eine neue wissenschaftliche Praxis, »eine neue *Methode*« (Simmel 1909, 293, kursiv i.O.), ein neues kognitives Konzept. Was wie ein bescheidener Vorschlag aussieht, ist tatsächlich ein ambitioniertes Wagnis.

Simmel diskutiert eine ganze Reihe von Möglichkeiten, die entscheidende fachliche Distinktion zu bezeichnen, und sein erster Vorschlag lautet, »zwischen Form und Inhalt der Gesellschaft« zu unterscheiden (Simmel 1909, 295). Aber er zögert sogleich. Denn wenn das Problem der Gesellschaft darin besteht, daß diese ein komplexes Gewebe wechselseitiger Interaktionen und verknüpfter Relationen ist, dann muß jede Beobachtung der Gesellschaft angeben, was die Elemente dieses Gewebes sind, das heißt: wie sie zu identifizieren sind (Simmel 1909, 296). Die Schlüsselidee ist, daß diese Elemente nicht eine Seite einer Unterscheidung sind, sondern daß die Unterscheidungen selbst jene Elemente sind. Die Gesellschaft entsteht und besteht aus Differenzen (bei Simmel meist: Grenzen). Aber dann stellt sich die Frage, ob eine Unterscheidung, eine Differenz, eine Grenze überhaupt einen Inhalt haben kann? Wie soll man sich das vorstellen? Kann man sagen, daß die Differenz bzw. die Grenze sich selbst in Form zweier unterschiedener und dadurch verknüpfter Seiten beinhaltet? So daß bei jeder sozialen Form mit »zahllosen« (ebd.) Variationen dieser Beinhaltung zu rechnen ist, wenn Gesellschaft zu beobachten ist? Es kann, nimmt Simmel an, nicht um die Unterscheidung *zwischen* Form und Inhalt gehen, sondern um die Unterscheidung *von* Form und Inhalt. Was aber heißt Unterscheidung, wenn deren Begriff ein solches *und* impliziert (nicht nur ein simples *oder*, aber zusätzlich zu diesem)? Das könnte zum Beispiel heißen, daß jede soziale Form ihr eigenes Substrat, ihr eigenes »Material, sozusagen« (ebd.), ihre eigene Masse generiert (auch die Gesellschaft). Soziologie wäre eine Art Mengenlehre, also immer noch: Statistik, immer noch Populationsökologie. Gesellschaft ist eine mediale Form.

Vermutlich nicht zuletzt deshalb, weil er die Marxistische Tradition des Absonderns negativer Massen und positiver Eliten oder Avantgarden kennt, ersetzt Simmel einigermaßen unentschlossen die Unterscheidung von Form und Inhalt durch die einigermaßen prekäre Unterscheidung von Individuum und Gesellschaft, hält aber im Begriff der Gesellschaft die komplexe Einheit einer elementaren Varietät fest und versteht Individuen als »unmittelbare konkrete Lokalisierungen jeglicher historischen Aktualität« (ebd.). Entsprechend ist das Elementarereignis der Gesellschaft entweder eine Ansammlung einzelner Individuen (die dann wie Dinge zu verstehen wären) oder eine abstrakte, funktionale Integration aktueller Individualität und potentieller Sozialität. Bekanntlich hat Simmel wie angedeutet, ersteres abgelehnt und letzteres unter dem Namen der »Vergesellschaftung« präferiert und zur Grundlage seiner Sozialtheorie gemacht – jener »Form, die sich in unzähligen Varianten aktualisiert, in denen Individuen zu einer Einheit ›zusammenwachsen‹«, also sich vernetzen (Simmel 1909, 297). Man muß also damit rechnen, daß jedes aktuell lokalisierte Individuum zahllose potentielle Varianten von Individualität repräsentiert. Man muß daher auch damit rechnen, daß jedes Individuum die komplexe Varietät der Gesellschaft impliziert. Dieses Rechnen ist die soziologische Aufgabe: sie muß ernstnehmen (das heißt: Begriffe entwickeln, die das erlauben), daß kein Individuum je realiter vereinzelt ist wie ein totes Ding, sondern immer in Beziehungen mit anderen Individuen steht, und zwar in komplexen, das heißt undurchschaubaren Beziehungen. Soziale Differenzen, heißt das, sind Relationen – und Relationen sind die gesuchten elementaren Formen des Sozialen, die die Differenz (bzw. die Integration) von Individuum und Gesellschaft allererst ermöglichen (»in einem mathematischen Sinne«, notiert Simmel 1909, 297 und meint damit Geometrie und Logik). Gesellschaft ist eine relationale Form, ein Netz.

Ich komme zum Schluß. Der interessanteste Text Simmels in unserem Zusammenhang ist ganz sicher die *Philosophie des Geldes*, in der von der Gesellschaft als einer »rechnenden« Struktur und vom Individuum von einer »Rechenmarke« die Rede ist (»token and symbol«, Simmel 2004, 131). Ich muß das der Diskussion und vielleicht der schriftlichen Ausarbeitung überlassen, möchte aber doch die Überlegung vortragen, daß es die Kommunikationsform der Spekulation im Raum des Geldes ist, die Soziologie und Mathematik zum ersten Mal tatsächlich zusammenführt – in einer vielleicht nicht nur wissenschaftlichen, sondern tatsächlich sozialen, jedermann fühlbaren Schicksalhaftigkeit.

Literaturverzeichnis

(19th century editions via www.archive.org.)

Bateson, Gregory. 2000. *Steps to an Ecology of Mind.* With a new foreword by Mary Catherine Bateson. Chicago & London: The University of Chicago Press.

Comte, Auguste. 1868. *The Positive Philosophy of Auguste Comte.* Translated by H. Martineau. New York: Gowans.

Comte, Auguste. 1880. *A General View of Positivism, or Summary Exposition of the System of Thought and Life.* Translated by J. H. Bridges. 2nd ed. London: Reeves & Turner.

Foerster, Heinz. 2003. Cybernetics of Epistemology. In *Understanding Understanding. Essays on Cybernetics and Cognition.* New York et al.: Springer, 229-246.

Heider, Fritz. 1959. Thing and Medium (1927). In *On perception, event structure, and psychological environment.* 1–34. Selected Papers. Psychological Issues 1/3. New York: International University Press.

Luhmann, Niklas. 1995. *Social Systems* (1984). Translated by John Bednarz, Jr., with Dirk Baecker. Stanford, Cal.: Stanford University Press.

Luhmann, Niklas. 2012. *Theory of Society* (1997). Bd. I. Translated by Rhodes Barrett. Stanford, Cal.: Stanford University Press.

Parsons, Talcott. 1968. *The Structure of Social Action.* Bd. I. New York/London: Free Press/ Macmillan Publ.

Peirce, Charles Sanders. 1877. The Fixation of Belief. In *Chance, Love, and Logic. Philosophical Essays.* By Morris Cohen with an essay by John Dewey. Lincoln & London: University of Nebraska Pr., 1998, pp.7-31.

Peirce, Charles Sanders. 1878. How to Make Our Ideas Clear. In *Chance, Love, and Logic. Philosophical Essays.* By Morris Cohen with an essay by John Dewey. Lincoln & London: University of Nebraska Pr., 1998, pp.32-60.

Schleiermacher, Friedrich. 1850. *Brief Outline of the Study of Theology* (1811/30). Translated by William Farrer. Edinburgh: Clark.

Simmel, Georg. 1909. The Problem of Sociology. Translated and equipped with notes by Albion W. Small, *The American Journal of Sociology* 15 (3): 289–320.

Simmel, Georg. 1950. *The Sociology of Georg Simmel.* Translated, edited, and introduced by Kurt H. Wolff. Glencoe, Illinois: The Free Press.

Simmel, Georg. 2004. *The Philosophy of Money* (1900). 3. Edition. Herausgegeben von David Frisby. Translated by Tom Bottomore and David Frisby. London/New York: Routledge.

Spencer, Herbert. 1868. *First Principles.* [System of Synthetic Philosophy.] (1862). 2nd ed. London: Williams & Norgate.

Spencer, Herbert. 1883. *Principles of Sociology.* New York: Appleton & Co.

Spencer, Herbert. 1898. *Principles of Biology* (1864). Rev. ed. New York: Appleton & Co.

Spencer-Brown, Georg. 1994. A Note on Mathematical Approach. In *Laws of Form,* pp. xxixf. New York: Cognizer.

Tarde, Gabriel. 1899. *Social Laws: An Outline of Sociology.* Translated by Howard Warren. New York: Macmillan.

Tarde, Gabriel. 1903. *The Laws of Imitation* (1890). Translated by Elsie Clews Parsons. New York: Henry Holt.

Weber, Max. 1946. Science as a Vocation (1919). In *Essays in Sociology.* Translated and edited by H. H. Gerth and C. Wright Mills. New York: Oxford University Press, pp. 129-156.

White, Harrison C. 2008. *Identity and Control. How Social Formations Emerge.* 2nd ed. Princeton, N.J./Oxford: Princeton University Press.

8 „Ein Kreis ist nicht absurd [...]. Aber einen Kreis gibt es nicht." (Sartre) Oder: Die Mathematik erlöst vom Ekel

MARTIN LOWSKY

Was heißt ‚absurd'? Der Begriff, wie er hier gemeint ist, wurde von Jean-Paul Sartre (1905–1980) und Albert Camus (1913–1960), zwei französischen Philosophen des 20. Jahrhunderts, in die Philosophie eingeführt. ‚Absurd' bezeichnet bei ihnen die Trennung, das Auseinanderklaffen zwischen Mensch und Welt. Albert Camus sagt: „Diese Trennung zwischen dem Menschen und seinem Leben, zwischen dem Handelnden und seinen Kulissen, das ist das Gefühl der Absurdität im eigentlichen Sinne." (Camus 2006b, S. 223; hier und im Folgenden die Übersetzung aus dem Französischen M. L.) ‚Absurd' bezeichnet also nicht eine Eigenschaft von Menschen oder eine Eigenschaft der Welt, sondern ‚absurd' meint den Umstand, dass Mensch und Welt einander fremd sind. Da ist der Mensch, der denkt und nach Sinn fragt und sich Sicherheit wünscht, und da ist die Welt, die undurchsichtig und unverständlich ist und in die er, ohne gefragt worden zu sein, hineingeboren ist. Warum lebe ich, warum gerade jetzt, warum ist die Welt da, was will sie von mir, was soll überhaupt das Ganze? Das sind die Fragen im Umkreis des Absurden. Schüler der Oberstufe, denen ich dies im Unterricht erkläre, halten diesen philosophischen Ansatz für abwegig; ich kontere damit, dass ich sie auffordere, an ihre Pubertät zurückzudenken, an die Jahre der Unsicherheit: Da gingen euch doch täglich die Fragen durch den Kopf: Was soll ich hier überhaupt, warum habe ich diese Eltern (so ‚doofe Eltern'!), warum versteht mich keiner, warum muss ich mich mit langweiligem Zeug abgeben? Es gibt bittere Zeiten im Leben, in denen einen die Philosophie des Absurden besonders ansprechen kann.

Camus hat in seinen Werken, vor allem in dem Essay *Der Mythos von Sisyphos* und in der Erzählung *Der Fremde*, für den Menschen drei Lösungen angesichts der Absurdität entworfen: Die erste Lösung ist die Selbsttötung, die zweite Lösung ist die Anpassung an das Gegebene, die dritte Lösung ist, das Leben als ein Privileg zu sehen, es auszukosten und bereit zu sein zur Revolte.

Von Sartre sind zu nennen die große philosophische Abhandlung *Das Sein und das Nichts*, der Vortrag *Der Existenzialismus ist ein Humanismus* und der Roman *Der Ekel* (*La Nausée*, 1938). Aus diesem Roman stammt auch das Zitat in unserem Titel; wir kommen

© Springer Fachmedien Wiesbaden GmbH, ein Teil von Springer Nature 2018
G. Nickel et al. (Hrsg.), *Mathematik und Gesellschaft*, https://doi.org/10.1007/978-3-658-16123-1_9

darauf zurück. Das Zitat ist durchaus berühmt; jedenfalls hat es Gérard Legrand in sein *Dictionnaire de philosophie* aufgenommen, innerhalb des Eintrags ‚Absurde' (Legrand 1972, S. 15).

In *Der Ekel* tritt ein Schriftsteller und Geschichtsforscher namens Antoine Roquentin auf. Er mietet sich in einer Stadt an der Normandie ein und geht, in der dortigen Bibliothek und auf seinen Spaziergängen, seinen historischen Untersuchungen nach. Eines Tages entdeckt er in sich das Gefühl der Absurdität, und zwar in der Weise, dass in ihm Ekel hochkommt. Das Ekelgefühl beginnt so: Er sieht einen Offizier, der an einer Pfütze vorbeigeht, in der ein aufgeweichtes Papier liegt mit den Worten: „Diktat: Der weiße Uhu." Nun weiter:„Ich bin nicht mehr frei, ich kann nicht mehr tun, was ich will.

Die Dinge sollten einen nicht *aufregen*, die leben ja nicht. Man bedient sich ihrer, man legt sie wieder zurück, man lebt mitten unter ihnen: Sie sind nützlich, nichts weiter. Doch mich regen sie auf; das ist unerträglich. Ich habe Angst, mit ihnen in Kontakt zu kommen, gerade als wären sie lebendige Tiere.

Jetzt verstehe ich; ich erinnere mich besser an das, was ich gefühlt habe, neulich am Meer, als ich diesen Kieselstein in der Hand hielt. Es war eine Art süßlicher Brechreiz [...]: eine Art von Ekel in den Händen." (Sartre 1966, S. 22)

Später dann:

„Ich war wie die anderen [...]. Ich sagte wie sie: ‚Das Meer *ist* grün, dieser Punkt weiß, da oben *ist* eine Möwe', aber ich fühlte nicht, dass das existierte, dass die Möwe eine ‚existierende Möwe' war [...]. Und jetzt dies: Plötzlich [...] hatte sich die Existenz offenbart. Sie hatte ihr harmloses Auftreten abstrakter Art verloren. [...] Der Firnis war geschmolzen, es verblieben monströse und wabbelige Massen, die keine Ordnung hatten – sie waren nackt, von einer erschreckenden und unanständigen Nacktheit." (Ebd., S. 179f.)

„All diese Objekte ... – wie soll ich sagen? – bereiteten mir Unbehagen; ich hätte mir gewünscht, dass sie schwächer existierten, in einer trockeneren, abstrakteren, zurückhaltenderen Weise." (Ebd., S. 180)

In diesem Zusammenhang heißt es: „Das Wort ‚Absurdität' entsteht jetzt unter meiner Feder" (Ebd., S. 182). Mit ‚absurd' bezeichnet der Erzähler all das, was vor ihm als ‚existierend' auftaucht und ihm „Unbehagen" bereitet. Er sagt, wie wichtig ihm das Wort ‚absurd' ist: „Ich verstand, dass ich den Schlüssel der Existenz, den Schlüssel meines Ekels, meines eigenen Lebens gefunden hatte." (Ebd.) Und er stellt auch fest – dies ist unser Titelzitat ausführlich – :

„Die Welt der Erklärungen und der Gründe ist nicht die der Existenz. Ein Kreis ist nicht absurd; er erklärt sich sehr gut mittels der Drehung eines Geradenstückes um eines seiner Enden. Aber einen Kreis gibt es nicht." („Un cercle n'est pas absurde, il s'explique très bien par la rotation d'un segment de droite autour d'une de ses extrémités. Mais aussi un cercle n'existe pas." Ebd., S. 183)

Der Erzähler erläutert anschließend:

„[...] ich verstand den Ekel [...]. Existieren heißt einfach *da sein*. Die Existierenden erscheinen, *laufen* einem *über den Weg*, aber man kann sie nie *deduzieren*." (Ebd., S. 185)

„„Aber warum', dachte ich, ,warum so viele Existenzen, wo sich doch alle ähneln?' Was sollen so viele gleiche Bäume? So viele fehlgeschlagene und beharrlich neu begonnene und wiederum fehlgeschlagene Existenzen – wie die unbeholfenen Anstrengungen eines Insekts, das auf den Rücken gefallen ist." (Ebd., S. 187f.)

Doch wenden wir uns der zitierten Aussage über den Kreis zu – ein „Kreis ist nicht absurd [. . .]. Aber einen Kreis gibt es nicht" –, und versuchen wir sie im Kontext von Sartres weiteren Darlegungen zu verstehen. Die Aussage bedeutet wohl dies: Die Mathematik ist dem Menschen verstehbar. Wer sich in der Mathematik bewegt, bewegt sich nicht in der ekligen Welt, in der unverständlichen Welt; er ist fern der Absurdität. Der Mathematiker, der deduziert, bestimmt selbst, was existiert. Die Schwierigkeiten des Existierens mit all seinen unscharfen Randerscheinungen berühren nicht die Mathematik. Beispielsweise sind Bewegungen in der Geometrie ohne Reibung, brauchen Permutationen keine Zeit, sind große und kleine Zahlen gleich wichtig. Formulieren wir etwas feierlich: In der Mathematik ist alles so schön klar, rein, ja erhaben – eben abstrakt.

Freilich könnte man sagen: Die Mathematik beachtet eben nicht das eigentliche Leben, sie befasst sich mit idealen Objekten, ist, nach dem Urteile vieler, platonisch – das wussten wir doch schon längst, und das will auch Sartre mitteilen. Ein Literaturwissenschaftler könnte betonen: Was hier erscheint, in diesem Gegensatz zwischen der realen Welt und der Mathematik, ist etwas ganz Bekanntes, nämlich der alte Gegensatz zwischen dem realistischen oder naturalistischen Roman und dem idealistischen Roman. „Dem *Naturalisten* ist es mehr um die Mannigfaltigkeit zu tun, dem *Idealisten* mehr um die Einheit." (Ludwig 1985, S. 149; Text von 1860) Aber die Überlegungen von Sartres Helden gehen weiter: Die Hinwendung zur Mathematik hat einen psychischen Gehalt. Die Seele, die mit den vielen Dingen konfrontiert war, atmet auf, ja, die Mathematik bedeutet Befreiung vom Schmutzigen, vom Unbehaglichen, vom Gewimmel. Interessanterweise passt dies dazu, dass im Deutschen das Adjektiv ,rein', das in dem Ausdruck ,reine Mathematik' erscheint, auch die Bedeutung ,sauber' haben kann. Die Mathematik erlöst uns vom Ekel.

Noch schärfer formuliert (die Mathematik erscheint als Menschenwerk, wie die Stichwörter ,deduzieren' und ,erklären' andeuten): Die Menschen erlösen sich vom Ekel der Welt, indem sie sich die Mathematik erschaffen. Wenn der Held bei Sartre klagt, es sei einfach zu viel da, so ist es in der Mathematik anders. Die Mathematik reduziert die Vielzahl. Sind in der Mathematik Dinge isomorph, so sind alle diese Dinge nur noch ein Ding, und die Suche nach Isomorphien (oder zumindest Homomorphien) ist eine Hauptaufgabe der Mathematik. Der Mathematiker sieht über Unterschiede hinweg und macht Unterschiedliches gleich; und wenn in einem Axiomensystem ein Axiom überflüssig ist, entfernt es der Mathematiker. Gewiss ist das apodiktisch gesagt; tatsächlich sieht der Mathematiker nur über jeweils gerade irrelevante Unterschiede hinweg, und Herleitungen erleichtert er sich, indem er auch mit einem redundanten Axiomensystem arbeitet. Aber es herrscht doch in der Mathematik hartnäckig ein reduktionistisches Streben.

Dieses Vorgehen, dieses reduktionistische Streben, ist oft gerade das, was an der Mathematik fasziniert. Hier drei Beispiele aus meinen eigenen Erfahrungen angesichts der Mathematik: 1. An Physikaufgaben in der Schule hat mich immer gestört, dass da Zusätze waren, die etwa lauteten: ‚Die Reibung kann vernachlässigt werden.' ‚Die Ausdehnung des Körpers soll unberücksichtigt bleiben.' In den Mathematikaufgaben gab es nie solche Einschränkungen. 2. Ich mochte in der Erdkunde am liebsten die Länderkarten, also die Karten, wo jedes Land eine Farbe trägt und jede Grenze auch eine Farbgrenze ist. Die Karten mit den Gebirgen und Flüssen, also mit den braunen Nuancen und den dicker werdenden blauen Linien, verlockten mich weniger. Als mich ein Erwachsener spöttisch fragte, ob ich denn meine, dass Großbritannien blau sei, wunderte ich mich über diese alberne Unterstellung. 3. Als Lehrer stelle ich immer wieder fest, dass Kinder das Kopfrechnen mögen. Und zwar mögen sie die abstrakten Aufgaben à la ‚192 mal 4 gleich … ?'. Formuliert man die Aufgabe konkret, also etwa in folgender extremer Weise: ‚Ein Bäcker bäckt jeden Tag 192 Berliner. Wie viele Berliner bäckt er in 4 Tagen?', so gefällt sie dem Schüler weniger. (Da kommt, bleiben wir bei dem Beispiel, vielleicht der Ekel vor den vielen Berlinern hoch.)

Freilich sind nun Fragen offen. Musste die Geschichte der Mathematik so verlaufen, wie sie verlaufen ist, hin zur Abstraktheit, zur Deontologisierung, zum System von Relationen? Hat die Mathematik noch wesentlich etwas zu tun mit den Dingen, die (sichtbar) existieren? Ist sie nur eine schöne Fiktion, etwa im Sinne des radikalen Nominalisten Hartry H. Field (vgl. Field 1980 und Bedürftig und Murawski 2012, S. 137 f.)? Und bleibt sie auch in Zukunft eine schöne Fiktion?

Wir haben aus Jean-Paul Sartres Roman *Der Ekel* Ideen zur Mathematik herausgelesen. Es sind Ideen, mit denen Sartre seinen Helden und Erzähler Antoine Roquentin ausstattet. Wir dürfen nicht schließen, dass Sartre selbst ein Anhänger dieser Ideen ist; wir können nur sagen, dass Sartre diese Ideen entwickeln, vortragen und, als Romanautor, mit ihnen ‚intellektuell spielen' will. Sartres Romanheld Roquentin ist eine sonderbare Figur. Sartre hatte sogar eine Zeitlang erwogen, dem Roman den Titel zu geben *Les Aventures extraordinaires d'Antoine Roquentin* (‚Die außergewöhnlichen Abenteuer des Antoine Roquentin'; (vgl. Cohen-Solal 2005, S. 223). Tatsächlich sind auch diese Ideen über die Mathematik außergewöhnlich.

Man kann diese Ideen auch als eng bezeichnen. Zum einen: Gibt es nicht auch andere Wissenschaften, ebenfalls ‚reine Wissenschaften', die von den Dingen abstrahieren und vom Ekel erlösen? Etwa wenn sie zwar nicht nach Isomorphien, aber nach Gesetzmäßigkeiten suchen. Albert Camus hat die Frage gestellt: „Warum gibt es verschiedene Arten von Blumen und nicht nur eine?" und diese Antwort vorgelegt: „Die Wissenschaft [im Original: La science] erklärt das, was funktioniert, und nicht das, was *ist*." (Camus 2006a, S. 957) Dies ist eine originelle Antwort, die aber noch der Deutung bedarf. Vermutlich dachte Camus, indem er „science" sagte, an ‚les sciences', d. h. ‚die Mathematik und die Naturwissenschaften'. Zum andern: Die Mathematik ist nicht nur ‚rein'; wir haben das oben schon angedeutet. Zum Beispiel spricht der Mathematiker von ‚eleganten' und weniger eleganten Beweisen. Kreativität in der Mathematik verlangt auch Intuition, also ‚vorläufiges', ‚unreines' Denken, und bedeutet immer auch, sich mit verwunderlichen Einzelfällen und unerwartet spröden Sachlagen abzugeben und sich davon inspirieren zu lassen. Selbst der, der ‚deduziert' – um Sartres Verb zu wiederholen –, kann auf verwickelte Sachverhalte stoßen. Unerwartet tückenreiche Fallunterscheidungen, Gewimmel von Fallunterscheidungen sozusagen, sind vergleichbar mit der ‚Absurdität', die Sartres Held angesichts der Fülle der realen Existenzen in der Welt empfunden hat. Mathematisch zu arbeiten heißt, auch mit ihren ‚unreinen' Seiten fertig zu werden. Auch wer die Mathematik lernt, muss sich mit ihren unreinen Teilen abgeben; und vielleicht deshalb flüchten manche Lernenden vor der Mathematik. Dieser Aspekt der Unreinheit wird heute mehr wahrgenommen als früher; Bourbaki ist in der neueren Mathematik in den Hintergrund gerückt. Reuben Hersh, der entschieden die neue Sicht vertritt, hat gesagt: „Mathematics is like money, war, or religion – not physical, not mental, but social." (Hersh 1997, S. 248)

Auf dem Wege des mathematischen Arbeitens wird einem aber auch immer bewusst, welche geistige Freiheit der Mathematik innewohnt. Diese Freiheit rührt von ihrer grundsätzlichen ‚Reinheit' her und von daher, dass sie, wie Sartres Held sagen würde, vom Ekel erlöst.

Literaturverzeichnis

Bedürftig, Thomas, und Roman Murawski. 2012. *Philosophie der Mathematik*. 2. Aufl. De Gruyter.

Camus, Albert. 2006a. Carnets (Mai 1935 – décembre 1948). In *Œuvres complètes. II. ‚Bibliothèque de la pléiade'*, 793–1125. Gallimard.

Camus, Albert. 2006b. Le Mythe de Sisyphe. Essai sur l'absurde. In *Œuvres complètes. I. ‚Bibliothèque de la pléiade'*, 217–322. Gallimard.

Cohen-Solal, Annie. 2005. *Sartre. 1905-1980*. Gallimard.

Field, Hartry H. 1980. *Science without Numbers. A Defence of Nominalism*. Princeton University Press.

Hersh, Reuben. 1997. *What is Mathematics, Really?* Jonathan Cape.

Legrand, Gérard. 1972. *Dictionnaire de philosophie*. Bordas.

Ludwig, Otto. 1985. Der poetische Roman, herausgegeben von Gerhard Plumpe, 148–150. Reclam.

Sartre, Jean-Paul. 1966. *La Nausée*. Gallimard/Livre de poche.

9 Mathematik als zentraler Teil des Projektes Aufklärung auf breiter Front

REINHARD WINKLER

9.1 Einleitung

So lang der Titel dieses Beitrags auch bereits ist, verdienen doch seine Bestandteile eine Erläuterung. Indem Aufklärung als *Projekt* bezeichnet wird, soll in Anspielung auf Titel wie beispielsweise (Geier 2012) betont werden, dass es sich dabei nicht um einen festen Bestand von unbezweifelbaren Lehrsätzen handelt, sondern um einen fortwährenden Prozess, in dessen Mittelpunkt der Aufruf an mündige Bürger zum eigenständigen Vernunftgebrauch steht. Das damit verbundene Bildungsanliegen versucht, die Bevölkerung möglichst in ihrer Gesamtheit, also *auf breiter Front* zu erreichen. Auf das Thema *Mathematik und Gesellschaft* bezogen liegt unser Schwerpunkt daher weniger auf den historischen und technologischen, sondern vor allem auf den hier zu konkretisierenden, im doppelten Sinne allgemeinbildenden Aspekten der Mathematik: sowohl „allgemein bildend" als auch „die Allgemeinheit bildend". *Aufklärung* selbst wird nicht als eine abgeschlossene geistesgeschichtliche Epoche verstanden, sondern als ein Desideratum, das weniger im endgültigen Erreichen eines Ziels als in der beständigen Erneuerung und Aktualisierung besteht.

Konsequenterweise wird in der Mathematik auch nicht primär der Teil eines inhaltlich umrissenen Bildungskanons gesehen, sondern eine Disziplin, an der sich wichtige Aspekte des Vernunftgebrauchs vorbildhaft exemplifizieren lassen. Das wäre zwar keinesfalls ausschließlich am Beispiel der Mathematik möglich, an ihr aber in direkterer und klarerer Form als in anderen Disziplinen. Auch die großen Brüche der Moderne spiegeln sich in der Mathematik und den tiefgreifenden Revisionen wider, die ihre Grundlagen vor allem im frühen 20. Jahrhundert erfahren haben. Seither verstehen wir viel genauer die logisch-begrifflich geprägte mathematische Methode und folglich, was Mathematik grundsätzlich leisten kann und was nicht. Das bleibt nicht ohne Implikationen für unsere Einsichten in das vernünftige Denken schlechthin. So wird die *Mathematik* als ein *zentraler Teil* des beschriebenen Projektes deutlich.

© Springer Fachmedien Wiesbaden GmbH, ein Teil von Springer Nature 2018
G. Nickel et al. (Hrsg.), *Mathematik und Gesellschaft*, https://doi.org/10.1007/978-3-658-16123-1_10

Der vorliegende Text soll Potentiale mathematischer Allgemeinbildung auf vergleichsweise elementarem Niveau aufzeigen. Obwohl diese im Schulunterricht bisher leider nur selten in befriedigendem Ausmaß genutzt werden, könn(t)en sie im Interesse (fast) aller einen wesentlichen Beitrag zu einer aufgeklärteren Gesellschaft leisten. Allgemeinen Überlegungen (Abschnitt 9.2) folgen illustrierende Beispiele (9.3) und abschließende Betrachtungen (9.4).

9.2   Allgemeine Überlegungen zum Potential der Mathematik

Das berühmte Poppersche Kriterium der Falsifizierbarkeit ist ein wichtiges Qualitätsmerkmal für empirische Wissenschaften, auf die Mathematik angewendet jedoch verfehlt. Denn die Widerlegung eines anerkannten mathematischen Theorems setzte nicht nur dieses außer Kraft, sondern bedeutete einen Widerspruch, aus dem, wegen des logischen Prinzips *ex falso quodlibet*, Beliebiges abgeleitet werden könnte, was die gesamte Theorie sinnlos machte. Kein Mathematiker heute glaubt ernsthaft an diese Möglichkeit. Träte sie dennoch ein, würden aber wohl nur die zugrunde gelegten Axiome so weit abgeschwächt, dass der Widerspruch verschwände, die wichtigsten Ergebnisse – eventuell unter einzelnen Zusatzbedingungen – jedoch weiter bestünden. [51]

Mathematische Sätze sind deshalb nicht falsifizierbar im Popperschen Sinn, sondern werden durch logisch zwingende Argumentation verifiziert und bleiben – auch wenn sich der (axiomatische) Kontext im Laufe der Zeit verändern kann – in ihrem wesentlichen Kern gültig; wenigstens solange es Menschen gibt, die Mathematik in unserem Sinn betreiben. Mathematisches Wissen verfällt also nicht, sondern wird angehäuft – und das seit Jahrtausenden. Dennoch schaffen es in jeder Generation sogar schon junge Forscher aufs Neue, wenigstens auf einem Teilgebiet den riesigen Bestand mathematischen Wissens nicht nur zu durchdringen, sondern sogar um neue, noch tiefer dringende Erkenntnisse zu erweitern.

Diese beeindruckende Leistung ist nicht deshalb möglich, weil die Menschen von Generation zu Generation genialer werden, sondern weil gleichzeitig mit dem Prozess der Akkumulation mathematischen Wissens und in komplizierter Verflechtung mit diesem fortwährend auch ein anderer Prozess abläuft, der neues Wissen aufarbeitet, umschichtet und in das bestehende Lehrgebäude einfügt bzw., bei besonders überraschenden Neuigkeiten, aus dem vorhandenen Material neue große Formen hervorbringt (siehe auch (Winkler 2013)).

Trotz vielzitierter Wissensexplosion in unserer Zeit ist das, was eine einzige Generation nachhaltig an substantiell Neuem beitragen kann, klein im Vergleich mit den mathematischen Erkenntnissen mehrerer Jahrtausende. Wirken manche der Zwerge auf den Schultern der Riesin Mathematik trotzdem beeindruckend groß, so liegt das genau an

---

[51] Im Zusammenhang mit Cantors Mengenlehre, dem Russellschen Paradoxon und der anschließenden Axiomatisierung hat sich vor etwa 100 Jahren genau das zugetragen. Interessant in diesem Zusammenhang ist auch (Lakatos 1979). Die dort behandelten Beispiele (Eulerscher Polyedersatz, gleichmäßige Konvergenz) aus dem 18. und 19. Jahrhundert wären in dieser Form seit den mathematischen Grundlagenrevisionen allerdings kaum vorstellbar.

dem erwähnten Prozess der Umschichtung, der auch mit einer ungeheuren Verdichtung, Abschlankung und Ökonomisierung des bestehenden Organismus der Mathematik einhergeht (siehe auch (Winkler 2011)). Während empirische Wissenschaften alte Theorien oft falsifizieren und verwerfen müssen, konzentriert sich die Mathematik auf die allmähliche, aber beständige und unaufhaltsame Verschmelzung von Altem mit Neuem.

Dazu gehört auch die Gewöhnung an neue Sichtweisen. Der Vorsprung gegenüber der Vorgängergeneration, den begabte Mathematiker oft schon in jungen Jahren herausholen können, beruht (abgesehen von der physischen Überlegenheit der Jugend) in erster Linie darauf, dass sie bereits mit neuen und ökonomischeren Sichtweisen aufwachsen. Diese ermöglichen es ihnen, erstaunlich rasch an die Front der Forschung vorzudringen. Und selbst der durchschnittlich begabte Fachstudent gewöhnt sich, auch wenn er den Fortschritt selbst nicht gleich ermessen kann, so schnell an Grundlagen und Methoden der modernen Mathematik, dass er schon nach ein, zwei Jahren des Studiums recht abstrakte und intellektuell anspruchsvolle Theorien, die wenige Generationen zuvor nur außergewöhnlichen Köpfen vorbehalten waren, problemlos bewältigen kann.

Es gilt, dieses an professionellen Mathematikern beobachtbare Phänomen auch auf breiterer Front zu nutzen. Zwar werden viele mathematische Spitzenleistungen in ihrer vollen Pracht nur von Hochbegabten gewürdigt werden können. Doch hat die Mathematik und insbesondere die des 20. Jahrhunderts manches zu bieten, wovon sowohl der einzelne, nicht notwendig mathematikaffine Durchschnittsbürger als auch die gesamte Gesellschaft enorm profitieren können, sofern die Schule entsprechende Schwerpunkte setzt. Wird nämlich schon die Jugend hinreichend an begriffliche Klarheit und korrekte Schlussweisen gewöhnt, ist das gleichzeitig ein großer Beitrag zu einer von klarem und kritischem Bewusstsein durchdrungenen, d.h. aufgeklärten Gesellschaft. Ich möchte Errungenschaften der modernen Mathematik, die mir dabei relevant erscheinen, in Erinnerung rufen.

Spätestens seit Euklid gilt die Mathematik als Muster für klares und logisch korrektes Schließen. Warum, versteht man sehr genau aber erst seit rund 100 Jahren, als sich die mathematische Logik als Teilgebiet der Mathematik herauskristallisierte. Die Analysen von Frege und seinen Zeitgenossen in Verbindung mit der von Cantor geschaffenen Mengenlehre ermöglichten einen neuen, tieferen Einblick in die Mathematik und ihre Methode. Wenn auch Gödel mit seinen spektakulären Unvollständigkeitsresultaten um 1930 bewies, dass das von Hilbert formulierte Programm zur Grundlegung der Mathematik im engeren Sinn unausführbar ist, so zeigte umgekehrt sein Vollständigkeitssatz die Macht des formal fassbaren folgerichtigen Schließens, wie es in der Mathematik üblich ist. Auf diese, die Fundamente der Mathematik betreffenden Klärungen folgte eine Phase der Konsolidierung der darauf aufbauenden nächsten Etagen des mathematischen Lehrgebäudes. Besonderen Anteil daran hatten u.a. die unter dem Pseudonym Nicolas Bourbaki erschienenen Lehrbücher einer Gruppe führender französischer Mathematiker. Ihre Leistung besteht vor allem in einer äußerst ökonomischen Vereinheitlichung eines sehr breit angelegten, strukturbetonten begrifflichen Aufbaus und in einer Darstellungsweise, deren Ästhetik für eine ganze Epoche prägend wurde. Als Konsequenz lernt heutzutage jeder Studienanfänger der Mathematik schon in den ersten Wochen, dass beispielsweise die wesentliche Information über eine mathematische Funktion durch eine Menge geordneter Paare vollständig gegeben ist; unabhängig davon, welche Darstellungen wir wählen und welche Intuitionen für das, was eine Funktion beschreibt, uns nahe stehen. Die mengentheoretische Definition lässt aus mathematischer Sicht keine Wünsche offen und kommt dabei ohne irgendwelche externen oder gar metaphysischen Bezüge aus. Die maßtheoretische Grundlegung der Stochastik durch Kolmogorow ist ein besonders eindrucksvolles Beispiel, wie diese inhaltliche Enthaltsamkeit zur großen Stärke einer abstrakten Mathematik wird. Ohne behaupten zu wollen, dass mathematische Begrifflichkeiten für alle Lebensbereiche das Mittel der Wahl seien, besteht kein Zweifel daran, dass analytische bzw. positivistische Philosophie und auch andere Wissenschaften enorm von den neuen mathematischen Erkenntnissen inspiriert worden sind (siehe etwa (Sigmund 2015)).

Statt diese Früchte auch für den Mathematikunterricht nutzbar zu machen, brachte man unter dem Schlagwort *new math* vor etwa 50 Jahren jedoch ein Zerrbild einer mengentheoretisch fundierten Mathematik in die Schulen. Längerfristig wurde damit leider genau das Gegenteil von dem bewirkt, was Idealisten vielleicht beabsichtigten und was tatsächlich anzustreben wäre. Es ist hier nicht der Platz, Verfehlungen der 60er- und 70er-Jahre des 20. Jahrhunderts auszubreiten oder gar anzuprangern. Doch müssen wir konstatieren, dass die Schulmathematik sich oft in Belanglosigkeiten verbeißt und gleichzeitig nicht nur in der Komplexität ihrer Inhalte (diese zu maximieren sollte ohnedies nicht unser Ziel sein), sondern auch, was begriffliche Klarheit und oft auch logische Korrektheit betrifft, den allgemeinen intellektuellen Standards weit hinterher hinkt. In jeder anderen Disziplin würde die Gesellschaft sofort und mit gutem Recht mehr Aktualität einfordern. In der Mathematik ortet man zwar durchaus allgemeine Unzufriedenheit; öffentlich erhobene Forderungen wirken aber oft desorientiert und uninformiert, was die Möglichkeiten des Faches betrifft.

9.3   Einige konkrete Beispiele

Einer der häufigsten groben Verstöße gegen intellektuelle Redlichkeit besteht in der unzulässigen Verallgemeinerung von Aussagen. Natürlich ist mit der Einführung mathematischer Symbole allein noch nicht viel gewonnen; sehr wohl aber, wenn man sie sinnvoll einsetzt. Ich werde nun Allquantor $\forall$ („für alle") und Existenzquantor $\exists$ („es gibt") sowie Symbole wie $\phi(x)$ für eine Aussage, die von x abhängt, sowie $\neg\phi(x)$ für deren Negation ausgiebig verwenden. Dabei wird sich zeigen, wie wichtig der in der Mathematik selbstverständliche Blick für die exakte Bedeutung von Aussagen auch für außermathematische Diskurse ist.

Aus mathematischer Sicht ist es trivial, dass aus der Aussage $\phi(a)$ für ein bestimmtes a die Existenzaussage $\exists x : \phi(x)$, nicht aber die Allaussage $\forall x : \phi(x)$ folgt. Um das inhaltlich zu verstehen, braucht es natürlich keine Mathematik. Weil der bewusste Umgang mit den dahinter liegenden logischen Strukturen gegen Verschleierungen, wie sie in interessensgeleiteten Auseinandersetzungen sehr häufig versucht werden, sensibilisiert, kann die mathematische Herangehensweise hier aber besonders Wertvolles leisten. Schon geringfügig kompliziertere Beispiele zeigen das sehr deutlich.

„Alles kann man nicht wissenschaftlich erklären." Das ist ein häufig zu hörender Gemeinplatz. Doch was genau ist damit gemeint? Bei näherer Betrachtung entsteht der Verdacht, dass damit überhaupt nichts Genaues gemeint ist, sondern dass lediglich genauere Analysen im Keim erstickt werden sollen: Verwenden wir die Variable f für (möglicherweise offene) Fragen, und schreiben wir $\phi(f)$, wenn die Frage f wissenschaftlich geklärt ist, so könnte der Sinn obiger wissenschaftsskeptischer Aussage beispielsweise $\neg \forall f : \phi(f)$ lauten (was wir sicher bejahen müssen) oder, wörtlich genommen, $\forall f : \neg\phi(f)$ (was zweifellos falsch ist). Der Verdacht liegt nahe, dass – im Stile einer eristischen Dialektik – die erste Interpretation, weil sie offensichtlich wahr ist, unbemerkt missbraucht wird, um auch die zweite Interpretation, obwohl zweifellos falsch, plausibel erscheinen zu lassen und so die vom Sprecher aus irgendeinem Grund gefürchtete Beantwortung bestimmter Fragen f zu verhindern. Auch hier gilt: Man muss nicht Mathematiker sein, um das alles zu verstehen. Tendenziell werden Menschen, die in mathematischer Argumentation geübt sind, die Sachlage aber rascher und klarer erfassen und sich deshalb nicht so leicht überrumpeln lassen.

Noch deutlicher wird das, wenn wir die Komplexität weiter anreichern und beispielsweise eine Zeitvariable t einführen. Die Formel $\phi(f,t)$ stehe also für: „Die Frage f ist zum Zeitpunkt t wissenschaftlich geklärt." Dann gilt wohl nicht $\exists t \, \forall f : \phi(f,t)$, wahrscheinlich nicht einmal $\forall f \, \exists t : \phi(f,t)$ (Gödel?), aber doch $\exists f \, \exists t : \phi(f,t)$. Ein ähnliches, sogar politisch aufgeladenes Beispiel ist Abraham Lincolns berühmte Sentenz: „You can fool all the people some of the time, and some of the people all the time, but you cannot fool all the people all the time." Auch hier geht es um die Unterscheidung zwischen Aussagen der Form $\exists t \, \forall x : \phi(x,t)$ bzw. $\exists x \, \forall t : \phi(x,t)$ bzw. $\forall t \, \forall x : \phi(x,t)$. Logische Quantoren sind also keineswegs nur in der Mathematik relevant.

Man mag an dieser Stelle einwenden, dass kein Mathematiker logische Syllogismen studiere, bevor er sich ans Beweisen macht. Denn Mathematiker werde nur, wem das von vornherein keine Mühe bereitet. Dem will ich gar nicht widersprechen. Dennoch sehe ich großes Potential im Mathematikunterricht. Denn in der Mathematik ist die logische Syntax nicht Selbstzweck, sondern dient der präzisen Beschreibung von Sachverhalten und Objekten. Zum Beispiel ist die Aussage $\forall m \, \exists n : m < n$, bezogen auf die natürlichen Zahlen, wahr und bringt die Unbeschränktheit und folglich Unendlichkeit von $\mathbb{N}$ zum Ausdruck. Auch die philosophische Unterscheidung zwischen potentialer und aktualer Unendlichkeit klingt hier an. Um darüber klar sprechen zu können, ist saubere Logik unverzichtbar.

Konsequenterweise halte ich auch das Verständnis der exakten Grenzwertdefinition, etwa

$$\forall \varepsilon > 0 \, \exists n_0 \, \forall n \geq n_0 : |x_n - \alpha| < \varepsilon$$

für den Folgengrenzwert $\lim_{n\to\infty} x_n = \alpha$, für ein unbedingt lohnendes Bildungsziel im Mathematikunterricht; wohlgemerkt in Verbindung mit einem intuitiven Verständnis von Konvergenz und ja nicht losgelöst davon. Sowohl inhaltlich[52] wie auch exemplarisch für sprachliche Präzision bei hoher Komplexität[53] verdient es vor allem das Konzept des Grenzwerts, nicht in nebulosem Wortreichtum zu verschwimmen, sondern im Unterricht tatsächlich und genau vermittelt zu werden. Ziel sollte insbesondere ein nachhaltiges Bewusstsein dafür sein, dass Präzision sehr oft auch dort, wo ohne logischsprachliche Schulung zunächst fast jeder scheitern würde, möglich ist. Unsere Jugend darf den letzten Satz aus Ludwig Wittgensteins Traktat[54] durchaus kennenlernen. Er soll aber in einen großen ideengeschichtlichen Kontext eingebettet werden und weder Anfang noch Ende der Bildung sein.

Statt mich mit weit verbreiteten fehlerhaften Denkfiguren, die Mathematikern selten unterlaufen (z.B. Verwechslung von notwendiger und hinreichender Bedingung), aufzuhalten, will ich exemplarisch noch eine zweite fragwürdige, aber oft zu hörende Phrase als Anknüpfungspunkt wählen: „Das kann man nicht vergleichen." In den seltensten Fällen trifft dieser Befund zu. Gemeint mag sein: „Das soll man nicht vergleichen." Fast immer stimmig hingegen wäre:„Das kann man nicht gleichsetzen." Tatsächlich gelten *Gleichsetzungen* im strengen Sinn wie $2 + 2 = 4$ außerhalb der Mathematik nur sehr selten. Sie behaupten nämlich, dass jede Aussage, die für das eine Objekt (im Beispiel $2 + 2$) gilt, auch für das andere (4) zutrifft und umgekehrt. Ein *Vergleich* hingegen ist die Untersuchung von in der Regel nicht identischen Objekten hinsichtlich gemeinsamer und unterscheidender Merkmale. Und das ist grundsätzlich immer möglich, selbst wenn die beiden Objekte nichts gemeinsam haben. Allerdings wird dann auch der Erkenntnisgewinn sehr gering sein.

Erkenntnis generell fußt in hohem Maße auf Vergleich, d.h. auf der Wahrnehmung von Ähnlichkeiten und Analogien bzw. Unterschieden zwischen Vertrautem und weniger Vertrautem. Letzteres hofft man dadurch besser zu verstehen. Welche Schlüsse aus einem Vergleich gezogen werden können, hängt natürlich von der konkreten Situation ab und lässt sich nicht pauschal sagen.[55]

Doch auch zum etwas vagen Begriff *Analogie* hat die Mathematik Klärendes anzubieten. Der zugehörige (und keineswegs vage) Begriff ist der des Isomorphismus, also der Strukturgleichheit, die in der Regel nicht Identität der Objekte selbst bedeutet. Dem Mathematiker ist selbstverständlich, dass Strukturvergleiche davon abhängen, welche Strukturelemente man in Betracht zieht, und dass es sehr fruchtbar sein kann, diesbezüglich den Standpunkt zu variieren. Genau das passiert ganz allgemein bei Abstraktionen, deren Wesen ja darin besteht, unwichtige Merkmale auszublenden, damit die relevanten umso deutlicher zutage treten.[56] Wieder ist es also die Mathematik, die Archetypen menschlichen Erkenntniserwerbs auf den Punkt bringt.

[52] Die gesamte Analysis, und nicht nur sie, kreist um diesen Begriff samt seinen Varianten wie Stetigkeit etc.

[53] Der quantorenlogischen Struktur des Grenzwertkonzeptes Vergleichbares sucht man in anderen Wissenschaften vergebens. Nicht zuletzt deshalb eignet sich die Mathematik besonders für die Schulung genauen Denkens.

[54] „Wovon man nicht sprechen kann, darüber muss man schweigen." (siehe (Wittgenstein 2003))

[55] Die sogenannte formale Begriffsanalyse (siehe (Ganter und Wille 2013)) ist eine mathematische Rahmentheorie, die sich mit den Hierarchien von Begriffen befasst. Im Wesentlichen geht es dabei um die Galoiskorrespondenz, die durch die Relation des Zutreffens von Merkmalen auf Gegenstände induziert wird.

[56] Andeutung eines innermathematischen Beispiels: In der Algebra zeigt man, dass die algebraischen Zahlen einen Unterkörper der komplexen Zahlen bilden. Dabei sieht man vorübergehend von der multiplikativen Struktur von Erweiterungskörpern ab, begnügt sich mit der Beobachtung, dass es sich auch um Vektorräume

9.4 Abschließende Betrachtungen und Resümee

Aufgrund ihres ideellen, formalen, nicht aber empirischen Charakters kann Mathematik in der Welt erst dann fruchtbar werden, wenn sie Synthesen eingeht mit Wahrnehmung, Erfahrung, Empfindung, Gefühl etc. Deshalb hat ein vorbildlicher Mathematikunterricht neben den bereits besprochenen Aufgaben und Möglichkeiten noch zahlreiche weitere. Beispielsweise ist in Hinblick auf sinnvolle Anwendungen von Mathematik ein sehr grundsätzliches Verständnis für das Verhältnis von mathematischem Modell und Realität unerlässlich. Denn auch die Mathematik ist eingebettet in den großen Kontext der uns umgebenden Wirklichkeit. Sie versorgt uns aber nicht nur mit Modellen für mathematisierbare Aspekte der Wirklichkeit. In vielen Fällen ermöglicht auch nur sie selbst einen Zugang zu einer Metaebene, von wo aus wir ziemlich genau verstehen können, inwiefern diese Modelle verlässliche Antworten auf unsere Fragen geben können, und wo wir mathematischen Modellen besser mit Skepsis begegnen sollten.

Ein häufig vorgebrachtes Argument gegen mathematische Modelle, vor allem in den Sozialwissenschaften, lautet, der Mensch handle irrational und sei deshalb mit Mathematik nicht zu erfassen. Selbstverständlich wäre der Glaube, man könne das Verhalten eines einzelnen Menschen aufgrund hinreichend präziser mathematischer Überlegungen und Berechnungen vorhersagen, naiv. Immerhin haben aber mathematische Stochastik, Spieltheorie etc. sehr starke Methoden entwickelt, um z.B. aus großen Datenmengen signifikante Informationen herauszulesen, Aussagen über große Kollektive zu machen oder überraschende Phänomene zu erklären. Oft genügen dazu die Kenntnis einiger Parameter und gewisse stochastische Unabhängigkeiten, während eine tiefere Einsicht in jene inneren Mechanismen, die das Verhalten einzelner Subjekte steuern, nicht erforderlich ist. Obwohl die psychologischen Hintergründe jedes Einzelnen äußerst undurchsichtig und kompliziert sein können, schlagen (sofern die mathematischen Prämissen erfüllt sind, was natürlich hinterfragt werden muss!) die Gesetze der Stochastik unerbittlich zu. Denn sie folgen genauso zwingend aus ihren jeweiligen Voraussetzungen wie die Sätze der Geometrie oder der Arithmetik. Man darf sie nur nicht falsch interpretieren, was aufgrund ihrer Komplexität aber leider oft geschieht. Doch auch und gerade im Umgang mit Irrationalität ist Rationalität (und Mathematik ist ein Aspekt davon) ein besseres Instrument als Irrationalität.

Folgendem möglichen Missverständnis möchte ich klar entgegentreten. Es bestünde darin, eine Welt, in der Mathematiker regieren, automatisch für eine aufgeklärtere, bessere zu halten. Doch gibt es keinen Grund, warum Mathematiker ganz allgemein bessere Menschen sein sollten. (Gegenbeweise wären wohl leicht zu finden.) Immerhin gibt es gute Chancen, dass Mathematiker, die guter Absicht sind, in Bereichen, die ihrem Denken besonders zugänglich sind, zu stimmigeren Urteilen und folglich zu besseren Entscheidungen kämen. Weil aber, wie bereits betont, die meisten Bereiche mit mathematischem Denken allein nicht hinreichend gut durchdrungen werden können, möchte ich keine Erwartungen an die Rettung der Welt durch die Mathematik als

---

über dem Grundkörper der rationalen Zahlen handelt, und argumentiert mit der endlichen Dimension, die wiederum Algebraizität impliziert.

unumschränkte Herrscherin nähren. In einigen Punkten jedoch könnte sie tatsächlich eine größere und tragende Rolle übernehmen:

Die Gesetzmäßigkeiten folgerichtigen Schließens, begrifflichen Denkens und präziser Sprache kommen in der Mathematik besonders klar und explizit zum Vorschein. Junge Menschen, denen diese Gaben nicht von Natur aus reichlich in den Schoß gefallen sind, könnten sie deshalb in der Mathematik am effizientesten erwerben. Voraussetzung ist ein entsprechender Mathematikunterricht, der auch manche noch ungewohnte Schwerpunkte setzt. Meine damit verbundene Hoffnung besteht nicht primär darin, dass politische, wirtschaftliche und sonstige Entscheidungsträger klarer denken und deshalb besser handeln würden. Denn Personen in Spitzenpositionen verfügen in der Regel durchaus schon jetzt über diese Fähigkeiten. Es sollte aber möglich sein, größere Teile der Bevölkerung (= Wählerschaft) zu sensibilisieren gegen die Verführung durch vielfältige Formen intellektueller Unredlichkeit, wie sie uns – interessensgeleitet – tagtäglich in öffentlichen Auseinandersetzungen zugemutet werden. Wenn wir realistisch sind, dürfen wir in der Demokratie eine diesbezügliche Verbesserung erst dann erwarten, wenn eine Bevölkerungsmehrheit sie einfordert. Auch wenn mit Widerstand zu rechnen ist, dürfen wir nicht aufgeben. Denn Aufklärung ist ein immerwährendes Projekt, das sich nicht mit einer Elite zufrieden geben darf, sondern auf breiter Front vorangetrieben werden muss.

Literaturverzeichnis

Ganter, Bernhard, und Rudolf Wille. 2013. *Formale Begriffsanalyse: Mathematische Grundlagen.* Springer-Verlag.

Geier, Manfred. 2012. *Aufklärung. Das europäische Projekt.* Rowohlt Taschenbuch Verlag.

Lakatos, Imre. 1979. *Beweise und Widerlegungen.* Friedr. Vieweg und Sohn, Braunschweig.

Sigmund, Karl. 2015. *Sie nannten sich Der Wiener Kreis. Exaktes Denken am Rand des Untergangs.* Wiesbaden, Germany: Springer Spektrum.

Winkler, Reinhard. 2011. Der Organismus der Mathematik – mikro-, makro- und mesoskopisch betrachtet. In *Mathematik verstehen. Philosophische und Didaktische Perspektiven.* Herausgegeben von Markus Helmerich, Katja Lengnink, Gregor Nickel und Martin Rathgeb, 59–70. Vieweg + Teubner.

Winkler, Reinhard. 2013. Mathematische Prozesse im Widerstreit. In *Mathematik im Prozess: Philosophische, Historische und Didaktische Perspektiven,* herausgegeben von Martin Rathgeb, Markus Helmerich, Ralf Krömer, Katja Lengnink und Gregor Nickel, 89–100. Springer Spektrum.

Wittgenstein, Ludwig. 2003. *Tractatus logico-philosophicus. Logisch-philosophische Abhandlung.* Suhrkamp.

Teil II
Mathematik und Gesellschaft aus historischer Perspektive

10 Mathematik und Gesellschaft: Was folgt aus der Geschichte dieser Beziehung für unser Verständnis von Bildung?

HANS NIELS JAHNKE

10.1 Was lehren uns historische Beispiele über Mathematik und Gesellschaft?

In diesem Vortrag möchte ich zunächst einige Arbeiten vorstellen, die sich mit dem Thema „Mathematik und Gesellschaft" auseinandersetzen. Die Auswahl der Arbeiten hat autobiographischen Charakter und ist weit davon entfernt, einen erschöpfenden Überblick über das Thema und seine verschiedenen Aspekte zu geben. Sie spiegelt in sehr verkürzter Form wieder, wie ich selbst vor langer Zeit mit dieser Fragestellung konfrontiert wurde und was daraus in meiner eigenen Arbeit geworden ist.

Das Thema „Mathematik und Gesellschaft" kann unter verschiedenen Blickwinkeln betrachtet werden. Einige werden im Folgenden angesprochen, andere werden eher ausgeblendet. Im Mittelpunkt steht die Frage nach Anwendung und Anwendbarkeit der Mathematik. Untersucht man dies im weiteren Kontext, dann kann man nicht nur von der Mathematik reden, sondern muss auch ihre Beziehungen zu den anderen Wissensdisziplinen und der Technik ins Auge fassen. Das wird im Folgenden an Beispielen und dann summarisch erfolgen. Naturgemäß wird dabei die kulturelle und philosophische Seite der Problematik nur am Rande berührt.

Zunächst lernt der Leser eine Arbeit vom Anfang der 1980er Jahre kennen. Das ist jetzt 35 Jahre her. Im zweiten Abschnitt gehe ich weitere 50 Jahre zurück, in die 1930er Jahre. Man kann diese Zeit als den marxistisch geprägten Vorlauf zu den Arbeiten der 1980er Jahre sehen. Hier wird die „Rehabilitierung" dieser marxistischen Ansätze durch Gideon Freudenthal und Peter McLaughlin aufgegriffen. Im darauf folgenden Abschnitt wird eine Kernaussage meines Buches über die Mathematik in der Humboldtschen Bildungsreform durch eine thesenartige Darstellung der Beziehung von Wissenschaft und Technik am Ende des 18. Jahrhunderts in Frankreich vorbereitet. Im letzten

© Springer Fachmedien Wiesbaden GmbH, ein Teil von Springer Nature 2018
G. Nickel et al. (Hrsg.), *Mathematik und Gesellschaft*, https://doi.org/10.1007/978-3-658-16123-1_11

Abschnitt zeige ich dann, dass im Lichte dieser Einsichten der Humboldtsche Bildungs-begriff durchaus als „praxistauglich" betrachtet werden kann und warum die Betonung der reinen Mathematik von den damaligen Reformern in Preußen als Sicherung der Zukunftsfähigkeit von Bildung verstanden wurde.

Im Jahre 1978 erschien im Zentralblatt für Didaktik der Mathematik (ZDM) eine Ar-beit von Henk Bos, die den Titel trug, der über diesem Abschnitt steht. Als Folge der Studentenbewegung bemühten sich damals niederländische Universitäten Kurse zum Thema „Mathematik und Gesellschaft" anzubieten. Es war naheliegend, diese Thema-tik auch unter einem historischen Blickwinkel zu betrachten, und das war der Anlass für Bos, sich mit diesem Thema zu beschäftigen. Er näherte sich der Problematik durch-aus kritisch. Es ging ihm nicht darum, zu zeigen, wie intensiv die Wechselwirkungen von Mathematik und Gesellschaft sind. Vielmehr wollte er, das ist unverkennbar, allzu summarische und einfache Aussagen hinterfragen.

Im wesentlichen diskutierte Bos zwei Fälle. Zum einen das Beispiel: **Kepler und die Weinfässer**. Dieses Beispiel ist wohlbekannt und wird in Schulbüchern oder histori-schen Darstellungen der Geschichte der Analysis gerne als „nette Episode" erzählt. Zu seiner 2. Hochzeit im Jahre 1613 bestellte Kepler eine Ladung Wein und beobachtete dabei, wie die Händler den Inhalt der Weinfässer mit Hilfe so genannter Visierruten bestimmten. Visierruten sind Stäbe mit einer geeignet eingerichteten Skala, die vom Spundloch schräg ins Weinfass gesteckt werden. Die Weinmenge kann man unmittelbar an der Skala des Visierstabes abmessen. Kepler fragte sich nun, wie genau dieses Ver-fahren ist und bestimmte zu diesem Zweck die Volumina zahlreicher Rotationskörper mit Hilfe neuartiger infinitesimaler Methoden (*Nova stereometria doliorum vinianorum* 1615). Keplers theoretische Ergebnisse bestätigten die Tauglichkeit der Methode der Visierrouten.

Bos fragte sich nun, was dieses Beispiel über den Einfluss der Gesellschaft auf die Ma-thematik und umgekehrt den Einfluss der Mathematik auf die Gesellschaft aussagt. Unzweifelhaft hat ein gesellschaftliches Problem den Mathematiker Kepler angeregt. Der gesellschaftliche Kontext war die Praxis der sogenannten Visiermeister. Inhaltsbe-stimmungen von Fässern waren für den Handel und für die Berechnung von Steuern wichtig, und so gab es in jeder größeren Stadt Visiermeister, die zu dieser Aufgabe herangezogen wurden.

Keplers Arbeit stellte einen wichtigen Schritt dar über die bis dahin bekannten antiken Methoden zur Inhaltsbestimmung hinaus, die wir vor allem Archimedes verdanken, und seine mathematischen Ergebnisse waren für die weitere Entwicklung der Infinite-simalmathematik von erstrangiger Bedeutung. Die Mathematik hat also unzweifelhaft von dieser Problemstellung profitiert. Umgekehrt muss man allerdings sagen, dass für Händler, Steuereintreiber und Visiermeister die Genauigkeit ihrer Methoden kein Pro-blem war. Demgemäß haben Keplers mathematische Methoden in diesem Fall auch kei-nerlei praktischen Einfluss gehabt. Insgesamt: das mathematische Problem war durch die gesellschaftliche Praxis angeregt, es hatte für die weitere Entwicklung der Mathe-matik fundamentale Bedeutung, ein Nutzen für die gesellschaftliche Praxis war zu die-ser Zeit nicht vorhanden.

Bos' zweites Beispiel betrifft die sogenannte „**äußere Ballistik**", die Wissenschaft der Bahnen von Projektilen. Dieses Beispiel hat der britische Wissenschaftshistoriker Rupert Hall in seiner Dissertation intensiv studiert (Hall 1952). In der Diskussion zwischen denjenigen, die gesellschaftliche Einflüsse auf die Wissenschaft strikt verneinen und die Position vertreten, dass Wissenschaft sich autonom nach ihren eigenen Gesetzmäßigkeiten entwickelt, den sogenannten *Internalisten*, und denjenigen, die an gesellschaftlichen Einflüssen auf die Wissenschaft interessiert sind, den *Externalisten*, hat dieses Beispiel eine besondere Rolle gespielt. Einerseits ist klar, dass es ein starkes gesellschaftliches, in diesem Fall militärtechnisches Interesse, an der Modellierung von Geschossbahnen gibt. Andererseits meint Hall in seinem Buch bewiesen zu haben, dass die Modellierung von Geschützbahnen zwar im größeren Kontext der Revolutionierung der Dynamik im 17. Jahrhundert zu sehen ist, dass aber die ballistischen Untersuchungen überhaupt nicht von irgend einem wirklichen oder erhofften Nutzen für die Kriegspraxis beeinflusst gewesen seien.

Das Beispiel wird von Bos in seinen Grundzügen skizziert. Nach Anfängen bei Tartaglia und anderen italienischen Mathematikern spielte Galileis Einsicht, dass die Wurfbahn im luftleeren Raum eine Parabel ist, zunächst eine große Rolle („parabolische Ballistik"), führte aber praktisch wegen der Vernachlässigung des Luftwiderstands zu grob falschen Ergebnissen. 1719 gelang es Johann Bernoulli, die Differentialgleichung der Wurfbahn im widerstehenden Medium zu integrieren, wobei angenommen wird, dass der Luftwiderstand proportional zu irgend einer Potenz der Geschwindigkeit ist. Es ließen sich nun Schießtabellen unter der Annahme der quadratischen Abhängigkeit berechnen („quadratische Ballistik"). In der weiteren Entwicklung spielten noch Euler und andere Mathematiker eine Rolle. Aber erst gegen Ende des 19. Jahrhunderts gelangte man zu praktisch brauchbaren Ergebnissen. Wir wollen die bei Bos dargestellten interessanten Details übergehen. Zwei Hinweise sind für unser allgemeines Problem allerdings von Bedeutung. 1. Seit dem Ende des 17. Jahrhunderts wurde die Theorie der Projektile Teil des Lehrstoffes an den Artillerie-Schulen und ging damit in die theoretische Ausbildung vieler Offiziere ein. Die bei den Militärs verbreitete Skepsis gegenüber der Theorie nahm langsam ab. 2. Der Nutzen der ballistischen Theorie für die Praxis wurde größer, weil einerseits die Theorie verbessert wurde, und weil andererseits „die Technologie der Herstellung von Kanonen und Geschossen die Artilleriepraxis so umformte, dass mathematische Methoden besser anwendbar wurden; **die Praxis wurde so an die Mathematik adaptiert.** (meine Hervorhebung)" (Bos 1978, S. 73)

Insgesamt zeigt diese fünfhundertjährige Geschichte der äußeren Ballistik Phänomene, die bei vielen komplexen Fragestellungen aufgetreten sind. Lange Zeit kann das praktische Problem nicht gelöst werden, weil die theoretischen Hindernisse enorm sind. Wissenschaftler beschäftigen sich immer wieder mit diesem Problem und erzielen bedeutende theoretische Fortschritte, ohne wirksam zur Verbesserung der praktischen Situation beitragen zu können. Wir wollen dies die **temporäre Ineffizienz der Wissenschaft** nennen, ein Begriff, den Bos nicht benutzt hat. Andererseits muss auch die Technologie sich so weit entwickeln, dass eine bestimmte Gleichförmigkeit und Präzision der praktischen Prozeduren möglich wird, so dass mathematische Verfahren überhaupt anwendbar werden. Man kann dies insgesamt als **Prozess der Ko-Evolution** bezeichnen.

Aus der temporären Ineffizienz der Wissenschaft folgt nun auch, dass in solchen Fällen die **Motivation des einzelnen Wissenschaftlers,** der zur Lösung des Problems einen Beitrag geleistet hat, in der Regel nicht auf utilitaristischen Beweggründen beruht, sondern dass eher theoretische Neugierde, der Wunsch nach Anerkennung oder auch schlicht Konkurrenz eine Rolle spielen. Die oben erwähnte Integration der Differentialgleichung der Wurfbahn im widerstehenden Medium durch Johann Bernoulli ist hierfür ein markantes Beispiel. Bernoulli war nämlich auf dieses mathematische Problem gestoßen, weil er im Zusammenhang des Prioritätsstreites zwischen Newton und Leibniz durch den fanatischen Newton -Anhänger John Keill herausgefordert worden war, das Problem zu lösen. Nach dem damaligen Verhaltenskodex war diese Herausforderung abseitig, weil Keill bzw. die Newtonianer das Problem selber nicht lösen konnten. Um so größer war dann Bernoullis Triumph. Seine Motivation war also durch keine praktischen Gesichtspunkte bestimmt. Aber selbstverständlich war ihm bewusst, dass seine Arbeit irgend wann praktische Bedeutung erhalten könnte.

Bos hat das Thema „Mathematik und Gesellschaft" einige Jahre später in einer anderen mathematikdidaktischen Zeitschrift weiter ausgeführt (Bos 1984). Neben dem oben diskutierten Beispiel der Ballistik behandelte er hier den Einfluss des Platonismus von der Antike bis Kepler (das führt auf die Frage nach dem Zusammenhang von Ideologie und Wissenschaft), den Einfluss der Lehre und des Unterrichts auf die Entwicklung der Mathematik, der im 19. Jahrhundert zur Herausbildung der reinen Mathematik beitrug, und die Beeinflussung des Inhaltes mathematischer Theorien durch gesellschaftliche Rahmenbedingungen am Beispiel des Begriffs der Korrelation bei Galton, Pearson und Fisher.

Im Jahre 1989 erschien eine Studie von Erhard Scholz, in der zwei Mathematisierungsprozesse, die Entdeckung der kristallographischen Gruppen und die Herausbildung der graphischen Statik, analysiert wurden. Beide Prozesse erstreckten sich über einen längeren Zeitraum, wenn auch bedeutend kürzer als die Entwicklung der äußeren Ballistik. In einem Resümee schreibt Scholz, dass beide Prozesse sich als eine „interaktive, beinahe dialogische Beziehung zwischen kontextgebundener Mathematisierung und innermathematischer Begriffsbildung" (Scholz 1989, S. 244) entfalteten. Scholz unterscheidet demgemäß zwischen (selbstreferentieller) **autonomer** und (fremdreferentieller) **heteronomer** Wissensgewinnung. Erstere ist im Sinne der „reinen" Mathematik zu verstehen, letztere als „Anwendung". Um die mit „rein" und „angewandt" verknüpften statischen Konnotationen zu vermeiden, spricht er dann von „theoretischer Mathematik" und von „Theoretisierungsprozessen".

Ein Jahr später erschien das vieldiskutierte Buch „Moderne - Sprache - Mathematik" von Herbert Mehrtens (1990), in dem die Phänomene der Selbst- und Fremdreferentialität im Gegensatz von Formalismus und Anschauung diskutiert und als Auseinandersetzung von „Moderne" und „Gegenmoderne" auch kulturell und politisch gedeutet werden. Das ist eine ganz andere Dimension als die Beziehung der Mathematik zu ihren Anwendungen, die aber notwendig zu einem umfassenden Bild der Beziehung von Mathematik und Gesellschaft gehört, auch wenn sie in diesem Aufsatz nicht weiter thematisiert wird.

10.2 Der marxistische Vorlauf

Die Überlegungen von Bos, Scholz, Mehrtens und anderen hatten einen Vorlauf in Diskussionen und Arbeiten aus den 1930er Jahren. Ich möchte hier speziell die Namen Boris Hessen (1893-1936), Henryk Grossmann (1881-1950), Edgar Zilsel (1891-1944) und Robert K. Merton (1910-2003) nennen. Hessen, Grossmann und Zilsel verstanden sich als Marxisten, Merton nicht.

Besonders interessant ist der Fall Boris Hessen. Hessen war Physiker und Wissenschaftshistoriker. Er hat 1931 als Leiter der sowjetischen Delegation am Internationalen Kongress für Wissenschaftsgeschichte in London teilgenommen und dort einen viel diskutierten Vortrag „The Social and Economic Roots of Newton's *Principia*" gehalten. Von politisch links stehenden Kollegen wurde der Vortrag enthusiastisch aufgenommen. Im Main-Stream der Wissenschaftsgeschichtsschreibung gilt die Arbeit allerdings als „notorious specimen of vulgar Marxism", wie Gideon Freudenthal schreibt (Freudenthal 2005, S. 166). Hessen verfolgte das Programm, die Wissenschaftliche Revolution des 17. Jahrhunderts aus den sozialen und ökonomischen Verhältnissen der damaligen Zeit heraus zu verstehen, und nicht lediglich als individuelle Schöpfung von Geistesgiganten wie Galilei, Newton und anderen.

Von Kritikern wurde Hessens Auffassung so verstanden, als ob es sich um eine Aussage über die individuelle Motivation von Wissenschaftlern handele. Danach sei das Schaffen von Wissenschaftlern als Reaktion auf gesellschaftliche Bedürfnisse zu verstehen, Wissenschaftler folgten keinen idealistischen, sondern materialistischen oder noch mehr vereinfacht utilitaristischen Motiven. Das wäre in der Tat „Vulgärmarxismus".

Positiv aufgenommen wurde Hessens These durch Robert K. Merton in seinem Buch „Science, Technology and Society in 17th Century England" (1938). Merton verteidigt dort zwei Thesen: (1) die wissenschaftliche Revolution sei wesentlich getragen worden durch den Puritanismus in England und den Pietismus in Deutschland (diese These ist dem Soziologen Max Weber verpflichtet) und (2) ein ursächliches Element der wissenschaftlichen Revolution sei die Auseinandersetzung von Wissenschaftlern mit Problemen der damaligen Technologie gewesen. Das ist im Prinzip auch die These von Hessen.

Man könnte die 2. These von Merton ebenfalls als Aussage über eine utilitaristische Motivation wissenschaftlicher Forschung (miss-)verstehen. Das war bei Rupert Hall der Fall, dessen Buch *Ballistics in the Seventeenth Century. A Study on the Relations of Science and War with Reference Principally to England* von 1952, auf das Henk Bos sich in seiner Fallbeschreibung gestützt hat, geradezu als ein Versuch der Widerlegung von Hessen und Merton gelesen werden kann. Wir hatten gesehen: für Hall war die Tatsache, dass die Versuche der wissenschaftlichen Modellierung von Geschossbahnen sich lange Zeit nicht auf die praktische Ballistik ausgewirkt haben, ein Beweis dafür, dass Wissenschaftler eben aus theoretischer Neugier heraus forschen und nicht, um praktische Probleme zu lösen.

Es ist eine sehr verbreitete Auffassung, gesellschaftliche Einflüsse auf die Wissenschaft mit den individuellen Motiven der Wissenschaftler gleichzusetzen, also den Wissenschaftlern utilitaristische Motive zu unterstellen. Wir haben oben am Beispiel von Bernoulli gesehen, dass dies im Allgemeinen nicht der Fall ist. Dass diese Gleichsetzung prinzipiell auf einem Denkfehler beruht, wird sehr lichtvoll in der Arbeit (Freudenthal und McLaughlin 2009a, S. 3-7) diskutiert. Sie zeigen, dass ökonomische Bedürfnisse sich nicht automatisch in technische Probleme übersetzen lassen.

Was genau waren nun Hessens Thesen? Gideon Freudenthal hat es in dem Aufsatz „The Hessen-Grossmann Thesis: An Attempt at Rehabilitation" (Freudenthal 2005) unternommen, diese genauer zu rekonstruieren. Freudenthal spricht von der Hessen-Grossmann-These, weil Grossmann unabhängig von Hessen ganz ähnliche Ansätze entwickelt hat.

Danach haben Hessen und Grossmann im wesentlichen 3 Thesen vertreten, nämlich

(1) Die frühmoderne Wissenschaft entwickelte sich aus einem ökonomischen Interesse an Technologie. Es wurde (in der frühen Neuzeit) angenommen (in kurzfristiger Perspektive: irrtümlicherweise), dass die Wissenschaften dazu förderlich seien.

(2) Die Wissenschaft der Mechanik entwickelte sich durch das Studium der damals zeitgenössischen Technologie, die auf diesem Wege den Horizont wissenschaftlicher Forschung bestimmte.

(3) Politisch-ideologische Auffassungen beeinflussten die Konzeptualisierung der Naturphänomene.

Man kann sagen, dass These (1) durch Mertons These über den ideologischen Einfluss der Puritaner und Pietisten konkretisiert wurde. Hall's Fallstudie über die Ballistik zeigte zudem, dass in kurzfristiger Perspektive der Glaube an die förderliche Wirkung der Wissenschaft sich als im Allgemeinen nicht zutreffend erwiesen hat.

Zentral für Hessens und Grossmanns Ansatz und für eine marxistisch inspirierte Wissenschaftsgeschichte war These 2. Sie besagte, **dass nicht das Studium der Natur an sich das Objekt der Wissenschaft der Mechanik war, sondern die Untersuchung der zeitgenössischen Technologie.** Die Mechanik war eine Wissenschaft, die versuchte zu erklären, warum die damalige Technologie funktionierte. Das bedeutet aber, dass diese These auch die Frage berührt, inwiefern der kognitive Inhalt von Wissenschaft durch die gesellschaftliche Entwicklung beeinflusst wird. Sie versucht, den Horizont kognitiver Möglichkeiten auf der Basis der zur Verfügung stehenden **materiellen und symbolischen Mittel** zu erklären.

Ein wichtige Konkretisierung dieser These ist die Herausbildung des „**allgemeinen Bewegungsbegriffs**" der modernen theoretischen Mechanik. Aristoteles hatte zwischen „natürlichen" (z. B. freier Fall) und „erzwungenen" Bewegungen unterschieden. Diese Bewegungen waren ihrem Wesen nach verschieden. Von der Alltagsanschauung her ist diese Unterscheidung sehr plausibel. Die These (2) von Hessen sagt nun, dass erst mit der Herausbildung von Manufakturen Maschinen entstanden, die verschiedene Arten von Bewegung ineinander überführten. Dies betrifft insbesondere die Verwandlung von

Drehungen in Translationen und umgekehrt. So lange es keine technischen Beispiele solcher Umwandlungen gab, so die These, mache es keinen Sinn, beide Bewegungsformen unter einem allgemeinen Begriff zusammenzufassen.

Umgekehrt besagt These 2 auch etwas über die Grenzen der Wissenschaft einer Zeit, insofern natürliche Phänomene nicht zum Untersuchungsgegenstand werden, wenn sie nicht in der Technik einer Zeit eine gewisse Realisierung gefunden haben. Daher entwickelte sich die Thermodynamik nicht im 17. Jahrhundert, weil in der damaligen Technologie noch nicht eine Energieform in andere transformiert wurde. Sobald dies aber mit der Erfindung der Dampfmaschine und anderer Wärmekraftmaschinen am Ende des 18. Jahrhunderts geschah, entwickelten sich in der Wissenschaft der allgemeine Energiebegriff und das Prinzip von der Erhaltung der Energie (Lazare Carnot und die Thermodynamik). Der amerikanische Chemiker und Wissenschaftshistoriker L. J. Henderson (1878 - 1942) hat das später so ausgedrückt, dass die Wissenschaft der Dampfmaschine unendlich mehr zu verdanken habe als die Dampfmaschine der Wissenschaft (zitiert nach Gillispie 1977, 139/40).

Aus biographischen Gründen haben Hessen und Grossmann beide keine Schüler gehabt, so dass ihre Ideen sich nicht weiterentwickelt haben. Hessen wurde im Zuge einer der Stalinschen Säuberungen 1936 erschossen. Der deutsch-polnische Ökonom und Wissenschaftshistoriker Henryk Grossmann war Mitarbeiter am Frankfurter „Institut für Sozialforschung" und emigrierte 1933 nach Paris, London und schließlich New York. Die im gegenwärtigen Kontext wichtigen Arbeiten von Hessen und Grossmann sind in (Freudenthal und McLaughlin 2009b) jetzt gut zugänglich.

In einem einleitenden Essay zu (Freudenthal und McLaughlin 2009a) weisen die Autoren darauf hin, dass die Hessen-Grossmann-Thesen wesentlich auf den Marxschen Arbeitsbegriff rekurrieren, in dem die Mittel der Tätigkeit (Maschinen, symbolische Repräsentationen) eine wichtige Rolle spielen. Es ist nun interessant, dass in der (Kognitions-)Psychologie in den 1920er Jahren in der Sowjetunion in Gestalt der Tätigkeitstheorie von L. S. Wygotski (1896 - 1934) ganz analoge Ansätze verfolgt wurden. Wygotskis Arbeiten haben sowohl in der Sowjetunion, als auch in Westeuropa und Nordamerika einen erheblichen Einfluss ausgeübt. Die Idee, die Darstellungsmittel als wesentlichen Faktor der onto- und phylogenetischen kognitiven Entwicklung herauszuarbeiten, hat auch Peter Damerow in seinen mathematikgeschichtlichen Arbeiten zur frühen Zahlbegriffsentwicklung angewandt (z. B. Damerow 1988), ohne allerdings auf Wygotski zu rekurrieren.

10.3 Wissenschaft und Industrialisierung im Frankreich des späten 18. Jahrhunderts

Die bisher dargestellten Befunde zum Verhältnis von Mathematik, Wissenschaft und Technologie betrafen vor allem die Entwicklung im England des 17. Jahrhundert. In einer Untersuchung des Zusammenhangs von Wissenschaft und Industrialisierung im Frankreich des späten 18. Jahrhunderts kommt Charles C. Gillispie zu ganz ähnlichen

Ergebnissen (Gillispie 1977). Darüber soll hier kurz berichtet werden aus zwei Gründen. Zum einen stellt Gillispie seine Ergebnisse prägnant und übersichtlich dar, zum anderen kommt man mit dieser Untersuchung in die zeitlich Nähe zur Humboldtschen Bildungsreform, mit der wir uns im abschließenden 4. Abschnitt beschäftigen wollen.

Gillispie setzt sich mit der Behauptung auseinander, die Wissenschaft habe die Produktion in Frankreich revolutioniert. Diese Behauptung finde sich sowohl in den Schriften der damaligen französischen Wissenschaftler als auch in späteren historischen Darstellungen. Seiner Ansicht nach widersprechen dem allerdings die Tatsachen, wenn man die wichtigeren Leistungen in den Grundlagenwissenschaften (z. B. Theorie der Verbrennung, Kristallographie, Entdeckung des elektrischen Stroms und des Elektromagnetismus, die analytische Formulierung der Mechanik) mit den entscheidenden technischen Fortschritten in der industriellen Produktion (z. B. tiefes Pflügen und Fruchtwechsel in der Landwirtschaft, die Entwicklung energiegetriebener Textilmaschinen, Verwendung des Kokses bei der Anfertigung von Erzen, die Verbesserung der Dampfmaschinen) vergleicht. Bedeutet dies, dass von einer Anwendung der Wissenschaft in der Industrie keine Rede sein kann?

Nach Gillispie kann man die Rolle der Wissenschaft bei der Industrialisierung in Frankreich an der Wende zum 19. Jahrhundert in vier Punkten zusammenfassen :

1. Gutachtertätigkeit der Wissenschaftler in Gewerbe und Industrie: eine hervorragende Rolle spielte hier die Akademie der Wissenschaften.

2. Taxonomie und Klassifikation der industriellen Verfahren; dies ist die „Naturgeschichte der Industrie".

3. Wissenschaftliche Erklärung der Produktionsprozesse; der wissenschaftliche Entwicklungsstand eines Industriezweiges bemaß sich nicht nach dem Umfang, in dem neue Theorien zu seiner Veränderung angewandt wurden, sondern in dem man ihn wissenschaftlich erklären konnte.

4. Wissenschaft als Bildungsinstanz für die Industrie; Überwindung von Unwissenheit und Kommunikationslosigkeit, wissenschaftliche Bildung industrieller Kader.

Die historischen Fakten besagen also nicht, dass die Wissenschaft für die Industrialisierung ohne Bedeutung gewesen sei , sie zwingen allerdings dazu, von einem verkürzten Verständnis der Beziehungen zwischen Wissenschaft und Industrie Abschied zu nehmen. Gillispie's Befunde bestätigen, was wir oben eher negativ als „temporäre Ineffizienz der Wissenschaft" bezeichnet haben. Sie bestärken auch die Aussage, dass wissenschaftliche Erkenntnisse sich ganz wesentlich auf die Erklärung und das vertiefte Verständnis bereits existierender Technologien beziehen. Es ist also nicht so, dass erst die Wissenschaft da ist, die technologische Verfahren ersinnt, die dann auch realisiert werden. Vielmehr durchlaufen Wissenschaft und Technik einen **Prozess der Ko-Evolution**. Wissenschaft setzt bereits existierende Technik voraus, die Veränderung von Technik durch Wissenschaft erfordert auch eine gewisse Anpassung der Technik an die Wissenschaft. Die Techniker selber müssen eine Bereitschaft zur Anwendung von Wissenschaft entwickeln, die technischen Prozesse eine Zuverlässigkeit erreichen, die wissenschaftliche Veränderung ermöglicht (siehe auch dazu das Beispiel Ballistik oben).

Die Beziehung von Wissenschaft und Industrie ist mithin vielschichtig. Sie wird durch die 4 Punkte von Gillispie gut beschrieben. Es empfiehlt sich, die Gesamtheit dieser Beziehungen durch den Begriff der **indirekten Anwendung der Wissenschaft** zu bezeichnen (Jahnke 1985).

Im folgenden abschließenden Abschnitt wollen wir zeigen, dass das Bildungsverständnis, das der Humboldtschen Reform zugrundelag, in diesem begrifflichen Rahmen gut verstanden werden kann und dass sich daraus auch für das heutige Bildungsverständnis Konsequenzen ergeben. Die Grundgedanken findet der Leser im Abschnitt „Theorie - Praxis - Hermeneutik" in (Jahnke 1990, 14-33). Dort wird versucht, die neuhumanistische hermeneutische Bewegung vom Begriff der indirekten Anwendung her zu verstehen.

10.4 Mathematik und Bildung in der Humboldtschen Reform

Der Wandel der bildungsphilosophischen Konzepte, der beim Übergang von den Bildungsreformen des späten 18. Jahrhunderts zur Humboldtschen Reform stattgefunden hat, war eingebunden in einen komplizierten Prozess der Entwicklung eines neuen gesellschaftlichen Lebensgefühls. W. Dilthey hat diesen Vorgang der Herausbildung eines bürgerlichen Selbstverständnisses im Deutschland des späten 18. und frühen 19.Jahrhunderts als *„Deutsche Bewegung"* bezeichnet. Die Literatur, vom *„Sturm* und *Drang"* über die *Klassik* bis zur *Romantik,* die *idealistische Philosophie* und die Bewegung des *Neuhumanismus* waren personell und ideell eng miteinander verwoben. Diese Entwicklung hatte vielfältige kulturelle, ideologische und gesellschaftspolitische Dimensionen. In (Jahnke 1990) wird anhand von drei Fallstudien zu Fichte, Novalis und Herbart gezeigt, dass die Mathematik am Beginn des 19. Jahrhunderts eine hohe kulturelle Wertschätzung genoss.

Mit dieser kulturellen Wertschätzung verwoben war auch eine **gewandelte Auffassung des Verhältnisses von Theorie und Praxis**. Dies kann gut am Beispiel der Ausbildung der preußischen Staatsbeamten illustriert werden, die ein wichtiges Motiv der Humboldtschen Hochschulreform von 1810 war. Während in der aufklärerischen und merkantilistischen Verwaltungsreform von 1770 vor allem auf direkte Anwendung abzielende kameralistische und technische Fachkenntnisse als Ausbildungsinhalte gefordert wurden, betonte man in der Verwaltungsreform, die nach der Niederlage Preußens gegen Napoleon in Gang gesetzt wurde, die Fähigkeit der Staatsbeamten, sich von einer **Idee** leiten zu lassen. Die Verwaltung wurde nun von den auf Reform bedachten Kräften metaphorisch als *„organisches Ganzes"* gedacht, deren Struktur aus der *„Idee des Staates"* entwickelt sein sollte und dessen Teile durch *„Selbständigkeit"* und *„Verantwortlichkeit"* charakterisiert waren. Für den einzelnen Beamten war daher nicht nur die Kenntnis des Geschäftsgangs im Ganzen erforderlich, sondern darüber hinaus eine

Vorstellung über den Zusammenhang von Verwaltung und bürgerlicher Gesellschaft. In einem wichtigen Gutachten formulierte der Freiherr von Altenstein 1807:

> „Es bedarf einer gänzlichen Abänderung, und ich sehe gar keinen Grund, warum man nicht in der Geschäftspflege die Ideen wie im übrigen Leben ausdrücken sollte. Wenn die Verordnungen und Reglements stärker als bisher auf einen freieren Geist einwirken und das Gemüt anregen sollen, so muss eine Form gewählt werden, welche dieses zulässt und welche geradezu mit den Menschen als das, was sie sind, und nicht mit dritten Personen mit einer nicht zu besiegenden Steifigkeit spricht." (v. Altenstein zitiert nach: (G. H. Winter 1931, S. 548f.))

Nach den damaligen Vorstellungen benötigt man wissenschaftliche Bildung nicht nur für Wissen über spezielle Gegenstandsbereiche, sondern weil sie auch eine generelle intellektuelle Kompetenz gewährt, die zur Strukturierung von Sachverhalten und zur Kommunikation unerlässlich ist. Wissenschaft wird damit nicht so sehr durch unmittelbare Anwendung praktisch, sondern dadurch, dass sie den Einzelnen lehrt, die Welt zu *verstehen*. Wissenschaft mag nichts über die Praxis aussagen, aber sie macht den Anwender vielleicht intelligent, liefert ihm generelle Orientierungen, die ihm dazu verhelfen, Problemlösungen zu finden, ohne dass diese Lösungen durch die Wissenschaft schon bis ins Detail vorbestimmt wären. Anwendung bedeutet also nun, *„dass die Aufstellung der Regel die Freiheit ihres Gebrauchs nicht aufhebe. Es muss bloß der Geist der Regel, nicht die tote Formel regieren"*, wie es Fichte in der Schrift über Macchiavelli formulierte. Für die Reformer des Jahres 1810 war daher der Erwerb dieser generellen Orientierungsfähigkeit der wichtigste Aspekt der Verwissenschaftlichung der Praxis.

Aus dieser Einstellung heraus betonte man den praktischen Wert reiner Wissenschaft. An den deutschen Universitäten des 19. Jahrhunderts wurde sie, auch gegen Kritik von außen immer wieder beschworen. So 1853 der Altphilologe August Boeckh in einer Festrede an der Berliner Universität:

> „Denn nicht der ist der tüchtige, zumal höhere Diener, der sich in dem gegebenen Zustande gut zu bewegen weiß, sondern der von der göttlichen Idee des Guten erfüllt, dieses, soweit es jedesmal erreichbar scheint, zu verwirklichen strebt, um eine bessere Zukunft herbeizuführen, da das Positive selber vielfacher Reinigung und Verbesserung bedarf. Zu diesem wahrhaft höheren Dienste bildet die Wissenschaft die heran, welche zum Handeln, das heißt zum Umsetzen des gereifteren Wissens in die That bestimmt sind: so wirkt die Theorie an sich und durch die von ihr erleuchteten Lenker und Diener des gemeinen Wesens, alle seine Theile durchdringend, allmälig auf die Verhältnisse des Lebens; und wenn Tausende und abermals Tausende auf sie schmähen, sie ist und bleibt es dennoch, von der das Handeln beherrscht und die Menschheit vorwärts bewegt wird, weil der Geist die Masse beherrscht und bewegt." (Boeckh 1853, S. 97)

Wenn auch der letzte Satz eine elitäre Einstellung zeigt, so wird doch deutlich, dass es im damaligen Bildungsdenken um die **Zukunftsfähigkeit** ging. Nicht die Bestätigung gegebener Verhältnisse soll das Leitmotiv sein, sondern ihre **Veränderung**.

Weniger emphatisch, aber um so lehrreicher hat dies der Techniker A. L Crelle (1780 - 1855) für die Mathematik ausgeführt. Crelle ist den Mathematikern als Begründer des Journals für die reine und angewandte Mathematik, der ersten mathematischen Fachzeitschrift in Deutschland, wohl bekannt. Er war zwanzig Jahre lang in der preußischen Bauverwaltung als Techniker tätig und war u. a. für den Eisenbahnbau verantwortlich. Gleichzeitig hat er sich für die Entwicklung der Mathematik und des mathematischen Unterrichts engagiert. 1828 wurde er zum Fachberater für Mathematik im preußischen Kultusministerium ernannt. Im Zusammenhang mit dieser Tätigkeit verfasste er 1828/29 für das Kultusministerium ein umfangreiches Gutachten über den Mathematikunterricht an den preußischen Gymnasien. Im Zusammenhang mit diesen Aktivitäten hat Crelle sehr ausführlich seine Vorstellungen über den allgemeinbildenden Charakter der Mathematik dargestellt, theoretisch am prononciertesten im Vorwort seines Lehrbuchs *Encyklopädische Darstellung der Theorie der Zahlen* (1845).

Dort behandelte er den zweifachen Nutzen der Mathematik, einmal unmittelbar angewandt zu werden und zum anderen zur Schulung des Denkvermögens zu dienen. Beide Zwecke gegen einander abwägend erklärte er, dass es bei den meisten praktischen Problemen schwierig sei, die Mathematik anzuwenden, weil diese zu komplex seien. Häufig führe die Anwendung der Mathematik sogar zu schweren Fehlern und Irrtümern, weil man ihrer Strenge und Gewissheit zu sehr vertraue. Ganz unzweifelhaft aber schien ihm der Nutzen der Mathematik zur Übung der Denkkraft zu sein, wobei *„offenbar niemand so leicht zu weit gehen"* könne. Und diese Übung sei auch die unabdingbare Voraussetzung, um die Mathematik direkt anzuwenden.

> „Die Anwendungen der Mathematik im weiteren Umfange auf complicirte Fälle des gemeinen Lebens, wenn man bei denselben von abstracten Erfahrungssätzen ausgeht, sind misslich und erfordern immer Vorsicht: aber gerade der **andere** Theil des Nutzens der Mathematik, bei der Übung und Entwickelung der Denkkraft, ist es nun wieder, der die Mißlichkeit hebt und der zur Anleitung zu der nöthigen Vorsicht verhilft . ... Wenn erst durch fleißige Übung des **Urtheils vermittels der Mathematik** (ohne Rücksicht auf Anwendungen) ein mathematischer **Geist** geweckt worden ist, und nur dann erst, kann man dreister auf den Nutzen der Mathematik bei den Anwendungen rechnen. Das bloße **Wissen** in der Mathematik, auf **Anwendungen** berechnet, die Bekanntschaft mit dazu dienenden Sätzen und Formeln , selbst mit dem Mechanismus, der zu solchen Sätzen führt, ist zu richtigen Anwendungen noch nicht hinreichend, sondern der mathematische **Geist**, oder die mathematische **Art zu denken**, muss der Leitfaden sein. Erst wer **damit** an die Anwendungen geht, wird weniger leicht irren, denn er wird vor allem erst untersuchen, **was** eigentlich die Mathematik zu leisten vermöge und wo und auf welche Weise das Werkzeug mit Nutzen zu gebrauchen sei.   Daher ist es dann ganz recht, daß die Mathematik so viel als möglich in den Schulen, selbst in denen, welche den nicht eigentlich Gelehrten ihre Vorbereitung geben, zuerst **ohne** alle Rücksicht auf Anwendungen im gemeinen Leben geübt werde: nicht sowohl zu dem Zwecke, dem Lernenden mathematisches Wissen für Anwendungen beizubringen, als vielmehr, um ihn an die **mathematische Art zu urtheilen** zu gewöh-

nen und den mathematischen **Geist** in ihm zu wecken." (Crelle 1845, IX/X, Fettdruck im Original)

Dieses Plädoyer eines erfahrenen Technikers für die **reine Mathematik als vorrangiger Gegenstand des allgemeinbildenden Mathematikunterrichts** spricht für sich. Wichtig ist seiner Ansicht nach, die mathematische Art zu urteilen, die am besten in der reinen Mathematik geschult wird. Mathematische Urteilsfähigkeit trägt zur Erhöhung einer allgemeinen Orientierungsfähigkeit des Anwenders bei, die ihm dazu verhilft, praktische Probleme intelligent anzugehen.

Crelle begündete mit diesen Aussagen nur, was unter den damaligen Reformern weitgehend Konsens war. Wir belegen dies durch zwei Zitate von Wilhelm von Humboldt.

„Sie [die Schule] muss nur auf harmonische Ausbildung aller Fähigkeiten in ihren Zöglingen sinnen; nur seine Kraft an einer möglichst geringen Anzahl von Gegenständen ... üben..., dass das Verstehen, Wissen und geistige Schaffen ... durch seine innere Präcision, Harmonie und Schönheit Reiz gewinnt. Dazu und zur Vorübung des Kopfes zur reinen Wissenschaft muss vorzüglich die Mathematik und zwar von den ersten Übungen des Denkvermögens an gebraucht werden." (Humboldt 1810, S. 261)„Warum soll z. B. Mathematik nach Wirth und nicht nach Euclides, Lorenz und einem andern strengen Mathematiker gelehrt werden? Mathematischer Strenge ist jeder an sich dazu geeignete Kopf, und die meisten sind es, auch ohne vielseitige Bildung fähig, und will man in Ermangelung von Specialschulen aus Noth mehr Anwendungen in den allgemeinen Unterricht mischen, so kann man es gegen das Ende besonders thun. Nur das Reine lasse man rein. Selbst bei den Zahlverhältnissen liebe ich nicht zu häufige Anwendungen auf Carolinen, Ducaten u.s.f." (Humboldt 1809, 194)

Wie das zweite Zitat von Humboldt andeutet, ging es in den Lehrplanauseinandersetzungen um den Mathematikunterricht an den Gymnasien zwischen 1810 und 1830 vor allem um die Alternative „Reine Mathematik" vs. (in heutiger Ausdrucksweise) „Bürgerliches Rechnen". Hier haben sich die neuhumanistischen Reformer klar positioniert. Dokumente dazu sind: ein Gutachten des Mathematikers J. G. Tralles (1763 - 1822) von 1812, der sogenannte Süvernsche Lehrplan von 1812 sowie das erwähnte Gutachten von Crelle aus dem Jahr 1829.

Der heutige Leser muss sich klar machen, dass das Plädoyer für die reine Mathematik sich ausschließlich auf die Abwehr des alltagsweltlichen „bürgerlichen Rechnens" bezog, während „Disziplinen der angewandten Mathematik, besonders die mechanischen Wissenschaften" durchaus im Süvernschen Lehrplan für Prima vorgesehen waren (Zitat nach Jahnke 1990, 347). Für den Mathematiker Tralles gehörte die Mechanik schlicht zur reinen Mathematik, er sprach in seinem Gutachten von „reiner Geometrie" und „reiner Dynamik" (a.a.O, 344). Auch Tralles, wie Crelle ein „angewandter Mathematiker", benutzte in seinem Gutachten den Begriff der „Urteilsfähigkeit", um den spezifischen Beitrag der Mathematik zur Bildung zu beschreiben.

Es ist durchaus bemerkenswert, mit welcher Hartnäckigkeit die damaligen Reformer gegen starken Widerstand von Eltern und konservativen Kräften in der preußischen Administration versuchten, das bürgerliche Rechnen zurückzudrängen und für Inhalte der reinen (theoretischen) Mathematik Platz zu schaffen ((Jahnke 1990, 364-382) und

(Jahnke 1993)). Das erforderte auch politischen Mut und Standfestigkeit. Schließlich fand man einen lange Zeit stabilen Kompromiss: bürgerliches Rechnen wurde in den unteren beiden Klassen gelehrt, danach folgte der „wissenschaftliche Kursus".

10.5 Eine Bemerkung zum Abschluss

In einer vielzitierten Arbeit hat Heinrich Winter drei Grunderfahrungen benannt, die der allgemeinbildende Mathematikunterricht vermitteln solle, nämlich:

> „(1) Erscheinungen der Welt um uns aus Natur, Gesellschaft und Kultur in einer spezifischen Art wahrzunehmen und zu verstehen,

> (2) mathematische Gegenstände und Sachverhalte, repräsentiert in Sprache, Symbolen, Bildern und Formeln, als geistige Schöpfungen und als eine deduktiv geordnete Welt eigener Art kennen zu lernen und zu begreifen,

> (3) Problemlösefähigkeiten, die über die Mathematik hinausgehen, zu erwerben." (H. Winter 1995, S. 37)

Der Punkt (1) besagt nach Winter, dass „in Beispielen erfahren werden [solle], wie mathematische **Modellbildung** funktioniert", und weiter:

> „Zur Allgemeinbildung zählen weiterhin **deskriptive Modelle zu Phänomenen der physischen Welt**, insoweit sie ... exemplarisch Mathematisierung in Technik und Naturwissenschaft erleben lassen und in der Geschichte der Menschheit eine bedeutende Rolle gespielt haben. Zu denken ist hier vor allem an elementare Bewegungen (Wurf, Fall, Drehung, Schwingung ...) einschließlich ihrer Ursachen und Folgen." (a.a.O., 38)

Dieser spezifische Modus der Weltbegegnung kann offenbar nur dann von Schülerinnen und Schülern erfahren werden, wenn sie auch fundierte Erfahrungen im Bereich (2) machen, nämlich mathematische Gegenstände als „geistige Schöpfungen und als eine deduktiv geordnete Welt eigener Art" kennen lernen. Hier geht es offenbar um reine bzw. theoretische Mathematik. Diese ist in der allgemeinen Wahrnehmung häufig umstritten und populistischem Druck ausgesetzt, wenn etwa nach „Entschlackung der Lehrpläne" von Wissen gerufen wird, das Schülerinnen und Schüler in ihrem späteren Leben angeblich nicht benötigen. Hier stehen die Fachleute in der besonderen Verantwortung, einem solchen Populismus Einhalt zu gebieten. Eine wichtige Dimension, die die Mathematik zur Allgemeinbildung beiträgt, ist es gerade, den Schülerinnen und Schülern eine Erfahrung der Kraft und der Möglichkeiten des theoretischen Denkens zu vermitteln. Was damit gemeint ist, dafür hat auch Humboldt wieder gültige Meaphern gefunden, so z. B. wenn er sagt, es sei die Aufgabe der Wissenschaft, im „Sichtbaren das Unsichtbare" zu entdecken. „Anwendungen" sind interessant, insoweit sie theoretisches Denken fördern. Sie werden gefährlich, wenn sie zum Kern der Sache erklärt werden.

In diesem Sinne ist Allgemeinbildung genau dann zukunftsfähig, wenn sie die Schülerinnen und Schüler auch zur gedanklichen Negation des Bestehenden befähigt.

Literaturverzeichnis

Boeckh, A. 1853. Über die Wissenschaft, insbesondere ihr Verhältnis zum Practischen und Positiven. Festrede gehalten auf der Universität zu Berlin am 15. October 1853. In *Gesammelte kleine Schriften,* herausgegeben von A.Boeckh. (Vol. 2, pp. 81-98).

Bos, H. J. M. 1978. Was lehren uns historische Beispiele über Mathematik und Gesellschaft? *Zentralblatt für Didaktik der Mathematik* 10 (2).

Bos, H. J. M. 1984. Mathematics and its social context:a dialogue in the staff room, with historical episodes. *For the Learning of Mathematics* 4 (3): 2–9.

Crelle, A. L. 1845. *Encyklopädische Darstellung der Theorie der Zahlen und einiger anderer damit in Verbindung stehender analytischer Gegenstände; zur Beförderung und allgemeineren Verbreitung des Studiums der Zahlenlehre durch den öffentlichen und Selbst-Unterricht.* Erster Band. Berlin.

Damerow, P. 1988. Individual Development and Cultural Evolution of Arithmetical Thinking. In *Ontogeny, phylogeny, and historical development,* herausgegeben von S. Strauss, 125–152. Norwood: Ablex Publishing Corporation.

Freudenthal, G. 2005. The Hessen-Grossmann Thesis: An Attempt at Rehabilitation. *Perspectives on Science* 13 (2): 166–193.

Freudenthal, G., und P. McLaughlin. 2009a. Classical Marxist Historiography of Science: The Hessen-Grossmann-Thesis. In *The Social and Economic Rootsof the Scientific Revolution: Texts by Boris Hessen and Henryk Grossmann,* herausgegeben von G. Freudenthal & P. McLaughlin, 1–40. Springer.

The Social and Economic Rootsof the Scientific Revolution: Texts by Boris Hessen and Henryk Grossmann. 2009b, herausgegeben von G. Freudenthal und P. McLaughlin. Dordrecht u.a.: Springer.

Gillispie, C. 1977. Die Naturgeschichte der Industrie. In *Wissenschaft, Technik und Wirtschaftswachstum,* herausgegeben von E. A. Musson, 137–152. Frankfurt/Main.

Hall, A. R. 1952. *Ballistics in the seventeenth century : a study in the relations of science and war with reference principally to England.* Cambridge: Cambridge Univ. Press.

Humboldt, W. v. 1809. Der Königsberger und der Litauische Schulplan. In *Wilhelm von Humboldt Werke IV,* herausgegeben von A. Flitner & K. Giel, 168–195. Darmstadt: Wissenschaftliche Buchgesellschaft.

Humboldt, W. v. 1810. Über die innere und äußere Organisation der höheren wissenschaftlichen Anstalten in Berlin. In *Wilhelm von Humboldt Werke IV,* herausgegeben von A. Flitner & K. Giel, 255–266. Darmstadt: Wissenschaftliche Buchgesellschaft.

Jahnke, H. N. 1985. Historische Bemerkungen zur indirekten Anwendung der Wissenschaften. In *Mathematikgeschichte - Bildungsgeschichte - Wissenschaftsgeschichte. Untersuchungen zum Mathematikunterricht,* herausgegeben von H.G. Steiner & H. Winter, 12:49–53. Köln.

Jahnke, H. N. 1990. *Mathematik und Bildung in der Humboldtschen Reform.* Studien zur Wissenschafts-, Sozial- und Bildungsgeschichte der Mathematik 8. Göttingen: Vandenhoeck & Ruprecht.

Jahnke, H. N. 1993. Cultural Influences on Mathematics Teaching. The Ambiguous Role of Applications in Nineteenth-Century Germany. In *Didactics of Mathematics as a Scientific Discipline,* herausgegeben von R. Sträßer & B. Winkelmann R. Biehler R. W. Scholz, 415–429. Dordrecht: Kluwer.

Mehrtens, H. 1990. *Moderne - Sprache - Mathematik: eine Geschichte des Streits um die Grundlagen der Disziplin und des Subjekts formaler Systeme.* Frankfurt/M: Suhrkamp.

Scholz, E. 1989. *Symmetrie-Gruppe-Dualität. Zur Beziehung zwischen theoretischer Mathematik und Anwendungen in Kristallographie und Baustatik des 19.Jahrhunderts.* Basel: Birkhäuser.

Winter, G. H. 1931. *Die Reorganisation des Preußischen Staates unter Stein und Hardenberg, 1. Teil, Bd. I (Publikationen aus den Preussischen Staatsarchiven, 93.Bd.)* Leipzig.

Winter, H. 1995. Mathematikunterricht und Allgemeinbildung. *Mitteilungen der Gesellschaft für Didaktik der Mathematik,* Nr. 61: 37–46.

11 Jenseits von Technik: Wo sich Mathematik und Gesellschaft treffen – Reaktion auf Hans Niels Jahnke

DAVID KOLLOSCHE

Aus historischer Sicht durchlaufen die Mathematik und die Technik einen „Prozess der Ko-Evolution", welcher zugleich die Anpassung und Entwicklung technologischer Produkte auf mathematischer Grundlage und die Inspiration mathematischer Forschung durch technologische Entwicklungen umfasst. Mit diesem Fazit des wissenschaftshistorischen Teils des Beitrags von Hans Niels Jahnke (in diesem Band) steht, wie Jahnke selbst einräumt, vor allem das Verhältnis zwischen Technologie und Mathematik im Fokus. Die Helden dieser Erzählung sind Theoretiker und Erfinder; in den Mittelpunkt rückt sie die Auslotung der Bedeutung dieser Protagonisten: Wer trägt zuallererst zum Fortschritt bei; wer ist auf wen angewiesen; wessen Ansatz beweist in welcher Episode den größten Nutzen? „Ko-Evolution" ist die für alle Beteiligten gesichtswahrende Antwort auf diese Fragen und zugleich eine, welche die widersprüchlichen Episoden aus der Wissenschaftsgeschichte in einer Erklärung unterzubringen vermag. Doch sind wir damit bereits in Zentrum des Verhältnisses zwischen Mathematik und Gesellschaft vorgedrungen? Sollte von hier unser Nachsinnen über Bildung ausgehen?

Zugegeben, gerade die technologischen Produkte, die mit der Entwicklung der Mathematik in der Neuzeit untrennbar verbunden sind, allen voran in der Informationstechnologie, geben durch ihre Materialität ein besonders greifbares Zeugnis des Zusammenhangs von Mathematik und Gesellschaft ab. Gleichwohl gibt es jenseits technischer Anwendungen ein weitreichendes Zusammenspiel von Mathematik und Gesellschaft auf organisatorischer Ebene. Wenn heute in Großbritannien Schulen nach statistisch erhobenen und ausgewerteten Testergebnissen ausgezeichnet, gefördert, gerügt oder gar geschlossen werden, wenn heute auf der Grundlage wirtschaftsmathematischer Modelle und unter Nichtbeachtung humanitärer Folgen wie im Falle Griechenlands eine ‚Alternativlosigkeit' sozialstaatlicher Einschnitte konstruiert wird, ist deutlich, dass dank Mathematik nicht nur Geschossbahnen berechnet und Smartphones gebaut werden. Technologie ist vor diesem Hintergrund nicht nur materialistisch zu verstehen, sondern auch sozialorganisatorisch; sie ermöglicht auf vorgeblich ‚objektiv-gerechter' Basis die Organisation sozialer Entscheidungsprozesse. Am deutlichsten wird die Beziehung zwischen Mathematik und gesellschaftlicher Organisation wohl im Gebrauch der Statistik. So legt Alain Desrosières in seiner *Politique des grands nombres* (1993)

© Springer Fachmedien Wiesbaden GmbH, ein Teil von Springer Nature 2018
G. Nickel et al. (Hrsg.), *Mathematik und Gesellschaft*, https://doi.org/10.1007/978-3-658-16123-1_12

eindrucksvoll dar, wie sich eine statistische Denkweise Hand in Hand entwickelte mit Technologien zur staatlichen Verwaltung und Steuerung der Bevölkerung. Eine ähnliche Richtung schlägt Theodore Porter mit *Trust in numbers* (1996) ein, wobei bei ihm die Frage, wie in der Wissenschaft mit Hilfe mathematischer Methoden Wahrheiten konstruiert werden, stärker in den Fokus rückt. Passend zu diesen Einwänden versteht Roland Fischer (2006, erstveröffentlicht 1990) die Mathematik nicht nur als Wegbereiter und Reflexionsmittel industrieller Technologien, sondern als ein System von Denkweisen und Organisationsformen, das „unser Verhalten weitgehend bestimmt, unseren Umgang miteinander regelt, dem wir uns unterwerfen, ohne es zum Teil zu wissen. Ohne zum Teil zu wissen, dass das bestimmte Prinzipien sind, die nicht notwendigerweise gelten müssen" (S. 90).

Im Fischer-Zitat ist dabei ein Nicht-Wissen angesprochen, welches im sozialpsychologischen Sinne als das Unbewusste unserer Kultur gedeutet werden kann. Hinter der Diskussion, in welchem Zusammenhang mathematische und technologische Entwicklungen stehen, eröffnet sich dadurch eine weitere Betrachtungsebene, die unter anderem danach fragt, was unser mathematisches Schaffen antreibt und inwiefern dieses uns verändert. Vor dem Hintergrund der langwährenden praktischen Unnützlichkeit der mathematischen Modellierung von Geschossflugkurven stellt sich doch umso mehr die Frage, welche Bedürfnisse Mathematiker dazu antreiben, sich mit dieser praktisch fruchtlosen Tätigkeit anhaltend auseinanderzusetzen. Erste Anhaltspunkte auf einer sehr allgemeinen Ebene bietet hier die Dialektik der Aufklärung (Horkheimer und Adorno 1947), wenn sie den Vorwurf erhebt, dass die neuzeitliche Wissenschaft und zuallererst die Mathematik, getrieben durch den Wunsch der Beherrschung der Welt, Sinn aufgibt (beispielsweise nicht danach fragt, wohin das Geschoss eigentlich fliegt, wenn sein Flug erst einwandfrei vorhersagbar ist) und Wissen auf eine Mechanik der Zeichen reduziert. Auf einer weniger allgemeinen Ebene lassen sich konkrete Episoden ausmachen, in denen sich das vorherrschende gesellschaftliche Denken und Fühlen verändert. Ein Beispiel hierfür ist der gesellschaftliche Umgang mit Zeichen, dessen Veränderung Michel Foucault in *Les mots et les choses* (1966) aufzeigt. So wird in der westlichen Welt um das Jahr 1600 herum ein Denken in unauflösbaren Ähnlichkeiten zwischen Zeichen und Bezeichnetem abgelöst durch eines, welches durch die Willkürlichkeit des Zeichenhaften geprägt ist. Dass Vieta gerade 1591 die Variable von der repräsentierten Zahl löst und zum Rechenobjekt eigenen Rechts emanzipiert, wodurch beispielsweise Geradengleichungen wie $y = 2x + 3$ erst denkbar werden, ist sicherlich kein Zufall, sondern bezeugt, dass mathematische Entwicklungen womöglich Triebkraft, zumindest aber Spiegelbild des Denkens ihrer Zeit sind. Möglich wird hierdurch ein Denken, welches völlig losgelöst agiert von dem Worüber. Ein anderes Beispiel wäre die Entwicklung des bürokratischen Denkens, welches ebenfalls unter Ignoranz des spezifischen Sinns Fälle konstruiert und nach Regeln abarbeitet und große Ähnlichkeiten zum formal-abstrakten Arbeiten in der Mathematik, insbesondere in der Schulmathematik, aufweist (Kollosche 2014).

Lässt man die Diskussion zum Verhältnis von Mathematik und Gesellschaft kurz sacken, kann einem jedoch auch der Gedanke kommen, dass die intensivste Begegnung der beiden weder in der technologischen Anwendung, noch in der Organisation der Gesellschaft, sondern in der Schule stattfindet. Nirgendwo sonst setzt sich ein derart breiter Ausschnitt der Gesellschaft mit Mathematik auseinander; nirgendwo sonst werden Mentalitäten derart nachhaltig geprägt; nirgendwo sonst wird der Mensch derart gründlich an Hand seiner mathematischen Fähigkeiten vermessen und deklariert. Warum dem Mathematikdidaktiker dieser Begegnungspunkt nicht zuallererst in den Sinn kommt, vermag wohl am ehesten noch der Psychoanalytiker erklären. So vermutet Sverker Lundin (2012) auf der Basis der Psychologie Jacque Lacans, dass beispielsweise die häufig absurde Anwendungsorientierung der Schulmathematik ein Bedürfnis nach Bedeutsamkeit des mathematischen Tuns zu befriedigen vermag, welches andernorts womöglich nicht zu finden ist. Sozusagen aus reinem Selbsterhaltungstrieb konstruiert der Mathematikdidaktiker eine Bedeutsamkeit des mathematischen Inhalts jenseits der Schule und degradiert den Unterricht damit zum reinen Mittel zum Zweck, verliert die fanatischen, gedrillten und gepeinigten Mentalitäten, die ständige Bewertung und andere vermeintliche Nebengeräusche des Mathematikunterrichts aus den Augen. So zeichne ich an anderer Stelle nach (Kollosche, im Druck), wie sowohl die schnell vergessene inhaltliche als auch die kaum nachweisbare formale Bildung durch Mathematik kaum die Existenz des Mathematikunterrichts rechtfertigen kann. Gerade die Funktionalität des Mathematikunterrichts ist damit noch weitgehend unerklärt. Über der herausragendsten Begegnungsstätte von Mathematik und Gesellschaft liegt ein Schleier.

Versteht man Bildung nun als Erziehung zur Mündigkeit, so bedarf es auch eines mündigen Umgangs mit den eher unterbelichteten Beziehungen zwischen Mathematik und Gesellschaft auf sozialorganisatorischer, epistemologischer und psychologischer Ebene. Dass der gegenwärtige Mathematikunterricht diese Aufklärungsarbeit eher nicht leistet, sondern vielmehr zur Einsetzung einer unterwürfigen Haltung gegenüber einer als omnipotent dargestellten Mathematik beiträgt, hatte unter anderem Philip Ullmann in seinem Werk *Mathematik, Ideologie, Moderne* (2008) unlängst herausgearbeitet. Unterrichtsphilosophien wie Roland Fischers „Unterricht als Prozeß der Befreiung vom Gegenstand" (1984) wurden zwar formuliert, haben es jedoch nicht ins Herz der mathematikdidaktischen Forschung und Unterrichtsentwicklung geschafft.

Ob die pädagogischen Beiträge des von Jahnke herangezogenen Crelle hier eine tiefere Einsicht auf mathematische Bildung erlauben, bleibt fraglich. Einerseits ist Crelle zwar zuzustimmen, dass Anwendungen der Mathematik auf komplizierte Fälle des gemeinen Lebens oft „misslich" sind. Heute zeigen sogenannte ‚anwendungsbezogene' Aufgaben, beispielsweise in Aufgaben des Zentralabiturs oder PISA-Items, zu welcher Absurdität eine totalisierende Anwendungsforderung führt. Dort wurden mathematische Inhalte und lebensweltliche Probleme in Aufgaben gepresst, die weder dem mathematischen Inhalt, noch dem lebensweltlichen Problemen gerecht werden. Stattdessen sollte man sich eingestehen, dass viele Inhalte der Schulmathematik dem Schüler nicht im Alltag nützlich sind; einen Bildungswert können sie trotzdem haben. Hier ist der Lehrgang in reiner Mathematik intellektuell redlicher und didaktisch sinnvoller. Andererseits sollte man aus dieser Diagnose nicht die Schlussfolgerung ziehen, dass die Behandlung der Beziehungen zwischen Mathematik und unserer Welt aus dem Unterricht verbannt werden sollte. Mündigkeit gegenüber Mathematik zeichnet sich gerade dadurch aus, dass Schüler die Beziehungen zwischen Mathematik einerseits und Technologie, gesellschaftlicher Organisation, Epistemologie und vielleicht sogar Menschwerdung im sozialpsychologischen Sinne andererseits verstehen und schließlich befürworten oder kritisieren können. Dass sich solche Fähigkeiten durch die Behandlung von reiner Mathematik – wie Crelle argumentiert – von selbst entwickeln, halte ich für einen wissenschaftlich unbelegten und gefährlichen Trugschluss. Die These, dass sich aus mathematischer Urteilskraft automatisch eine Urteilskraft über die Anwendungen von Mathematik entwickle, versucht die Mathematik über Naturwissenschaften, Humanwissenschaften und Ethik zu erheben. Freilich soll Mathematikunterricht mathematisches Denken vermitteln und Anwendungen von Mathematik diskutieren. Im Sinne einer Erziehung zur Mündigkeit sollte er dem Heranwachsenden aber vor allem ermöglichen, solchen Anmaßungen zu widerstehen.

Literaturverzeichnis

Desrosières, Alain. 1993. *La politique des grands nombres: Histoire de la raison statistique.* Paris: La Découverte.

Fischer, Roland. 1984. Unterricht als Prozeß der Befreiung vom Gegenstand: Visionen eines neuen Mathematikunterrichts. *Journal für Mathematik-Didaktik* 5: 51–85.

Fischer, Roland. 2006. Längerfristige Perspektiven des Mathematikunterrichts. In *Materialisierung und Organisation: Zur kulturellen Bedeutung der Mathematik,* herausgegeben von Roland Fischer, 87–109. Erstveröffentlichung von 1990. München: Profil.

Foucault, Michel. 1966. *Les mots et les chose: Une archéologie des sciences humaines.* Paris: Gillimard.

Horkheimer, Max, und Theodor W. Adorno. 1947. *Dialektik der Aufklärung: Philosophische Fragmente.* Amsterdam: Querido.

Kollosche, David. 2014. *Gesellschaftliche Funktionen des Mathematikunterrichts: Ein soziologischer Beitrag zum kritischen Verständnis mathematischer Bildung.* Berlin: Springer.

Kollosche, David. im Druck. Questioning the use of secondary school mathematics. *Quaderni di Ricerca in Didattica* 27.

Lundin, Sverker. 2012. Hating school, loving mathematics: On the ideological function of critique and reform in mathematics education. *Educational Studies in Mathematics* 80 (1-2): 73–85.

Porter, Theodore M. 1996. *Trust in Numbers: The pursuit of objectivity in science and public life.* Princeton, NJ: Princeton University Press.

Ullmann, Philipp. 2008. *Mathematik, Moderne, Ideologie: Eine kritische Studie zur Legitimität und Praxis der modernen Mathematik.* Konstanz: UVK.

Vieta. 1591. *Isagoge in artem analyticam.* Tours: Mettayer.

12 Reaktion auf Hans Niels Jahnke – Eine mathematik-philosophische Sicht

EVA MÜLLER-HILL

Im Folgenden soll eine mathematikphilosophische Perspektive auf den Beitrag von Hans Niels Jahnke aufgezeigt werden, unter der die dort entwickelten Überlegungen mit einem der Mathematik verbreitet zugesprochenen Ausnahmestatus in Beziehung gesetzt werden. Der im Beitrag von Jahnke eröffnete Blick nimmt hinsichtlich der betrachteten Beziehungen unterschiedliche Foci ein: von Mathematik und Technologie im ersten Teil über dann Natur-Wissenschaft und Ökonomie/Technologie im zweiten, Naturwissenschaft und Industrie im dritten und schließlich wieder Mathematik und Bildungswesen im vierten Teil. Dabei wird zunächt die Sprechweise von der „temporären Ineffizienz der Wissenschaft" eingeführt; dort bezieht sich „Wissenschaft" auf die *Mathematik*. Später tritt dann der Leitgedanke einer „indirekten Anwendung der Wissenschaft" zur Charakterisierung des Verhältnisses von Wissenschaft und Gesellschaft auf, welcher abschließend auch zum humboldtschen Bildungsverständnis in Beziehung gesetzt wird. Der Begriff der indirekten Anwendung der Wissenschaft, so wie er hier aufgenommen wird, bezieht sich dabei auf Wissenschaft als *Naturwissenschaft*.

Bekanntermaßen versteht die klassische Philosophie der Mathematik die Mathematik als eine „Ausnahmewissenschaft", die im Vergleich zu anderen Wissenschaften hinsichtlich methodischer Strenge und Exaktheit, Art ihrer Objekte und Absolutheit des durch sie begründeten Wissens herausgehoben ist. Mit diesem Erbe einer teilweise fast mystischen Sonderstellung der Mathematik ringt die moderne Philosophie der Mathematik noch immer, obwohl sie sich längst auch als eine Philosophie der mathematischen Praxis, der Mathematik als Kultur, versteht. Ich möchte daher versuchen, die Begriffe „temporäre Ineffizienz" und „indirekte Anwendung" der Wissenschaft als „temporäre Ineffizienz *der Mathematik*" und „indirekte Anwendung *der Mathematik*" noch einmal spezifischer, mit Blick auf verschiedene Aspekt dieses mutmaßlichen Sonderstatus, aufzugreifen.

© Springer Fachmedien Wiesbaden GmbH, ein Teil von Springer Nature 2018
G. Nickel et al. (Hrsg.), *Mathematik und Gesellschaft*, https://doi.org/10.1007/978-3-658-16123-1_13

12.1 Zur „temporären Ineffizienz" der Mathematik

Die im Beitrag von Jahnke historisch belegte „temporäre Ineffizienz der Mathematik"
scheint auf den ersten Blick geradezu wörtlich der verbreiteten, aber problematischen
Auffassung von der sogenannten *unreasonable effectiveness* der Mathematik zu widersprechen. Dieser wurde prominent von Eugene Wigner, selbst zunächst Chemiker und
später auch einer der großen mathematischen Physiker des 20. Jahrhunderts, in seiner
1959 gehaltenen „Courant Lecture" an der Universität von New York formuliert. Bei
Wigner bezieht sich diese Wendung in enthusiastischer Weise auf die Anwendung mathematischer Methoden in der Physik. Diese erscheint im zeitlichen Kontext von Wig-
ners Vortrag und auch mit Blick auf seine eigene Biographie als eine Wissenschaft mit
großer Strahlkraft, die gesellschaftlich bedeutende Probleme zu „lösen" versprach: insbesondere auf dem Gebiet der Atomphysik in Bezug auf Waffen und Energiegewinnung
(Wigner war hieran wesentlich beteiligt). Durch die Zusammenführung von Einstein-
scher Relativitätstheorie und Quantenphysik erhoffte man sich zudem grundlagentheo-
retische Fortschritte hin zu einer „theory of everything".

Die „unreasonable effectiveness" wurde und wird darüber hinaus, ob nun unwillkür-
lich verkürzt oder willkürlich verallgemeinert, auch als Aussage über die Effektivität
mathematischer Verfahren in allen möglichen Anwendungen diskutiert. Sie bildet eine
der Säulen, auf denen der vermeintliche „Ausnahmestatus" der Mathematik als Wissenschaft der absoluten Wahrheiten ruht. Andererseits steckt eine Reihe von wissenschafts-
und mathematikphilosophischen Arbeiten die Grenzen des Gültigkeitsbereichs der „unreasonable effectiveness" genauer ab. Der Wissenschaftsphilosoph Stephen French erläutert in seinen Arbeiten (z.B. French 2000) beispielsweise, mit wie vielen Idealisie-
rungshypothesen die „effectiveness" der Mathematik bereits in der theoretischen Physik belastet ist. Das philosophisch zu bequeme Bild einer unerklärlichen, fast magischen
universellen Wirksamkeit von Mathematik in Bezug auf gesellschaftlich relevante Anwendungen in Naturwissenschaft und Technologie, das durch die Ausführungen im
Rahmen des Beitrages von Jahnke, ebenso wie durch die von French und anderen zurecht herausgefordert wird, scheint auch didaktisch fragwürdig. Im Beitrag von Jahnke
wird etwa das globale Verhältnis zwischen Mathematik und Technologie bzw. Industrie vielmehr als *Koevolution* beschrieben. Dennoch wird explizit oder implizit häufig
geradezu dafür geworben, ein in diesem Sinne einseitiges Bild von Mathematik als un-
ersetzlicher „Schlüsseltechnologie" der Naturwissenschaften, Technik und Wirtschaftswissenschaften, die „unsichtbar" im fertigen Produkt stecke und stets passend zum
gegebenen Ausgangsproblem entwickelt werden könne, an Schülerinnen und Schüler
zu vermitteln.

Die temporäre Ineffizienz der Mathematik im Sinne des Beitrages von Jahnke ist weiterhin mit einem, vielleicht kann man sagen „cartesisch geprägten", Bild der Beziehungen
von Mathematik, Naturwissenschaft und Gesellschaft verträglich, nach dem das klassische mathematische Modellieren mit Hilfe von Gleichungen *prinzipiell* in der Lage
ist, eine Reihe von praktischen Problemsituationen zu erhellen und zumindest mit-
telfristig zu verbessern. Beispiele etwa aus der Ökologie zeigen, dass gesellschaftlich
brisante praktische Probleme der Voraussage des Verhaltens komplexer dynamischer

Systeme durch klassische mathematische Modellierung grundsätzlich nicht zufriedenstellend zu lösen sind. Die mathematische Modellierung wird hier durch Simulationen auf Grundlage sehr großer Datenmengen mit hoher Rechnerleistung (sogenannte „big data") abgelöst. Autoren wie Ye und DeAngelis (Ye 2015; DeAngelis und Yurek 2015) fragen jüngst, in welchem Maße solche Veränderungen einen wissenschaftlichen Paradigmenwechsel bedeuten. Wie grundlegend ändert sich gegebenenfalls auch unser „cartesisches" Bild der Beziehungen von Mathematik und Gesellschaft, wenn die klassische mathematische Modellierung mit gleichungsbasierten, parametrisierten Modellen und Parametern zwar weiterhin der Kommunikation und Hypothesenformulierung, aber aus prinzipiellen Gründen nicht der Voraussage, Erklärung, Verbesserung dienen kann? Wäre eine solche nicht nur temporäre, sondern prinzipielle Ineffizienz der Mathematik noch mit dem Gedanken der indirekten Anwendung der Mathematik vereinbar?

12.2 Zur „indirekten Anwendung" der Mathematik

Im Beitrag von Jahnke wurde auf die historische Analyse der Beziehungen zwischen Wissenschaft und Industrie im Sinne einer „indirekten Anwendung der Wissenschaft" von Gillispie zurückgegriffen. Offenbar erfüllen mathematische Methoden eine „Gutachter- und Beratungsfunktion" ebenso wie eine „Kommunikationsfunktion für Industrie und Gewerbe", in Analogie zu den Punkten 1 und 4 von Gillispie zur Beschreibung der Beziehungen zwischen Wissenschaft und Industrie im Sinne einer „indirekten Anwendung der Wissenschaft". Offenbar werfen aber gerade diese Funktionen viele kritische Fragen in Bezug auf die tatsächlichen Anwendungen von Mathematik auf, und es erscheint fraglich, ob diese Fragen aus einer vorrangig innermathematischen Perspektive heraus zu beantworten sind. Aus der in diesem Kommentar eingenommenen philosophischen Perspektive heraus möchte ich mich aber auf den zweiten und dritten Punkt bei Gillispie, die Taxonomie und Erklärungsfunktion, konzentrieren. Für den Fall der Mathematik betrachtet, betreffen diese Punkte meines Erachtens – analog modifiziert und ein wenig verallgemeinert - das mathematische Verstehen und Erklären von Sachverhalten und Verfahren, die für die Analyse, Voraussage oder Produktion im Rahmen von gesellschaftlich relevanten Problemsituationen eine Rolle spielen. Die Taxonomie und Klassifikation betrachte ich dabei als analytische Vorstufe des mathematischen Verstehens- bzw. Erklärens.

Zur bereits angesprochenen, mutmaßlichen Sonderrolle der Mathematik vor anderen Wissenschaften gehört aus wissenschaftsphilosophischer Sicht nun, dass man das Erklären von Phänomenen und Verfahren in gesellschaftlichen relevanten Kontexten *mittels* mathematischer Zusammenhänge, und *genuin* mathematisches Erklären, nicht ohne weiteres gleichsetzen kann. Inwiefern hat dies Auswirkungen, etwa auf einige der vorgestellten Überlegungen zur mathematischen Bildung mit Bezug auf das Konzept der indirekten Anwendung? Die Position des Mathematikphilosophen Mark Steiner zu mathematischen Erklärungen physikalischer Phänomene mag beispielsweise den Gedanken stützen, dass auch die Urteilskraft in Bezug auf mathematische Erklärungen

von Phänomenen und Verfahren in gesellschaftlichen relevanten Kontexten durch eine Schulung in reiner Mathematik und den Tugenden inner-mathematischen Erklärens
gefördert wird, denn:

> In mathematical explanations [of physical phenomena], [the following is]
> the case: when we remove the physics, we remain with a mathematical
> explanation – of a mathematical truth! (Steiner 1978, S. 19)

Eine mathematische (vielleicht sollte man lieber sagen „mathematikbasierte") Erklärung eines realen Phänomens besteht beispielsweise in der mathematischen Lösung eines bestimmten Optimierungsproblems (etwa das bekannte „Bienenwabenproblem"),
welche unter der Prämisse, dass sich bestimmte natürliche Systeme in diesem Sinne
optimal verhalten, eine Erklärung für das Ausgangsphänomen liefert. Hier stellt sich
aber insbesondere wieder die Frage, inwieweit Steiners Aussage über mathematische
Erklärungen *physikalischer Phänomene* überhaupt auf mathematische Erklärungen von
Phänomenen und Verfahren in anderen gesellschaftlichen relevanten Kontexten über-
tragbar wäre. Wigner etwa sieht dabei anscheinend eine deutlich Kopplung an die Es-
senz der Mathematik und Physik:

> Having refreshed our minds as to the essence of mathematics and physics,
> we should be in a better position to review the role of mathematics in
> physical theories. (Wigner, 1960, S. 6)

Der Wissenschafts- und Mathematikphilosoph Alan Baker hat sich in jüngerer Zeit intensiv mit der Frage mathematischer Erklärungen in den *Naturwissenschaften* ausein-
andergesetzt und argumentiert für eine andere Position als Steiner: „Rein mathematische" Gütekriterien für mathematisches Erklären, wie beispielsweise Eleganz, Ökonomie, Rückführung auf besonders charakteristische Eigenschaften mathematischer Objekte, Begriffe oder Strukturen, innermathematische Systematisierungsleistung, Invarianz in Bezug auf unterschiedliche Darstellungsformen o.ä., sind in der Regel nicht
relevant für mathematisches Erklären in den Naturwissenschaften. Dies mag dann erst
recht für mathematische Erklärungen von Phänomenen oder Verfahren in gesellschaftlichen relevanten Kontexten gelten.

> Contra Steiner, I would argue that the evidence from scientific practice
> indicates that the internal explanatory basis of a piece of mathematics is
> largely irrelevant to its potential explanatory role in science. (Baker 2009,
> S. 623)

Es ist eine wissenssoziologisch aufgeklärte philosophisch-didaktische These, dass eine
formale Bildung in reiner Mathematik im Sinne eines humboldtschen Bildungsideals
nur dann erfolgreich sein kann, wenn man darunter auch eine Einführung in die Mathematik als Kultur versteht, zu deren Werten etwa Gütemerkmale mathematischen
Erklärens gehören. Die hier nur kurz angedeutete mathematikphilosophische Debatte
um das mathematische Erklären wirft aus ihrer Perspektive mit Blick auf diese These
die auch didaktisch interessante Frage auf, ob diese Kultur nicht anderen Werten, Idealen und Zielen folgen, also eine substantiell andere sein mag, als die *Anwendungskultur*
von Mathematik in Naturwissenschaft, Technologie, Industrie, Ökonomie etc., die nicht
zuletzt ja auch von der Kultur des jeweiligen Anwendungsgebietes geprägt wird. Hier

bleibt für mich noch offen, ob und wie dies mit der Idee der indirekten Anwendung als *Begründungsbasis* für dieses Bildungsideal vereinbar wäre.

Literaturverzeichnis

Baker, Alan. 2009. Mathematical explanation in science. *The British Journal for the Philosophy of Science* 60 (3): 611–633.

DeAngelis, D. L., und S. Yurek. 2015. Equation-free modeling unravels the behavior of complex ecological systems. *Proceedings of the National Academy of Sciences* 112 (13): 3856–3857.

French, Stephen. 2000. The Reasonable Effectiveness of Mathematics: Partial Structures and the Application of Group Theory to Physics. *Synthese* 125 (1-2): 103–120.

Steiner, Mark. 1978. Mathematics, Explanation, and Scientific Knowledge. *Nous* 12:17–28.

Ye, H. et al. 2015. Equation-free mechanistic ecosystem forecasting using empirical dynamic modeling. *Proceedings of the National Academy of Sciences* 112 (13): E1569–E1576.

13 Materialisierung, System, Spiegel des Menschen. Historische und didaktische Bemerkungen zur Sozialanthropologie der Mathematik nach Roland Fischer

Katja Lengnink & Ralf Krömer

13.1 Worum es gehen soll: Fragen

In dieser Arbeit werden wir das Verhältnis von Mathematik und Gesellschaft unter die Lupe nehmen. Dabei orientieren wir uns an der Sozialanthropologie der Mathematik nach Roland Fischer (Fischer 2006), in der er anhand von Thesen herausarbeitet, welchen Stellenwert Mathematik derzeit in unserer Gesellschaft einnimmt. Diese Thesen prüfen wir an historischen Beispielen aus mehreren Epochen. Es geht uns dabei darum, auch historisch Einflüsse und Zusammenspiel von Mathematik einerseits und Gesellschaft andererseits einzukreisen und damit etwas über die Verwobenheit und über die Wirkungsgefüge von Mathematik in der Gesellschaft und Gesellschaft in ihrer Beziehung zur Mathematik herauszufinden. Dabei ist uns bewusst, dass eine einfache und endgültige Antwort auf die uns interessierenden Fragen nicht gefunden werden kann und dass wir noch sehr viel mehr historisch wissen müssten, um zu validen Aussagen zu kommen. Es liegt der Arbeit demnach keine historische Methode zugrunde, sondern wir beziehen uns auf mathematikhistorische Forschungsergebnisse anderer Autoren und werten diese vor dem Hintergrund unserer Fragestellung aus.

Unsere Ausgangsfrage ist kurz gesagt: Wie haben Entwicklungen in der Gesellschaft die Entwicklung von Mathematik beeinflusst und andersherum, wie haben die mathematischen Entwicklungen die Gesellschaft wiederum beeinflusst? Etwas differenzierter stellen sich folgende Unterfragen: Wie kommt/kam es dazu, dass Mathematik überhaupt entwickelt wurde? Kann man gesellschaftliche Notwendigkeiten als Motor festmachen? Hat die Entwicklung von Mathematik auch dazu beigetragen, dass sich die Gesellschaft verändert hat? Wurden Dinge anders geregelt, weil die zugehörige Mathematik verfügbar war? Kann man sagen, ob es Streit über den Einsatz von Mathe-

© Springer Fachmedien Wiesbaden GmbH, ein Teil von Springer Nature 2018
G. Nickel et al. (Hrsg.), *Mathematik und Gesellschaft*, https://doi.org/10.1007/978-3-658-16123-1_14

matik gab, oder auch warum und mit welchem Geltungsanspruch gerade Mathematik als Mittel zur Organisation eingesetzt wurde?

Nachdem diese Fragen durch die Zusammenschau der Fischerschen Thesen mit den historischen Beispielen beleuchtet wurden, stellen wir uns im Text abschließend die Frage, welche Schlüsse sich aus dem Geflecht von Gesellschaft und Mathematik für mathematische Bildung ziehen lassen.

13.2 Eine kurze Zusammenschau relevanter Thesen aus der Sozialanthropologie Fischers

Im Folgenden werden wir zunächst einige für uns aus historischer und mathematikdidaktischer Sicht besonders relevante Thesen Fischers zur gesellschaftlichen Bedeutung von Mathematik knapp vorstellen.

> **Materialisierungsthese**: Mathematik ist „deswegen bedeutsam [. . .], weil sie eine Materialisierung von Abstraktem darstellt [. . .]. In Ergänzung zum reinen Denken bietet die Mathematik [. . .] Zeichensysteme, die letzten Endes materiell verankert werden, mit denen Abstrakta dargestellt und manipuliert werden." Diese Materialisierung „erleichtert damit den Abstraktionsprozess und gibt dem Abstrakten Realität". (Fischer 2006, S. 12f.)

Fischer führt aus, dass diese Materialisierung von Rechensteinchen über Computersysteme bis hin zu formalen Zeichensystemen gehen kann und dass mit ihr Abstrakta, also nicht mit den Sinnen erfassbare „Dinge" festgehalten und weniger flüchtig würden (vgl. Fischer 2006, S. 12). Die Abstrakta werden so einer Kommunikation über sie zugänglich gemacht, was insbesondere in großen arbeitsteiligen Gesellschaften von entscheidender Bedeutung ist, in denen eine Massenkommunikation unerlässlich ist. Mit der Materialisierung geht aber auch ein „Vergessen" einher, da nicht alle Aspekte einer Situation durch die Materialisierung in gleicher Weise erfasst werden. Dies ist eine Chance und ein Risiko gleichermaßen, da zum einen das Absehen von Details Entscheidungen erleichtert oder erst ermöglicht, zum anderen aber auch wesentliche Aspekte vergessen werden könnten, die von entscheidender Bedeutung aber nicht mit der Sprache der Mathematik erfassbar sind. Mit dieser Materialisierung gewinnt demnach das Abstrakte Realität, „die Materialisierung hat damit die Funktion, den Abstrakta Existenz zu verleihen, indem Existenz von Materie – jene Existenzform, über die wir gemeinsam die größte Seinssicherheit haben – gewissermaßen entlehnt wird. Damit wird kommunikative Sicherheit hergestellt..." (Fischer 2006, S. 14), was für ein Gelingen von Massenkommunikation in unserer Gesellschaft entscheidend ist.

> „Damit leistet die Mathematik einen Beitrag für die kommunikative Stabilisierung und Identitätsbildung der sozialen Systeme, letzten Endes auch der Weltgesellschaft. Ohne sie würden die abstrakten Inhalte der Kommunikation zu flüchtig und beliebig sein. Durch die Verbindung zur Materie, zu dem, worüber wir schon höchste Übereinstimmung und Gewissheit ha-

ben, wird deren Stabilität auf das Abstrakte übertragen." (Fischer 2006, S. 44)

Damit ist Mathematik in unserer heutigen Gesellschaft wirksam, sie nimmt eine wichtige Rolle zum Gelingen unseres Zusammenlebens ein. Wie ihre Wirkung aussieht, wird in der folgenden These gefasst.

> **These vom Mittel- und Systemaspekt der Mathematik:** „Mathematik ist ein Mittel, das wir gebrauchen können, und zugleich ein System, dem wir unterworfen sind." (Fischer 2006, S. 16)

Diese These greift eine Dualität auf, in der Mathematik in unserer Welt wirksam ist. Zum einen wird Mathematik als ein Mittel eingesetzt, das wir gebrauchen, um Probleme innerhalb unserer Welt zu lösen. Zum anderen ist die Mathematik systemhaft, im Sinne der gesellschaftlichen Normen, Entscheidungsregeln und Organisationsformen einer modernen Gesellschaft, die häufig mit Hilfe von Mathematik gestaltet sind. „Letzteres drückt sich darin aus, dass Zahlen eine große Rolle spielen, dass allenthalben gemessen und gerechnet wird, aber auch darin, dass logisches Denken, Formalisieren, das Schaffen regelhafter und/oder hierarchischer Strukturen eine für unser Leben nicht mehr wegzudenkende Wichtigkeit haben." (Fischer 2006, S. 19) Fischer führt aus, dass diese Dualität einer Zirkularität unterliegt, indem ständig neue Mittel entwickelt werden, um die Komplexität der gesellschaftlichen Anforderungen bewältigen zu können, diese dann systemhaft werden und damit ihrerseits wieder die Komplexität des Systems erhöhen.

Dennoch sieht es häufig so aus, als sei die Mathematik in unserer Kultur nicht explizit, sie hat zwar nach Fischer einen hohen Nutzungswert, jedoch kaum einen Bedeutungswert (Sinn und Orientierung gebenden Inhalt). Diese Beobachtung führt ihn eng verbunden mit der Mittel- und Systemdualität zu der folgenden Beobachtung.

> „*Funktionieren macht Diskutieren überflüssig.* Mathematische Verfahren funktionieren, ohne dass man sie versteht." (Fischer 2006, S. 18)

Daher kann man mathematische Algorithmen und Operationen ruhig an Experten oder die Maschine auslagern, in der Gewissheit, dass sie verlässliche Ergebnisse liefern. Dies sagt uns jedoch auch etwas über uns Menschen selbst.

> **These von der Mathematik als Spiegel des Menschen:** „Wenn Mathematik als System für unser Leben bedeutsam ist, als Denkmuster, als Organisationsschema, dann können wir aus der Beschäftigung mit Mathematik etwas über uns selbst, v.a. im Hinblick auf unser soziales Leben, lernen. Mathematik als Spiegel der Menschheit gewissermaßen." (Fischer 2006, S. 19)

Diese Thesen werden im Folgenden an historischen Beispielen rekonstruiert. Dies soll uns helfen, Aspekte der gesellschaftlichen Wirkung von Mathematik und Aspekte der Wirkung von Gesellschaft auf Mathematik im historischen Verlauf zu beschreiben.

13.3 Historische Bezüge zu den Fischerschen Thesen – eine beispielgebundene Analyse

13.3.1 Frühgeschichte: Die „Bulle" als Mittel zum Ausschluss von Fälschungen

Betrachten wir zunächst ein Beispiel, das in die Zeit um 3300 v. Chr. gehört. In Mesopotamien sind aus dieser Zeit versiegelte Behälter mit Kieseln darin gefunden worden (sogenannte „Bullen"). Ihr Zweck war, wie man heute glaubt, der der Buchhaltung (vgl. Ifrah 1991, S. 189f, sowie Schmandt-Besserat 1980). Beispielsweise wurde für jedes Schaf einer Herde ein Kiesel in die Bulle getan und diese hernach versiegelt. Ein Hirte, der den Auftrag hatte, die Herde zu einem neuen Besitzer zu bringen, übergab sie gemeinsam mit der Bulle, so dass der neue Besitzer die Möglichkeit hatte, die Vollständigkeit der ihm übergebenen Herde zu kontrollieren. Eine andere Anwendung bestand vermutlich darin, dass über verliehenes (und nach erfolgter Ernte zurückzuerstattendes) Saatgut Buch geführt wurde.

Wir wollen hier die erstgenannte Verwendung im Hinblick auf Fischers Materialisierungsthese untersuchen; in diesem Zusammenhang stellt sich das Beispiel wie folgt dar: In der Bulle steckt eine Materialisierung der Idee der Eins-zu-Eins-Zuordnung von Schafen zu Steinen. Es wird also die Idee des "Gleichviel" materialisiert. Dabei ist wichtig, dass sich die Steine nicht vermehren (bröselnde Steinchen sind also nicht erlaubt). Sie wären dann kein gutes Abbild der Schafherde. In Fischers Worten: „Die physikalischen Gesetze der Materie, angefangen damit, dass sich Steine nicht von selbst vermehren [...] sind Voraussetzungen, die benützt werden, um eine Auslagerung des Denkens zu ermöglichen" (Fischer 2006, S. 12). Sobald solche äußeren Voraussetzungen allerdings sichergestellt sind, besteht selbstverständlich die Möglichkeit, durch Ausnutzen dieser abstrakten Idee der Eins-zu-Eins-Zuordnung einen Abgleich mit der Ausgangsherde vorzunehmen und festzustellen, ob alle Tiere angekommen sind.

Die Funktion der Mathematik ist hier im Wesentlichen das Aufdecken einer eventuellen Täuschung – Mathematik wird als nicht überlistbar angesehen und liefert in Fischers Worten kommunikative Sicherheit (s. Abschnitt 2). Ein wichtiger Punkt beim Einsatz von Mathematik für gesellschaftliche Belange ist nämlich, dass die beteiligten Akteure die Mathematik als zuverlässig wahrnehmen, als Absicherung ihrer Interessen gegen Verfälschung. Nun kann man historisch fragen, wo dieses Vertrauen in die Mathematik eigentlich herkommt (Phylogenese). Fischer würde hier vermutlich zunächst auf die Materialisierung verweisen – so wie das abstrakte Zahlkonzept frühkindlich aus dem Hantieren mit konkreten Äpfeln oder Ähnlichem entsteht (Ontogenese). Man könnte sogar noch weiter gehen und in Betracht ziehen, dass das Vertrauen historisch ganz simpel übertragen wurde: Eigentlich besteht im Beispiel der Bulle die konkrete Zuverlässigkeit zunächst einmal in der einigermaßen sicher feststellbaren Unversehrtheit der Bulle und erst in zweiter Linie in der Glaubwürdigkeit und Intersubjektivität des Konzepts der Eins-zu-Eins-Zuordnung, also hochtrabender gesagt des Kardinalzahlaspekts der natürlichen Zahlen, zu schweigen vom hier allenfalls implizit angelegten abstrakten Zahlkonzept (das zumindest aber bei der buchhalterischen Verwendung eine Rolle spielt). Hat man hier zunächst dem Siegel vertraut und erst in einem zweiten Schritt der Stichhaltigkeit der (materialisierten) Eins-zu-Eins-Zuordnung für die Problemsituation?

Dies ist natürlich eine weitreichende These, die sich anhand der Quellenlage nicht wird überprüfen lassen. Immerhin gibt sie Anlass, Fischers These von der Materialisierung des Abstrakten noch genauer zu fassen. Fischer weist gerade darauf hin, dass etwas Abstraktes (wie hier die Eins-zu-Eins-Zuordnung) Gestalt erhält und gerade dadurch vertrauenswürdig wird. „Die Mathematik" ist also aus Fischers Sicht nicht nur das Abstrakte, sondern Abstraktes und seine Materialisierung gemeinsam. Man kann sicher zustimmen, dass unser Zahlbegriff einen materiellen Hintergrund hat. Identität ist zunächst eine materielle Erfahrung, ohne die eine Entwicklung des abstrakten (An)Zahlbegriffs nicht denkbar wäre.

Das Beispiel bietet aber, und dies scheint uns an ihm ebenso charakteristisch, über den ursprünglichen Zweck (hier: des Abgleichs) hinaus noch weitere Möglichkeiten der Entwicklung von Mathematik. Es besteht nämlich die Möglichkeit, der Bulle mehr Information zu entnehmen als nur „die Herde ist noch vollzählig". Um zu wissen, ob die Herde vollzählig ist, muss man eigentlich nicht unbedingt wissen, wie viele Tiere sie umfasst bzw. wenn es 17 sein sollten, ist es in vielen Fällen egal, ob es noch 13 oder noch 14 sind, zufrieden wäre man ohnehin nur mit allen. Vielleicht handelt es sich hier um eines der ersten von unzähligen Beispielen, bei denen zwar Mathematik herangezogen wird, um eine gesellschaftliche Situation zu gestalten, dann aber letztlich die Mathematik bestimmt, wie die Gestaltung aussieht, und nicht die gesellschaftliche Situation. Um passgenau das eigentliche Bedürfnis zu stillen, wäre ja eine Ja-Nein-Antwort auf die Frage „sind noch alle da?" ausreichend. Das tatsächlich benutzte Verfahren liefert aber eine zugleich präzisere und implizitere Antwort: soundsoviele hätten da sein müssen; mache einen Abgleich, aha, es fehlen soundsoviele, also sind insbesondere nicht mehr alle da. Diese Lösung des Problems mit Informationsüberschuss ist aber im Rahmen der verwendeten mathematischen Mittel einfacher als eine passgenaue; die Mathematik entwickelt eine Eigendynamik, bestimmt ein Stück weit mit, welche Form der Information sich mit ihrer Hilfe gewinnen lässt, und man muss dann noch die letztlich relevante Information herausdestillieren. Die Mathematik greift hier also über ein pures Mittel zum Lösen des Gleichmächtigkeitsproblems hinaus. Da sie mehr zur Verfügung stellt, als nur die reine Problemlösung können wir auf sie als System zurückgreifen, es handelt sich also um einen Fall der bei Fischer besprochenen Zirkularität bzw. der Dualität von Mittel und System (Vgl. Fischer 2006, S. 17).

Nun ist zweifellos in einem so primitiven und hypothesenbehafteten Beispiel wie den Bullen auch die These waghalsig, dass hier mit der konkreten Anzahl mehr geliefert wird als die benötigte Information, ob ein Schaf fehlt. Man könnte einwenden: Bei einer langen Reise gehen schon mal Schafe verloren, ein Wolf reißt eins, oder dergleichen. Mit Schwund muss man immer rechnen. Also wird es schon von Interesse sein, wie viele Schafe verloren gegangen sind. Und nicht nur, um den Schäfer auszupeitschen, sondern auch, um zu sehen, ob vielleicht eine Route mehr Schwund bedingt als eine andere. Dies wäre dann schon eine rudimentäre wirtschaftliche Anwendung von Mathematik. Außerdem ist die in den Bullen enthaltene Information im Fall der buchhalterischen Anwendung passgenau. Sollten wir aber wenigstens in manchen Fällen mit dem Übererfüllen Recht haben, so haben wir ein sehr frühes Beispiel einer in der Mathematik bekannten Sache vor uns, nämlich dass man eine Frage erst dann beantwortet, wenn man zu einer schärferen Frage übergeht, etwa vom Qualitativen zum Quantitativen, wie das hier der Fall ist.

Genau diese Eigenschaft der Mathematik scheint uns bei der Untersuchung des Zusammenspiels von Mathematik und Gesellschaft von Bedeutung zu sein. Denn sie bewirkt eben, dass die Gesellschaft nicht nur quasi Anfragen am Werkstor der Mathematik abgibt und fertige Antworten abholt, sondern dass die betroffenen gesellschaftlichen Prozesse durch die Antwort umgestaltet werden.

13.3.2 Ägyptische Landvermessung: Der Einsatz von Mathematik zur gerechten Besteuerung

In Überblicksdarstellungen zur Geschichte der Mathematik ist häufig zu lesen, die Ägypter hätten die Geometrie (genauer: die Berechnung von Inhalten von Polygonen) erfunden, weil auf den Grundbesitz am schmalen Streifen fruchtbaren Landes entlang des Nils Steuern erhoben wurden, die jeweils bebaubare Fläche aber durch die Launen des Flusses Veränderungen unterworfen war. Letztlich scheint es für diesen Gemeinplatz keine einschlägigere Quelle zu geben als eine entsprechende Äußerung Herodots (vgl. Herodot II, S. 109); in Papyrus Rhind und Papyrus Moskau ist davon nicht nur nicht die Rede, sondern die Tatsache, dass dort bereits geometrische Kenntnisse sichtbar werden, macht Herodots Narrativ sogar insofern hinfällig, als er ja die Einführung der Geometrie mit dem Wirken eines bestimmten Pharaos in Verbindung bringt, der zwar nicht genau identifiziert, aber nach Auffassung der Ägyptologen später als die genannten Papyri anzusiedeln ist.

Zweifelsfrei fest steht hingegen, dass Herodots Bericht insofern stimmt, als im Zuge der Besteuerung von Land dieses vermessen wurde. Dies geht aus Papyrus Wilbour aus der Ramessidenzeit hervor, einer Art Kataster zu Landparzellen, den Alan H. Gardiner ediert und Sally Katary mit Methoden der sozialwissenschaftlichen Statistik untersucht hat (vgl. Gardiner 1948 und Katary 1989).[57] Wenn auch diese Quelle keinen direkten Aufschluss darüber gibt, so wurden sicher auch geometrische Kenntnisse und Rechnungen zur Ermittlung von Grundstücksflächen anhand der Abmessungen der Grundstücke verwendet.

Man kann zu diesem Beispiel ähnliche Bemerkungen machen wie zum vorangehenden. Auch hier wäre eigentlich wieder mehr Mathematik eingesetzt worden als zur Lösung des Ausgangsproblems nötig. Man hätte ja auch einfach den Zehnten oder dergleichen in Naturalien einziehen können (dies wäre möglicherweise sogar gerechter gewesen, weil an der Erntemenge und nicht der Fläche orientiert); für diese Aufgabe geometrische Kenntnisse zu entwickeln ist eigentlich Luxus. Gegen eine solche Ansicht könnte man einwenden, dass eine Besteuerung der Erntemenge statt der Anbaufläche dazu animieren könnte, sich auf die faule Haut zu legen.

---

[57] Wir danken Anette Imhausen für Hinweise auf diese Quelle und zugehörige Sekundärliteratur.

Die Mathematik übernimmt zunächst also wieder die Rolle, Täuschung und Ungerechtigkeit zu vermeiden, weil sie zuverlässig und gerecht ist (und zwar, gemäß Fischer, als Materialisierung des Abstrakten). Zugleich kommt aber auch die These von Mittel und System zum Tragen: die Mathematik ist Mittel zur gerechten Erhebung von Steuern und Abgaben, wirkt sich aber auch systemhaft aus, z.B. darin, dass die Größe der Fläche und nicht die Menge des Ertrags für die Abgabe angesetzt wird.[58] Auch Fischers Betrachtung der Massenkommunikation (vgl. Fischer 2016, S. 207ff) spielt hinein: normative Modelle werden in Kontexten wie großen Gesellschaften benötigt, um Kommunikation zu gewährleisten. Im Falle des Ausnutzens einer Besteuerung der Erntemenge käme es zu einer Rückkopplung. Natürlich stellt sich auch die Frage, ob eine ägyptische Inhaltsbestimmung eines polygonalen Ackers dem steuerpflichtigen Landbesitzer die Anerkennung abgenötigt hätte, dass er gerecht behandelt wurde. Die Überzeugungskraft der Mathematik hängt hier bereits vom Bildungsgrad ab, oder aber ihr Einsatz ist so systemisch, dass er nicht einmal mehr überzeugen muss, es wird einfach so festgesetzt im Zuge der Massenkommunikation (Vgl. Fischer 2006, S. 14).

Interessant ist in diesem Zusammenhang auch der Titel des Papyrus Rhind. Dieser lautet, ins Deutsche übersetzt: „Genaues Rechnen. Einführung in die Kenntnis aller existierenden Gegenstände und aller dunklen Geheimnisse" (Gericke 1992, S. 49). Welche Geheimnisse werden denn damit gelüftet? Werden nicht eher praktische gesellschaftliche Probleme gelöst? Es wird z.B. erklärt, wie man 6 Brote unter 10 Männer verteilt. Oder meinte der Schreiber Ahmes es so: Mathematische Kenntnisse haben immer etwas Aufklärerisches, Emanzipatorisches?

13.3.3 Plimpton 322: ein Beispiel einer „Wechselwirkung"?

Während die bisherigen Beispiele die von Mathematik beeinflusste Gestaltung gesellschaftlicher Abläufe in der Frühgeschichte dokumentiert haben, steht noch die dazu komplementäre Frage im Raum, nämlich wie die jeweilige Gesellschaft das Herausbilden von Mathematik beeinflusst hat. In diesem Zusammenhang ist auch von Interesse, ab wann man zweifelsfrei davon sprechen kann, dass Mathematik auch unabhängig von gesellschaftlichen Belangen, um ihrer selbst willen, betrieben wurde. Das folgende Beispiel im Kontext der pythagoräischen Zahlentripel wurde lange für einen besonders frühen Beleg dieser Tendenz gehalten; neuere Forschungen rücken es aber wieder stärker in einen gesellschaftlichen Bezug. Gleichzeitig belegen sie exemplarisch, dass die Mathematikgeschichte als Forschungsdisziplin häufig von der Kenntnis des gesellschaftlichen Kontexts der mathematischen Quellen profitiert, die untersucht werden.

Für viele der frühen Hochkulturen (die Babylonier, Ägypter, Inder und gar für die präkeltische Megalithkultur) wurde mit variabler Überzeugungskraft behauptet, ihnen seien pythagoräische Zahlentripel bekannt gewesen, und sie hätten diese auch als Hilfs-

---

[58] Streng genommen ist die Situation komplizierter: „the number of sacks attached to the heading bears no definite proportion to the extent of the khato-lands in the body of the paragraph. [Probably] its calculation will have been based upon the total of property of all kinds at the disposal of the functionary or priest in question." (Gardiner 1948, S.190)

mittel für das Zeichnen rechtwinkliger Dreiecke verwendet. Im Fall der Babylonier besteht kein Zweifel, dass ihnen z.B. das einfachste Tripel (3,4,5) bekannt war und sie es auch geometrisch verwertet haben. Eine bestimmte Quelle, die Tontafel Plimpton 322, enthält allerdings sogar Zahlenkolonnen, die zu Listen pythagoräischer Zahlentripel ergänzt werden können; die Interpretation dieser Quelle ist sehr kontrovers und wird von Eleanor Robson zusammenfassend dargestellt (vgl. Robson 2001 und 2002).

Am bekanntesten ist die Interpretation von Otto Neugebauer, wonach den Babyloniern auch schon eine allgemeine Formel (in Robsons Worten: eine generating function) bekannt gewesen sei, mit der man sämtliche paarweise teilerfremden Tripel erhält. Und zwar wählt man dazu zwei teilerfremde Startzahlen und setzt sie in drei Formeln ein.

Die Tontafel enthält allerdings nichts, was direkt die Kenntnis dieser Formel erkennen lässt, sondern in zeilenweiser Anordnung und relativ willkürlicher Auswahl und Reihenfolge 15 paarweise teilerfremde Tripel, und auch von diesen nur die kurze Kathete und die Hypotenuse (und in der ersten Spalte Brüche, die sich aus diesen beiden und der langen Kathete errechnen lassen). Es wurde angenommen, eine weitere Spalte mit der dritten Zahl könnte abgebrochen sein; auch musste man an einigen wenigen Stellen von einem Rechenfehler ausgehen. Andere bei Robson diskutierte Interpretationen sahen in Plimpton 322 eine trigonometrische Tafel oder eine Sammlung von Zahlenbeispielen für Rechenverfahren im Zusammenhang mit „Kehrwertpaaren".

Robson stellt im Licht des neuesten Wissensstandes über die Rolle solcher Keilschrifttafeln in der babylonischen Kultur Für und Wider der einzelnen Interpretationen zusammen und kommt zu dem Schluss, dass einzig die letztgenannte Interpretation der Kehrwertpaare aufrechterhalten werden kann. Diese Interpretation bringt die Tafel mit einer anderen Tafel, YBC 6967, in Verbindung, auf der ein Verfahren zur Lösung der Gleichung $x - \frac{1}{x} = c$ zu finden ist.

Robson behauptet, die Tabelle auf der Tafel Plimpton 322 enthalte nacheinander die Zwischenergebnisse der einzelnen Schritte dieses Verfahrens. Sie schließt aus, dass es sich bei der Quelle um das Produkt einer zweckfreien Beschäftigung mit Mathematik handelt:

> „Nor is it convincing to label Plimpton 322 as "research mathematics" a sophisticated exercise in manipulating numbers for no other purpose than to satisfy idle curiosity: for early second millennium Mesopotamia we have no evidence whatsoever for a leisured middle class of the kind whose members occasionally pursued mathematical recreations in classical antiquity or in early modern Europe." (Robson 2001, S. 199)

Statt dessen verweist Robson die Tontafel in einen schulischen Kontext: „So we are left [...] with an educational setting for mathematical creativity: new problems and scenarios designed to develop the mathematical competence of trainee scribes" (ebd., S. 200). Vor diesem Hintergrund gibt es eine schlüssige Interpretation des Zwecks einer solchen Tafel: einem Lehrer Zwischen- und Endergebnisse zu Aufgaben des immer gleichen Typs liefern, die er seinen Schülern stellt, bis diese das Verfahren beherrschen.

> „the Plimpton tablet [...] is a pedagogical tool intended to help a mathematics teacher of the period make up a large number of igi–igibi [i.e.,

reciprocal-pair] quadratic equation exercises having known solutions and intermediate solution steps that are easily checked". (Buck 1980, S. 344, zitiert nach Robson 2001, S 199)

Dies wird durch soziologische und philologische Betrachtungen unterstützt: Robson weist nach, dass der Autor der Tafel ein Schreiber einer bestimmten Schreiberschule gewesen sein muss, für den es Sinn macht, solch eine Tabelle anzulegen. Dadurch lassen sich auch die ausgewählten Zahlen gut erklären:

„The numerical values taken by the parameters in the instructions were purely illustrative and were chosen to produce simple answers and avoid tricky arithmetical procedures. Half a dozen or so mathematical tablets are known which appear to have been written by teachers in the process of finding sets of numerically "nice" problems to give to their class." (Robson 2001, S. 199)

Die Vorzüge von Robsons Interpretation sind offenkundig: Es ist keine Korrektur der Tafel erforderlich, die Bedeutung der ersten Spalte wird klarer. Außerdem ist die Interpretation in verschiedener Hinsicht „abgesichert", einerseits durch methodische Vielfalt (neben innermathematischen Ansätzen werden auch philologische und soziologische Argumente vorgebracht), andererseits, indem sie Dinge ins Spiel bringt, von denen man aus anderen Quellen weiß, dass sie den Babyloniern geläufig waren (bei Neugebauers Interpretation hingegen kann man nur auf Plimpton 322 selbst zurückgreifen).

Nun ist es eine Sache, die Tafel einem schulischen Kontext zuzuordnen, eine andere, die Frage zu beantworten, warum man gerade diese Rechenverfahren damals gelehrt hat. Anders gesagt: Während es verhältnismäßig leicht ist, die gegebene Quelle in ihren gesellschaftlichen Kontext einzubetten, ist dies für die in der Quelle enthaltene Mathematik weniger leicht. In unserem Zusammenhang wäre aber gerade das wichtig, ebenso wie die weitere Frage, welche Form des Schulunterrichts es überhaupt gab. Nur zu letzterem macht Robson Andeutungen:

„Scribes could also train other scribes; but the only two [old babylonian] scribal teachers whom we know at all intimately both worked primarily as temple administrators and did a little teaching on the side." (Robson 2001, S. 199)

Warum in diesem Rahmen Kehrwertpaar-Aufgaben gelehrt wurden, insbesondere ob die Fertigkeit, solche Aufgaben lösen zu können, für die gesellschaftlichen Aufgaben der Schreiber von Bedeutung war oder ob es sich um eine Auseinandersetzung mit Mathematik um ihrer selbst willen handelte, muss hier offenbleiben. Zumindest erlaubt es der heutige Wissensstand nicht, die Tafel Plimpton 322 als eindeutigen Beleg für letzteres zu interpretieren.

Insgesamt legen die betrachteten frühgeschichtlichen Beispiele nahe: In den frühen Hochkulturen Babylonien und Ägypten wurde Mathematik ausschließlich im gesellschaftlichen Kontext betrieben, d.h. um Anwendungsprobleme zu lösen, die sich in verschiedenen Lebensbereichen ergaben, oder in schulischen Zusammenhängen. Zugleich scheinen die Beispiele aber auch zu belegen, dass die gesellschaftlichen Notwendigkeiten die Entwicklung der Mathematik nicht vollständig erklären, sondern dass häufig mehr Mathematik betrieben wurde, als notwendig war, dass die Mathematik, einmal herangezogen, eine Eigendynamik an den Tag gelegt hat.

Eine unabhängige, isolierte Betrachtung mathematischer Fragestellungen fand dann aber wirklich bei den Griechen statt, genauer bei den Pythagoräern. [59] Damit ändert sich also das Verhältnis von Mathematik und Gesellschaft. Man könnte auch sagen: Eigentlich erst mit dieser Veränderung des Verhältnisses hat es Sinn, sich die Frage nach dem Verhältnis überhaupt zu stellen, weil erst dann klar ist, dass es hier verschiedene mögliche Verhältnisse gibt, es also erst hier eine genügend abgegrenzte Mathematik gibt, die das eine oder andere Verhältnis zur Gesellschaft haben kann. Hier wären nun die genauen gesellschaftlichen Umstände interessant, aus denen sich im Fall der Pythagoräer diese vorher nicht dagewesene Zugangsweise entwickelt hat. Eine solche Untersuchung würde den Rahmen des vorliegenden Aufsatzes bei weitem sprengen und scheint auch in der Literatur bisher nicht vorzuliegen.[60]

13.3.4 Leibniz und „calculemus"

Wir möchten uns nun Beispielen aus der Neuzeit und Gegenwart zuwenden und zunächst ein Beispiel einer versuchten, dann aber gescheiterten gesellschaftlichen Anwendung der Mathematik betrachten, nämlich Leibniz' Calculemus-Gedanken. Wie der Nachlass zeigt, hat sich Leibniz sein ganzes Leben hindurch mit dem Projekt einer „Charakteristik" und eines „calculus ratiocinator" beschäftigt. Es ging darum, eine universelle Sprache zu schaffen, durch deren Verwendung es stets möglich sein sollte, in Streitfragen zu einer Entscheidung zu gelangen. Von manchen modernen Interpreten wird der Zusatz gemacht, dass es sich um eine Wissenschaftssprache handeln sollte und insofern die in Betracht kommenden Streitfragen (nur) die wissenschaftlichen sind (z.B. Lorenz 1984). Aber wenn man Leibniz' Texte dazu genau liest, wird deutlich: Er glaubte, dieses Entscheidungsmittel überall dort anwenden zu können, wo mit Schlussfolgerungen argumentiert wird, also durchaus nicht nur in den Diskursen der république des lettres, sondern auch in gesellschaftlich ausgesprochen relevanten theologischen, juristischen, politischen Diskursen seiner Zeit, an denen er sich ja rege beteiligte. Diese universelle Sprache sollte nach dem Vorbild der Mathematik beschaffen sein, und die Entscheidung von Streitfragen ein reines Rechnen; exemplarisch eine der vielen Leibnizschen Äußerungen dazu:

---

[59] Uns ist keine historische Studie bekannt, die genau auf diese Innovation der Betrachtung mathematischer Fragen unabhängig von Anwendungskontexten bei den Griechen eingeht. Heath (1921) stellt lapidar fest: „The Greeks, beyond any other people of antiquity, possessed the love of knowledge for its own sake" (Heath 1921, S. 3). Demgegenüber gibt es zahlreiche Studien zum angrenzenden historischen Problem der Erfindung der systematischen und deduktiven Mathematik durch die Griechen. Szabó (1960) fasst die ältere Diskussion darüber zusammen, insbesondere ob es sich um eine „Fortsetzung oder Weiterbildung der älteren, vorgriechischen Mathematik" handelt, und kommt zu dem Schluß: „Die systematische und deduktive Mathematik scheint also eine Schöpfung der Griechen gewesen zu sein." (Szabó 1960, S. 38).

[60] Netz (1999) enthält eine Studie der Demographie griechischer Mathematiker.

> „Das einzige Mittel, unsere Schlussfolgerungen zu verbessern, ist, sie
> ebenso anschaulich zu machen wie es die der Mathematiker sind, derart,
> dass man seinen Irrtum mit den Augen findet und wenn es Streitigkei-
> ten [...] gibt, man nur zu sagen braucht 'rechnen wir' ohne eine weitere
> Förmlichkeit, um zu sehen, wer recht hat." (Leibniz A VI, S.964 = C 176,
> Übersetzung zitiert nach Jaenecke 2006, S.339)

Dieses „rechnen wir" ist das „calculemus". Wie hat er sich das nun genau vorgestellt?
Wer ein wenig die Geschichte der mathematischen Logik kennt, dem ist sicher bewusst,
dass Leibniz häufig als Vorläufer und Vordenker der formalen Logik des 19. und 20.
Jahrhunderts genannt wird. Aber Leibniz hat hier, wie die Quellen zeigen, nicht einfach
an einen aussagen- oder prädikatenlogischen Kalkül gedacht, in dem es Inferenzregeln
zur wahrheitstreuen Ableitung neuer Aussagen aus gegebenen gibt. (Auch das könnte
man ja im weiteren Sinn als ein „Rechnen" verstehen, doch gehen die Möglichkeiten
dieser Kalküle sicher nicht weit genug, um Leibniz' hochgestecktes Ziel zu erreichen.)
Leibniz' Plan bestand vielmehr, wie schon angedeutet, aus zwei Teilen: Zuerst musste
die „Charakteristik" entwickelt werden, die so heißt, weil zu jedem Begriff der natürlichen Sprache ein Zeichen (ein Charakter) benötigt wird; im zweiten Schritt sollte dann
der „calculus ratiocinator" (also der schlussfolgernde, aber auch der rechnungsführen-
de Kalkül) geschaffen werden, der mit diesen Zeichen rechnet. Um dies zu ermöglichen, wollte Leibniz die Begriffe arithmetisieren. Dies bedeutet insbesondere: Er ging
von der Existenz einfacher und zusammengesetzter Begriffe aus und davon, dass sich
erstere zu zweiteren verhalten wie Primzahlen zu zusammengesetzten Zahlen, so dass
man auch Methoden der Teilbarkeitslehre auf ihre Behandlung übertragen kann. Leibniz hat damit einen der Grundgedanken der Gödelnummerierung vorweggenommen.
Er selbst erklärt die Vorgehensweise so:

> „Die Regel zur Konstruktion der Charaktere ist diese: Jedem beliebigen
> Ausdruck [...] soll irgendeine Zahl bloß mit der einen Maßgabe zugewie-
> sen werden, daß ein aus irgendwelchen anderen Ausdrücken zusammen-
> gesetzter Ausdruck als ihm entsprechende Zahl das Produkt aus den mit-
> einander multiplizierten Zahlen jener Ausdrücke hat. Z.B.: Wenn man sich
> dächte „der Ausdruck „Lebewesen" würde etwa durch die Zahl 2 [...] und
> der Ausdruck „vernünftig" durch die Zahl 3 [...] dargestellt, so würde der
> Ausdruck für den Menschen durch die Zahl $2 \cdot 3$, d.i. 6 [...] dargestellt."
> (G. Leibniz 1960, S. 170)

> „Der kategorische universal-bejahende Satz – wie „Der Mensch ist ein
> Lebewesen" – wird so dargestellt werden: $b/a=y$ oder $b=ya$; die Gleichung
> bedeutet nämlich, daß die Zahl, durch die „Mensch" dargestellt wird, durch
> die Zahl teilbar ist, durch die „Lebewesen" dargestellt wird." (ebd., S. 191)

Damit ist klar: Leibniz' Strategie ist, die multiplikative Struktur der natürlichen Zahlen
für seinen Kalkül nutzbar zu machen. Es steht ein garantiert genügend großer Vorrat
an „Charakteren" zur Verfügung, und diese bringen Eigenschaften mit, die es erlauben,
begriffliche Zusammenhänge rechnerisch herauszuarbeiten. Dies geht über die reine
Feststellung, dass ein Begriff einen anderen als Spezialfall in sich schließt, hinaus:

> „Der universal-verneinende Satz, z.B.: „Kein Mensch ist ein Stein", darf
> auf diesen bejahenden zurückgeführt werden: „Jeder Mensch ist Nicht-
> Stein". „Nicht-Stein" aber wird jeder beliebige Ausdruck außer „Stein" sein;
> deshalb wird der Ausdruck „Nicht-Stein" durch eine unbestimmte Zahl dar-
> gestellt werden, von der nur das eine feststeht, daß sie nicht teilbar ist
> durch die Zahl von „Stein". [...] Eine Zahl aber, die durch irgendeine gege-
> bene Zahl nicht teilbar ist, ist die, welche nicht teilbar ist durch irgendeine
> Primzahl, durch welche die gegebene Zahl teilbar ist." (ebd., S.192)

Damit wird aber auch deutlich, dass das Vorhaben nicht unproblematisch ist. Man muss
im Vorhinein die Abhängigkeiten der Begriffe untereinander klären, bevor man ihnen
geeignete Charaktere zuweisen kann. Dies impliziert eine statische Sicht von Sprache
und ihren Abhängigkeiten. So kann es nicht verwundern, dass diese Aufgabe letztlich
die Möglichkeiten des Universalgelehrten Leibniz überstieg:

> „da ich infolge der außerordentlichen Vielfalt der Dinge die wahren cha-
> rakteristischen Zahlen noch nicht vorweisen kann, bevor ich die Prinzipien
> der meisten Dinge in Ordnung werde gebracht haben [...]." (ebd., S. 228)

So ist letzten Endes aus Leibniz' Projekt nichts geworden. Wir müssen unsere nichtma-
thematischen Streitfragen immer noch anders lösen – trotz der Papierberge, die Leibniz mit Bausteinen für dieses Projekt gefüllt hat, und obwohl das Projekt im damaligen
geistesgeschichtlichen Kontext des Rationalismus längst nicht den naiv-utopischen Anschein hatte, den es für uns heute haben mag. Trotz seiner Wirkungslosigkeit scheint
dieses ganze Vorhaben für unser Thema sehr interessant, denn wäre es gelungen, so
hätte es umfassend eingelöst, was Fischer jedem speziellen mathematischen Verfahren
im Einzelnen zuspricht: „Funktionieren macht Diskutieren überflüssig" (Fischer 2006,
S. 18). Zu solchem Überflüssigmachen von Diskutieren, und zwar in jedwedem Pro-
blemkontext, sollte der von Leibniz anvisierte Kalkül aber gerade dienen.

Einmal angenommen, daraus wäre etwas geworden – wären wir wirklich zufrieden,
dass (um ein auch schon fast wieder historisches Beispiel zu nehmen) das Kernkraft-
werk in unseren Garten gebaut wird, nur weil unser Glasperlenspiel das als optimale
Lösung ausgespuckt hat? Fehlt es da nicht an Transparenz? Leibniz hat hier den System-
gedanken bzw. die „Spiegel des Menschen"-These möglicherweise übertrieben. Fischer
würde es vielleicht so fassen: Mathematik ermöglicht uns, die Grenzen der Mathematik
zu sehen – die Mathematik hat „wie keine andere Wissenschaft das Potential der Überwindung ihrer selbst" (S. 25). Im vorliegenden Fall könnte man zugespitzt sagen: Die
Überwindung, auf die Leibniz unbewusst vorgriff, wurde von Gödel[61] durchgeführt,
indem er – mit den von Leibniz erdachten Mitteln – letzten Endes zeigte, dass Leibniz'
Programm prinzipiell nicht gelingen kann.

Abschließend sei noch unterstrichen, dass der in diesem Beispiel zum Ausdruck kom-
mende Kalkülgedanke natürlich nicht isoliert in Leibniz' Denken steht, denn er hat
ja noch (mindestens) einen anderen, ausgesprochen erfolgreichen Kalkül geschaffen,
nämlich den Differentialkalkül. Er hat ihn wahrgenommen und angepriesen als höchst
einfach zu handhabendes Werkzeug zur Lösung bisher als ausgesprochen schwierig gel-

---

[61] Zum Gödelschen Unvollständigkeitssatz siehe Hoffmann (2013).

tender geometrischer Probleme. Sicherlich hat ihn diese Entdeckung ermutigt, sich an noch größeren Projekten zu versuchen. Beim Differentialkalkül geht es um ein sozusagen blindes Rechnen nach rein formalen Regeln, das von der geometrischen Bedeutung der auftretenden Zeichen völlig absieht. Es wird also wieder ein Vertrauensvorschuss erteilt – es scheint aber auf den ersten Blick eher um Vertrauen in die Abstraktion, also gerade nicht um Vertrauen durch Materialisierung zu gehen. Dennoch kann man die von Leibniz geschaffene, immer wieder als besonders geeignet hervorgehobene Bezeichnungsweise und die klar festgelegten Regeln der Manipulation dieser Zeichen (Zeichensystem) als Materialisierung im Fischerschen Sinne verstehen.

Außerdem kann mit dem Differentialkalkül auch der geometrisch weniger Versierte geometrische Probleme lösen (im Sinne von Fischers These des Funktionierens der Mathematik). Dazu Leibniz wörtlich:

> „Andere gelehrte Männer haben mit vielen Umschweifen das zu erjagen versucht, was einer, der in diesem Kalkül erfahren ist, auf drei Zeilen ohne weiteres herausbringen kann." (G. W. Leibniz 1684, S.10)

Letzthin scheint ein aufklärerisches Ziel durch: Ein bestimmter Wissensbereich ist nicht mehr einem elitären Zirkel vorbehalten, sondern wird einer breiteren Masse von nur vergleichsweise wenig Gebildeten zugänglich. Der Preis dafür ist allerdings die Blindheit des Rechnens, sprich der Verzicht auf Verständnis. Also doch nur Pseudoaufklärung – könnte man meinen. Doch im Blick auf Fischers Analyse besteht die eigentliche Aufklärung darin, die Technik an die Maschine auslagern zu können oder an einen Formalismus, mit dem man sich nicht mehr belasten muss, um dann Zeit zu haben, den Rest zu verstehen, inhaltlich (also nicht mathematisch, sondern auf der außermathematisch inhaltlichen Ebene).

13.3.5 Zur Rolle der Mathematik in modernen Gesellschaften

Auch wenn Leibniz' Vorhaben gescheitert ist – die Gesellschaften unserer Gegenwart sind unbestreitbar in ihren Entscheidungs- und Aushandlungsprozessen ebenso wie in ihren technischen Abläufen sehr weitreichend von Mathematik bestimmt. Gleichzeitig bestimmen gesellschaftliche Erfordernisse in hohem Maße das gegenwärtige Betreiben von Mathematik mit. Es besteht also eine enge Beziehung in beiden Richtungen. Unsere frühgeschichtlichen historischen Beispiele legen nahe, dass dies auch zur Zeit der Ägypter und Babylonier schon so war.

Eingangs haben wir gefragt, ob in gesellschaftlichen Kontexten Dinge anders geregelt wurden, weil die zugehörige Mathematik verfügbar war. Das Leibnizsche Projekt war zumindest ein gescheiterter Versuch, bestimmte Dinge durch das Heranziehen von Mathematik anders zu regeln, und ohne die Kenntnis der Primzahlarithmetik hätte dieser Versuch nicht so ausgesehen, wie er ausgesehen hat. Heute setzt man RSA-Verschlüsselung oder ähnliche Kryptographie zur Absicherung von bargeldlosem Zahlungsverkehr ein. Wäre der Satz von Fermat-Euler nicht verfügbar, könnten diese Dinge nicht so geregelt werden. Für sich genommen ist diese Feststellung trivial; sie hat in diesem konkreten Fall aber auch einen interessanten Aspekt: Der Anwendungsbezug tritt ein, weil man bestimmte Dinge nicht kann (ungelöste mathematische Probleme werden anwendungsrelevant). Jedenfalls können wir festhalten: Von den sumerischen Bullen über Leibniz bis zu RSA trat und tritt Mathematik als Garant der unverfälschten Information auf, ganz im Sinne der mit Fischers Materialisierungsthese einher gehenden kommunikativen Stabilisierung. (In gewisser Weise verliert die Mathematik im Zuge dieses Zuwachses an Anwendungsbezügen ihre „Unschuld". Konnte G. H. Hardy 1940 noch schreiben „there is one science [number theory] whose very remoteness from ordinary human activities should keep it gentle and clean", so kommentiert N. Koblitz dies 1994 wie folgt: „Hardy would have been surprised and probably displeased with the increasing interest in number theory for application to "ordinary human activities" such as information transmission (error-correcting codes) and cryptography (secret codes). Less than a half century after Hardy wrote the words quoted above, it is no longer inconceivable [...] that the N.S.A. [...] will demand prior review and clearance before publication of theoretical research papers on certain types of number theory" (Koblitz 1994, S. v).)

Aber es wurde ja auch gefragt, ob es Streit über den Einsatz von Mathematik gab, oder auch warum und mit welchem Geltungsanspruch gerade Mathematik als Mittel zur Organisation eingesetzt wurde. Weitaus wirkmächtiger als Leibniz' Calculemus-Projekt war zweifellos die Einführung der mathematischen Statistik in politische Entscheidungsprozesse. Und darüber gab es tatsächlich auch Streit, wie Alain Desrosières in seinem Buch „Die Politik der großen Zahlen" (2005) an mehreren Beispielen dargelegt hat. Desrosières beschäftigt sich vor allem mit der Einführung der Statistik ins französische Staatswesen (vom ancien régime über die Revolutionszeit bis ins 19. Jahrhundert), vergleicht diese aber auch sehr gründlich mit ähnlichen Entwicklungen in Deutschland und England. Ein paar hochinteressante Beispiele: [62]

1. Die deutsche Kleinstaaterei seit dem 30jährigen Krieg führte dazu, dass man im frühen 19. Jahrhundert mittels deskriptiver Statistik Vergleiche zwischen den Staaten anstellen wollte, und zwar tabellarisch. Diese Darstellung ermunterte dazu, „auch Zahlen in den Tabellenzeilen auftreten zu lassen". Es gab aber Gegner dieser Vorgehensweise, die „subtile und distinguierte" Statistik von „vulgärer" Statistik abgrenzten. Ein deutliches Zitat in diesem Sinne bringt Desrosières auf S. 25:

   > „Diese armen Narren verbreiten die verrückte Idee, daß man die Macht eines Staates durch die Kenntnis seiner Fläche, seiner Bevölkerung, seines Nationaleinkommens und der Anzahl der Tiere erfassen kann, die seine Weiden ringsumher abgrasen" (Göttingische gelehrte Anzeigen um 1807).

2. Im napoleonischen Frankreich trat eine ähnliche Kontroverse auf, wobei der Gegner der „rechnenden" Statistik, Peuchet, die Mathematik als obskur und enigmatisch abstempelte, während der Befürworter, Duvillard, ihren Nutzen konkret an einer unzureichenden, da nicht einheitlichen und numerischen, Datenerhe-

---

[62] Das Thema der Geschichte der Statisitk wird auch bei Fischer selbst angeschnitten (Vgl. Fischer 2006, S. 125).

bung einer Enquête nachwies (S. 40ff). Überhaupt spielten mathematische Prinzipien eine zentrale Rolle in der administrativen Gestaltung des nachrevolutionären Frankreich im Rahmen der „Adunation" (metrisches System, Versuch der 10-Tage-Woche, Zuschnitt der Départements, S. 36).

3. Schließlich arbeitet Desrosières deutlich die erkenntnistheoretischen Implikationen einer Mathematisierung der Statistik heraus. Steht der Terminus „Gesellschaft" eigentlich für eine tatsächlich existierende Entität? Desrosières erinnert hier sehr plastisch an die Nominalismusdebatte des Spätmittelalters. Wie sieht es mit „Durchschnittsmensch" aus? Solche Konstrukte ergaben sich aus der Entwicklung statistischer Zugangsweisen (S. 77ff, besonders S. 86). Im Blick auf Fischers Materialisierungsthese könnte man sagen, dass in der zahlenmäßigen Erfassung der Gesellschaft wieder eine Materialisierung des Abstrakten stattfindet.

Also es gab tatsächlich immer wieder Streit, aber die Mathematik hat sich auch immer wieder durchgesetzt. Erneut bietet sich die von Fischer hervorgehobene kommunikative Stabilisierung als Erklärung an: die Mathematik bietet eine Materialisierung, ohne die die „abstrakten Inhalte der Kommunikation zu flüchtig und beliebig" wären.

Auch in anderen gesellschaftlich-politischen Kontexten könnte man die Rolle der Mathematik untersuchen. Beispielsweise im Kontext der Wahlverfahren ist eine umfangreiche Theorie entstanden, deren Gipfel auch noch, wie es ja in der Mathematik häufig vorkommt, ein durchaus brisantes Unmöglichkeitsresultat ist, nämlich der Satz von Arrow, nach dem es in gewissem Sinne kein vollkommen gerechtes Wahlverfahren geben kann (vgl. T. Jahnke 2016, wo auch eine didaktische Diskussion dieser Thematik zu finden ist).

13.3.6 Die Eigenständigkeit der Mathematik

Und dennoch existiert die Mathematik als Forschungsinteresse und -disziplin eben auch zumindest teilweise unabhängig von gesellschaftlich vorgegebenen Anwendungsproblemen, und dies im Grunde ungebrochen seit den Pythagoreern. Wieso hat sich diese luxuriöse Situation eigentlich seither weitgehend erhalten und festigen können? Ist ein von etwaigen intendierten Anwendungen losgelöstes Forschen tatsächlich „Arbeitsteilung"? Andreas Dress hat dazu 1974 bemerkt:

> „Immerhin scheint die historische Entwicklung der (Natur-)Wissenschaften dafür zu sprechen, daß es sich im Zuge einer arbeitsteiligen Entfaltung der menschlichen (Produktions-)Fähigkeiten [...] gelohnt hat, dieses 'Transfervermögen durch Abstraktion und Konkretion' weitgehend unabhängig und im Vorlauf gegenüber den jeweilig möglichen Anwendungsbereichen zu entwickeln [...]". (Dress 1974, S. 165)

Dress kommt es hier besonders auf das Transfervermögen an, dass sich Mathematik eben gerade da ereignet, wo ein Problemlösewerkzeug, das sich bereits bei einem Problem bewährt hat, auf ein zweites Problem angewandt werden soll und zu diesem Zweck ein Verständnis des „Prinzips" des Werkzeugs gesucht wird. In Fischers Worten ist demnach Mathematik eben nicht die Materialisierung in einer speziellen Anwendungssituation, sondern das Abstrakte über die verschiedenen Anwendungen hinweg, das in Zeichensystemen verfügbar gemacht und damit transferierbar ist. Gerade eine Konzentration auf das Abstrakte in diesem Sinne hat sich gelohnt.

Das Leibnizsche Beispiel hat im Grunde diese Struktur, insofern Wissen über die multiplikative Struktur der natürlichen Zahlen (als solches im Vorlauf unabhängig von gesellschaftlichen Problemen entwickelt) im Kontext der Codierung von Aussagen und Kalkülisierung von Argumentationen eingesetzt werden soll. Dress bespricht ausführlich das Beispiel des Maxwellschen Elektromagnetismus und der damit verbundenen Anwendungen in Telegraphie und Navigation. Beispiele dieser Art, in denen Mathematik mittelbar über Technologie die Gesellschaft beeinflusst hat, gibt es offensichtlich unzählige. Man muss hier natürlich noch präzisieren, was jeweils mit „Anwendungen" gemeint ist. Denn selbst wenn es in der Zeit der Moderne immer wieder vorgekommen ist, dass abstrakte mathematische Theorien ein paar Jahrzehnte nach ihrer Entwicklung (oder auch schon gleich bei ihrer Entwicklung) „Anwendungen" in der theoretischen Physik gefunden haben, so sind letztere zunächst einmal gesellschaftlich noch nicht relevanter als die mathematischen Entdeckungen selbst: Auch die theoretische Physik stellt ja ihrerseits nur eher ausnahmsweise Ergebnisse zur Verfügung, die für Wirtschaft oder Industrie von Interesse sind. Des Weiteren muss man auch den hier verwendeten Relevanzbegriff durchleuchten. Beispielsweise liegt ja auf der Hand, dass weniger Menschen sich für Mathematik oder theoretische Physik begeistern als beispielsweise für Fußball, und insofern wäre Fußball erst mal gesellschaftlich relevanter als diese Wissenschaften. Stünde jedoch eine existenzielle Bedrohung der Menschheit wie z. B. der Zusammenstoß der Erde mit einem Asteroiden bevor, wird es vermutlich wenig nützen, die Bundesligatabelle auswendig zu können. Möglicherweise kann hier Fischers Unterscheidung von Bedeutungs- und Nutzungswert helfen: Der Relevanzbegriff, demzufolge Fußball für unsere gegenwärtige Gesellschaft relevanter ist als Mathematik und theoretische Physik, orientiert sich am Bedeutungs-, nicht am Nutzungswert.

13.4 Konsequenzen für schulische Bildung

Im Folgenden widmen wir uns der Frage, was aus obiger Analyse für mathematische Bildung gelernt werden kann. Sicherlich ist es ein wichtiges Ziel mathematischer Bildung, sich die Rolle von Mathematik in der Gesellschaft, ihren Nutzen und ihre Grenzen, im Unterricht zu vergegenwärtigen und so ein bewusstes Verhältnis des Menschen und der Gesellschaft zur Mathematik auszubilden (Fischer und Malle 1985). Dafür spielt die Schülertätigkeit des Reflektierens eine wesentliche Rolle, wie auch im Konzept der höheren Allgemeinbildung von Fischer (2001) herausgearbeitet wird: Höher allgemeingebildete Laien sollen über eine mathematische Kommunikationsfähigkeit verfügen, die ihnen in unserer arbeitsteiligen Gesellschaft ermöglicht, Expert/inn/en kompetent auszuwählen, die Expertisen zu verstehen und in Bezug auf ihre Relevanz für die Sachsituation zu beurteilen. Während die Auswahl und das Verstehen der Expertisen ein gutes mathematisches Grundwissen erfordert, ist insbesondere beim Beurteilen der Expertise für die Sachsituation ein Reflexionswissen in Bezug auf Mathematik nötig.

Hier schließt der Fischersche Ansatz an die ,critical mathematics education' nach Skovsmose (1998) an, in der das Reflektieren als zentrale Tätigkeit im Rahmen von Bildung angesehen wird. Skovsmose (1998, übersetzt nach Peschek, Prediger und Schneider 2008) unterscheidet dabei vier Bezugspunkte, die das Reflektieren haben kann: die Ebenen der mathematisch orientierten Reflexion, der modellorientierten Reflexion, der kontextorientierten Reflexion und der lebensweltorientierten Reflexion. Für den Gedanken, wie Mathematik und Gesellschaft zusammenhängen und sich gegenseitig in ihrer Entwicklung beeinflussen, erscheinen uns insbesondere die letzten beiden Reflexionsebenen ganz zentral, da sie sich mit den gesellschaftlichen Zwecken und den individuellen Positionierungen befassen:

Unter kontextorientierter Reflexion versteht man ein Nachdenken darüber, warum in einer bestimmten Situation zur Lösung eines bestimmten Problems überhaupt Mathematik eingesetzt wird und inwiefern durch die Mathematik der Kontext verändert/beeinflusst wird. In der lebensweltorientierten Reflexion denkt der Mensch darüber nach, welche Bedeutung/ welchen Sinn für ihn selbst die Mathematik in seinem Leben und in der derzeitigen Gesellschaft hat. (Vgl. Peschek, Prediger und Schneider 2008, S. 4 ff.)

Nach der obigen Definition haben wir in unserer historischen Betrachtung bisher weitgehend kontextorientiert reflektiert, da wir nach den historischen Bedingungen und Wechselwirkungen beim Einsatz und in der Entwicklung von Mathematik gefragt haben. Die lebensweltorientierte Reflexion betrifft noch mehr auch die je eigene Positionierung in Bezug auf den Einsatz von Mathematik; eine solche Positionierung ist für den Aufbau eines belastbaren persönlichen Verhältnisses zur Mathematik und damit für mathematische Bildung von entscheidender Bedeutung.

Wie eine solche Reflexion über die Stellung von Mathematik in der Welt angeregt werden könnte, wird im Folgenden am Beispiel der geheimen Datenübermittlung entfaltet. Dafür wird der Diffie-Hellmann Algorithmus zur Verschlüsselung von Nachrichten im Vergleich mit dem historischen Beispiel der Datenübermittlung in der Bulle unterrichtsnah präsentiert. Für die Schülerinnen und Schüler kann so deutlich werden, wo früher und heute Mathematik eingesetzt wurde und wird, welche Zwecke dahinter stehen und welche Auswirkungen das auf die Gesellschaft hat. Das zweite Beispiel bezieht sich auf den Einsatz von Rechenverfahren zur Entscheidungsfindung, der ja auch bereits dem Calculemus-Gedanken von Leibniz innewohnte. Die Vor- und Nachteile solcher Berechnungen können die Lernenden am Beispiel des Wahl-O-Mat im Vergleich zu der Leibnizschen Idee erkunden.

13.4.1 Das Diffie-Hellman-Verfahren zur Verschlüsselung von Nachrichten

Schülerinnen und Schüler kommunizieren heute unbesorgt mit ihrem Handy oder einem Computer. Dabei werden viele Daten verschickt, die möglichst für andere nicht sichtbar sein sollten. Aber auch das Online-Banking oder das Shoppen über das Internet erfordern sichere Datenverbindungen. Hier stellt also gewissermaßen eine gesellschaftliche Realität eine Anforderung an die Mathematik, die allerdings wiederum systemisch wird, indem Menschen forthin ihre (Bank)Geschäfte über das Internet regeln (insofern kommt hier Fischers These vom Mittel- und Systemaspekt der Mathematik zum Tragen). So wurden 2016 die beiden Informatiker Diffie und Hellman für ihr Schlüsselaustauschverfahren mit dem Alan-Turing-Preis ausgezeichnet.

Grob gesagt funktioniert das Verfahren wie folgt: Jede der Parteien kann nur auf eine unsichere Leitung zur Übermittlung des Schlüssels zurückgreifen. Darüber senden sich die beiden Parteien eine Grundlage zur Verschlüsselung. Dann nutzen sie eine selbst erdachte zufällig gewählte Zahl und verschlüsseln diese über die „Mischung" mit den vorher offen gesendeten Zahlen. Die so verschlüsselten Zahlen sind nicht eindeutig aus der Mischung zu rekonstruieren. Aber, da nun beide die Mischzahl des anderen Partners haben, können sie durch diese Information eine gemeinsame Mischung herstellen, die dem Mithörer unbekannt ist. Sie haben nun also einen gemeinsamen Schlüssel hergestellt, den sie für eine Codierung und Decodierung von Daten verwenden können. Etwas detaillierter und schülergerecht wird das Verfahren erklärt in dem Wissenschaftscomic Klar soweit? von Veronika Mischitz, der unter anderem in den DMV-Mitteilungen 2016 abgedruckt ist (DMVM 24 2016, S. 16-20). Eine mathematisch präzise Darstellung findet man z.B. bei Koblitz (1994, S. 98ff).

Für die Reflexion und die damit zusammenhängenden Bildungsansprüche wäre hier folgende Aufgabe für Schülerinnen und Schüler geeignet:

a) Welche Daten überträgst du mit deinem Handy oder dem Computer, die andere nicht lesen sollten? Mache eine Liste.

b) Wo geht bei dem Datenverschlüsselungsverfahren Mathematik ein? Erkläre.

c) Wie haben die Menschen früher Mathematik genutzt, um Daten sicher zu übertragen?

Hierbei könnte die letzte Aufgabe anhand des oben besprochenen Beispiels der Bullen sowie anhand einfacher historischer Verschlüsselungstechniken (z. B. dem Caesar-Code) bearbeitet werden.

13.4.2 Entscheiden durch Berechnen – Ein Vergleich von Leibniz' Calculemus-Projekt und dem Wahl-O-Mat der Zentrale für politische Bildung

Ein Beispiel, an dem man schön den Nutzen aber auch die Grenzen von Mathematik erkennen kann, ist der Wahl-O-Mat. Er kommt historisch dem Gedanken von Leibniz nahe, der ja auch nicht diskutieren, sondern rechnen wollte, um strittige Probleme zu entscheiden.

Der Wahl-O-Mat ist ein von der Zentrale für politische Bildung herausgegebenes Internettool, mit dem man begründet zu einer Wahlentscheidung kommen kann. Die Macher dieses Projekts reagieren damit auf die geringe Wahlbeteiligung insbesondere der Jungwähler; es ist ein Versuch, Parteiprogramme an einfachen Thesen, die von Relevanz sind, unterscheidbar zu machen.

Dem Nutzer werden 30 Thesen vorgestellt, zu denen er sich mit „stimme zu", „neutral" und „stimme nicht zu" positioniert. Mithilfe einer Differenzbestimmung zu den Positionen der Parteien zu diesen Fragen, wird dem Wähler eine Partei genannt, die von dem angegebenen Profil des Nutzers am wenigsten abweicht, also diejenige Partei, die dem Wähler in Bezug auf die Thesen am nächsten steht.

> „Die Nutzer haben vor der Berechnung die Möglichkeit, Thesen zu markieren, die besonders gewichtet werden sollen. Der Wahl-O-Mat zeigt die Parteien anschließend in einer Rangreihenfolge an – abgestuft nach dem Ausmaß der Übereinstimmung. An erster Stelle rangiert die Partei, die den niedrigsten Punktwert hat, bei der es also in der Summe die geringsten Abweichungen zwischen den eigenen und den Parteipositionen gibt. In der Detailauswertung besteht die Möglichkeit, die eigenen Ansichten mit den Standpunkten jeder einzelnen Partei zu vergleichen. Auch können die Nutzer in der Auswertung Begründungen der Parteien für ihre jeweiligen Positionen einsehen."[63]

Im Begleittext wird noch ausdrücklich darauf hingewiesen, dass der Wahl-O-Mat keine Wahlempfehlung abgibt, sondern nur „als Startpunkt [dient], um sich noch besser über die zur Wahl stehenden Parteien zu informieren." [64]

Eine Unterrichtsreihe in Bezug auf solche Berechnungsverfahren könnte so aussehen: die Schülerinnen und Schülern lernen einerseits das Leibnizsche Calculemus-Projekt (anhand von geeigneten Textausschnitten) kennen, andererseits den Wahl-O-Mat. Sodann werden beide Beispiele vergleichend diskutiert, etwa anhand folgender Fragen:

a) Welches sind Nutzen und Grenzen des Wahl-O-Mats? Welche Stellung hat die Mathematik dabei? Was leistet sie? Warum wird ein solches Verfahren erst mithilfe von Mathematik möglich?

b) Was hat Leibniz historisch im Vergleich gewollt? Was daran ist positiv? Wo hat es Grenzen? Warum hat das nicht geklappt?

13.5 Fazit und Ausblick

In unserer Arbeit haben wir einen Bogen ausgehend von der Sozialanthropologie Fischers (Abschnitt 2) über historische Betrachtungen zum Verhältnis von Mathematik und Gesellschaft (Abschnitt 3) hin zum aktuellen Einsatz von Mathematik in unserer heutigen Welt (Abschnitt 4) gespannt. Leitend war dabei die Frage, was eigentlich das

---

[63] Im Internet unter: http://www.bpb.de/politik/wahlen/wahl-o-mat/45379/idee-und-wirkung?p=all; zuletzt abgerufen am 4.8.2017

[64] Siehe: http://www.bpb.de/politik/wahlen/wahl-o-mat/45314/mein-ergebnis-und-jetzt; zuletzt abgerufen am 4.8.2017

Verhältnis von Mathematik und Gesellschaft ausmacht, wie sich die beiden „Welten" gegenseitig beeinflussen (Abschnitt 3). Dabei ging es uns allerdings aus didaktischer Perspektive immer auch darum, etwas über diese Wechselwirkungen aus der Mathematikgeschichte zu lernen und dies auch für die gegenwärtige schulische Bildung nutzbar zu machen (Abschnitt 4), um die Frage nach dem Verhältnis von Mensch und Mathematik (Fischer und Malle 1985) – im Sinne eines tieferen Verstehens der Wirkung von Mathematik und ihrer Bedeutung für Menschen – unterrichtlich umzusetzen.

Eine Betrachtung von Geschichte der Mathematik scheint ja zunächst, wenn es nur um das Verhältnis von Mensch und Mathematik gehen soll, überflüssig zu sein: Warum sollte man historische Beispiele ansehen, wenn doch die heutige Wirkung von Mathematik ebenso gut ohne auskommen kann? Wir schließen uns hier einem Argument an, das sich in der didaktischen Literatur zum Einsatz von historischen Elementen im Mathematikunterricht immer wieder findet:

> „Geschichte ist gerade deswegen und dann produktiv, weil sie die vorhandenen Sichtweisen nicht einfach bestätigt, sondern ein fremdes und sperriges Element in den Unterricht einführt, das zum Nachdenken anregt. Einen historischen Text zu verstehen, erfordert, ihn mit den eigenen Vorstellungen zu konfrontieren, und aus dieser Konfrontation heraus, seinen Sinn zu entschlüsseln. In der Auseinandersetzung mit anderen Sichtweisen erfährt der Lernende dann auch etwas über seine eigene Sicht auf einen bestimmten Gegenstand." (H. N. Jahnke 1995, S. 31)

Diese Idee der Verfremdung durch die Betrachtung von historischen Beispielen ist u. E. auch lohnend für ein Verstehen des Verhältnisses von Mathematik und Gesellschaft. Was z. B. im Leibnizschen Calculemus-Projekt noch überzogen und weltfremd erscheinen mag, weitet durch einen Vergleich mit gegenwärtigen Algorithmierungen wie etwa dem Wahl-O-Mat den Blick für die beiden innewohnenden menschlichen Wünsche nach Einfachheit, Transparenz und Berechenbarkeit. Gleichzeitig können aber auch die Gefahren eines solchen Einsatzes von Mathematik substanziell erfasst und diskutiert werden.

Sicher lässt sich eine solche Reflexion des Verhältnisses von Mathematik und Gesellschaft nur mit gut ausgebildeten Lehrkräften im schulischen Mathematikunterricht erreichen. Dafür muss auch bereits an der Universität Gelegenheit geschaffen werden, sich in dieses Denken einzuleben und historische Beispiele als fruchtbare Reibungspunkte zu Wohlbekanntem zu verstehen. Die oben beschriebenen Beispiele können daher in einem ersten Schritt in der universitären Lehre eingesetzt werden, um ihre Wirksamkeit zu erproben. Auch für die Lehrerbildung ist damit die Hoffnung verbunden, mit der Mathematikgeschichte „unseren heutigen Blick nicht einfach [zu] bestätigen, sondern [zu] weiten." (H. N. Jahnke 1995, S. 31)

Literaturverzeichnis

Buck, R. C. 1980. Sherlock Holmes in Babylon. *American Mathematical Monthly* 87:335–345.

Desrosi'eres, A. 2005. *Die Politik der großen Zahlen. Eine Geschichte der statistischen Denkweise.* Berlin, Heidelberg, New York: Springer.

Dress, A. 1974. Ein Brief. In *Mathematiker über die Mathematik,* herausgegeben von M. Otte, 160–179. Springer.

Fischer, R. 2001. Höhere Allgemeinbildung. In *Situation – Ursprung der Bildung,* herausgegeben von A. Fischer et al., 151–161. Franz-Fischer-Jahrbuch 2001. Leipzig: Universitätsverlag.

Fischer, R. 2006. *Materialisierung und Organisation. Zur kulturellen Bedeutung der Mathematik.* München/Wien: Profil Verlag.

Fischer, R., und G. Malle. 1985. *Mensch und Mathematik. Eine Einführung in didaktisches Denken und Handeln.* Zweite Auflage 2004. München: Profil-Verlag.

Gardiner, A. H. 1948. *The Wilbour Papyrus.* Bd. 3. Oxford.

Gericke, H. 1992. *Mathematik in Antike und Orient/Mathematik im Abendland.* Fourier.

Heath, T. 1921. *A history of greek mathematics, volume I: From Thales to Euclid Oxford.* Clarendon Press.

Hoffmann, D. W. 2013. *Die Gödelschen Unvollständigkeitssätze. Eine geführte Reise durch Kurt Gödels historischen Beweis.* Berlin/Heldelberg: Springer-Spektrum.

Ifrah, G. 1991. *Die Universalgeschichte der Zahlen.* Frankfurt & New York: Campus Verlag.

Jaenecke, P. 2006. Über die Verwirklichung des Calculemus-Gedankens in der Aussagenlogik. In *Einheit in der Vielheit, VIII. Internationaler Leibniz-Kongress, Vorträge 1. Teil,* herausgegeben von S. Erdner H. Breger J. Herbst, 339. Hannover.

Jahnke, H. N. 1995. Historische Reflexion im Unterricht. *mathematica didactica* 18 (2): 30–58.

Jahnke, Th. 2016. Mathematik der Partizipation: Der Satz von Arrow – Ein stoffdidaktischer Vorschlag. *Journal für Mathematik-Didaktik* 37 (1): 83–105.

Katary, S.L.D. 1989. *Land Tenure in the Ramesside Period.*

Koblitz, N. 1994. *A course in number theory and cryptography.* 2nd edition. GTM 114. Springer.

Leibniz, G. W. 1684. *Nova Methodus pro Maximis et Minimis, Acta Eruditorum.* 3–11. Hier zitiert nach Ostwalds Klassiker der exakten Wissenschaften Bd. 162, Leibniz, Über die Analysis des Unendlichen 1684-1703. Reprint Verlag Harri Deutsch 2007.

Leibniz, G.W. 1960. *Fragmente zur Logik.* Ausgewählt, übersetzt und erläutert von Franz Schmidt. Berlin.

Lorenz, K. 1984. calculus universalis. In *Enzyklopädie Philosophie und Wissenschafts-theorie,* herausgegeben von Jürgen Mittelstraß, Bd. 1 (A-G), 368. Mannheim: Bibliographisches Institut 1.

Netz, R. 1999. *The shaping of deduction in Greek mathematics: A study in cognitive history.* Ideas in Context, Vol. 51. Cambridge: Cambridge University Press.

Peschek, W., S. Prediger und E. Schneider. 2008. Reflektieren und Reflexionswissen im Mathematikunterricht. *Praxis der Mathematik in der Schule* 50 (20): 1–6.

Robson, E. 2001. Neither Sherlock Holmes nor Babylon: a reassessment of Plimpton 322. *Historia Mathematica* 28:167–206.

Robson, E. 2002. Words and Pictures: New Light on Plimpton 322. *The American Mathematical Monthly* 109 (2): 105–120.

Schmandt-Besserat, D. 1980. The Envelopes That Bear the First Writing. *Technology and Culture* 21, Nr. 3 (Juli): 357–385.

Skovsmose, O. 1998. Linking Mathematics Education and Democracy. Citizenship, Mathematical Archaelogy, Mathemacy and Deliberative Interaction. *Zentralblatt für Didaktik der Mathematik* 98 (6): 195–203.

Szabó, Á. 1960. Anfänge des euklidischen Axiomensystems. *Archive for History of Exact Sciences* 1:37–106.

14 Materialisierung, System, Spiegel – Anmerkungen aus philosophischer Perspektive

GREGOR NICKEL

KATJA LENGNINK und RALF KRÖMER stellen in ihrem Beitrag die Grundfrage nach dem Zusammenspiel von Mathematik und Gesellschaft, und sie bieten ein beeindruckendes Spektrum von Konkretisierungen dieser Thematik – sowohl im theoretischen Rahmen mit der Sozialanthropologie ROLAND FISCHERS wie in einem weitgespannten historischen Bogen und schließlich mit Bezug auf die schulische Praxis. Dem entsprechend wäre es an vielen Stellen reizvoll, die Themen und Beispiele aufzugreifen; und naturgemäß kann dies hier nur punktuell erfolgen[65]. Dazu sollen philosophische Positionen – passend zur historischen Ausrichtung des Referenzartikels aus Antike und Neuzeit – skizziert werden, die die angesprochenen Themen und Thesen teils kontrastieren, teils unterstreichen und ergänzen. Als Leitmotiv soll dabei versucht werden, Aspekte der Mathematik herauszustellen, die ihre besondere gesellschaftliche Bedeutung nahelegen, aber auch problematisieren.

14.1 Materialisierung und Abstraktion – Anmerkungen aus der Antiken Philosophie

Die Frage nach dem Status der mathematischen Gegenstände und ihr Verhältnis zu den mit den Sinnen erfassbaren steht von Anfang an auf der philosophischen Agenda, spätestens seit es Mathematik und Philosophie als freie Wissenschaften gibt. Denn in der griechischen Mathematik mit ihrem Anspruch, allgemeine Sätze von unendlicher Genauigkeit zu formulieren und deren notwendige Gültigkeit zu beweisen, wird offenbar erfolgreich über einen Gegenstandsbereich gesprochen, der den Sinnen vollkommen unzugänglich ist. Es sind keine geringeren als PLATON und ARISTOTELES, die die beiden für die Antike und darüber hinaus fundamentalen Positionen einer Verhältnisbestim-

---

[65] So wird der Bereich schulischer Bildung weitgehend ausgeblendet; vgl. hierzu G. Nickel: *Mathematische Bildung – 20 Thesen zur gegenwärtigen Situation*. In: Stephan Schaede (Hg.): Mathematik in den MINT-Studiengängen im norddeutschen Raum. Loccum 2016, 283-292 sowie G. Nickel: *Mathematik und Bildung – Randnotizen zu einem klassischen Thema*. Coincidentia Beiheft 5, Bildung gestalten. Akademische Aufgaben der Gegenwart. Münster 2015, 139-162.

© Springer Fachmedien Wiesbaden GmbH, ein Teil von Springer Nature 2018
G. Nickel et al. (Hrsg.), *Mathematik und Gesellschaft*, https://doi.org/10.1007/978-3-658-16123-1_15

mung von Mathematik und sinnlicher Erfahrung formulieren, wenn man einmal von der pythagoreischen Position absieht, in der schlicht behauptet wird, die Mathematik ermögliche einen Durchblick auf die Grundstruktur der Welt. Bemerkenswert in unserem Kontext ist, dass sich ihre Positionen gerade auch in der Frage nach einer Rolle des Mathematischen für die politische Philosophie trennen.

Die Thesen ROLAND FISCHERS scheinen jedem der beiden zumindest teilweise zu folgen; in Bezug auf PLATON entfällt allerdings ein entscheidender Aspekt. Im folgenden möchte ich dies knapp skizzieren.

Platon – Mathematik auf der Linie.   Die zentrale Formulierung des genannten Verhältnisses steht bei PLATON im Kontext seiner politischen Philosophie, genauer: im Kontext der Frage nach der individuellen wie der gesellschaftlichen *Gerechtigkeit*. Das ist zunächst überraschend, bei näherer Betrachtung jedoch durchaus stimmig. Im Liniengleichnis der *Politeia* befinden sich die mathematischen Gegenstände zusammen mit den philosophischen Ideen auf dem oberen Teil der Linie und damit auf Seiten des Unveränderlichen, nur mit dem Denken, nicht aber mit den Sinnen Erfassbaren. Allerdings sind sie unterhalb der Ideen und klar von ihnen abgegrenzt, gleichsam als deren 'Schatten'. Auf dem unteren Teil der Linie werden die Gegenstände der sinnlichen Empirie und *deren* Schatten und Spiegelbilder eingetragen; sie sind veränderlich und daher von minderem ontologischen Status; über sie ist allenfalls eine zufällig zutreffende Meinung möglich, aber kein Wissen.

Auch wenn die mathematischen Gegenstände also von geringerem Wert sind als die Ideeen, so ist es doch vermutlich der erfolgreiche mathematische Diskurs, der PLATON dazu ermutigt, auch im Bereich philosophischer Konzepte überzeitliche und nicht-sinnliche Gegenstände zu postulieren. Die mathematische Erkenntnisform *(Dianoia)* mit ihren vorausgesetzen und nicht mehr problematisierten Grundbegriffen und Methoden sowie den für die Augen wahrnehmbaren, geometrischen Skizzen und arithmetischen Rechenmarken charakterisiert er treffsicher, wenn er bemerkt, dass[66]

> die, welche sich mit der Meßkunst und den Rechnungen und dergleichen abgeben, das Gerade und Ungerade und die Gestalten und die drei Arten der Winkel und was dem sonst verwandt ist, in jeder Verfahrungsart voraussetzend, als sei dies schon allen deutlich, (...) gleich das weitere ausführen und dann folgerechterweise bei dem anlangen, auf dessen Untersuchung sie ausgegangen waren. (...) Auch (...) daß sie sich der sichtbaren Gestalten bedienen und immer auf diese ihre Reden beziehen, ohnerachtet sie nicht von diesen handeln, sondern von jenem, dem diese gleichen, (...) was man nicht anders sehen kann als mit dem Verstand. [Politeia, 510c]

Im Gegensatz dazu geht die philosophische Erkenntnis *(Noesis)* ohne derartige unproblematisierte Voraussetzungen und ohne die Stütze durch sinnlich erfahrbare Kritzeleien oder ähnliches vor. Als Bereich der Ideen bestimmt PLATON dasjenige,

> was die Vernunft unmittelbar ergreift, indem sie mittelst des dialektischen Vermögens Voraussetzungen macht, nicht als Anfänge, sondern wahrhaft

---

[66] Platon: Politeia. Werke Bd. 4. Übers. von F. Schleiermacher. Darmstadt 1990.

> Voraussetzungen als Einschritt und Anlauf, damit sie bis zum Aufhören al-
> ler Voraussetzung an den Anfang von allem gelangend, diesen ergreife,
> und so wiederum, sich an alles haltend was mit jenem zusammenhängt,
> zum Ende hinabsteige, ohne sich überall irgend etwas sinnlich Wahrnehm-
> baren, sondern nur der Ideen selbst an und für sich dazu zu bedienen, und
> so am Ende eben zu ihnen, den Ideen, gelange. [Politeia, 511b]

Eine gerechte Lebens- und vor allem Staatsführung ist nach PLATON aber *nur* möglich, wenn sie in stetem Bezug auf die Wirklichkeit der Ideen, und vor allem auf die
(oberste) Idee des Guten erfolgt. Nur von dieser Basis aus kann dann auch die empirische Welt auf eine gerechte Weise gestaltet werden. Illustriert wird dies im bekannten
Höhlengleichnis. Eine solche Erkenntnisweise zu behaupten, gar als einzig akzeptablen
Weg der Erkenntnis, ist freilich ausgesprochen kühn; die Plausibilität der Alltagsver-
nunft, aber auch die Systeme der älteren Naturphilosophie sowie die konkurrierenden
Überlegungen der Sophisten stehen dem entgegen. Insofern ist Platon gut beraten,
Schützenhilfe bei einer Disziplin zu suchen, deren Status weniger angreifbar ist. Und
genau diese Rolle übernimmt die Mathematik.

Es ist also eine zu PLATON ganz analoge Argumentationsfigur, wenn FISCHER darauf
hinweist, dass der mathematische Diskurs zwar über *Abstrakta* spricht, dabei jedoch
durch den Verweis auf *konkrete* sinnliche Gegenstände Stabilität gewinnen kann[67]. Die
jeweilige Zielrichtung im gesellschaftlichen Kontext ist dann allerdings deutlich verschieden. Zwar weist auch PLATON der Mathematik eine wichtige Rolle für die Staatsführung zu, durchaus im Sinne eines technischen Herrschaftswissens etwa bei Fragen
der Ökonomie und der Kriegsführung[68]. Besonders augenfällig wird dies, wenn man
in der *Politeia* das Gewicht mathematischer Studien im Bildungsgang für die künftige
Führungselite des Staates betrachtet und die jeweilige Begründung für die (mathematischen) Fächer des Curriculums[69]. Diese (pragmatische) Funktion der Mathematik
bleibt jedoch nur eine Begleiterscheinung, der Hauptsinn des mathematischen Studiums ist bei PLATON ein völlig anderer. Die im Liniengleichnis der mathematischen
Erkenntnisweise und den mathematischen Gegenständen zugewiesene Brückenpositi-
on zwischen dem (philosophischen) Wissen und der bloßen Meinung, zwischen den
(ewigen) Ideen und den bloß sinnlich wahrnehmbaren, veränderlichen Dingen, wird
parallelisiert durch die Brückenfunktion eines zur Philosophie hinführenden mathematischen Vorstudiums. Gerade weil die Mathematik über Abstrakta spricht, diese aber
noch unter Verwendung sinnlich erfassbarer Zeichen erkundet, kann sie als Übungsfeld
dienen, um den Geist allmählich von der Abhängigkeit vom Sinnlichen zu befreien und
schließlich im philosophischen Diskurs nach den für die Staats- und Lebensführung eigentlich wichtigen Gegenständen zu fragen, insbesondere nach der Gerechtigkeit.

---

[67] Auf besonders plastische Weise zeigt Jorge Luis Borges in seiner Erzählung *Blaue Tiger*, wie beunruhigend
es ist, wenn sich physische Gegenstände der zeitlosen arithmetischen Zählbarkeit entziehen.

[68] Zum militärischen Aspekt vgl. G. Nickel: *„Stör mir meine Kreise nicht!" Mathematik und die Tübinger
Zivilklausel*. In: T. Nielebock et al. (Hrsg.): Zivilklauseln für Forschung, Lehre und Studium. Baden-Baden
2012, 225-236.

[69] Für eine Diskussion der Rolle der Mathematik für ein umfassendes Bildungskonzept insbesondere mit
Blick auf Platon vgl. G. Nickel: *'Schlüsseltechnologie' oder Medium zur freien Entfaltung des Geistes – Bildende
Beiträge der Mathematik*. Informationes Theologiae Europae **20** (2016), 141-162.

Allerdings nahmen bereits die Zeitgenossen PLATONs an einer so engen Verflechtung von Mathematik und (politischer) Ethik Anstoß. ARISTOTELES etwa berichtet über einen von PLATON angekündigten öffentlichen Vortrag über das Gute. Jedermann sei gekommen in der Erwartung, er würde über das sprechen, was die Leute normalerweise als 'gut' bezeichneten. PLATONs Vortrag habe jedoch vor allem von Mathematik gehandelt, von Zahlen, Geometrie und Astronomie. Und schließlich habe er behauptete, dass Gott die Einheit sei. Dem Publikum sei dies hoffnungslos paradox erschienen, und im Ergebnis sei der Vortrag von einigen ausgezischt worden und andere seien voll der Verachtung gewesen[70]. Dieser Bericht passt zur grund-sätzlichen Kritik des ARISTOTELES, PLATON habe der Mathematik einen viel zu großen Stellenwert für die Diskussion der Fragen von Ethik und Politik eingeräumt. Diese seien jedoch einander vollkommen fremde Bereiche[71]:

> Ein Beweis für das Gesagte ist, dass man zwar in der Jugend schon ein Geometer, Mathe-matiker und überhaupt in solchen Dingen erfahren sein kann, nicht aber klug. Die Ursache ist, dass die Klugheit sich auf das Einzelne bezieht und dieses erst durch die Erfahrung bekannt wird. Ein junger Mensch kann aber diese Erfahrung nicht haben, denn sie entsteht nur in langer Zeitdauer. [Nik. Ethik, VI-8, 1142a]

Der systematische Grund für diese Trennung liegt darin, dass ARISTOTELES der Ethik im Rahmen der von PLATON übernommenen und von ihm selbst als fundamental anerkannten Grundunterscheidung zwischen Veränderlichem und Unveränder-lichem einen grundlegend anderen Platz zuweist. Das Prinzip für eine gute Handlung könne nämlich nicht im Unbeweglichen (PLATONs Idee des Guten) gesucht werden, denn[72]

> alles, was an sich und nach seiner eigenen Natur gut ist, ist ein Zweck (...) der Zweck aber ist (...) Zweck einer Handlung und jede Handlung ist mit Bewegung verbunden. Darum kann sich also in dem Unbeweglichen dies Prinzip und das Gute an sich nicht finden. Daher wird auch in der Mathematik nicht aus dieser Ursache bewiesen, und kein Beweis geht darauf zurück, dass es so besser oder schlechter sei. [Metaphysik Γ-1, 996a]

Aristoteles – Mathematik durch Ignorieren. Die explizite Kritik an PLATONs Ideenlehre ist eines der Leitmotive in der Philosophie seines Schülers ARISTOTELES. Was für den speziellen Bereich von Ethik und politischer Philosophie gilt, wiederholt sich auf einer allgemeinen Ebene: Die Hypostasierung von (speziellen oder allgemeinen) Begriffen zu Ideen sei grundsätzlich nicht hilfreich für ein adäquates Erfassen der Wirklichkeit. Plausibilität soll dieser Angriff dadurch gewinnen, dass PLATONs unstrittiges Musterbeispiel, nämlich die Gegenstände der Mathematik, ganz anders gedeutet werden. Die beiden bis dahin gängigen Alternativen benennt ARISTOTELES zu Eingang seiner Erörterung[73]:

---

[70] Vgl. Aristoxenos: Elementa Harmonica. ed. H. S. Macran. Oxford 1902, II. 30-31; siehe auch R. Ferber: Warum hat Platon die „ungeschriebene Lehre" nicht geschrieben? München 2007.
[71] Aristoteles: Die Nikomachische Ethik. Übers. von O. Gigon. Düsseldorf 2001.
[72] Aristoteles: Metaphysik. Ins Deutsche übertragen von Adolf Lasson, Jena 1907.
[73] A.a.O. pp. 204.

> Wenn den mathematischen Objekten ein Sein zukommt, so müssen sie ent-
> weder in den sinnlichen Gegenständen existieren, wie manche wirklich
> annehmen, oder von den sinnlichen Gegenständen abgesondert bestehen,
> eine Auffassung, die gleichfalls ihre Vertreter hat, – oder falls keines von
> beiden zutrifft, so haben sie gar kein Sein, oder sie haben ein Sein in an-
> derem Sinne. [Metaphysik M-1, 1076a]

Die pythagoreische Auffassung einer Identität von sinnlichen und mathematischen Gegenständen, aber auch die platonische einer eigenständigen Existenz wird im Anschluss
widerlegt. Übrig bleibt dann nur, den Gegenständen der Mathematik eine spezielle Art
und Weise der Existenz zuzuweisen, will man nicht (mit den Skeptikern) die gesamte
Mathematik als leeres Gerede abqualifizieren. Seine Lösung tariert die Extrempositio-
nen – die mathematischen Gegenstände sind entweder innerhalb oder außerhalb der
empirischen Gegenstände zu denken – auf geschickte Weise aus. Dabei verschiebt er die
Fragestellung von der Ontologie hin zur Epistemologie: Mathematik als Wissenschaft
beschäftige sich nicht mit einer speziellen Klasse von Gegenständen, sondern mit den
gewöhnlichen, auch sinnlich erfassbaren Dingen, aber sie tue dies auf eine spezielle
Weise, nämlich unter Absehen von allem Sinnlichen:

> Der Mathematiker stellt Betrachtungen an über das, was aus einer Weg-
> nahme (Aphairesis) hervorgeht. Er betrachet nämlich die Dinge, indem er
> alles Sinnliche wegläßt – z.B. das Schwere und das Leichte, das Harte und
> sein Gegenteil, ferner das Warme und das Kalte und die übrigen sinnlichen
> Gegensätze –; er läßt nur das Quantum und das Zusammenhängende üb-
> rig. [Metaphysik K, 1061a]

Gerade deswegen erreiche die Mathematik eine so hohe Sicherheit und Genauigkeit,
weil sie auf die meisten Eigenschaften der Gegenstände *nicht* achte. Dafür müsse sie
jedoch auf den Anspruch verzichten, zur Beschreibung der empirischen Gegenstände
allzu viel beizutragen. Auch von dieser Konzeption finden sich bei FISCHER ganz offenkundig wichtige Aspekte.

Allerdings bleibt seine Rede von den Abstrakta, deren Handhabung (durch Materialisa-
tion) in der Mathematik gelinge, insofern problematisch, als dass schon in der Antike
zwei grundlegend unterschiedliche Ansichten vorliegen, worum es sich bei den 'Abstrakta' eigentlich handelt: eine eigene Sorte von Gegenständen, die nur dem Denken
zugänglich sind (PLATON) oder eine spezielle Art des Denkens über die gewöhnlichen
Gegenstände der Sinne, nämlich unter Absehen von allen spezifisch sinnlichen Qualitä-
ten (ARISTOTELES)[74]. Natürlich spielen solche Probleme für die pragmatische Funktion
im Rahmen einer Gestaltung der (modernen) Gesellschaft zunächst einmal eine geringe Rolle. Allerdings darf durchaus gefragt werden, mit welchem Recht überhaupt die
mathematischen Gegenstände bzw. Regeln hierzu verwendet werden. Aus der Platonischen bzw. Aristotelischen Sicht ließen sich zwei kaum kompatible Begründungslinien

---

[74] Eine dritte Sichtweise kommt erst an der Schwelle zur Neuzeit auf; dass nämlich der menschliche Geist
selbst im Erfinden konsistenter Begriffs- und Konstruktions-Welten die mathematischen Gegenstände überhaupt erst hervorbringt. Eine Diskussion dieser Konzeption würde hier zu weit führen; vgl. G. Nickel: *Widersprüche und Unendlichkeit – Beobachtungen bei Nikolaus von Kues und Georg Cantor.* In: W. Hutter (Hrsg.):
Mathematik, Physik und Geisteswissenschaft. Perspektiven und pädagogische Relevanz. Stuttgart 2013, 55-
70.

ableiten, die jedoch ihre jeweiligen Schwierigkeiten haben: Befinden sich die mathematischen Gegenstände in einem eigenen Bereich (abstrakter Gegenstände), so ist –
ohne PLATONS Verknüpfung mit den gesellschaftsrelevanten, ewigen Ideen – kaum verständlich, wozu ein mathematisches Wissen für gesellschaftliche Fragen von Nutzen
sein soll. Ist die Mathematik jedoch eine abstrakte Theorie der empirischen Dinge, so
muss mit KRÖMER und LENGNINK gefragt werden, ob bei der Abstraktion nicht gerade
die entscheidenden Eigenschaften der betrachteten Situation vergessen wurden.

14.2 Einfach und Kompliziert — Mathematik und gesellschaftliche Kommunikation

Zurecht weisen ROLAND FISCHER und mit ihm KATJA LENGNINK und RALF KRÖMER auf
die Besonderheiten der mathematischen Kommunikation hin. Dies gilt einerseits innermathematisch mit Blick auf ihre – auch im Bereich der Wissenschaften – besonders
effektiven Art, Klarheit und Eindeutigkeit zu erzeugen, wie auch disziplin- und wissen-
schaftsüberschreitend bei ihrer Rolle für den Kommunikationsraum Gesellschaft.

Wie in keiner anderen Sprache zeichnet sich die Mathematik durch ein zugleich extrem
scharfes und extrem weites An- bzw. Ausschlußkriterium für die Kommunikation aus.
Strikt auszuschließen sind alle 'falschen' Sätze bzw. Beweise bzw. Rechnungen, aber
auch *nur* diese. Jeder Gegenstand, über dessen Struktur 'richtige' bzw. 'falsche' Aussagen gemacht werden können, ist ein Gegenstand, über den Mathematik sprechen
könnte. Dies wäre kurzgefasst die These NIKLAS LUHMANNs bezüglich der mathematischen Eigenart im Kanon der Wissenschaften[75]:

> Was Mathematik erreicht (…) ist ein sehr hohes Maß an Anschlußfähigkeit
> für Operationen, und zwar in einer eigentümlichen Kombination von Be-
> stimmtheit und Unbestimmtheit (Bestimmtheit der Form und Unbestimmt-
> heit der Verwendung), die an Geld erinnert. Mathematik ist also, gerade
> weil sie auf Übereinstimmung mit der Außenwelt und auch auf entspre-
> chende Illusion verzichtet, in der Lage, Anschlußfähigkeit zu organisieren.
> Sie ist nicht nur analytisch wahr, und schon gar nicht aufgrund logischer
> Deduktion aus gesicherten Axiomen; sie ist deshalb wahr, weil sie die beste
> interne Operationalisierung des Symbols der Wahrheit erreicht.

Dementsprechend ist in der Mathematik – wie in kaum einer anderen Wissenschaft
– eine schnelle Einigung über die Zulässigkeit einer Argumentation möglich (zumindest in der alltäglichen Forschungspraxis)[76]. Für die Verwendung der Mathematik im
gesellschaftlichen Kontext hat dies gravierende Folgen, die ich schlaglichartig in zwei
Aspekte aufzeigen möchte.

---

[75] Niklas Luhmann: Die Wissenschaft der Gesellschaft. Frankfurt [3] 1998, pp. 200. Vgl. hierzu auch G. Nickel:
Mathematik und Mathematisierung der Wissenschaften – Ethische Erwägungen. In: J. Berendes: Autonomie
durch Verantwortung. Paderborn 2007, 319-346.
[76] Wir lassen an dieser Stelle den – für die Disziplin Mathematik sicherlich ebenso zentralen – Streit über
die Nützlichkeit, Fruchtbarkeit, Schönheit, Tiefe etc. der Resultat bei Seite. Hier ist die Einigung naturgemäß
ähnlich schwierig wie in anderen Disziplinen.

Mathematik – Verschleierung durch Transparenz. Setzen wir in einem schlichten Sinne voraus, dass einen mathematischen Sachverhalt 'versteht', wer mit den entsprechenden Begriffen und Methoden 'richtig' operieren kann, wer also nötigenfalls auch aktiv mit der Produktion weiterer Mathematik an das Vorgegebene anschließen kann, so gilt offenbar: Der allergrößte Teil der Mathematik ist für den allergrößten Teil der Menschheit völlig unverständlich[77]. Dies gilt nicht etwa nur für die mathematischen Laien, sondern gerade auch für die in der mathematischen Fachwissenschaft Tätigen. In einem für Außenstehende kaum bekannten, geschweige denn nachvollziehbaren Ausmaß sind die mathematischen Subdisziplinen füreinander undurchsichtig geworden. Dieses Phänomen steht in einem merkwürdigen Kontrast dazu, dass die Mathematik wie keine andere Wissenschaft darauf besteht, alle ihre verwendeten Methoden und Begriffe zu explizieren. Nichts, was nicht von sich her evident ist, muss dabei einfachhin geglaubt werden, jede Behauptung wäre beweispflichtig, wobei die Beweise ihrerseits nur auf Evidentes bzw. nach den Regeln bereits Bewiesenes und auf klar abgegrenzte Begriffe mit stets identischer Bedeutung zurückgreifen dürfen. Der hier idealisierte Gestus der Mathematik ist darüber hinaus strikt anti-autoritär; es wird scheinbar ein absolut fairer Diskurs in einer idealen Diskursgemeinschaft geführt ohne jeden Autoritäts-Bonus. Die Wirkung dieses Bemühens um absolute Klarheit ist allerdings weitgehend gegenteilig; avancierte Mathematik wird – möglicherweise gerade wegen ihres Bemühens um Transparenz – esoterisch. Das ist besonders irritierend, weil eben nicht gesagt wird, dass es sich in der Mathematik um Geheimnisse handelt, die nur einem – wie auch immer – ausgewählten Kreis von Eingeweihten verständlich sein können. Ganz im Gegenteil: Man betont, dass das zum Verstehen Nötige vollständig, genau und klar gesagt wurde. Das Nicht-Verstehen kann somit vollständig dem Rezipienten angelastet werden mit folgenschweren Konsequenzen, die im zweiten Aspekt angedeutet werden sollen.

Mathematik – Deskriptiv und Normativ. Mathematik kommt – insbesondere für das Wirtschaftssystem[78] (wenn auch nicht ausschließlich dort) – in einer deskriptiven und normativen Doppelrolle zum Einsatz: Zum einen erlaubt die mathematische *Analyse* eine genaue, (scheinbar) neutrale Beschreibung vorgefundener gesellschaftlicher Strukturen und Abläufe; zum anderen jedoch ermöglicht die mathematische *Konstruktion* das Erfinden und Etablieren von neuen gesellschaftlich relevanten Regeln. Diese Doppelrolle ist eng verbunden mit zwei einander entgegengesetzten Tendenzen in der Grundstruktur der Mathematik: Zum einen verfügt sie über extrem einfache Konzepte (etwa den Zahlbegriff), die komplizierte Situationen analysier- und beherrschbar machen; dieser Aspekt war bereits bei der Abstraktionstheorie des ARISTOTELES angedeutet worden. Zum anderen aber erlaubt es die mathematische Methode, aus relativ einfachen Grundregeln (etwa in einer Axiomatik) ein extrem kompliziertes Geflecht von Strukturen hervorzubringen. Wie in keiner anderen Disziplin gelingt also eine enge Wechselbeziehung von wenigen, einfachen Axiomen (und Schlussregeln) einerseits

---

[77] Vgl. zu diesem Thema G. Nickel: *Mathematik - die (un)heimliche Macht des Unverstandenen.* In: M. Helmerich et al.: Mathematik verstehen. Philosophische und didaktische Perspektiven. Wiesbaden 2011, 47-58.
[78] Vgl. hierzu G. Nickel: *Finanzmathematik – Prinzipien und Grundlagen? Nachruf auf einen Zwischenruf.* Siegener Beiträge zur Geschichte und Philosophie der Mathematik **4** (2014), 97-105.

und einer unüberschaubaren Fülle von Strukturen bzw. Sätzen andererseits. Je nachdem, in welcher Richtung diese Wechselbeziehung betrachtet wird, bewirkt Mathematik eine Vereinheitlichung und damit ggf. Vereinfachung von Kompliziertem und umgekehrt die Entfaltung einer Vielfalt aus wenigen Grundregeln. Beide Prozesse sind für die Gestaltung und Kommunikation innerhalb der Gesellschaft von besonderer Bedeutung[79].

In einer als überkomplex wahrgenommenen Welt werden immer häufiger schlichte Zahlen zur Beschreibung, aber auch zur Bewertung verwendet; man denke nur an ökonomische Kenngrößen wie das BIP oder diverse Idices der Wirtschaftsforschungsinstitute. Kennzahlen dominieren inzwischen auch die Selbstbeobachtung der Wissenschaften in diversen *rankings* oder den Indices der 'Bibliometrie'. Solche Kennzahlen haben den unschätzbaren 'Vorteil', paarweise miteinander verglichen werden zu können; schwierige Bewertungs-Fragen werden auf diese Weise trivialisiert. Aus dem Blick geraten dabei leicht die essentiellen, normativen Vorfragen: zunächst diejenige, ob die Qualität der in Frage stehenden Situation überhaupt quantifiziert werden kann bzw. soll, und im Anschluss die Frage nach den dafür relevanten Maßstäben. Einigt man sich also auf bestimmte Kennzahlen *als* Indikatoren für die Qualität einer Situation, so implementiert man damit zugleich eine gesellschaftliche Norm, die als solche rechtfertigungspflichtig ist.

Hinzu kommt die zweite Blickrichtung: Entgegen einem gängigen Vorurteil, Mathematik sei ein in Form und Inhalten im Wesentlichen fertiges Hilfsmittel, Probleme zu strukturieren und (damit) zu lösen, erzeugt die mathematische Forschung – in dramatisch wachsendem Maße – zunächst für sich selbst neue Resultate, aber auch Methoden und Fragestellungen. Und schließlich stellt sie auch der Gesellschaft neue Strukturen und Regeln zur Verfügung und erzeugt damit zugleich eine zusätzliche gesellschaftliche Binnenkomplexität. Aus relativ einfachen mathematischen 'Spielregeln' können so komplizierte Strukturen für gesellschaftlich relevante Aktionsräume entfaltet werden – besonders im Finanz- und Wirtschaftsbereich, aber auch für die Sozialsysteme kommen solche Instrumente vermehrt zum Einsatz. Dabei können einerseits sozial 'erwünschte' Regulierungen entstehen, kann für die gesellschaftliche Interaktion ein klar erkennbares und allgemein verständliches – und ggf. faires – Regelwerk zur Verfügung gestellt werden. Auf der anderen Seite ergibt sich jedoch ein Wissens- und damit Macht-Gefälle zwischen denen, die *nur* die Regeln verstehen und befolgen, und denen, die deren vielfältige Implikationen übersehen. Typische Beispiele hierfür sind die Gestaltung von Versicherungs- und Finanz-Produkten, die aus Kunden- und Anbietersicht radikal verschieden tief verstanden werden.

Die Situation verschärft sich schließlich, wenn deskriptive und normative Funktionen der Mathematik miteinander verwechselt werden. Wenn die mathematische Regelsetzung, beispielsweise bei der Orientierung an Kenngrößen im ökonomischen Bereich, mit der 'Messung' einer objektiv gegebenen Realität verwechselt wird, kommen alternative Beurteilungs- und damit Handlungsmöglichkeiten überhaupt nicht mehr in Betracht. Wenn zudem die mathematisch kodifizierte Regel eine – im Prinzip realisierte – absolute Transparenz vorgibt und zugleich vollkommen unverständlich bleibt, re-

---

[79] Vgl. hierzu auch C. O'Neil: Weapons of Math Destruction. New York 2016.

sultieren dramatische Verluste an Urteils- und Entscheidungskompetenzen. Zu recht weist ROLAND FISCHER auf diese Problematik hin, und es ist in der Tat dringlich auf allen Ebenen – und nicht nur im Bereich des (schulischen) Bildungssystems – darüber nachzudenken, wie mit dieser Problematik umgegangen werden kann.

14.3 Kant und KI – Anmerkungen zum Leibniz-Kalkül

Eine Möglichkeit, in "naiv-utopischer" – vielleicht aber doch bedrückend realistischer – Perspektive, mit den Urteils- und Entscheidungsproblemen einer modernen Gesellschaft umzugehen, wäre die bereits von GOTTFRIED WILHELM LEIBNIZ propagierte, vollständige Formalisierung und Automatisierung. Auch verwendet dieser bereits die von LUHMANN angeführte Analogie von mathematischer Formalisierung und Geld als universalem *code*; in seiner kleinen Schrift *Zur allgemeinen Charakteristik* beschreibt er die Problemlage der vielen politischen und philosophisch-weltanschaulichen Diskurse durch die folgende Metapher[80]: Es kämen ihm

> zwei Streitende fast wie zwei Kaufleute vor, die einander verschiedene Kapitalien schulden, die jedoch niemals eine wechselseitige Bilanz ziehen, sondern statt dessen nur immer wieder die verschiedenen Posten ihres Guthabens herausstreichen und einige besondere Titel, ihrer Rechtmäßigkeit und Größe nach übertreibend hervorheben wollten.

Sein Vorschlag, *alle* Streitfragen durch Formalierung auf eine 'universale Währung' zu beziehen und so auf eine transparente und gleichzeitig faire Weise im Rahmen eines allgemeingültigen und zwingenden Kalküls zu lösen, erscheint zugleich liebenswert (in der Intention) und gefährlich abwegig (in den Konsequenzen). Zur Durchführung des Programms hat LEIBNIZ zwei Projekte vor Augen: Neben einer Formalisierung von Satz- und Argumentationsstruktur müssen alle inhaltlich bedeutsamen Grundbegriffe (zunächst identifiziert und dann) formalisiert werden. Dieses Projekt erscheint ihm als lösbar, wenn auch schwierig. Man könne es allerdings durch einen "Kunstgriff" umgehen[81]:

> Da es aber wegen der wundersamen Verknüpfung, in der alle Dinge stehen, äußerst schwer ist, die charakteristischen Zahlen einiger weniger besonderer Dinge losgelöst darzustellen, so habe ich einen eleganten Kunstgriff ersonnen, vermöge dessen sich gewisse Beziehungen vorläufig darlegen und fixieren lassen, die man sodann weiterhin in zahlenmäßiger Rechnung bestätigen kann. Ich machte nämlich die Fiktion, jene so wunderbaren charakteristischen Zahlen seien schon gegeben, und man habe an ihnen irgend eine allgemeine Eigenschaft beobachtet. Dann nehme ich einstweilen Zahlen an, die irgendwie mit dieser Eigentümlichkeit übereinkommen und kann nun mit ihrer Hülfe sogleich mit erstaunlicher Leichtigkeit alle

---

[80] G. W. Leibniz: Hauptschriften zur Grundlegung der Philosophie. Band I. (Hg. E. Cassirer, übers. A. Buchenau), Hamburg [3]1966, p. 36.
[81] A.a.O. p. 37f.

Regeln der Logik zahlenmäßig beweisen und zugleich ein Kriterium dafür angeben, ob eine gegebene Argumentation der Form nach schlüssig ist. Ob aber ein Beweis der Materie nach zutreffend und schlüssig ist, das wird sich erst dann ohne Mühe und ohne die Gefahr eines Irrtums beurteilen lassen, wenn wir im Besitze der wahren charakteristischen Zahlen der Dinge selbst sein werden.

KI als Fortsetzung des Leibniz-Programms mit elektronischen Mitteln. Es scheint, als würde die zeitgenössische Forschung über sogenannte künstliche Intelligenz einen ähnlichen Kunstgriff verwenden. Und es erstaunt, dass eine genauere Analyse der Bemühungen um eine der menschlichen *ratio* analoge, oder gar überlegene maschinelle Datenverarbeitung bei KRÖMER und LENGNINK kaum diskutiert werden[82]. Das bereits in der Renaissance-Philosophie und davor verfolgte Programm einer universellen Sprache oder Charakteristik[83], in der materiale Grundbegriffe – gleichsam die logischen Atome der (sprachlichen) Bedeutung – und damit ein Zugang zum Wesen der Dinge gesucht werden müssen, wird ersetzt durch ein rein strukturelles Gefüge von Schlussregeln, die sich auf material nicht bedeutsame Variablen beziehen. Besonders vielversprechen ist diese Vorgehensweise, wenn der Umgang mit einer Situation emuliert werden soll, die von Hause aus bereits formal ist oder leicht formalisiert werden kann; instruktive Beispiele sind die von Rechnern mittlerweile beeindruckend erfolgreich ausgeführten Spiele wie Schach oder Go. Sind die zu beherrschenden Situationen lebensweltlich gehaltvoller, so kann die materiale Seite (etwa beim 'Training' neuronaler Netze) gleichsam von 'außen' eingespeist werden.

Wiederum ist es für die gesellschaftliche Bedeutung zunächst von untergeordneter Bedeutung, ob der Anspruch des LEIBNIZ'schen Programmes eingelöst wird; *de facto* werden weitreichende 'Entscheidungen' auf der Basis von 'KI' und *big data* getroffen – und wiederum stellt sich die Frage nach der Autonomie des einzelnen und nach dem Subjekt der Verantwortung.

Ironischer Weise ist es jedoch derselbe LEIBNIZ, der in seiner *Monadologie* mit einem schönen Bild illustriert, dass das (menschliche) *Denken* gerade nicht mechanisierbar ist, ja nicht einmal die simpelste Perzeption[84]:

> Nehmen wir einmal an, es gäbe eine Maschine, die so eingerichtet wäre, daß sie Gedanken, Empfindungen und Perzeptionen hervorbrächte, so würde man sich dieselbe gewiß dermaßen proportional vergrößert vorstellen können, daß man in sie hineinzutreten vermöchte, wie in eine Mühle. Dies vorausgesetzt, wird man bei ihrer inneren Besichtigung nichts weiter finden als einzelne Stücke, die einander stoßen – und niemals etwas, woraus eine Perzeption zu erklären wäre. Also muß man die Perzeption doch wohl in der einfachen Stubstanz suchen, und nicht in dem Zusammengesetzten oder in der Maschinerie.

---

[82] Zu fragen wäre auch, ob nicht die Versuche des 20. Jahrunderts zu einer formalen Begriffsanalyse in die Linie des LEIBNIZ'schen Denkens einzuordnen wären.

[83] Vgl. hierzu U. Eco: Die Suche nach der vollkommenen Sprache. München 1994.

[84] Ders.: Monadologie. (Neu übersetzt, eingeleitet und erläutert von Hermann Glockner), Stuttgart 1954.

Kant als Kontrapunkt. Die weitreichende Analogie, die LEIBNIZ zwischen dem mathematischen und dem politischen, aber auch dem philosophischen Diskurs postuliert (und in der *Monadologie* in gewissen Sinne problematisiert), wird im Werk IMMANUEL KANTs immer wieder und über ein weit gefächertes Spektrum von philosophischen Themen (u.a. Erkenntnistheorie, Ethik, Ästhetik) scharf kritisiert und kontrastiert[85]. Als Hintergrund für die Diskussion einer Wechselbeziehung von Mathematik und Gesellschaft scheint mir die Position KANTs insofern geeigneter, als hier zunächst eine Abgrenzung vorgenommen wird. Nur vor dem Hintergrund einer solchen klar charakterisierten Differenz lässt sich m.E. zeigen, welche genauer bestimmte und damit begrenzte Funktion das Mathematisch-Formale für den politischen Diskurs bzw. die Gestaltung der Gesellschaft übernehmen kann. Und hierfür ist wiederum LEIBNIZ' Konzeption ein besonders instruktives Beispiel.

Bei KANT jedenfalls sind Mathematik und Philosophie in den entscheidenden Charakteristika in Begriffsbildung und Argumentationsform grundlegend verschieden. So könne die Mathematik ihre Begriffe – unter Berücksichtigung des Prinzips vom auszuschließenden Widerspruch – völlig frei bilden. Für die Existenz der so benannten Gegenstände könne sie durch deren Konstruktion in reiner Anschauung garantieren; eine Vorsichtsmaßnahme, die im Zuge der modernen Mathematik formalistischer Prägung sogar noch entfallen kann. Im Gegensatz dazu finde der philosophische Diskurs die relevanten Begriffe bereits vor (die Interpretation, auf welche Weise für KANT die Begriffe vorgegeben sind – so etwa in der natürlichen Sprache oder im Sinne platonischer Ideen oder auf anderer Basis – ist dabei ausgesprochen schwierig). Hier sei allenfalls eine "Explikation" möglich und nötig, die zu einem gegebenen Begriff, etwa 'gerecht', Implikationen und Charakterstika aufsuche und diskutiere. In diesem Sinne kann eine mathematische Definition gar nicht falsch (allenfalls widersprüchlich und damit leer) sein, während dies bei philosophischen Begriffen der Regelfall zu sein scheint. Ähnlich sieht die Differenz zwischen Mathematik und Philosophie bei Axiomen und Beweisen aus – auch hier gelingt der Mathematik, was der Philosophie – und damit auch dem politischen Diskurs – versperrt bleiben muss.

14.4 Epilog: Mathematik als Spiegel des Menschen – Vom Bildungswert der Reinen Mathematik

Im Wintersemester 1922/23 hält DAVID HILBERT in Göttingen eine allgemeinverständliche Vorlesung mit dem Titel "Wissen und mathematisches Denken". Darin parallelisiert er die Begabung für Mathematik und Musik, und er hält beide für den schulischen Normalfall[86]:

> [E]in gewisses Maß an musikalischer Begabung, welches dazu befähigt, Freude an der Musik zu empfinden, und bei richtiger Anleitung auch Ver-

---

[85] Vgl. hierzu B-S. von Wolff-Metternich: Die Überwindung des mathematischen Erkenntnisideals. Berlin 1995.

[86] David Hilbert: „Wissen und mathematisches Denken." Vorlesung 1922, ausgearbeitet von W. Ackermann. Hg. von C.-F. Bödigheimer, Göttingen 1988, p. 2.

ständnis dafür zu gewinnen, muß geradezu als Regel angesehen werden
(...) So besitzt erst recht jeder normal begabte Schüler ein genügendes Maß
geistiger Fähigkeiten für den mathematischen Unterricht.

Wir finden hier die affektive Seite als das *zentrale Ziel*: genau wie bei der Musik soll
auch der Mathematikunterricht ein Verständnis vorbereiten, das den freudigen Genuss
des Mathematischen – zumindest auf einem elementaren Niveau – möglich macht. Unverzichtbar ist also, dass jedem Lernenden eigene mathematische Aha–Erlebnisse, eine
eigene 'Erfahrung Mathematik', ermöglicht werden. Dabei ist das Überwinden anfäng-
licher Schwierigkeiten, das sich – oft unvermittelt – einstellende Können[87] bzw. Verstehen, das dabei gelingende Spiel der Verstandeskräfte mit positiven Affekten verbunden.
Eine bewusste Reflexion solcher Erlebnisse könnte schließlich auch einen ästhetisch ur-
teilenden Zugang zur Mathematik eröffnen.

In Bezug auf die Rolle der Anwendungen der Mathematik legt HILBERT einerseits die
unbestreitbaren Erfolge der modernen Naturwissenschaft mit ihrer mathematischen
Theoriesprache auf die Waagschale, kommt andererseits jedoch zu einem deutlich re-
lativierenden Ergebnis[88]:

> Unsere ganze gegenwärtige Kultur, soweit sie auf der geistigen Durchdrin-
> gung und Dienstbarmachung der Natur beruht, findet ihre Grundlage in
> der Mathematik. (...) Trotzdem haben alle großen Mathematiker der An-
> sicht, die Anwendungen als Wertmesser für die Mathematik gelten zu las-
> sen, heftig widersprochen.

In der Tat ist Mathematik weit mehr als nur "Schlüsseltechnologie " für Naturwissenschaft, Technik und Regulierung der Gesellschaft; sie zeigt sich als über 3500 Jahre alte
menschliche Kulturleistung, als besondere Weise einer "Anschauung des Unendlichen",
als Paradebeispiel für das Wirken der menschlichen *ratio* und damit für exakte Wissenschaft, als künstlerisch-architektonische Entfaltung geistiger Konstruktionen, als spie-
lerisches Erkunden widerspruchsfreier Begriffswelten und als vieles andere mehr.

Bei HILBERT steht für ihren Bildungswert nicht einmal die Rolle als Trainingsdisziplin
für logisches Denken im Vordergrund; es sei ein weiteres "unbegründetes Vorurteil (...),
wenn man die Mathematik nur als Mittel zur Erzielung logischen Denkens hinstellt."
Einerseits sei das hier gemeinte, 'triviale' logische Denken ohnehin nahezu automati-
siert, und es unterliefen Mathematikern genauso oft logische Flüchtigkeitsfehler wie
anderen Menschen. Entscheidend für den Bildungswert sei etwas ganz anderes; die
Stärke der Mathematik liege[89]

> (...) vielmehr vorwiegend nach der ethischen Richtung und zur freien
> schöpferischen Verstandesbildung. (...) Wer den Beweis eines Satzes ver-
> standen hat, hat damit die Überzeugung gewonnen, eine Wahrheit auf
> Grund eigener Arbeit erfasst zu haben. Nicht nur das sichere Bewußtsein,
> daß man durch Denken Wahrheiten finden könne, wird dadurch geweckt,

---

[87] Vgl. hierzu G. Nickel: *Belehrtes Nicht-Können als virtuoses Können in der Mathematik*. In: T. Borsche et al.
(Hgg.): Können - Spielen - Loben. Cusanus 2014. Münster 2016, 153-176.
[88] A.a.O. pp. 4.
[89] A.a.O. pp. 3.

sondern auch das Selbstvertrauen zum eigenen Verstand, die kritische Urteilskraft, welche den wahrhaft Gebildeten von dem im bloßen Autoritäts-
glauben Befangenen unterscheidet.

Die angesprochene Freiheit der Verstandesbildung steht allerdings in einem extre-
men Spannungsverhältnis zum Charakter des Mathematischen selbst: kurz zuvor
hatte HILBERT nämlich die mathematischen Wahrheiten gerade dadurch charakterisiert, dass "ihre Einsicht jedermann aufgezwungen werden kann." So lässt sich die
Gesprächs–Dynamik eines mathematischen Beweises in der Tat ebenso durch seinen
anti-autoritären Charakter – es zählt nur das bessere Argument – wie durch die Despotie der gewählten logischen Regeln charakterisieren[90]. Und gerade dann, wenn das
selbständige Erobern der mathematischen Einsicht immer wieder scheitert und zugleich die normierende Autorität der (notengebenden) Lehrperson scheinbar alterna-
tivlos über Gelingen oder Misslingen entscheidet, kann sich ein freies Spiel des Verstandes eher nicht entfalten. Entscheidend ist sicherlich, dass die Lernenden nicht nur
die despotische Seite der Mathematik erfahren, sondern eben auch in der Mathematik
ihre eigene freie Gestaltungskraft, die die selbstgesetzten Regeln dann allerdings auch
respektieren muss. Diese Selbstverpflichtung des Verstandes auf die jeweils geltenden
mathematischen Regeln muss (pragmatisch, inhaltlich, formal) motiviert und expli-
ziert werden. Anders als in anderen Künsten bindet und reglementiert dabei der Bezug
auf die (soziale) Gemeinschaft sehr viel stärker; dafür sind dann aber auch im besten
Sinne gemeinschaftliche (widerspruchsfreie) Konstruktionen möglich. In diesem Sinne
zeigt sich im Spiegel der Mathematik eine wichtige Facette menschlicher Gestaltungs-
virtuosität auf exemplarische Weise. Vermutlich wird ein verantwortlicher Umgang mit
den Beurteilungs- und Entscheidungs-Problemen in modernen Gesellschaften auf mathematische Hilfsmittel nicht verzichten können bzw. wollen; unerlässlich scheint mir
dafür aber die Erfahrung und Gestaltung von Freiheit *innnerhalb* der Mathematik, aber
auch *gegenüber* der Mathematik.

---

[90] Vgl. hierzu G. Nickel: *Zwingende Beweise – zur subversiven Despotie der Mathematik.* In: J. Dietrich et al.
(Hgg.): Ethik und Ästhetik der Gewalt. Paderborn 2006, 261–282.

Teil III
Mathematik und Gesellschaft aus didaktischer Perspektive

15 Einwirkungen von Mathematik(unterricht) auf Individuen und ihre Auswirkungen in der Gesellschaft

Lisa Hefendehl-Hebeker

Das Thema dieses Beitrages wurde auf besonderen Wunsch der Tagungsleitung bearbeitet. Es ist so umfassend und in seinen internen und externen Implikationen so verästelt, dass für eine angemessene Behandlung ein interdisziplinär zusammengesetztes Autorenteam erforderlich wäre. Insofern können die folgenden Überlegungen nur eine Gedankenskizze erstellen und damit eine Diskussion anstoßen, auf keinen Fall aber eine Studie vorlegen, die den Problemkreis auch nur annähernd ausloten könnte. Insbesondere wird jeder Versuch, Teilfragen zu beantworten, neue Fragen auf den Plan rufen.

15.1 Welches Verständnis haben einzelne Menschen in unserer Gesellschaft von Mathematik?

Es entspricht der allgemeinen Wahrnehmung, dass in der Gesellschaft ein unscharfes, oft reduziertes und einseitiges Bild von Mathematik vorherrschend ist. Mathematik gilt als schwierig, oft auch als unnatürlich, ist vielen Menschen unsympathisch und insgesamt unpopulär. Zugleich aber wird sie als unabdingbar für wirtschaftlichen und beruflichen Erfolg eingeschätzt, was der Mathematik als Schulfach einen gesellschaftlich gestützten Respekt einträgt.

Ein reduziertes und verzerrtes Bild des Faches belegen auch empirische Studien. Loos und Ziegler 2015 berichten von Untersuchungen in Großbritannien, die Vorstellungen von Mathematik in der Öffentlichkeit und besonders unter Schülerinnen und Schülern nachgingen (Mendick, Epstein und Moreau 2007 und Epstein, Mendick und Moreau 2010). Kinder und Jugendliche fassten Mathematik durchweg als Sammlung von Methoden auf und setzten diese oft mit „Zahlen" und deren Manipulation gleich. Ähnlich ist das Erscheinungsbild in öffentlichen Verlautbarungen:

© Springer Fachmedien Wiesbaden GmbH, ein Teil von Springer Nature 2018
G. Nickel et al. (Hrsg.), *Mathematik und Gesellschaft*, https://doi.org/10.1007/978-3-658-16123-1_16

In einem Großteil der populären Kultur wird Mathematik als eine geheime Sprache dargestellt, womöglich als Code, der schwer zu ‚knacken' ist. Diese Version von Mathematik wird oft verbunden mit Darstellungen von Mathematikern als besessenen, verrückten oder zumindest sehr exzentrischen Menschen. (Epstein, Mendick und Moreau 2010, S. 47; zitiert nach Loos und Ziegler 2015, S. 9)

Diese Befunde passen zu Beobachtungen, die B. Andelfinger in einer breit angelegten empirischen Studie schon vor 30 Jahren machte: Der Mathematikunterricht verfehlt es bei mindestens 90 Prozent der Adressaten, das intendierte Bild des Faches auch nur halbwegs sachgerecht zu transportieren. Wir lesen z. B. (Andelfinger 1985, S. 100):

Wie sich … zeigen wird, sind gerade im arithmetischen Bereich die Unterschiede zwischen Lehrer- und Lernerkonzepten sehr groß. Entsprechend groß ist die Gefahr, dass Schüler vorschnell zu sinnreduziertem Anpassungsverhalten gedrängt werden, weil die Erwartungen des Lehrers an sie die Verständnisprozesse überholt haben.

Vom entstehenden Bild des Faches zu unterscheiden – wenngleich im Regelfall nicht ganz zu trennen – sind persönliche Befindlichkeiten, die sich im Mathematikunterricht einstellen und durch das Fach und die Art seiner Präsentation ausgelöst werden und im Laufe einer Lernbiographie in wechselnden Ausprägungen erscheinen können. Sie bewegen sich zwischen gegensätzlichen Polen – traumatisch besetzter Angstabwehr auf der einen und idealisierender Wertschätzung auf der anderen Seite – mit vielen Zwischenabstufungen. Wir haben kaum systematische Erkenntnisse hinsichtlich der Frage, wie sich diese Befindlichkeiten im weiteren Lebensverlauf ihrer Trägerinnen und Träger auf deren persönliche Verfasstheit und auf ihr Verhalten auswirken. Es gibt hierzu keinen konsolidierten Forschungsstand und keine reichhaltige Literatur, auf die zurückgegriffen werden könnte.

Die folgenden Ausführungen konstruieren daher idealtypisch mögliche Facetten von Personen, denen es in der Schule sehr unterschiedlich mit der Mathematik ergangen ist, und denkbare Weisen des Umgehens mit diesen Prägungen im weiteren Lebenslauf. Ausgespart bleibt ein Beispiel aus der prekären Gruppe derjenigen schlechthinnigen Verlierer in unserer Gesellschaft, die keinen qualifizierten Schulabschluss zustande bringen und beruflich nicht zu vermitteln sind.

Person A *(A wie „Angst")* ist von Anfang an mit Mathe nicht zurechtgekommen. Schon die Rechengeschichten in der Grundschule haben ihre bildlich-assoziative Denkweise und ihre zwischenmenschlich-empathische Veranlagung stets auf andere Fährten als Zahlen, Formen und Strukturen gelockt, so dass *Person A* stets schnell in ihre eigene Gedankenwelt abtauchte und den Anschluss an die offizielle Unterrichtskommunikation verlor. Diese grundständige Unverträglichkeit führte zu chronischem Versagen im Fach Mathematik, so dass *Person A* keine bruchlose Schulkarriere durchlaufen konnte und ihr ein direkter Weg zum Abitur versperrt blieb. Immerhin hat *Person A* mit Energie und Zielstrebigkeit ihren angestrebten Beruf im kirchlichen Dienst auf dem zweiten Bildungsweg erreichen können und schließlich die Leitung eines viel besuchten Einkehrzentrums übernommen. Doch die Erinnerung an den Mathematikunterricht bleibt traumatisch besetzt und löst auch im fortgeschrittenen Alter zuweilen noch nächtliche Angstträume aus. Da sie im Umgang mit Zahlen kein Selbstbewusstsein hat entwickeln können, lässt Person A sich auch im Bereich des klassischen bürgerlichen Rechnens leicht verunsichern, was ihr die Verhandlungsführung über Haushaltsfragen ihres Institutes manchmal nicht unerheblich erschwert.

Aufgrund ihrer Erfahrungen ist *Person A* weit entfernt von einem auch nur halbwegs realistischen Bild dessen, welche Rolle Mathematik in der Gesellschaft spielt. In der Auseinandersetzung mit Menschen in ihrer Begegnungsstätte überwindet *Person A* erst langsam ihre Befangenheit in dem Urteil, Mathematik sei eiskalt und menschenfeindlich, und ihre unbewussten Tendenzen, diese Einschätzung auf den gesamten MINT-Bereich auszudehnen.

Auch **Person B** *(B wie „Bewältigung")* hat in ihrer Schulzeit kein vitales Verhältnis zur Mathematik entwickeln können. Sie hat es aber geschafft, sich durch „systemkonforme Bewältigungskonzepte" (Andelfinger ebd.) unauffällig im Mittelfeld des Leistungsspektrums zu halten. Sie hatte das Glück, dass es in entscheidenden Situationen immer genügend viele Aufgaben gab, die mit antrainierten Schemata bearbeitet werden konnten. Insofern hat *Person B* den Mathematikunterricht nicht als Bedrohung für ihr Selbstwertgefühl erlebt, tendiert sie doch ohnehin zu einer gewissen nicht durch Grübeleien angekränkelten Geschäftstüchtigkeit in lebenspraktischen Fragen. Jedoch hat *Person B* bei den meisten Themen keinen Anschluss an Sinn und Bedeutung des Tuns gefunden, so dass eine Konnotation von Rätselhaftigkeit und Sinnferne bestehen geblieben ist. Diese gipfelt folgerichtig in der Frage, warum dem Fach Mathematik relativ viel Raum im Curriculum zugebilligt wird und ob man diesen Raum nicht zumindest teilweise mit sinnvolleren Tätigkeiten ausfüllen könnte, nämlich dort, wo es (nach Einschätzung von *Person B*) längst nicht mehr um das Vermitteln von Alltagstauglichkeit geht: Wozu müssen binomische Formeln, quadratische Gleichungen, Hesse-Normalformen und gebrochen rationale Funktionen gelernt werden?

Nach einer Familienphase engagiert sich *Person B* in der Lokalpolitik und entwickelt Ambitionen, ihren Aktionsradius überregional auszuweiten. Ob es wünschenswert sein kann, dass *Person B* dabei Entscheidungsbefugnisse in der Bildungspolitik zuteil werden, sei dem Urteil des Lesers/der Leserin anheimgestellt.

Person D *(D wie „Durchsetzungskraft")* ist mit dem Schulfach Mathematik relativ problemlos zurechtgekommen. Der „Stoff" fiel ihr recht mühelos zu, so dass sie sich bis zum Abschluss im oberen Leistungsbereich bewegte – eine Disposition, die ihr bei der Ausbildung zu einem technischen Beruf zugutekommt. In ihrer Freizeit macht *Person D* gern Knobelaufgaben als geistiges Training, würde sich aber nicht aus eigenem Antrieb mit grundlegenden mathematischen Fragestellungen beschäftigen. In ihrem Beruf jedoch betrachtet sie Mathematik und Informatik als ein „saugutes Werkzeug", wie es Holger Geschwindner, der Entdecker und Coach des Basketball-Profis Dirk Nowitzki formuliert haben soll (Loos und Ziegler 2015, S. 8). Diese Wertschätzung hält Person D auch dort aufrecht, wo die verwendete Mathematik undurchschaubar wird.

Person D ist nicht der Typ, der lange über fachliche Gründe und gesellschaftliche Implikationen dieses Werkzeugcharakters nachzudenken geneigt ist. Es würde ihre ungetrübte Begeisterung für und ihr Interesse an technischen Neuerungen jedweder Art unnötig bremsen.

Person E (E wie „Enthusiasmus") hat Mathematik zu ihrer großen, über alles erhabenen Leidenschaft erkoren. Empfänglich für die innere Stringenz des Faches und fasziniert von der Präzision der Begriffe und der Klarheit der Gedankenführung ist *Person E* der Mathematik verfallen und empfindet das Fach als rettenden und beschützenden Ort des Rückzuges von der irritierenden Komplexität des Lebens, der unkalkulierbaren Weichheit der Alltagslogik und den meist nicht eindeutig entscheidbaren lebensweltlichen Bewertungsfragen. *Person E* macht die Mathematik zu ihrem Beruf und bringt es dort zu kreativen Forschungsleistungen auf hohem Niveau.

Für Leitungsaufgaben in Fachgesellschaften wird man *Person E* jedoch kaum in Betracht ziehen, schon weil das Kommunikationsinteresse gegenüber Personen mit anderen Einstellungen zur Mathematik allenfalls schwach ausgeprägt ist. *Person E* tendiert zu der Meinung, dass mathematische Ideen nicht an Außenstehende vermittelt werden können. Deshalb müssen Studierende, die nicht zur Leistungsspitze gehören, gelegentlich auf unleidliche und demotivierende Äußerungen gefasst sein.

Person R (R wie „Reflektiertheit") hat ebenfalls für das Fach Mathematik eine große Wertschätzung erlangt und hierin eine wissenschaftliche Laufbahn eingeschlagen. Sie hat sich von Anbeginn nicht nur für den gewählten fachlichen Schwerpunkt, sondern auch für fachbezogene philosophische und wissenschaftstheoretische Implikationen interessiert. Dazu gehört die Frage, welche Auswirkungen die „Idee der Formalisierung", die einen Meilenstein in der Wissenschaftsgeschichte darstellte (Krämer 1988), im Zeichen von Globalisierung und „Big Data" hat.

Dieses exemplarische Spektrum von Befindlichkeiten gegenüber der Mathematik reicht von angsterfüllter Abwehr über gleichgültige Marginalisierung bis zur einseitigen Fokussierung auf Nützlichkeitsaspekte und schließlich idealisierter Überhöhung einerseits und kulturkritischer Reflexion andererseits. Es ist nicht zu erwarten, dass jede Person im Laufe ihres Bildungsweges ein gleichermaßen reichhaltiges, sachkundiges und abgerundetes Bild von Mathematik entwickelt. Dabei benötigt die Frage, worin diese Abgerundetheit bestehen sollte, für sich schon einen langen Atem.

Der nächste Abschnitt soll jedoch einladen zu einer Diskussion über die Frage, welche Ergänzungen und Schwerpunktverschiebungen den einzelnen Personen zu wünschen wären – im Blick auf ihr persönliches Leben und ihr je eigens Wirken in der Gesellschaft.

15.2 Welches Verständnis von Mathematik wäre hilfreich – für den Einzelnen und für die Gesellschaft?

Von *Person A ist* angesichts ihrer persönlichen Neigungen und Interessen sicher nicht zu erwarten, dass sie sich aus eigenem Antrieb mit mathematischen Problemen beschäftigt und für diese begeistert.

Jedoch wäre es ihr zu wünschen, dass sie in der Schule ein entspannteres Verhältnis zu diesem Fach hätte aufbauen und dadurch auch mehr Lernfortschritte hätte erzielen können. Sicherheit im Umgang mit mathematischem Alltagswissen wäre hilfreich für ihr persönliches Leben und für die geschäftliche Seite ihres Berufes. Darüber hinaus könnte sie in ihren Verlautbarungen mehr Personen erreichen, wenn sie auch die durch Mathematik, Naturwissenschaft und Technik geprägte Kulturgeschichte aktiver in ihr Bild von einer sich entwickelnden Schöpfung integriert hätte.

Person B hat aufgrund ihrer robusten Natur nicht unbedingt das Gefühl, im Mathematikunterricht etwas Wichtiges versäumt zu haben. Aufgrund ihres „sinnreduzierten Anpassungsverhaltens" (siehe oben) bestärkt sie jedoch unterschwellig ihre Kinder in der Auffassung, Mathematik sei nur insoweit wichtig, wie die Abschlussnote dem angestrebten formalen Qualifikationsziel dienlich ist. Damit tradiert sie ein defizitäres Bild, das weder der kulturellen Bedeutung noch dem progressiven Machtgewinn der Mathematik in allen Lebensbereichen (vgl. dazu Nickel 2011) gerecht wird, geschweige denn diese Rollen explizit reflektiert.

In ihrem politischen Alltag kann *Person B* wenig flexibel einschätzen, in welcher Weise die mathematisch-normativen Setzungen (Wahlverfahren, Steuertarife, Rentenformeln) die Abläufe beeinflussen und welche Änderungen welche Wirkungen hervorrufen würden. Umso bereitwilliger greift sie argumentativ auf schlichte statistische Kennzahlen („BIP") als Bewertungskriterien in komplexer werdenden Verhältnissen zurück (vgl. ebenfalls Nickel 2011).

Es wäre zu wünschen, dass *Person B* ein klareres Bild von der machtvollen Rolle der Mathematik in unserer Gesellschaft im Spannungsfeld von Gestalten und Ausblenden besäße – dies sowohl im Blick auf die Erziehung ihrer Kinder wie auch in Bezug auf ihre Verantwortlichkeiten in der Politik. Es wäre weiter zu wünschen, dass *Person B* über höhere Kompetenzen im Umgang mit mathematikhaltigen Situationen in ihrem Arbeitsalltag verfügte.

Person D gehört zu den Protagonisten des technischen Fortschritts, begeistert sich für jede Neuerung, auch da, wo diese keine ernsthafte Erleichterung mehr schafft, glaubt an die Kraft des technisch Machbaren und hält sich gedanklich kaum mit Folgen-Abschätzungen auf. Diese Haltung erzeugt einen großen Zukunftsoptimismus. Besorgten Visionen von einem sich beschleunigenden Ressourcenverbrauch setzt Person E das Vertrauen entgegen, es würden sich zur rechten Zeit die rechten Erfindungen einstellen. Gefahren, etwa der Kernkrafttechnik, werden mit dem Argument der geringen Wahrscheinlichkeit und der sich verbessernden Sicherheitstechnik abgewehrt.

Ernsthafte Herausforderungen, wenn nicht gar Anfechtungen, stellen sich ein, als die Kinder heranwachsen und ihrerseits eine große Begeisterung vor allem für elektronische Kommunikationsgeräte entwickeln. Damit stellen sie nicht nur das Familienbudget vor echte Zerreißproben, weil sie den Anspruch erheben, stets mit den sich beschleunigenden technischen Neuerungen Schritt zu halten. Es ergeben sich auch die bekannten erzieherischen Fragen zum verantwortungsbewussten Umgang mit diesen Medien (z.B. in Bezug auf die Frage, wie viel man auf internetbasierten Kommunikationsplattformen von sich preisgeben darf).

Es wäre zu wünschen, dass *Person D* eine differenziertere Sicht auf die entstehenden Probleme zu Gebote stünde und sie diese in geeigneter Sprache argumentativ vermitteln könnte.

Person E hat in der Hochschullehre und der Forschung einen sicheren Ort gefunden, an dem sie Beruf und Neigung auf das Beste verbinden kann. Im Unterschied zu vielen Kolleginnen und Kollegen verspürt sie jedoch wenig Anreiz, Brücken zur „Außenwelt" zu schlagen und in ihrer fachlichen Expertenrolle mit mathematisch allgemeingebildeten Laien zu kommunizieren. *Person E* tut sich auch schwer mit den aktuellen bildungspolitischen Bestrebungen, mehr Studierende mit Erfolg durch die MINT-Studiengänge zu führen, weil dies eine hochschuldidaktische Hinwendung auch zu mittleren Begabungsschichten erfordert.

Es wäre *Person E* zu wünschen, dass sie sich „unterschiedlichen Horizonten des Weltverstehens" (Dressler 2006) stärker öffnen und für diese Respekt entwickeln könnte – als Bereicherung für ihr eigenes Leben und für die Kommunikation mit anderen.

Person R ist an der Schnittstelle zwischen Mathematik und Mathematikdidaktik tätig. Hier kann sie in einem gewissen Umfang ihre erkenntnistheoretischen und wissensschaftsethischen Interessen beruflich verfolgen. Besonders bewegt sie dabei die Frage, wie man in Lehrveranstaltungen ein kritisch-aufgeschlossenes Bewusstsein wecken kann, ohne „Bilderstürme" auszulösen.

15.3 Wie könnte ein wünschenswertes Bild von Mathematik aufgebaut werden?

Auch hier können die folgenden Ausführungen nur Diskussionsanstöße geben und kein ausdifferenziertes Konzept vorlegen.

In den letzten Jahren hat das Thema „Diagnose und Förderung" in der bildungspolitischen Diskussion einen hohen Stellenwert erlangt und in der fachdidaktischen Forschungs- und Entwicklungsarbeit entsprechend Berücksichtigung gefunden. Dabei stehen zunächst disziplinbezogene Maßnahmen im Vordergrund („flexibles Rechnen", „funktionales Denken", „Struktursinn" usw.), die je für sich wichtig sind. So könnte *Person A* in ihrem Geschäftsalltag von Kompetenzen im flexiblen Rechnen profitieren und *Person B* würde ein verstärktes Training im funktionalen Denken sicher helfen, die normative Verwendung von Mathematik in Steuertarifen und Rentenformeln besser einzuschätzen.

Jedoch beschränken sich diese Maßnahmen zunächst darauf, die Mathematik so, wie sie derzeit als Schulfach besteht, besser fassbar zu machen. Sie sind kaum geeignet, die Rolle der Mathematik im Kanon der „unterschiedlichen Weltzugänge" (siehe folgendes Zitat) zu verorten und zu reflektieren:

> „Deshalb gehört es zur Bildung, dass sie unterschiedliche Weltzugänge, unterschiedliche Horizonte des Weltverstehens eröffnet, die ... nicht wechselseitig substituierbar sind und auch nicht nach Geltungshierarchien zu

ordnen sind: empirische, logisch-rationale, hermeneutische und musisch-ästhetische Weltzugänge mit ihren jeweils unterschiedlichen Potenzialen an Verfügungswissen und Orientierungswissen, mit ihren jeweils eigenen Rationalitätsformen." (Dressler 2006, S. 110)

Grundsätzlich kann man wohl sagen, dass der Kanon der Schulfächer einer starken disziplinären Ordnung unterliegt, die durch vielfach geforderte interdisziplinäre Projekte und Betrachtungsweisen nur ansatzweise überwunden wird. Die Fächer arbeiten überwiegend aus sich heraus und verharren in gegenseitiger Abschottung. Die Überlegungen in den Abschnitten 1. und 2. lassen für das Fach Mathematik eine Öffnung der Perspektive in mehrfacher Hinsicht wünschenswert erscheinen.

(1) *Eine stärkere Einbindung der Mathematik in das Leben, aus der sie erwachsen ist*

Befunde der interpretativen Unterrichtsforschung zeigen schon seit langer Zeit, dass lebensweltliche Kontexte im Mathematikunterricht meist nur als Aufhänger dienen und zugunsten fachinterner Betrachtungsweisen schnell verlassen werden (z.B. Voigt 1984). Diese Tendenz reicht vom Erstrechenunterricht bis zur Analysis der Oberstufe. Sie kann bewirken, dass Lernende, die dem Personentyp A zuneigen, schnell den Anschluss verlieren. Sie bietet auch wenig Gelegenheit für explizite Betrachtungen, wie sich die mathematische Denkweisen von anderen Rationalitätsformen unterscheiden.

Im Rahmen einer solchen Betrachtung könnte man zum Beispiel die Rolle der Abstraktion speziell in der Mathematik und im menschlichen Denken allgemein diskutieren und herausarbeiten, dass Abstraktion bestimmte Aspekte erst sichtbar macht, dafür aber andere ausblenden muss. Die Mathematik hat sich aus einem Fokus auf die Aspekte Maß, Zahl und Form entwickelt. Hieraus bezieht sie ihre Stärke und hierdurch ist sie gleichzeitig begrenzt. Dieses Bewusstsein, gepaart mit einer Wertschätzung für andere Formen der Welterschließung, könnte helfen, zu einseitige Schwerpunktsetzungen (Personen vom Typ D oder E) zu relativieren.

(2) *Eine stärkere Berücksichtigung der historischen und aktuellen Verflechtungen zwischen Mathematik und Gesellschaft*

In den letzten Jahren hat die Mathematikgeschichte in Unterrichtswerken zunehmend Berücksichtigung gefunden. Jedoch wird sie meist als Geschichte der Entdeckungen thematisiert und nicht auf die Betrachtung gesellschaftlicher Anlässe und Wirkungen ausgeweitet.

Jedoch war die Geschichte der Mathematik von Anfang an mit gesellschaftlichen Entwicklungen verflochten. So stellt Wußing 2008 fest:

Erst der Übergang zur Seßhaftigkeit führte zum eigentlichen Vorgang des Zählens und dann auch des Rechnens. ... Dieser grundsätzliche Wandel des gesellschaftlichen Lebens in den so entstandenen Frühkulturen führte zu Handel und Warenaustausch zwischen Siedlungen und Völkerschaften und zog die Notwendigkeit des Zählens und der Bildung von Zahlwörtern nach sich. Deshalb kann dieser Zeitraum im weitesten Sinne als Anfang der Mathematik angesehen werden. (Wußing 2008, S. 6)

Und für die Gegenwart konstatiert Nickel 2011:

> Moderne Gesellschaften werden durch Mathematik – indirekt via Technik, aber auch direkt durch mathematisch kodifizierte soziale Regeln – in zunehmendem Maße geprägt.

Ein Bewusstsein für diese Zusammenhänge ist für alle Personen, die Verantwortung in Familie, Gesellschaft und Beruf tragen, von Bedeutung – sei es, dass sie aus einer fachfernen Position ein besseres Verständnis für Leistungen wie Gefahren des fachlichen Fortschritts entwickeln können, sei es, dass sie aus einer fachnahen oder fachinternen Position relativierende Aspekte in ihr Weltbild integrieren können.

(3) *Eine bewusstere Reflexion über Wirkungen und Grenzen mathematischer Erkenntnisbildung und damit verbundenen ethische Implikationen*

Diese Forderung ergibt sich fast zwangsläufig aus den Überlegungen zu (2). So betont Dressler 2006, dass schulische Bildung sich heute nicht mehr darauf beschränken kann, in einzelnen Fächern fachspezifische Kompetenzen zu vermitteln, sondern dass eine zusätzliche „Differenzenkompetenz" erforderlich ist:

> Es kann keine Zentralperspektive mehr in Anspruch genommen werden… Umso mehr leben Bildungsprozesse vom Perspektivenwechsel und dem damit verbundenen Unterscheidungsvermögen. In der modernen Gesellschaft müssen Menschen wissen, aus welchen unterschiedlichen Perspektiven sie in unterschiedlichen Situationen die Welt wahrnehmen und welcher blinde Fleck mit jeder dieser Perspektiven unvermeidlich verbunden ist. Dass etwa in der Schule viele Fächer unterrichtet werden, darf nicht zu der Illusion führen, dass das Wissen der verschiedenen Fächer sich irgendwann einmal bruchlos zu einer vollständigen und einheitlichen Weltwahrnehmung zusammenfügt. (Dressler 2006, S. 109 f.)

Zusätzlich fordert Nickel 2006 eine die Mathematik begleitende ethische Reflexion:

> Insofern die Mathematik eine Wissenschaft ist, die die moderne Gesellschaft direkt und via Technisierung massiv prägt, bedarf sie der begleitenden (fach)ethischen Reflexion. (Nickel 2006, S. 429)

Auch Loos und Ziegler 2015 gestehen ein:

> Ohne Zweifel darf in einer Diskussion der gesellschaftlichen Bedeutung der Wissenskultur Mathematik aber auch eine kritische Betrachtung der ethischen Aspekte nicht fehlen. Nicht nur die bekannten Beispiele aus der Kryptologie im Zweiten Weltkrieg, auch die Optimierung, entstanden in den 1940er und 50er Jahren, oder Methoden zum Data-Mining enthalten zahlreiche Beispiele für Mathematik in militärischen Diensten … .Die mathematischen Methoden, die man entwickelt, wenn man Pflanzenschutzmittel auf einem Feld optimal ausbringen will, können ebenso dazu verwendet werden, einen Bombenteppich „optimal" zu legen. Die Erstellung von Bewegungsprofilen der Mitarbeiter eines Unternehmens aus den Telefondaten ist ohne den Einsatz von Mathematik kaum denkbar. Dieser ethische Blickwinkel wird in der Erforschung und Darstellung der Mathe-

matik(geschichte) noch immer vernachlässigt. (Loos und Ziegler 2015, S. 11)

Offen bleiben muss vorläufig, wie diese Aspekte in der verfügbaren Unterrichtszeit zusätzlich untergebracht werden können bzw. welche Neugewichtung zu ihren Gunsten vorgenommen werden sollte.

Literaturverzeichnis

Andelfinger, B. 1985. *Didaktischer Informationsdienst Mathematik. Thema: Arithmetik, Algebra und Funktionen.* Soest: Landesinstitut für Schule und Weiterbildung.

Dressler, B. 2006. *Unterscheidungen.* Leipzig: Evangelische Verlagsanstalt.

Epstein, D., H. Mendick und M.-P. Moreau. 2010. Imagining the mathematician: Young people talking about popular representations of maths. *Discourse: Studies in the Cultural Politics of Education* 31 (1): 45–60.

Krämer, S. 1988. *Symbolische Maschinen. Die Idee der Formalisierung im historischen Abriß.* Darmstadt: Wissenschaftliche Buchgesellschaft.

Loos, A., und G.M. Ziegler. 2015. Gesellschaftliche Bedeutung der Mathematik. In *Handbuch der Mathematikdidaktik,* herausgegeben von B. Schmidt-Thieme R. Bruder L. Hefendehl-Hebeker und H.-G. Weigand, 1–17. Berlin Heidelberg: Springer.

Mendick, H., D. Epstein und M.-P. Moreau. 2007. *Mathematical images and identities: Education, Entertainment, social justice, 2006–2007.* Colchester: UK Data Archive, February 2009. (SN: 6097).

Nickel, G. 2006. Ethik und Mathematik. Randbemerkungen zu einem prekären Verhältnis. *Neue Zeitschrift für Systematische Theologie und Religionsphilosophie* 47:412–429.

Nickel, G. 2011. Mathematik – die (un)heimliche Macht des Unverstandenen. In *Mathematik verstehen. Philosophische und didaktische Perspektiven,* herausgegeben von M. Helmerich et al., 47–58. Wiesbaden: Vieweg + Teubner.

Pringsheim, A. 1904. Über den Wert und angeblichen Unwert der Mathematik. In *Jahresbericht der Deutschen Mathematiker-Vereinigung,* 13:357–382.

Voigt, J. 1984. Der kurztaktige, fragend-entwickelnde Mathematikunterricht – Szenen und Analysen. *Mathematica Didactica* 7:161–186.

Wußing, H. 2008. *6000 Jahre Mathematik. Eine kulturgeschichtliche Zeitreise – 1. Von den Anfängen bis Leibniz und Newton.* Berlin, Heidelberg: Springer.

16 F ist für den Fürsten – Ein „fürstlicher Blick" auf die Mathematik in der Frühen Neuzeit mit Ausblick auf den heutigen Schulunterricht

MICHAEL KOREY

Der Beitrag Lisa Hefendehl-Hebekers in diesem Band wirft ein Schlaglicht darauf, wie die individuelle, in der Schulzeit geprägte Wahrnehmung der Mathematik das spätere soziale und berufliche Handeln des Einzelnen bedingt. Gerade ihre bewusste Vereinfachung, die Bändigung der großen Bandbreite von Halterungen zur Mathematik durch die Schaffung von vier idealisierten Personentypen – A (wie „Angst"), B (wie „Bewältigung"), D (wie „Durchsetzungskraft") und E (wie „Enthusiasmus") – illustriert die Auswirkungen des mathematischen Schulunterrichts auf den späteren Lebenslauf vieler Menschen auf besonders erhellende Art.

Hefendehl-Hebekers Schilderung ist in der Gegenwart situiert und besonders im Rahmen heutiger pädagogischer Reformbemühungen verständlich. Es mag daher überraschen, dass die Einführung eines weiteren Idealtyps, und zwar eines aus historischer Perspektive, die Diskussion erhellt. Nach A, B, D und E soll es jetzt um eine *Person F* gehen – den frühneuzeitlichen Fürsten.

Gewöhnt daran zu denken, dass mathematische Innovation an einer Universität oder einem außeruniversitären Forschungsinstitut stattzufinden habe, können wir leicht übersehen, dass in früheren Epochen häufig der Fürstenhof eine Bühne für die kreative Auseinandersetzung mit der Mathematik und ihren Anwendungen war. Beispielsweise Kurfürst August von Sachsen (1526-1587), seinerzeit wohl reichster und mächtigster lutherischer Territorialherr im Heiligen Römischen Reich, manifestierte eine ausgesprochene Sucht nach mathematischen Instrumenten und insbesondere mechanischen Wegmessern (Abb. 16.1). August besaß etwa ein Dutzend von diesen „Kilometerzählern", bei denen das verwendete Prinzip der mechanischen Zählung von Radumdrehungen der kurfürstlichen Kutsche dem des modernen Autos ähnelt. Der Kurfürst nahm diese Wegmesser und weitere Instrumente mit sich auf Reisen und vermaß mit ihnen höchstpersönlich sein Territorium, das sog. Reißgemach[91] in seiner Kunstkam-

---

[91] Nach der ursprünglichen Etymologie von „reißen" im Sinne von „Zeichen einritzen", später auch schreiben bzw. zeichnen.

© Springer Fachmedien Wiesbaden GmbH, ein Teil von Springer Nature 2018
G. Nickel et al. (Hrsg.), *Mathematik und Gesellschaft*, https://doi.org/10.1007/978-3-658-16123-1_17

Abbildung 16.1. Christoph Trechsler d. Ä., Wagenwegmesser, Dresden, 1584, Staatliche Kunstsammlungen Dresden, Mathematisch-Physikalischer Salon, Inv.-Nr. C III a 4 (Foto: Jürgen Karpinski)

mer im Dresdner Residenzschloss war der Ort für die Anfertigung von Karten und anderen geometrischen Konstruktionen aus den gewonnen Daten. Unzufrieden mit der Möglichkeit, nur die abgefahrene Streckenlänge zu bestimmen, beauftragte er mehrere Mechaniker mit dem Bau eines Instruments, das auch Richtungsänderungen längst der Fahrt automatisch aufschreiben würde. Beim Erhalt eines solchen „vektoriellen" Wegmessers listete August auf, „was ich mit meinem newerfundenen instrument zeigen unnd darthun kan". Mitunter sei das Nutzen dieser Erfindung beim Ritt durch ein unbekanntes Territorium „mit keinem gelde zu bezalenn", denn er könne damit nunmehr „den weg selbst findenn unnd niemands drumb fragenn" müssen.[92] Der Sammeleifer des sächsischen Herrschers für subtile Maschinen und erlesene mathematische Instrumente sprach sich herum. Noch im entfernten Paris schrieb der Gelehrte Petrus Ramus von Augusts „gantz und gar entzündender" Leidenschaft für Instrumente und deren Nutzung. Obwohl nicht mehr so ausgeprägt wie bei August, gehörte über mehrere nachfolgende Generationen das Drechseln komplexer Formen und das perspektivische Zeichnen zum festen Bestandteil der sächsischen Prinzenerziehung, ein solch haptischer Umgang mit der Geometrie sollte sich in die Herausbildung eines „wohlproportionierten" Sinnes für die Regierungsgeschäfte überführen und zugleich das Gemüt des werdenden Herrschers erfreuen.[93]

---

[92] Schmidt (1898).

Augusts Schwager, Landgraf Wilhelm IV. von Hessen-Kassel (1532-1592), liefert uns ein weiteres Beispiel. Der hessische Landgraf zeichnete sich unter den protestantischen Landesherren durch sein ausgeprägtes Engagement für die Astronomie aus. Er hatte nicht nur tiefgehende Kenntnisse des mathematischen Fundaments auf diesem Gebiet, sondern unternahm es, Gestirn-Positionen und Himmelserscheinungen über Jahre hinweg selber präzise zu messen.[94] Andere führende Astronomen seiner Zeit, wie der nachmals berühmte astronomische Beobachter Tycho Brahe, pflegten regen Briefwechsel mit ihm. Eine von Wilhelms frühesten Bestrebungen auf dem Gebiet der Astronomie war, für sich eine Planetenuhr zu bauen, d.h. ein durch Uhrwerk angetriebenes Planetarium, das das ganze sichtbare Himmelsgeschehen nach dem geometrischen Modell des Ptolemäus in Echtzeit wiederzugeben vermochte. Als diese 1562 fertig wurde, begann die Arbeit an einer Uhr für August (Abb. 16.2), wofür Wilhelms eigene Berechnungen des Getriebes noch überliefert sind. Besonders spannend sind die Hinweise, dass in letzterer Planetenuhr nicht nur aus der Antike und aus dem Mittelalter tradierte astronomische Parameter materialisiert worden sind, sondern auch neue, vom hessischen Landgrafen und seinen Hofastronomen erzielte Messungen. Jüngste Untersuchungen deuten darauf hin, dass Wilhelm bestrebt war, den ungleichförmigen Jahreslauf der Sonne längst des Tierkreises genauer als bisher zu beschreiben, indem er die exzentrische Positionierung der im geometrischen Modell verwendeten Kreise verbesserte. Möglicherweise lassen die Feinheiten des Getriebes in der Dresdner Planetenuhr im Vergleich zu seiner Kasseler Vorgängerin just in diesem Sinne die Geburtsstunde einer neuen astronomischen Theorie erkennen.[95]

Natürlich ist die Auseinandersetzung mit der Mathematik und ihren Anwendungen bei weiteren zeitgenössischen Fürsten nicht immer so ausgeprägt wie bei August und Wilhelm gewesen, bei vielen anderen ist keine ähnliche Formulierung wie „Lust" oder „Ergötzung" in Zusammenhang mit der Mathematik überliefert. Trotz einer Vielfalt von Haltungen und Tätigkeiten soll es hier vereinfacht – im Sinne des Beitrag Hefendehl-Hebekers – um einen „fürstlichen Blick" auf die Mathematik gehen. Pauschalisierend dürfen wir sagen, dass manch ranghoher Renaissance-Adliger besondere Zufriedenheit an der Mathematik gefunden hat, wenn sie in Form eines mathematischen Instruments vorkam, das

1. autark, also ohne fremde Hilfe oder den Einsatz von Tafelwerken benutzbar war;

2. analog statt digital konzipiert wurde;

3. algorithmisch, also rezeptartig zu bedienen war;

4. universell, also möglichst viele Einsatzgebiete abdeckte (oder dies zumindest rhetorisch für sich beanspruchte).

In diesem Zusammenhang mag man vom Ideal eines „Rechen*vermeidungs*instruments" sprechen.[96]

---

[93] Diese und weitere Beispiele bei Korey (2007).

[94] Gaulke (2007).

[95] Jüngste, noch vorläufige Erkenntnisse zu diesem aktuellen Forschungsprojekt bei Gessner und Korey (2017) & Korey und Gessner (2017).

[96] Zur Rolle von Instrumenten in der adligen Erziehung, insbesondere in England, vgl. Turner (1973).

Abbildung 16.2. Eberhard Baldewein, Hans Bücher, Hermann Diepel u. a., Planetenuhr, Marburg/Kassel, 1563 – 1568, Staatliche Kunstsammlungen Dresden, Mathematisch-Physikalischer Salon, Inv.-Nr. D IV d 4 (Foto: Hans-Peter Klut/Elke Estel))

Die Universitätsgelehrten, mathematischen Praktiker oder Instrumentenhersteller, die den adligen „Markt" bedienten, wussten auch diese Vorlieben ihrer vornehmen Kundschaft zu erfüllen. Dass für einen Auftraggeber wie Kurfürst August von Sachsen und seine Standesgenossen die Instrumente aus edleren Materialien, oft vergoldetem Messing, Email oder Ebenholz, und feinen Gravuren angefertigt werden mussten, um für deren Hände würdig zu werden, war in jener Zeit selbstverständlich – solche Überlegungen zum Material stünden aber auf einem anderen Blatt.

Ein Fallbeispiel soll diese o.g. Eigenschaften illustrieren, nämlich der *Proportionalzirkel*.[97] Zwischen etwa 1600 und 1800 war dieser eines der vertrautesten und vielseitigsten mathematischen Instrumente überhaupt (Abb. 16.3). Seine Verfechter lobten die diversen Einsatzmöglichkeiten des Instruments, denn mit ihm konnte man leicht

---

[97] Dieser Abschnitt folgt Korey (2007), S. 29-31.

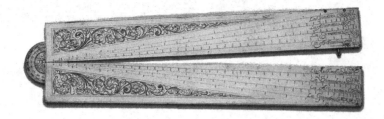

Abbildung 16.3. Proportionalzirkel, deutsch, um 1630, Staatliche Kunstsammlungen Dresden, Mathematisch-Physikalischer Salon, Inv.-Nr. A I 44 (Foto: Peter Müller))

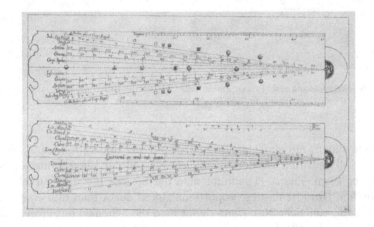

Abbildung 16.4. Skalenaufteilung bei der Vorder- und Rückseite eines Proportionalzirkels, aus: Nikolaus Goldmann, *Eine Tractatus De Usu Proportionatorii* [...] (Leiden 1656) Herzog August Bibliothek Wolfenbüttel <http://diglib.hab.de/drucke/29-8-geom-2f/start.htm>, Tafel I.

Geld wechseln, die Grundrisse von Fortifikationen planen, die Länge von Orgelpfeifen bestimmen und vieles mehr.

Ein Proportionalzirkel verwendet die Verhältnisse von ähnlichen Dreiecken in Form des Zweiten Strahlensatzes, um diverse rechnerische Aufgaben geometrisch zu lösen. Auf seinen zwei Schenkeln sind numerische Skalen angebracht, die radial von ihrem gemeinsamen Ursprung im Zentrum des Scharniers ausgehen und spiegelbildlich auf den beiden Schenkeln verteilt sind. Die „arithmetische" Grundskala ist linear geteilt, die weiteren Skalen nichtlinear (für quadratische, kubische, trigonometrische und weitere Funktionsleitern in diskreter Form). Ein einfacher Zirkel wird benutzt, um die Schenkelöffnung des stets im Waagerechten benutzten Proportionalzirkels zu bestimmen und die Ergebnisse auf ihm abzulesen.

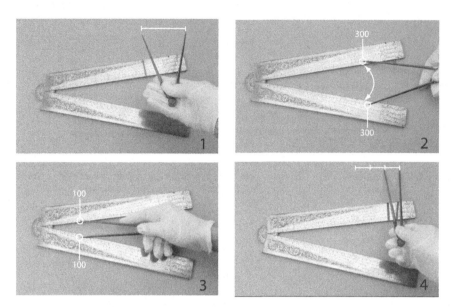

Abbildung 16.5. Verwendung eines Proportionalzirkels (Beispiel der Drittelung einer vorgegebenen Strecke) (Foto: Hans-Peter Klut/Elke Estel)

Hier in vier Bildern ein einfaches Rechenbeispiel zur Illustration (Abb. 16.5.1-4): Eine Strecke soll gedrittelt werden – vielleicht als Teil der Übertragung einer Karte in verkleinerter Form. Zuerst (1) nimmt man die Strecke mit dem Zirkel ab. Auf der arithmetischen Grundskala des Proportionalzirkels sucht man nun eine leicht durch 3 teilbare Zahl, vielleicht 300. Dann dehnt man die Schenkel des Proportionalzirkels so weit auseinander (2), bis die angenommene Strecke genau zwischen 300 auf dem einen und 300 auf dem anderen Schenkel passt. Ohne den Proportionalzirkel zu verrücken, nimmt man jetzt den Abstand zwischen 100 und 100 auf dem gleichen Skalenpaar ab (3), der dann (4) einem Drittel der ursprünglichen Strecke entspricht. Dies alles geschieht, wohl bemerkt, ohne die Strecke selbst ausmessen und den gefundenen, evtl. krummen Wert numerisch durch 3 teilen zu müssen. Analog lässt sich jede Form von Dreisatzaufgabe allein mit dieser Skala auf dem Proportionalzirkel (approximativ) lösen.

Der Proportionalzirkel entwickelte sich aus Versuchen, die insbesondere im Herzogtum Urbino und anderen norditalienischen Territorien ab der Mitte des 16. Jahrhunderts gemacht wurden, ein Zirkelinstrument zu entwickeln, das möglichst alle zur Kriegsführung nötigen Berechnungen – ob die richtige Aufstellung der Soldaten in einer Blockformation geeigneter Größe, die Kalibrierung von Geschosskugeln verschiedener Materialien nach ihrem Gewicht oder das Anlegen einer Bastion – in einem Instrument vereint.[98] Trotz dieses scheinbar sehr praktischen Ursprungs ist der Proportionalzirkel auch mit humanistischen Gedanken eng verbunden und weit mehr als ein reines

---

[98] Filippo Camerota hat wesentlich zur Klärung der Entstehungsgeschichte des Proportionalzirkels und verwandter universeller Recheninstrumente beigetragen, s. Camerota (2000) und Camerota (2006).

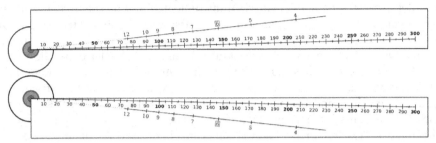

Abbildung 16.6. Arbeitsblatt zur Konstruktion eines vereinfachten Proportionalzirkels (Entwurf: Claudia Bergmann, Michael Korey, Thomas Prestel). Konstruktionsschritte: (1) Blatt an der Faltkante falten und zusammenkleben. (2) Beide Zirkelschenkel ausschneiden. (3) Löcher mit Lochzange ausstanzen.(4) Zirkelschenkel mit Musterklammer zusammenheften.

Nutzinstrument. Galileo, der mit seinem *Compasso geometrico et militare* für sich in Anspruch nahm, Erfinder des ersten allseits einsetzbaren Proportionalzirkels zu sein, erklärte dies in der Einführung seiner Gebrauchsanweisung zum neuen Instrument – übrigens des ersten unter seinem Namen veröffentlichen Werkes aus dem Jahre 1606.[99] In seiner Widmung an den Großherzog von Florenz, auf dessen Förderung er hoffte, pries der italienische Gelehrte sein neues universales Recheninstrument als den seit der Antike gesuchten „Königsweg" zur Mathematik:

> [...] Da auch in unserer Zeit nur sehr Wenige längs den steilen und dornigen Pfaden geduldig gehen können, die man zuerst entlang gehen muss, um zu den teuren Früchten dieser Wissenschaft [der Geometrie] zu gelangen; [...] sollten die wichtigeren Personen, [...] Männer die mit vielen anderen Unternehmen beschäftigt sind, [...] auf Grund der Länge und Schwierigkeit der gemeinen Wege dieses den adligen Herren so nötigen Wissens nicht entbehren müssen. Ich habe also versucht, diesen wahrhaft königlichen Weg zu eröffnen – denn mit Hilfe meines *Compasso* schaffe ich, [diesen Herren] all das aus der Geometrie und Arithmetik in nur wenigen Tagen beizubringen, was zivilen und kriegerischen Zwecken dient und normalerweise nur nach sehr langem Studium zu erzielen wäre [...].[100]

Lässt sich dieses für „adlige Herren" so nützliche, die „steilen Pfade" abkürzende Instrument auch im heutigen Unterricht noch einsetzen? Eine vereinfachte Version mit nur zwei Skalen – der arithmetischen Grundskala zur gleichmäßigen Aufteilung einer Strecke und einer weiteren zur gleichmäßigen Aufteilung eines Kreisbogens – ist in Abb. 16.6 wiedergegeben. Seit 2013 kommen Schülerinnen und Schüler der 7. bis 9. Klasse regelmäßigen in den Mathematisch-Physikalischen Salon im Dresdner Zwinger, um an einem 90-minutigen Werkstattkurs zum Proportionalzirkel teilzunehmen. Einer

---

[99] Er verdiente wohl mehr durch den Unterricht mit dem Zirkel und den Verkauf einiger Exemplare – er ließ diese von einem Mechaniker in seinem Hause anfertigen – als mit seinem Universitätsgehalt, vgl. Drake (1978), S. 22-23.
[100] Übersetzung des Verfassers nach Drake (1978), S. 41.

etwa halbstündigen thematischen Einführung in die Sammlung des Museums und zum Kontext der ausgestellten mathematischen Instrumenten und mechanischen Automaten der Renaissance folgt eine Stunde, in der die Teilnehmer selber aktiv werden. Die Schülerinnen und Schüler fertigen ihren eigenen Proportionalzirkel aus einer auf starkem Papier vorgedruckten Vorlage, eine Musterklammer verbindet dabei die beiden Schenkel, dann nutzen sie diese zur Lösung diverser Aufgaben. Weil solide Kenntnisse der Strahlensätze nicht vorausgesetzt werden können, wird zuerst ein heuristischer Zugang zum Thema der Ähnlichkeit und den Gesetzmäßigkeiten ähnlicher Dreiecke mittels eines Arbeitsblatts gemeinsam besprochen. Mit dem Proportionalzirkel lassen sich gleichmäßige Streckenteilungen, Figurenskalierungen, Dreisatzaufgaben (z. B. Aufgaben mit Wechselkursen und Zinseszinsberechnungen) und die Einschreibungen von regelmäßigen Polygonen in Kreise nicht nur durchführen, sondern konkret motivieren (s. S. 192). Immer wieder sagen die teilnehmenden Schüler_innen und ihre Lehrer_innen, dass das Instrument einen erstaunlich effektiven Zugang zum Themenkreis der Ähnlichkeit und Strahlensätze bietet.

Nach Meinung des Verfassers bietet dieses fürstliches Rechenvermeidungsinstrument sogar Anknüpfungspunkte für alle vier Personentypen Hefendehl-Hebekers. Stichwortartig böte der Proportionalzirkel einen geeigneten Zugang beim jeweiligen Typ:

A haptisches Werkzeug, sichtbare Materialisierung der Strahlensätze

B instrumenteller Umgang mit mathematischen Begriffen

D „Elementarmathematik vom höheren Standpunkt aus" (nach Felix Klein), Vereinheitlichung der Betrachtung von diversen Aufgaben unter dem gemeinsamen Aspekt der Proportionalität

E „Einstieg in abstrakte Bereiche" (Etliche frühe Proportionalzirkel wie die in Abbildung 16.3 und 16.4 haben Skalen für die inhaltsgleiche Verwandlung eines platonischen Körpers in einen anderen bzw. Skalen für die Seitenverhältnisse dieser Körper bei Einschreiben in eine gemeinsame Umkugel. Davon ausgehend kann thematisiert werden, ob es eine entsprechende 'Funktionsleiter' für die Seitenlängen inhaltsgleicher Polytope in höherer Dimension gibt bzw. für deren Seitenverhältnisse beim Einschreiben in dieselbe Hyper-Kugel.)

Für alle vier Typen kann der Proportionalzirkel daher ein Schritt auf dem Weg zum von Hefendehl-Hebeker augenzwinkernd beschriebenen, paradiesischen Status des Personentyps R sein, der über das eigene Tun im Umgang mit der Mathematik reflektiert. Vielleicht kann also die Einführung eines Typs F nicht nur Aspekte eines längst ausgestorbenen *fürstlichen* Umfelds wieder lebendig machen, sondern auch andere gewünschte Eigenschaften beim heutigen Mathematikunterricht herabbeschwören: *Furcht* abbauen, *Faszination* erwecken und sogar *Freude* bereiten. Es ist die Erfahrung des Verfassers, dass die Wiedereinführung einst weit verbreiteter, weitgehend vergessener mathematischer Instrumente wie des Proportionalzirkels, der Armillarsphäre und des Astrolabiums durchaus einen Beitrag dazu leisten kann.

Literaturverzeichnis

Camerota, Filippo. 2000. *Il compasso di Fabrizio Mordente. Per la storia del compasso di proporzione.* Firenze.

Camerota, Filippo. 2006. Admirabilis Circinus: The Spread and Improvement of Fabrizio Mordente's Compass. In *Who Needs Scientific Instruments? Conference on Scientific Instruments and Their Users,* herausgegeben von Bart Grob und Hans Hooijmaijers, 183–192. Leiden.

Drake Stillman (Übers./Hg.), Galileo Galilei. 1978. *Operations of the Geometric and Military Compass.* Washington, DC.

Gaulke, Karsten (Bearb.) 2007. *Der Ptolemäus aus Kassel – Landgraf Wilhelm IV. von Hessen-Kassel und die Astronomie.* Kataloge der Museumslandschaft Hessen Kassel, Bd. 38. Kassel.

Gessner, Samuel, und Michael Korey. 2017. Equating the Sun: Variant mechanical realizations of solar theory on planetary automata of the Renaissance. In *Mathematical Instruments between Material Artifacts and Ideal Machines: Their Scientific and Social Role before 1950,* herausgegeben von Samuel Gessner, Ulf Hashagen, Jeanne Peiffer und Dominique Tournés, 23–25. Oberwolfach Reports 58/2017.

Korey, Michael. 2007. *Die Geometrie der Macht. Die Macht der Geometrie – Mathematische Instrumente und fürstliche Mechanik um 1600 aus dem Mathematisch-Physikalischen Salon.* München/Berlin.

Korey, Michael, und Samuel Gessner. 2017. *Der Planeten wundersamer Lauf. Eine Himmelsmaschine für Kurfürst August von Sachsen – Einführung zu Eberhard Baldeweins Planetenuhr in Dresden.* Dresden.

Schmidt, Ludwig. 1898. *Kurfürst August von Sachsen als Geograph. Ein Beitrag zur Geschichte der Erdkunde.* Dresden.

Turner, Anthony. 1973. Mathematical Instruments and the Education of Gentlemen. *Annals of Science* 30:51–88.

S T A A T L I C H E   **Ma**thematisch-
K U N S T S A M M L U N G E N   **P**hysikalischer
D R E S D E N   **S**alon

Aufgaben mit dem Proportionalzirkel:

1. Verkleinerung:

a) Verkleinerung einer Strecke

Zeichne eine Strecke mit der Länge 7cm. Verkürze diese Strecke mit Hilfe des Proportionalzirkels auf 1/3 der ursprünglichen Länge.

Überprüfe das Ergebnis der Verkleinerung durch dreimaliges Auftragen der gedrittelten Strecke.

b) Verkleinerung einer Form

Zeichne ein beliebiges Dreieck (kleinste Seitenlänge > 5 cm).

Verkleinere das Dreieck mit Hilfe des Proportionalzirkels im Maßstab 2,5:1.

2. Geldwechsel:

Du machst eine Reise in die USA. Im Land angekommen, merkst Du, dass Du noch 150 € im Geldbeutel hat. Diese müssen natürlich gleich in Dollar ($) umgetauscht werden. Wie viele Dollar erhältst Du dafür, wenn 1,00 € genau 1,30 $ entsprechen?

3. Zinsrechnung:

Du hast 100 € bei einer Bank angelegt. Diese Bank gewährt Dir einen Zinssatz von 10% pro Jahr.

Wie viele € liegen nach 3 Jahren auf deinem Konto?

Wie viele € wären nach 5 Jahren auf deinem Konto, wenn der Zinssatz 20% beträgt?

4. Gäste am runden Tisch:

Du hast ein paar Freunde zu einer kleinen Feier eingeladen. An deinem runden Tisch sollen alle Gäste gleich weit voneinander entfernt sitzen.

Konstruiere die Tischordnung für 5, 7, 8, 9, 10 oder 12 Personen.

17 Reaktion auf Lisa Hefendehl-Hebeker – Mathematik als existenzielle Erfahrung. Eine Spurensuche in Bruno Latours Anthropologie der Modernen

„Es sind die wertfreien Tatsachen, die alle Werte definieren!" (Latour 2014, S. 606)

Es ist wohl ein Grundkonsens unserer technisierten Welt, dass Mathematik eine fundamentale Rolle in der Gesellschaft und für die in ihr lebenden Individuen spielt. Mathematik durchzieht nahezu sämtliche Bereiche des gesellschaftlichen Lebens in jeweils ganz unterschiedlicher Art und Weise – sei es in der zunehmenden Technisierung des Alltags, hinsichtlich ökonomischer Herausforderungen, wenn etwa Wohnraum zum Spekulationsobjekt wird oder wenn es um die politische oder private Frage geht, wie die Rolle der Mietpreisbremse einzuschätzen sei. Die Reflexion der Rolle von Mathematik in der Gesellschaft gewinnt insofern eine immer größere Bedeutung. Es ist daher eine wichtige und ebenso herausfordernde Aufgabe, die „Reflexion über Wirkungen und Grenzen mathematischer Erkenntnisbildung und damit verbundene ethische Implikationen" (Hefendehl-Hebeker, in diesem Band S. 180) im Mathematikunterricht zu thematisieren. In diesem Beitrag soll diskutiert werden, inwiefern normative Fragen und damit verbundene Werturteilsbildung im Mathematikunterricht dazu beitragen können, einen solchen Reflexionsprozess bewusst zu initiieren. In diesem Zusammenhang wird Bruno Latours *Existenzweisen. Eine Anthropologie der Modernen* (2014) dazu genutzt, Möglichkeiten und Grenzen einer solchen Reflexion anhand eines konkreten Beispiels zum individuellen Verhalten in sozialen Netzwerken zu diskutieren. Ausgangspunkt ist dabei die Frage, inwiefern der Mathematikunterricht einen Beitrag dazu leisten kann, die Komplexität und Vernetztheit wertebezogener Entscheidungsprozesse angesichts von sich zunehmend ausdifferenzierenden Wertsphären mit jeweils spezifischen Rationalitätsformen, Latour (2014) spricht von *Existenzweisen*, zu beleuchten. Das von Latour postulierte Paradoxon, dass gerade die wertfreien Tatsachen Werte definieren, verweist dabei auf die Herausforderung, in vermeintlich technokratischen, wertneutralen und tatsachenbasierten Entscheidungsprozessen etwa die soziale, politische, ökologische oder rechtliche Dimension (wieder) sichtbar zu machen. Vor die-

© Springer Fachmedien Wiesbaden GmbH, ein Teil von Springer Nature 2018
G. Nickel et al. (Hrsg.), *Mathematik und Gesellschaft*, https://doi.org/10.1007/978-3-658-16123-1_18

sem Hintergrund wird in diesem Beitrag die Frage diskutiert, inwiefern wertebezogene Fragestellungen mögliche Unterrichtsszenarien bereithalten, in denen Mathematik eine existenzielle Erfahrung ist.

17.1 Was sollte ich bei Facebook posten? Zur Rolle wertebezogener Fragen im Mathematikunterricht

Eingebettet ist das folgende Beispiel in eine – hypothetische – Unterrichtssequenz, die von der folgenden Kernfrage ausgeht: *Was sollte ich bei Facebook posten?* Eine solche wertebezogene Frage zeichnet einerseits aus, dass sie das direkte Handeln der Schülerinnen und Schüler tangiert und dass sie nicht direkt und nicht eindeutig beantwortbar ist, weil Werte zugrunde liegen, die individuell verschieden sein können. Weiterhin lässt sich an dieser Frage aufzeigen, inwiefern unterschiedliche Existenzweisen miteinander verflochten sind. Das Konzept der *Existenzweisen* nutzt Latour, um auf einen gesellschaftlichen Wertepluralismus hinzuweisen, für den es eine neue Art der *Diplomatie* benötigt, um zwischen diesen Werten zu *verhandeln*. Das Konzept der Existenzmodi verweist dabei auf Latours Konzept eines „ontologischen Pluralismus (...), der es erlauben wird, den Kosmos etwas reichhaltiger zu bevölkern und folglich auf einer gerechteren Basis den Vergleich der Welten zu beginnen – das Abwägen der Welten" (Latour 2014, S. 57).

Thematisiert man die o.g. Frage im Mathematikunterricht, so mag eine erste Sammlung von intuitiven Antworten in der Klasse ein weites Feld ergeben, das sich bewegt im Spannungsfeld nahezu grenzenloser Kommentierung in sozialen Netzwerken (*Ich mag dein neues Auto! Gesendet aus dem Kurpark in Pyrmont am 25.05.2015, 12:35 Uhr*) bis hin zur Nichtanmeldung bei sozialen Netzwerken. Vor diesem Hintergrund können sich im Unterricht eine Reihe von Folgefragen anschließen, anhand derer die Rolle von Mathematik beim Umgang mit sozialen Netzwerken bewusst gemacht und beleuchtet werden kann. Zwei dieser Fragen seien hier exemplarisch vorgestellt:

- *Woher weiß Facebook, wo ich gerade bin?* Weil Smartphones nicht nur Empfangsgeräte, sondern auch Sendegeräte sind, ist eine genaue Ortung jederzeit ohne weiteres möglich, alle Nutzer von Handys sind direkt *persönlich betroffen*. Bei vielen Geräten sind bereits die Voreinstellungen so, dass jegliche Apps auf die genauen Standortkoordinaten zugreifen können. Insofern ist es einerseits möglich, zu jedem Kommentar Zeit und genauen Standort mit anzugeben, wobei letzterer von der jeweiligen App automatisch erkannt und häufig auch automatisch direkt vorgeschlagen wird. Damit ist es ebenso ohne weiteres möglich, ein hochaufgelöstes individuelles Bewegungsprofil zu erstellen, was ebenfalls bei einigen Smartphones zur werksseitigen Voreinstellung gehört. Die mathematische Substanz hinter einer solchen Frage reicht von der Koordinatisierung des Raumes und der Erkundung von GPS-Daten (Riemer 2009) bis hin zu wahrscheinlichkeitstheoretischen Grundbegriffen, die mit der Frage verbunden sind, wie viele Positionsdaten einer Person man benötigt, um aus einem Datensatz von mehreren Millionen Benutzern mit einer Wahrscheinlichkeit von 95% auf das zugehörige Benutzerprofil zu schließen (Montjoye u. a. 2013). Erkenntnisse wie diese können hinsichtlich der Reflexion der Rolle von Mathematik insbesondere bei wertebezogenen Fragestellungen - z.B. nach individuellen Einstellungen oder der Beteiligung an der Freigabe der eigenen Positionsdaten - herangezogen werden, bei denen etwa sicherheitspolitische, ökonomische oder private Interessen gegeneinander abgewogen werden müssen.

- *Ist das dein Freund Tom auf dem Foto?* Die automatische Gesichtserkennung mit mathematischen Methoden wird derzeit intensiv beforscht und bietet ein großes wissenschaftliches und wirtschaftliches Entwicklungsfeld. Nach wie vor spielt die vektorbasierte Kodierung von Bildinformationen eine tragende Rolle bei der Digitalisierung von Bilddaten (Baur 2011). Im Mathematikunterricht können hier etwa linearalgebraische Grundbegriffe mit den zugehörigen Grundvorstellungen wie etwa dem Kapseln von Informationen mittels Vektoren (Vohns 2013) thematisiert werden. Die Frage, wie ein Gesicht auf einem Bild (etwa via Abgleich mit einer Datenbank) konkret erkannt werden kann, wirft die Frage auf, inwiefern zwei Vektoren einen möglichst hohen Grad an Übereinstimmung haben können. Auf diese Weise können Modellierungsaspekte ebenso erfahrbar werden wie die Grundgedanken der Faktorenanalyse (vgl. etwa Hußmann 2003). Der Vektorbegriff sowie die Rolle der damit verbundenen mathematischen Begriffsbildungen werden hier nicht nur als praktisches Werkzeug in realen Situationen erfahrbar. Vielmehr kann Mathematik hier als ein Erfahrungsbereich erlebt werden, für den etwa zunehmende Abstraktionsprozesse spezifisch sind, die zunächst einmal unabhängig von ihrer Praxistauglichkeit und den konkreten Anwendungsbereichen sind. Gleichzeitig verfügt diese spezifische Rationalitätsform über eine hohe Brisanz, wenn es etwa um die Frage geht, inwiefern jeder Nutzer durch die Verknüpfung von Personen mit Gesichtern auf Bildern zur Leistungsfähigkeit der automatisierten Gesichtserkennung automatisch mit beiträgt.

Beispiele wie diese zeigen auf, inwiefern eine wertebezogene Frage Ausgangspunkt für mathematisch substanzhaltige Aktivitäten im Unterricht sein kann. So kann an den Beispielen oben die spezifische mathematische Rationalitätsform reflektiert werden, etwa hinsichtlich der spezifischen Abstraktionsweise, die sich z.B. am Konzept des *Abstands* in mehrdimensionalen Vektorräumen erschließen lässt. Auf diese Weise ist es möglich, die Welt aus der mathematischen Sichtweise heraus wahrzunehmen und zu erklären sowie deren Relevanz für das eigene Handeln wahrzunehmen.

Ebenso lassen sich in diesem Zusammenhang auch die Mehrwerte digitaler Medien im Unterricht reflektieren– dabei haben Schülerinnen und Schüler in der Regel ein sehr genaues Gespür für die Leistungsfähigkeit digitaler Werkzeuge im Mathematikunterricht, wie die folgenden beiden Beispiele zeigen (Abb. 17.1). Die Beispiele entstammen einer Studie, in der Schülerinnen und Schüler einer fünften Klasse u.a. nach dem Nutzen der dynamischen Geometriesoftware gefragt wurden, mit der sie eine Erkundung zum Symmetriebegriff bearbeiteten.

Beispiele wie diese machen exemplarisch deutlich, inwiefern mathematischen Programmen eine hohe Funktionalität zugesprochen wird, die sich nicht nur durch eine große Bandbreite an Einsatzmöglichkeiten auszeichnet, sondern auch durch einen ho-

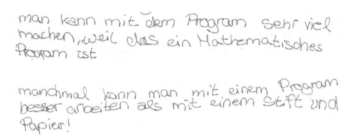

man kann mit dem Program sehr viel
machen, weil das ein Mathematisches
Program ist

manchmal kann man mit einem Program
besser arbeiten als mit einem Stift und
Papier!

Abbildung 17.1. Schülerdokumente (Kl. 5) zum Potential digitaler Werkzeuge im Unterricht

hen Grad an Exaktheit und Präzision. Mit mathematischen Werkzeugen ist mithin in
den Augen der Schülerin ein spezifischer Zugang zur Welt verbunden.

Gleichzeitig wird deutlich, inwiefern sich an einzelnen Fragen die Durchdringung sowie die Widersprüche der spezifischen Rationalitätsformen unterschiedlicher gesellschaftlicher Wertsphären zeigen: So sind Fragen nach dem technisch Möglichen (Wissenschaft) nicht unabhängig von wirtschaftlichen Interessen (Ökonomie) und diese
wiederum nicht unabhängig von moralischen Fragen (Ethik) zu beantworten. Auf
ebendiese Spannung weist bereits Max Weber hin: „Denn die Rationalisierung und
bewußte Sublimierung der Beziehungen des Menschen zu den verschiedenen Sphären
(...) drängte dann dazu: *innere* Eigengesetzlichkeiten der einzelnen Sphären in ihren
Konsequenzen *bewußt* werden und dadurch in jene Spannungen zueinander geraten
zu lassen, welche der urwüchsigen Unbefangenheit der Beziehung zur Außenwelt ver-
borgen blieben." (Weber 1920, S. 541) Die Einbindung mathematischer Inhalte (und
mathematischer Werkzeuge) in wertebezogene Fragestellungen könnte eine substanzi-
elle Auseinandersetzung mit mathematischen Inhalten ermöglichen, bei der eine „Einbindung der Mathematik in das Leben, aus der sie erwachsen ist" (Hefendehl-Hebeker,
in diesem Band S. 179) eröffnet wird und mithin eine redliche Reflexion der „Verflechtungen zwischen Mathematik und Gesellschaft" (ebenda S. 179) auch hinsichtlich der
inneren Spannungen zwischen unterschiedlichen Rationalitätsformen der jeweiligen
Wertsphären vorgenommen werden kann.

Für Dressler (2007) ist es in diesem Zusammenhang eine wichtige Erfahrung, die Mathematik und die ihr eigene Rationalitätsform als spezifischen Zugang zu Welt zu erfahren: „Bildung zielt nicht auf Sicherheit, sondern auf Unsicherheitstoleranz, nicht auf
ganzheitliche Weitsicht, sondern auf ‚Differenzkompetenz'" (Dressler 2007, S. 254).
Eine solche Kompetenz verweist auf das Bewusstsein für die Unterschiedlichkeit verschiedener gesellschaftlicher Wertsphären. Die gesellschaftliche Entwicklung als eine
Analyse unterschiedlicher Wertsphären wie Wissenschaft, Kunst, Ökonomie, Politik, Religion oder Erotik zu betreiben, steht im Fokus soziologischer Betrachtungen, wobei mit
der zunehmenden Ausdifferenzierung der Wertsphären „auch die Spannung zwischen
diesen Sphären" wächst (Habermas 2014, S. 234). Die spezifischen Rationalitätsformen und Logiken der unterschiedlichen Wertsphären sind in diesem Zusammenhang
seit Max Weber sehr genau beforscht. In einer solchen differenzierungstheoretischen
Perspektive wird klar, inwiefern moderne Gesellschaften sich durch die grundsätzli-

chen Spannungen auszeichnen, die sich aus den spezifischen Rationalitätsformen der einzelnen Wertsphären ergeben. Jürgen Habermas schlägt mit seiner Theorie des kommunikativen Handelns einen Gesellschaftsentwurf vor, in dem die unterschiedlichen Wertsphären „auch *miteinander* kommunizieren. In jeder dieser Sphären werden die Differenzierungsprozesse nämlich von *Gegenbewegungen* begleitet" (Habermas 2014, S. 585, Hervorhebung im Original). Eine solche Kommunikation kann durch Perspektivenwechsel und Differenzkompetenz erfolgen, wie sie – aus bildungssoziologischer Sicht – von Dressler gefordert werden.

So fruchtbar ein solcher Perspektivwechsel zwischen den jeweiligen Disziplinen und den damit verbundenen spezifischen Logiken vor dem Hintergrund der eigenen Differenzkompetenz erscheint, so schwierig ist doch nach wie vor der Umgang mit der wertebezogenen Ausgangsfrage der obigen thematischen Beschäftigung. Ein Perspektivenwechsel in ökonomische, ethische oder mathematische Perspektiven ist eine wichtige Voraussetzung für die Reflexion der Rolle der Mathematik. Es bleibt aber gleichsam die Frage offen, inwiefern eine solche Reflexion das praktische Handeln bei Fragen beeinflusst, in denen verschiedene Perspektiven, verschiedene Wertsphären, sich gegenseitig durchdringen und eng vernetzt sind. Ein reflektiertes Handeln wird letztlich *jedem* Individuum abverlangt, ob es sich nun etwa an sozialen Netzwerken beteiligt oder nicht. Hierbei leistet die Fähigkeit des Perspektivenwechsels einen Beitrag zur Reflexion, allerdings bleibt die Frage offen, was das für das konkrete Handeln bedeutet. Eine Schwierigkeit besteht darin, dass zwar die unterschiedlichen gesellschaftlichen Wertsphären als Grundlage der Reflexion genommen werden, dass aber zunächst nicht klar ist, wie mit der Vernetzung und Durchdringung der unterschiedlichen Wertsphären angesichts einer konkreten Handlungsentscheidung umgegangen werden kann.

17.2 Bruno Latours Existenzweisen. Anthropologie der Modernen.

Bruno Latour bietet mit seiner *Anthropologie der Modernen* einen interessanten Zugriff auf die Rolle wertebezogener Fragen in Handlungs- und Entscheidungssituationen, weil er von der folgenden These ausgeht: „Zwischen Modernisieren und Ökologisieren müssen wir uns entscheiden" (Latour 2014, S. 40). Latour setzt sich kritisch mit einer wissenschaftszentrierten *modernen* Weltsicht auseinander, in der vermeintlich Tatsachenentscheidungen getroffen werden und keine Werteentscheidungen: „So war modern derjenige, der sich von den Bindungen seiner Vergangenheit emanzipierte, um zur FREIHEIT voranzuschreiten. Kurz, wer vom Dunkel ins Licht schritt – in die AUFKLÄRUNG. (...) Man mußte kein großes Licht sein, um vor zwanzig Jahren die Empfindung zu haben, daß die Modernisierung ihrem Ende entgegen ging, weil jeden Tag, jede Minute es zusehends schwieriger wurde, die Tatsachen und die Werte zu unterscheiden." (Latour 2014, S. 41) Latour entwickelt in seiner Schrift einen Entwurf, der angesichts zunehmend komplexer werdender gesellschaftlicher Entscheidungen und Aufgaben zwischen unterschiedlichen Wertsphären (Latour spricht von Existenzmodi) wie Politik, Ökonomie, Religion und Wissenschaft mittels eines *ökologischen* Ansatzes zu vermitteln versucht: „Handelt es sich darum, zu ökologisieren und nicht mehr zu modernisieren, so wird es vielleicht möglich werden, eine größere Anzahl Werte in einem etwas reichhaltigeren Ökosystem zusammen existieren zu lassen." (Latour 2014, S. 44) Latour knüpft damit an die von ihm geprägte Akteur-Netzwerk-Theorie (ANT) an, deren Analysen – etwa von Entscheidungs- oder Problemsituationen – zunächst das Netzwerk möglicher Assoziationen zu entfalten: „Actors can be technical artifacts ranging from the smallest components to the largest. (...) ANT examines the motivations and actions of human actors that align their interest with the requirements of nonhuman actors." (Uden 2012, S. 87) In solchen Netzwerken verfolgen die jeweiligen Existenzmodi spezifische Trajektorien, die herausgearbeitet werden müssen: „einerseits das Aufspüren des Unterschieds zwischen wahr und falsch *innerhalb* jedes der (...) Modi und andererseits die Unterscheidung der *unterschiedlichen* Verwendungsweisen von wahr und falsch je nach dem gewählten Modus" (Latour 2014, S. 101).

Im Unterschied also zu einem modernistischen Verständnis geht es Latour um die Vernetzung und um die diplomatische Vermittlung zwischen unterschiedlichen Existenzweisen in konkreten Handlungs- und Entscheidungssituationen. Latour entwickelt die Utopie einer Zivilisation, in der die Diskussionen um Wertevorstellungen und Interessen etwa hinter politisch festgesetzten Verteilungsschlüsseln (wieder) leidenschaftlich geführt werden, indem man die Existenzweisen „sichtbar macht, den die auf das ‚Rationale' gelegte Betonung absichtlich vor dem Blick verbergen sollte" (Latour 2014, S. 636). In seiner Anthropologie der Modernen drückt sich das aus in der Utopie davon, „daß die entleerte Agora sich von neuem mit all jenen füllt, die aufgerufen sind, die Berechnungen der Optimierung wiederaufzunehmen. Sie hat sogar die Vision einer Versammlung, die endlich die Ausrüstung, Technologie, Politik und Moral hätte, um auszurufen, ohne daß irgendein Gott die Immanenz umlenken käme: ‚Und jetzt rechnen wir.' Kurz, die Vision einer Zivilisation." (Latour 2014, S. 636f)

Genutzt wird Latours Theorie in der Mathematikdidaktik z.T. in mikrosoziologischen Arbeiten (Fetzer 2009), in denen der Handlungsbegriff auch auf den Umgang mit Gegenständen ausgeweitet wird: „Eine Soziologie der Objekte öffnet uns die Augen dafür, Objekte in ihrem Beitrag am Vollzug sozialer Unterrichtswirklichkeit differenzierter wahrzunehmen. Objekte haben (...) Handlungsträgerschaft. Sie gestalten (mathematische) Lernprozesse und Interaktionssituationen in ihrer ganz eigener Weise mit." (Fetzer 2014, S. 364) Im Gegensatz dazu nutzt der vorliegende Text Latours Idee der Existenzweisen eher in einer Makroperspektive, um den Wert komplexer wertebezogener Entscheidungssituationen für den Mathematikunterricht und damit für das Verhältnis von Mathematik und Gesellschaft sowie der in ihr handelnden Individuen zu diskutieren.

17.3 Mathematik als existenzielle Erfahrung

> ... „verstehen wir die Katastrophe, die für die Ökonomie der Anspruch darstellen kann, das Optimum berechenbar zu machen, indem sie aus dem Ausdruck des Wertes eine ‚bloße Tatsachenfrage' macht." (Latour 2014, S. 627)

Die Aufgabe in Abb. 17.2 thematisiert die Entwicklung von Rohstoffpreisen im Kontext der Modellierung von Alltagssituationen mittels ganzrationaler Funktionen (Jgst. 10). Die Schülerinnen und Schüler sollen hier zunächst einen passenden Funktionsgraphen skizzieren und beschreiben. Im weiteren Verlauf der Unterrichtssequenz werden solche Zusammenhänge dann mit Hilfe von Funktionstermen beschrieben. An dieser Stelle wird nicht näher auf die Diskussion der Frage eingegangen, inwiefern es sich bei dieser Aufgabe um eine Einkleidung handelt, bei der letztlich die Relevanz des Kontextes (für die Schülerinnen und Schüler) zur Nebensache wird. Der Sachzusammenhang der Aufgabe an sich hingegen ist sehr real und in der Tat brisant. So wird hier im Bild transportiert, was im Text nicht explizit erwähnt wird: Die Rohstoffpreise werden international an der Börse gehandelt. Unabhängig von der Frage, inwiefern die hier abgedruckten Preisentwicklungen halbwegs realistisch sind, spiegelt zumindest der hier angedeutete Verlauf eine dramatische Preisentwicklung wider – insbesondere für die Ärmsten. Agrarrohstoffe wie Weizen, Reis und Mais gehören in Zeiten der Finanzmarktunruhen zu zunehmend beliebteren Spekulationsobjekten – mit gravierenden Folgen für viele Entwicklungsländer, die sich die hohen Preise für Grundnahrungsmittel dann nicht leisten können.

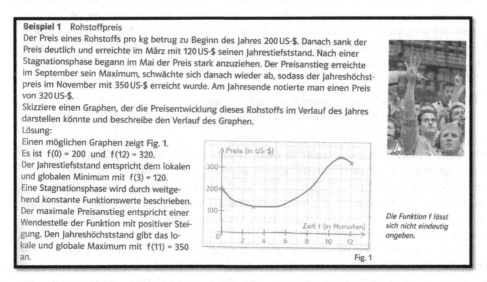

Beispiel 1   Rohstoffpreis

Der Preis eines Rohstoffs pro kg betrug zu Beginn des Jahres 200 US-\$. Danach sank der Preis deutlich und erreichte im März mit 120 US-\$ seinen Jahrestiefstand. Nach einer Stagnationsphase begann im Mai der Preis stark anzuziehen. Der Preisanstieg erreichte im September sein Maximum, schwächte sich danach wieder ab, sodass der Jahreshöchstpreis im November mit 350 US-\$ erreicht wurde. Am Jahresende notierte man einen Preis von 320 US-\$.

Skizziere einen Graphen, der die Preisentwicklung dieses Rohstoffs im Verlauf des Jahres darstellen könnte und beschreibe den Verlauf des Graphen.

Lösung:

Einen möglichen Graphen zeigt Fig. 1.

Es ist $f(0) = 200$ und $f(12) = 320$.

Der Jahrestiefststand entspricht dem lokalen und globalen Minimum mit $f(3) = 120$.

Eine Stagnationsphase wird durch weitgehend konstante Funktionswerte beschrieben.

Der maximale Preisanstieg entspricht einer Wendestelle der Funktion mit positiver Steigung. Den Jahreshöchststand gibt das lokale und globale Maximum mit $f(11) = 350$ an.

Die Funktion f lässt sich nicht eindeutig angeben.

Fig. 1

Abbildung 17.2. Aufgabenbeispiel (Jgst. 10) einer Modellierungssituation (Schmid und Weidig 2010, S. 155, © Ernst Klett Verlag GmbH 2010)

In diesem Sinne ist die Aufgabe in Abb. 17.2 auch hinsichtlich der zugrunde liegenden bildungstheoretischen Selbstverständlichkeiten kritisch zu sehen, die hier transportiert werden. Die sehr umstrittene – wertebezogene – Frage, inwiefern mit Agrar-Rohstoffen spekulativ gehandelt werden sollte, wird im Rahmen der obigen Aufgabe im Kontext einer „bloßen Tatsachenfrage" (Latour 2014) thematisiert, bei der bestimmte mathematische Kennwerte zu bestimmen sind. Möchte man die Rolle von Mathematik in den Lebenszusammenhängen reflektieren, in denen sie eingebunden ist, so könnte eine für Schülerinnen und Schüler sehr naheliegende wertebezogene Frage in diesem Zusammenhang z.B. so lauten: *Wo sollte ich meine Lebensmittel einkaufen?* In diesem Zusammenhang kann etwa die Frage diskutiert werden, wie Preise an Börsen *gemacht* werden oder warum 1kg Mehl im Biomarkt in der Regel mehr kostet als beim Discounter. Gleichzeitig steht bei einem solchen Beispiel ebenso die Frage im Mittelpunkt, inwiefern sich Preisentwicklungen auch als funktionale Zusammenhänge beschreiben lassen. Hier liegen die Stärken, aber auch die Grenzen mathematischer Konzepte: So erlauben sie etwa eine präzise funktionale Beschreibung vergangener Preisentwicklungen, aus denen sich aber – in diesem Zusammenhang – keine Ableitungen für zukünftige Preisentwicklungen bilden lassen.

Dass die spezifische Rationalitätsform von Mathematik in der Schule erfahrbar wird, ist sicherlich ein anspruchsvolles Ziel. Unter Differenzkompetenz kann hier die Fähigkeit verstanden werden, den spezifischen Zugang zu Welt mittels Mathematik zu finden. Angesichts der sich hinsichtlich ihrer Rationalitätsform z.T. deutlich widersprechenden gesellschaftlichen Wertsphären ist dies durchaus ein zentrales Ziel. Gleichzeitig sehen wir uns bei vielen Fragen aber damit konfrontiert, dass die Wertsphären eng verflochten sind. Vor dem Hintergrund der Ideen Latours erscheint es daher fruchtbar, die netzartigen gesellschaftlichen Verflechtungen genauer zu verstehen und die Trajektorien der jeweiligen Existenzmodi herauszuarbeiten. Für den Mathematikunterricht können sich Chancen in solchen Situationen ergeben, in denen wertebezogene Fragen diskutiert werden, anhand derer Wirkungen und Grenzen mathematischen Handelns erfahrbar werden.

(a) *Wertebezogene Fragen bieten Potential, die Vernetzung unterschiedlicher Existenzmodi, insbesondere mathematischer Rationalitätsformen, in Handlungssituationen zu erfahren.*

Was sollte ich bei Facebook posten? In dieser wertebezogenen Frage kreuzen sich Trajektorien unterschiedlichster Existenzmodi. Sie kann Ausgangspunkt für eine Reflexion der spezifischen Rationalitätsform der Mathematik sein. Gleichzeitig jedoch wird das mathematische Handeln in Beziehung zu den Trajektorien der anderen Existenzmodi gesetzt. Im Unterricht können so Widersprüche erfahren werden, die zum gesellschaftlichen Alltag und zum individuellen Handeln gehören, etwa das Spannungsfeld von Sicherheit und Freiheit oder von mathematisch-technisch Möglichem und gesellschaftlich Wünschenswertem. In jeder Entscheidung, was und wann man bei Facebook kommentiert, kann und sollte ein kritisches Bewusstsein darüber bestehen, welche mathematisch-technischen, welche politischen und welche rechtlichen Konsequenzen damit verbunden sind.

(b) *Mathematik kann eine existenzielle Erfahrung sein, wenn aus Tatsachenfragen (wieder) Wertefragen werden.*

Damit verbunden sind in diesem Zusammenhang etwa Erkenntnisse dazu, inwiefern Raumkoordinaten für die Erstellung von Bewegungsprofilen genutzt werden können oder dass vier Positionsdaten einer Person ausreichen, um sie mit einer sehr hohen Wahrscheinlichkeit einem Bewegungsprofil eines gegebenen Datensatzes zuzuordnen (Montjoye u. a. 2013). Die mathematischen Trajektorien legen offen, inwiefern die Mathematik Konzepte bereit hält, die im alltäglichen Leben eine hohe Relevanz haben und die – losgelöst vom gesellschaftlichen Alltag – auch auf innermathematische Begriffsbildungen z.B. hinsichtlich typischer Abstraktionsprozesse verweisen. Gleichzeitig lassen sich die Trajektorien weiterer Existenzmodi an dieser Frage rekonstruieren. So gibt es handfeste ökonomische Interessen an individualisierten Benutzerprofilen, die etwa für ebenfalls individualisierte Werbung genutzt werden. Aus sicherheitspolitischer Sicht sind immer wieder Argumente zu hören, die die Nutzung von Standortdaten etwa bei der Kriminalitätsbekämpfung fordern, was datenschutzrechtlichen Argumenten gegenübersteht, die vor dem gläsernen Menschen warnen. Es sollte im Unterricht nicht nur *reflektiert* werden, dass Mathematik mehr ist als ein nützliches Werkzeug. Das Besondere der mathematischen Rationalitätsform kann vielmehr im Kontext wertebezogener Fragen zu individuellen Handlungsentscheidungen in existenzieller Weise *erfahren* werden.

Mein Dank gilt Monika London und Stephan Hußmann für die hilfreichen und kritischen Anmerkungen und Diskussionen zu diesem Beitrag.

Literaturverzeichnis

Baur, D. 2011. Automatische Gesichtserkennung: Methoden und Anwendungen. Besucht am 30. Juni 2015. http://uwww.medien.ifi.lmu.de/fileadmin/mimuc/hs%5C_ws0506/papers/Automatische%5C_Gesichtserkennung.pdf.

Dressler, B. 2007. Modi der Weltbegegnung als Gegenstand fachdidaktischer Analysen. *Journal für Mathematik-Didaktik* 28 (3-4): 249–262. Besucht am 11. Dezember 2017. Online%20ver%C3%B6ffentlicht%202013,%20http://doi.org/10.1007/BF03339348.

Fetzer, M. 2009. Objects as participants in classroom interaction. In *Proceedings of the Sixth Congress of the European Society for Research in Mathematics Education. Lyon 2009, 974–983.* Lyon: CERME. Besucht am 30. Juni 2015. http://ife.ens-lyon.fr/publications/edition-electronique/cerme6/wg6-15-fetzer.pdf.

Fetzer, M. 2014. Mitten drin, statt nur dabei. Empirische Forschung zur Handlungsträgerschaft von Objekten. In *Beiträge zum Mathematikunterricht,* herausgegeben von J. Roth und J. Ames, 361–364. Münster: WTM Verlag.

Habermas, J. 2014. *Theorie des kommunikativen Handelns.* 9. Franfkurt/Main: Suhrkamp Verlag.

Hußmann, S. 2003. *Mathematik entdecken und erforschen - Sekundarstufe ii.* Berlin: Cornelsen Verlag.

Latour, B. 2014. *Existenzweisen: Eine Anthropologie der Modernen.* 1. Berlin: Suhrkamp Verlag.

Montjoye, De, Hidalgo Y.-A., Verleysen C. A., M. und V. D. Blondel. 2013. Unique in the Crowd: The privacy bounds of human mobility. *Scientific Reports,* Nr. 3. Besucht am 30. Juni 2015. http://doi.org/10.1038/srep01376.

Riemer, W. 2009. Dem Navi auf der Spur. *MNU. Der Mathematische und Naturwissenschaftliche Unterricht.* 68 (8): 468–477.

Schmid, A., und I. Weidig. 2010. *Lambacher Schweizer - Ausgabe Nordrhein-Westfalen - Neubearbeitung / Schülerbuch Oberstufe Einführungsphase.* 1. Aufl. Stuttgart; Leipzig: Klett.

Uden, L. 2012. Actor Network Theory and Learning. In *Encyclopedia of the Sciences of Learning,* herausgegeben von N. Seel, 86–89. Dordrecht: Springer.

Vohns, A. 2013. Von der Vektorrechnung zum reflektierten Umgang mit vektoriellen Darstellungen. In *Mathematik verständlich unterrichten - Perspektiven für Unterricht und Lehrerbildung,* herausgegeben von H. Allmendinger, K. Lengnink, A. Vohns und G. Wickel. Wiesbaden: Springer Spektrum.

Weber, M. 1920. *Gesammelte Aufsätze zur Religionssoziologie.* Tübingen.

18 Rechnen oder Rechnen lassen? Mathematik(unterricht) als Bürgerrecht und Bürgerpflicht

ANDREAS VOHNS

Abstract Ein Ziel schulischer Bildung besteht darin, die Heranwachsenden zu mündigen, politisch urteilsfähigen Staatsbürgerinnen und -bürgern heranzubilden. Im vorliegenden Beitrag wird erörtert, inwiefern *Aufklärung gegenüber Mathematik in öffentlichen Angelegenheiten* in diesem Rahmen ein wesentliches Anliegen mathematischer Bildung darstellt und wie zwei unterschiedlichen Bildungskonzeptionen (Heinrich Winter, Roland Fischer) sich zu der Frage verhalten, welche Art der Auseinandersetzung mit Mathematik zur Umsetzung dieses Anliegens wünschenswert wäre. An drei exemplarischen Beispielen wird schließlich konkretisiert, worin einerseits die Bedeutung von Mathematik in öffentlichen Angelegenheiten bestehen kann und was andererseits in den unterschiedlichen Beispielen jeweils ein *mündiger Umgang* mit mathematischen Modellen sein könnte (und was für einen solchen Umgang jeweils an (und über die) enthaltene(r) Mathematik verstanden werden müsste).

18.1 Zur Einführung

Das Rahmenthema dieses Bandes und der ihm zugrunde liegenden Tagung lautet „Mathematik und Gesellschaft" und gemäß Tagungseinladung soll es im Allgemeinen darum gehen, wechselseitigen Einflüssen zwischen Mathematik und unserem gesellschaftlichen Zusammenleben nachzugehen. Von mir als Fachdidaktiker wird wohl im Speziellen erwartet, daraus wiederum einerseits *Ansprüche an mathematische Bildung* abzuleiten und andererseits auch noch etwas dazu zu Papier zu bringen, wie Mathematikunterricht selbst auf die *gesellschaftliche Rolle von Mathematik* zurückwirkt.

Ich nehme dafür in meinem Beitrag einen speziellen Blickwinkel ein, gehe von einer *spezifischen Rolle* aus, die Menschen in unserer Gesellschaft einnehmen, nämlich jener der Bürgerin bzw. des Bürgers bzw. noch genauer: der *Staatsbürgerin* bzw. des Staatsbürgers. Ebendiese Rolle machen mit Heinrich Winter und Roland Fischer auch die Autoren zweier der vielleicht einflussreichsten Konzeptionen mathematischer Bildung aus den letzten dreißig Jahren implizit oder explizit zum Ausgangspunkt. Man

© Springer Fachmedien Wiesbaden GmbH, ein Teil von Springer Nature 2018
G. Nickel et al. (Hrsg.), *Mathematik und Gesellschaft*, https://doi.org/10.1007/978-3-658-16123-1_19

darf diese Einschränkung auf einen spezifischen Blickwinkel dann nicht dahingehend (miss)verstehen, dass ich (oder Winter bzw. Fischer) den Menschen auf ebendiese Rolle in der Gesellschaft reduzieren möchte, auch nicht die Frage einer möglichen Bildung allein aus der Perspektive dieser Rolle für beantwortbar halte. Mir erscheint die Fokussierung auf die Bürger(innen)rolle lediglich eine Voraussetzung dafür zu sein, mich qualifiziert und abgrenzbar zum Thema des Bandes äußern zu können – würde man andere Rollen des Menschen in der Gesellschaft bzw. überhaupt andere Eigenschaften des Mensch-Seins fokussieren, käme man u. U. zu anderen Ergebnissen. Aber: Eine Fokussierung scheint mir prinzipiell unabdingbar, um nicht zu sehr in Allgemeinplätze abzugleiten.

Mein Beitrag ist in drei Teile gegliedert: Die ersten beiden Teile sind den beiden Bildungskonzeptionen – um es mutwillig etwas gestelzt zu sagen: unter besonderer Berücksichtigung der Bürger(innen)rolle – gewidmet. Dabei wird sich zeigen, dass *Urteilsfähigkeit in Sachen des öffentlichen Lebens* im Sinne Immanuel Kants (den Winter explizit zitiert) dabei eine zentrale – wenn man denn so sagen will – „Bürger(innen)kompetenz" ausmacht.

Man wird als Fachdidaktiker weiters fragen müssen,

- was *Mathematik in Angelegenheiten des öffentlichen Lebens* auszeichnet, insbesondere wie sie gesellschaftlich wirkt und

- wo sie Stütze, wo sie Hindernis der Ausbildung der Urteilsfähigkeit in diesen Angelegenheiten sein kann.

Dieser Frage ist der dritte Teil meines Textes gewidmet. Ich schließe dann im Fazit mit einer Pointierung des bislang Diskutierten zu vier, im engeren Sinne *didaktischen* Thesen bzw. Desiderata.

18.2 Bürgerliches Rechnen, Aufklärung und Modellbildung (Heinrich Winter)

Ich beginne hier zunächst mit den vielzitierten Winter'schen *Grunderfahrungen* aus seinen Überlegungen zu „Mathematikunterricht und Allgemeinbildung":

> „Der Mathematikunterricht sollte anstreben, die folgenden drei Grunderfahrungen, die vielfältig miteinander verknüpft sind, zu ermöglichen:
>
> (1) Erscheinungen der Welt um uns, die uns alle angehen oder angehen sollten, aus Natur, Gesellschaft und Kultur, in einer spezifischen Art wahrzunehmen und zu verstehen,
>
> (2) mathematische Gegenstände und Sachverhalte, repräsentiert in Sprache, Symbolen, Bildern und Formeln, als geistige Schöpfungen, als eine deduktiv geordnete Welt eigener Art kennen zu lernen und zu begreifen,

(3) in der Auseinandersetzung mit Aufgaben Problemlösefähigkeiten, die
über die Mathematik hinaus gehen, (heuristische Fähigkeiten) zu erwerben." (Winter 1995, S. 37)

Ich zitiere diese Grunderfahrungen auch deshalb noch einmal im originalen Wortlaut,
weil sie zwar allseits bekannt sind, manchmal allerdings eher im Sinne eines Hören-
sagens, etwa: Mathematik lerne man nach Winter, weil sie einem Erstens nützlich,
Zweitens ein Feld kultureller Erbauung und/oder Drittens ein Gebiet der Erprobung
und Schärfung der eigenen Denk- und Problemlösefähigkeiten sein kann.

Eine Lesart, die Grunderfahrung (1) zur „Nützlichkeit" verkürzt unterschlägt aber zwei
für die Frage der Bedeutung der Bürger(innen)rolle für den Mathematikunterricht ganz
entscheidende Spezifikationen: Es soll nach Winter darum gehen, Dinge *die uns alle angehen oder angehen sollten* durch Mathematik *in einer spezifischen Art und Weise
wahrzunehmen.* Dazu heißt es bei Winter weiter:

„In (1) ist die Mathematik als nützliche, brauchbare Disziplin angesprochen und tatsächlich ist sie in dieser Hinsicht von schier universeller Reich-
weite. Dies allein impliziert noch nicht eine Bedeutung für Allgemeinbildung; [...] Interessant und wirklich unentbehrlich für Allgemeinbildung
sind Anwendungen der Mathematik erst, wenn in Beispielen aus dem ge-
lebten Leben erfahren wird, wie mathematische Modellbildung funktioniert und welche Art von Aufklärung durch sie zustande kommen kann,
und Aufklärung ist Bürgerrecht und Bürgerpflicht." (Winter 1995, S. 38)

Die Zurückweisung der Legitimation von Mathematik als Bildungsgegenstand allein
auf Basis ihrer Nützlichkeit im alltäglichen Leben findet sich bereits fünf Jahre vor den
berühmten „Grunderfahrungen" in Winters Aufsatz „Bürger und Mathematik" (Winter
1990). Dort präsentiert Winter Aufklärung durch mathematische bzw. gegenüber mathematischen Modelle(n) als zeitgemäße Alternative bzw. Neuinterpretation des sogenannten „Bürgerlichen Rechnens", welches heute eher „Sachrechnen" heißt und dessen
Inhalte traditionell aus einfachen Anwendungsbeispielen zu den Grundrechnungsarten
bis hin zur Prozent-, Verhältnis- und Schlussrechnung bestanden und bis heute (mit gewissen Modifikationen, im Kern aber unverändert) fortbestehen.„Bürgerlich", ist dieses Sachrechnen in dem Sinne, als die vermittelten Inhalte ursprünglich sowohl Voraussetzung dafür waren, dass jemand „Bürger" sein konnte, also die ihm zugestanden
Bürgerrechte sinnvoll wahrnehmen und die ihm auferlegten Bürgerpflichten einhalten,
als auch umgekehrt die ihm zugedachte Bürgerrolle Voraussetzung dafür war, dass ihm
überhaupt gewisse mathematische Kenntnisse und Fertigkeiten abverlangt bzw. – positiv gewendet – ihm deren Erwerb zugestanden wurde[101]. Sachrechnen entwickelt sich
gemäß Winter

„im städtischen Bürgertum zu Beginn der Neuzeit, als ein fortgeschrittenes
Geld - und Handelswesen und die beginnende Technisierung der Arbeits-,
Verkehrs-, und Wirtschaftswelt die Forderung begründeten, die breite Mas-
se müsse ein gewisses Maß rechnerischer Bildung erwerben. Zünfte, Gilden

---

[101] Die männliche Sprachform ist hier absichtlich gesetzt, da Bürger hier historisch *nicht* automatisch auch
Bürgerin impliziert.

und Kommunen richteten Schulen ein, in denen Rechenmeister sich darum bemühten, angewandte Mathematik unter das Volk zu bringen." (Winter 1990, S. 134)

Winter betont, dass Sachrechenunterricht dabei von Beginn an zwei auch heute noch aktuellen Spannungsverhältnissen ausgesetzt war: demjenigen zwischen „mathematischer Systematik und Lebenswirklichkeit" (Winter 1990, S. 134) und eng damit verflochten „demjenigen zwischen Anpassung und Aufklärung" (Winter 1990, S. 134). Zur aktuellen Bedeutung des zweiten Spannungsverhältnisses hält Winter fest:

> „Das Dilemma der Zielprojektion zwischen Anpassung und Aufklärung betrifft die Frage, ob die Schüler in erster Linie für nützlich erachtete Dinge der späteren privaten Lebens- und Berufspraxis lernen sollten, um sich dort möglichst erfolgreich (oder gar clever) behaupten zu können, oder ob die Schüler mehr (bzw. darüber hinaus) zu Bürgern im Sinne von mündigen Demokraten herangebildet werden sollen, also Weltkenntnis, Urteilsfähigkeit, Handlungs- und Verantwortungsbereitschaft in Fragen des öffentlichen Lebens der Menschen erwerben sollen." (Winter 1990, S. 134)

In einer Bildungsanstalt „für die Regierten" (Dolch 1959, S. 349), deren erklärtes Erziehungsideal der „fleißige, sparsame und gehorsame Untertan" (Winter 1990, S. 135) war, musste im 19. Jahrhundert Sachrechnen zwangsläufig auf – in den Worten Winters – „die Vermittlung braver, nützlicher und harmlos privatistischer Gegenstände, ohne mathematisch-sachkundliche Einsichten in größere Zusammenhänge" (Winter 1990, S. 135) beschränkt bleiben. Diese Beschränkungen problematisiert Winter im Folgenden aus zwei Richtungen: Zum ersten ist das Erziehungsideal „gehorsamer Untertan" einer demokratisch verfassten Gesellschaft nicht mehr angemessen, also die Zielperspektive zwischen Anpassung und Aufklärung neu zu justieren. Zum zweiten betrachtet Winter die zunehmende Spezialisierung und funktionale Ausdifferenzierung der Gesellschaft als potentielles Hindernis für die Herausbildung von öffentlichem Vernunftgebrauch im Sinne Kants.

Heute stelle sich das Problem der Aufklärung „vor allem als ein Problem des Ungleichgewichts zwischen den jeweils kleinen Gruppen von Experten (für Steuerwesen, Industriemanagement, Gentechnik, Raumfahrt, Energiegewinnung, Computerwesen usw.) und der großen Masse der Laien" (Winter 1990, S. 132). Es helfe auch nur bedingt, dass in den meisten Wissensbereichen „prinzipiell jedermann Zugang habe", weil „der hohe und zunehmende Grad an Spezialisierung einschließlich der zugehörigen Fachsprachlichkeit [...] die Ausbreitung einer allgemeinen Informiertheit ungeheuer" (Winter 1990, S. 132) erschwere. Als Laie mache man es sich aber dennoch ganz im Kant'schen Sinne zu „bequem",

> „wenn man die gutachterlichen Äußerungen der Experten gläubig vernehme, ohne sie begreifen zu können, wenn man also als Laie brav befolgte, was die Experten und die mit ihnen evtl. verbundenen Machtgruppen sagen. Soll [...] der ‚normale Bürger' trotz aller Hemmnisse ein gewisses Maß an Einsicht, Urteilsfähigkeit und Handlungsorientierung erlangen, erwächst daraus das Problem der Aufklärung." (Winter 1990, S. 134)

Mathematikunterricht kommt dabei insofern ins Spiel, als nach Winter„die Mathematik (im Wesentlichen seit Galilei) nicht nur das Beschreibungsmittel für Naturwissenschaftler und das Arbeitsmittel für Ingenieure" sei, „sondern die rational planende, kalkulierende und agierende Arbeitsweise sich generell in nahezu allen Wissenschaften ausgebreitet hat und [...] sogar in die alltägliche Kommunikation hineinreicht." (Winter 1990, S. 133)

Mathematisches Modellieren zeigt für Winter *dann* eine Perspektive auf, sich diesem Problem stärker als bisher anzunehmen, *wenn* zum einen „eine entschiedene Umorientierung im Gegenständlichen" umgesetzt wird, „nämlich eine Abkehr vom Lösen isolierter und letztlich doch nur fachsystematisch sinnvoller Übungsaufgaben und eine Hinwendung zum geistigen Ordnen und Deuten von Situationskomplexen in ihrer mathematisch-sachkundlichen Doppelnatur, die prinzipiell für alle Menschen wichtig" (Winter 1990, S. 135) sei. Zum anderen hält es Winter für eine Voraussetzung eines aufklärenden Mathematikunterrichts, das Kant'sche „Sapere aude!" auch dahingehend zu verstehen, ganz generell „mehr Selbsttätigkeit anzustreben, mehr entdeckenlassenden Unterricht zu ermöglichen." (Winter 1990, S. 135)

Dieses „Sapere aude!" ist es umgekehrt auch, was den didaktisch herausfordernden Kern von Winters zweiter Grunderfahrung ausmacht. Auch hier sei noch einmal an den originalen Wortlaut erinnert: „mathematische Gegenstände und Sachverhalte, repräsentiert in Sprache, Symbolen, Bildern und Formeln, als geistige Schöpfungen, als eine deduktiv geordnete Welt eigener Art" (Winter 1995, S. 37) kennenlernen und begreifen. Die Grunderfahrung (2) besteht für Winter darin, erleben zu können und darüber zu reflektieren, dass (und inwiefern) „Menschen im Stande sind, Begriffe zu bilden und daraus ganze Architekturen zu schaffen. Oder anders: Dass [in einem wohlverstandenen Sinn – A.V.] strenge Wissenschaft möglich ist." (Winter 1995, S. 39)

Winter hatte sich bereits 1982 intensiv mit der allgemeinbildenden Bedeutung mathematischen Begründens und Beweisens beschäftigt und dort gefordert, dass „Beweisen als autonome Rekonstruktion mathematischer Tatsachen" (Winter 1983, S. 88) im Unterricht erfahrbar werden müsse. Die Lernenden sollten „selbst den Gegenstand noch einmal neu" erschaffen, um dessen „Richtigkeit [...] jedermann gegenüber aus der Sache heraus vertreten" (Winter 1983, S. 88) zu können. Eine solche *innermathematische Aufklärung* ist für Winter nun aber noch kein Garant einer Aufklärung *in Sachen des öffentlichen Lebens*. Winter bleibt in „Bürger und Mathematik" gegenüber einer breiten Transferhypothese skeptisch, der gemäß „das Studieren reiner Mathematik die Denkfähigkeit allgemein und also für alles Denken ausbildet und somit zur Aufklärung beiträgt." (Winter 1990, S. 133)

Ohne innermathematische Aufklärung gibt es für Winter aber umgekehrt *kein echtes Verständnis mathematischer Modellierung*. Denn einerseits sei diese „immer auf vorgängiges mathematisches Wissen– gewissermaßen als uninterpretiertes Spielmaterial – angewiesen" (Winter 1990, S. 133) und andererseits hätte auch die Beschäftigung mit rein innermathematischen Fragestellungen dort emanzipatorisches Potenzial, wo „die Reflexion auf das mathematische Tun selbst ein Bewusstsein von den Voraussetzungen und Möglichkeiten des Denkens vermittelt" (Winter 1990, S. 133). Entwicklungspotenzial im Sinne der zweiten Grunderfahrung liegt damit darin, Innermathematisches gerade nicht zum „stupiden Rechnen", zur reinen regelgeleiteten Ausführung von vorgegebenen Operationen verkommen zu lassen, sondern auch hier prinzipiell der „Aufklärung" ganz im Sinne der Wagenschein'schen Formel „Verstehen des Verstehbaren ist ein Menschenrecht!" (Wagenschein 1970, S. 419) verpflichtet zu fühlen.

Ein weiteres Argument für Winters Position: In der Kritischen Mathematikdidaktik ist verschiedentlich argumentiert worden, dass ein Mathematikunterricht sehr wohl auch dann, vielleicht sogar gerade dann, im Sinne einer Anpassung an die gegebenen gesellschaftlichen Verhältnisse wirksam sein kann, wenn er die gesellschaftliche Bedeutung der verhandelten Inhalte bewusst ausblendet, sich also ins ‚keimfreie' Innermathematische zurückzieht bzw. dort, wo eine Bezugnahme zu außermathematischen Realitäten stattfindet, diesen Umstand selbst nicht weiter thematisiert[102]. Christine Keitel hält hierzu fest, Schülerinnen und Schüler erführen im Mathematikunterricht

> „von früh an, dass sich mit ihrer Hilfe [gemeint ist die Mathematik – A.V.] alle Probleme [. . .] lösen lassen, und zwar eindeutig richtig. Bei Aufgaben, die man nicht lösen kann, versagt nicht die Mathematik, sondern der Schüler; eine falsche Lösung bedeutet nur, daß man sich verrechnet hat. So entsteht die argumentative Stringenz von Berechnungen gleich welcher Art, die Überzeugungskraft von Zahlen, gleichviel, wie sie zustandekommen, die überall dort ihre Wirkung tut, wo jemand, der meist länger Mathematik gelernt hat, diejenigen, die meist weniger Mathematik lernen konnten, von der Logik und Notwendigkeit einer Absicht oder Maßnahme überzeugen will." (Keitel 1979, S. 134)

18.3 Ausführen, Delegieren, Reflektieren und Entscheiden (Roland Fischer)

Wir sind damit erneut beim Problem der Expertinnen-Laien-Kommunikation angelangt, das bekanntlich auch den Ausgangspunkt für Roland Fischers Vorstellungen zur (nicht bloß mathematischen) Allgemeinbildung bildet. In seiner jüngsten, im Rahmen des 2012 abgeschlossenen Projekts „Domänen fächerorientierter Allgemeinbildung" (Fischer, Greiner und Bastel 2012) erarbeiteten Ausformulierung fokussiert dieses Konzept das *Bildungsideal reflektiert urteils- und entscheidungsfähiger Lai(inn)en*.

Im Zentrum der Überlegungen stehen dabei charakteristische Merkmale unserer heutigen Gesellschaft, die sich grob mit der Formel *demokratisch verfasste, arbeitsteilig organisierte Entscheidungsgesellschaft* umschreiben lassen. In arbeitsteilig organisierten, funktional differenzierten, demokratisch verfassten Gesellschaften ist es dem Individuum möglich und für das Funktionieren der Arbeitsteilung konstitutiv, dass nicht jedes Gesellschaftsmitglied alles selbst tun muss, was getan werden muss, um ihm ein qualitätsvolles Leben zu ermöglichen. „Wir delegieren an Fachleute oder lassen uns

---

[102] Aus marxistischer Perspektive etwa beim Klassiker der Kritischen Mathematikdidaktik, Kanitz 1924, auf diesen bezugnehmend später bei Münzinger 1985 und in jüngster Zeit vor dem Hintergrund der Focault'schen Gesellschaftstheorie bei Kollosche 2015.

zumindest beraten, bevor wir selbst tun." (Fischer 2012, S. 10) Hier entsteht genau jenes Bildungsproblem, das Winter als zentrales Aufklärungsproblem betrachtet: Jedes Gesellschaftsmitglied ist in fast allen Bereichen Laie bzw. Laiin, in sehr wenigen selbst Expertin bzw. Experte.

Bei Fischer kommt nun eine zweite Beobachtung hinzu: In der Expertinnen-Laien-Kommunikation sind Information und Verantwortung typischerweise asymmetrisch verteilt. Der Experte bzw. die Expertin verfügt in einer Entscheidungssituation, in der wir ihre oder seine Expertise einholen, immer über ein höheres spezifisches Wissen und Können. Trotzdem liegen Entscheidungsgewalt und -verantwortung über einen Problemlösungsvorschlag typischerweise auf Seite derer, die die Expertise einholen (also der Laien und Laiinnen, vgl. Fischer 2012, S. 14).

Ein prototypisches Beispiel: Eine Chirurgin klärt den Patienten über eine Operation auf, für diese Operation entscheiden muss sich aber der Patient selbst (ggf. verbrieft durch Unterschrift), obwohl er weniger von dieser Operation versteht, als die Chirurgin, der Patient die Operation selbst auch gar nicht durchführen könnte. Das sich ergebende Bildungsproblem ist nun, wie man in Fachunterricht auf solche, für den individuellen Alltag im Kleinen wie die Organisation gesellschaftlicher Entscheidungsprozesse im Großen typische Konstellation gezielt vorbereiten kann, d.h. inwiefern Fachunterricht eine überzeugende Antwort auf die Frage findet, „was man wissen und tun können muss, also lernen sollte, um gut delegieren zu können und sich beraten zu lassen." (Fischer 2012, S. 11)

Fischers Vorwurf, insbesondere an die Didaktik der Naturwissenschaften und der Mathematik, besteht darin, sich mit dieser Frage bislang zu wenig auseinander gesetzt zu haben, bzw. eine zu einfache faktische Antwort zu liefern. Fachunterricht in diesen Fächern konzentriere sich auch dort, wo er ‚innovativ' sein will, oft auf ‚Handlungsorientierung' in dem Sinne, dass Schülerinnen und Schüler möglichst authentisch das tun sollten, was Expert(inn)en in ihrer Praxis tun. Jenes Handeln der Expert(inn)en sei aber ganz entscheidend durch fachlich elaboriertere Tätigkeiten im eher operativ-ausführenden Bereich gekennzeichnet, welche im realen Alltag dann typischerweise gerade nicht mehr von Lai(inn)en selbst ausgeführt würden, daher relativ schnell verlernt und das betroffene Wissen vergessen würden (vgl. Fischer 2012, S. 12).

Was hat das bislang Angesprochene nun mit der Regelung *öffentlicher Angelegenheiten* zu tun? Offenkundig findet sich das Problem der Expertinnen-Laien-Kommunikation auch hier auf verschiedenen Ebenen:

- einerseits auf der Ebene der Kommunikation bzw. Argumentation zwischen Politik und Politikberatung im Sinne des Einholens von (wissenschaftlicher) Expertise,
- andererseits auch in der Kommunikation zwischen (am politischen Prozess aktiv teilnehmenden) Bürger(inn)en und der Politik bzw. den diese beratenden Expert(inn)en.

Auch hier sind Expertise und Verantwortung asymmetrisch verteilt: Expert(inn)en können die Politik beraten, es ist aber die ureigene Funktion der Politik, die Entscheidungen zu fällen und zu tragen. Politisch mündige Bürger(inn)en, die in der politischen Bildung als *politisch urteilsfähige Personen* (vgl. Massing 1999) gedacht werden, befinden sich strukturell in einer analogen Situation: Sie sollen sich ein reflektiertes Urteil über Sachverhalte bilden, die auf fachlichem Expert(inn)enhandeln beruhen, welches sie selbst im weit überwiegenden Teil aller Fälle nicht im Einzelnen nachvollziehen oder selbst ausführen könnten.

Strukturell gibt es aus solchen Situationen auch keinen Ausweg: Arbeitsteilung und funktionale Ausdifferenzierung beruhen im Kern darauf, dass gewisse Dinge nicht von allen im selben Ausmaß gekonnt oder gewusst werden (müssen). Die Alternative, eben den Expert(inn)en selbst die Entscheidungsgewalt zu überlassen, würde in einer reinen Techno- bzw. Expertokratie münden.

Fischer und Winter sind sich dabei insofern einig, als beide einem blinden Vertrauen in die Vorschläge von Expert(inn)en eine Absage erteilen. Fischer hat nun den Schluss gezogen, dass im Regelfall eine „mündige Bürgerin" zwar nicht in der Lage ist, die fachliche Richtigkeit einer Argumentation im Detail nachzuvollziehen, sie aber in jedem Fall gezwungen ist, sich ein Urteil über die Wichtigkeit einer fachlichen Argumentation in einem sie betreffenden Problemfall zu bilden – und sei es nur dadurch, dass sie nicht kritisch zu dieser Argumentation Stellung bezieht. Aufklärung müsste nun bedeuten, Menschen auch in solchen Fällen zu ‚rationalen' Urteilen über fachlich gegründete Problembewältigungsvorschläge zu führen, in denen ihnen kein Urteil über deren fachliche Richtigkeit im engeren Sinne möglich ist bzw. diesem jedenfalls klare Grenzen gesetzt sind.

Für die Mathematik hat Fischer dann vorgeschlagen, drei Bereiche des Wissens, mit unterschiedlicher Bedeutung für Expertinnen und Laien zu unterscheiden:

> „erstens *Grundkenntnisse* (Konzepte, Begriffe, Darstellungsformen) und -*fertigkeiten*, zweitens mehr oder weniger kreatives *Operieren* damit im Bereich der Anwendung (Problemlösen) oder zur Generierung neuen Wissens (Forschen), und drittens *Reflexion* (Was ist die Bedeutung der Begriffe und Methoden, was leisten sie, wo sind ihre Grenzen?)." (Fischer 2001, S. 154)

Laut Fischer gilt dann weiter, dass Expertinnen in allen drei Bereichen, gebildete Laien hingegen vornehmlich im ersten und dritten kompetent gemacht werden müssten.

Worin besteht nun der Unterschied zwischen Winter und Fischer? Winters Vorschlag besteht im Kern darin, an ausgewählten paradigmatischen Beispielen die *bestehende Informationsasymmetrie abzubauen*, also an Beispielen, in denen sich etwas für spätere Bürger sachkundlich-inhaltlich Relevantes vollzieht, das fachliche Expertinnenhandeln tatsächlich selbst durchzuführen. Das ist dann allerdings sehr wohl auch mit der Hoffnung verbunden, dass hier ein *Transfer* stattfindet, also etwas über Möglichkeiten und Grenzen mathematischer Erschließung der Welt erfahren wird, was dann auch in nicht im Unterricht thematisierten Beispielen hilft, sich rationaler zu verhalten. Winter verlangt des Weiteren auch von jenen Phasen des Unterrichts, in denen Mathematik als „uninterpretiertes Spielmaterial", also ohne Bezüge auf außermathematische Kontexte, zum Inhalt des Unterrichts wird, dass hier nicht einfach Bestehendes angenommen, sondern die Sache selbst autonom rekonstruiert und dadurch versteh- und hinterfragbar wird.

Fischer schließt derartiges inner- und außermathematisches Handeln (entgegen manchmal geäußerter Einschätzungen) durchaus *nicht* aus, weist aber sehr deutlich darauf hin, dass im Transfer einer aufgeklärt-rationalen Haltung gegenüber Mathematik auf solche außermathematischen Situationen, die man sich nicht selbst fachlich-operativ erschlossen hat, das eigentliche Ziel und auch das eigentliche gesellschaftliche und didaktische Problem besteht. Mit der Unterteilung in Grundwissen, operatives Wissen und Reflexionswissen nimmt Fischer stärker als Winter den Fachunterricht in die Pflicht, nicht nur potentiell bildungsrelevante Erfahrungssituationen (etwa: authentische Modellierung in gesellschaftlich relevanten Problembereichen) zu ermöglichen, sondern auch nach *spezifischem Wissen* Ausschau zu halten, das über solche Erfahrungssituationen hinausweist und relevant für die Urteils- und Entscheidungssituationen im Bereich des privaten und öffentlichen Lebens erscheint.

18.4 Mathematik in Angelegenheit des öffentlichen Lebens – eine Einkreisung

Im Folgenden will ich versuchen, mich in einer „Einkreisung" der Frage zu nähern, was man über *Mathematik in Angelegenheiten des öffentlichen Lebens* prinzipiell wissen müsste oder lernen könnte, um sich dann innerhalb des öffentlichen Lebens bewusster und reflektierter zu diesen Angelegenheiten verhalten zu können. Eine besondere Herausforderung für Mathematik besteht dabei darin, dass Mathematik in gesellschaftlichen Beurteilungs- und Entscheidungssituationen in aller Regel indirekt wirkt. Allein „die Tatsache, dass zwei mal zwei vier ist, oder dass der pythagoreische Lehrsatz gilt, hat keine unmittelbaren Auswirkungen auf unser Handeln. Erst wenn sich herausstellt, dass mit einem Produkt kein Gewinn zu machen ist, oder wenn der Pythagoras zur Berechnung von Kräften bei einem Brückenbau gebraucht wird, hat die Mathematik einen Einfluss auf Entscheidungen." (Fischer 2006, S. 41) Mathematik, die Teil eines gesellschaftlichen Aushandlungs- und Argumentationsprozesses ist, tritt bisweilen auch gar nicht offen zu Tage. Hier käme, mit Skovsmose gesprochen, dem Mathematikunterricht dann zunächst einmal die Aufgabe zu, „mathematische Archäologie" (Skovsmose, 1998) zu betreiben, also die implizit verwendeten mathematischen Teile einer Argumentation als solche herauszuarbeiten.

Versucht man, das Feld möglicher Einsatzweisen von Mathematik in gesellschaftlichen Urteils- und Entscheidungsprozessen zu strukturieren, so empfinde ich die in der politischen Bildung weit verbreitete Begriffsbestimmung des Politischen gemäß der dem englischen Sprachgebrauch entlehnten drei Lesarten dieses Begriffs – *polity, policy* und *politics* – als hilfreich. Nach von Alemann ist Politik „öffentlicher Konflikt von Interessen unter den Bedingungen von Machtgebrauch und Konsensbedarf. Politikwissenschaft beschäftigt sich mit der so verstandenen Politik wissenschaftlich in den Dimensionen der politischen Form (polity), der politischen Inhalte (policy) und der politischen Prozesse (politics)." (Alemann 1999, S. 79, vgl. Abbildung 18.1)

Mathematik kann nun, sowohl als Erkenntnis- als auch Konstruktionsmittel, prinzipiell in allen drei der hier benannten Dimensionen relevant werden (vgl. Lengnink, Meyer-

Dimension	Erscheinungsform	Merkmale	Bezeichnung
Form	Verfassung Normen Institutionen	Organisation Verfahrensregelungen Ordnung	polity
Inhalt	Aufgaben und Ziele politische Programme	Problemlösung Aufgabenerfüllung Wert- und Zielorientierung Gestaltung	policy
Prozeß	Interessen Konflikte Kampf	Macht Konsens Durchsetzung	politics

Abbildung 18.1. Dimensionen des Politischen (nach Alemann 1999, S. 79)

höfer und Vohns 2013). Inhalte politischer Entscheidungen (policy) können einerseits auf sozialstatistischem Datenmaterial und darauf aufbauenden Modellrechnungen und Prognosen beruhen, eingeholte Expertise wird andererseits vielfach auf Ergebnissen und Erkenntnissen etwa aus dem wirtschaftswissenschaftlichen, naturwissenschaftlichen oder technischen Bereich beruhen, die ihrerseits häufig wieder auf Basis mathematischer und/oder statistischer Verfahren gewonnen wurden. Politische Entscheidungsfindung wird ihrer Form (polity) nach durch Regeln und Abstimmungsverfahren bestimmt, deren Konstruktionsprinzipien essentiell mathematisch sind. Gut bekannt sind hier Probleme der Wahlarithmetik, also etwa der Frage, wie man in repräsentativen Systemen von Stimmverteilungen zu Sitzverteilungen in den entsprechenden Gremien gelangt (vgl. Jahnke 1998). Auch politische Prozesse (politics) können ihrer Struktur nach etwa mit Methoden der Spieltheorie analysiert werden, man denke etwa an das bekannte „Gefangenendilemma" (vgl. Picher 2013).

Dabei ist Mathematisierung in allen drei Dimensionen m. E. häufig vor allem durch den *Konsensbedarf* motiviert – gewisse Elemente der Problembeschreibung und/oder -lösung sollen außerhalb des Konflikts gestellt werden, als sichere, gemeinsame Basis gelten. Darin kann man dann auch umgekehrt eine spezifische Form des *Machtgebrauchs* sehen – ein Gedanke, der mir in David Kollosches bereits oben erwähnter Dissertation zu „Gesellschaftlichen Funktionen des Mathematikunterrichts" (Kollosche 2015) sehr gründlich ausargumentiert erscheint, den ich hier aber nicht näher ausführen werde. Ich belasse es bei der Feststellung, dass der Herstellung von Konsens durch Mathematisierung die Gefahr innewohnt, dem „Sog der Technokratie" (Habermas 2013) zu erliegen.

Deren Sogwirkung begegnet etwa Roland Fischer dadurch, dass er einen Zwang zur Mathematisierung in der modernen Entscheidungsgesellschaft zwar prinzipiell anerkennt, aber mindestens ebenso deutlich betont, dass dieser Zwang zur Mathematisierung niemals der Zwang zu einer bestimmten Art der Mathematisierung sein kann. Mathematisierung muss also letztlich Teil des politischen Konflikts bleiben – als Widerstreit um konkurrierende Mathematisierungen, jedenfalls um verschiedene Konsequenzen aus unterschiedlichen mathematischen Modellen.

Worin besteht nun aber der besondere Wert mathematischer Modelle für die Regelung öffentlicher Angelegenheiten? Roland Fischer sieht ihn vor allem in der Materialisierung des Abstrakten, bzw. definiert Mathematik sogar ausdrücklich als „die materielle, symbolhafte Darstellung abstrakter, den Sinnen nicht direkt zugänglicher Sachverhalte, mit der Möglichkeit der regelhaften Umgestaltung dieser Darstellung" (Fischer 2006, S. 73). Im Prozess des Übergangs zu mathematischen Darstellungen muss Aufmerksamkeit immer auf bestimmte Teilaspekte realer Situationen fokussiert werden, es entstehen *mathematische Modelle*: Man ersetzt das zu untersuchende oder gestaltende „– statische oder dynamische – System durch ein anderes, das einfacher oder jedenfalls leichter zu beherrschen sein soll" (Freudenthal 1978, S. 130) und die mit dem Übergang zum einfacheren System verbundenen Reduktionen machen es vielfach auch überhaupt erst möglich, zu einvernehmlichen Problembeschreibungen oder gar -lösungen zu kommen.

Ich will abschließend drei prototypische Beispiele zur Konkretisierung in aller gebotenen Kürze diskutieren. Ich präsentiere dabei zunächst die noch uninterpretierten mathematischen „Gesetze":

$$s = v_0 \cdot t - \frac{a}{2} \cdot t^2 \tag{18.1}$$

$$p = (v - 3) \cdot 2 \tag{18.2}$$

$$p = \frac{145}{100000} \cdot e + 65,546 \tag{18.3}$$

Auf den ersten Blick sehen sich die drei Gesetze recht ähnlich. Mathematisch verbildete Leser(innen) bemerken allerdings u. U., dass die unteren beiden Zusammenhänge linear, der obere quadratisch ist. Das ist aber nur am Rande von Interesse. Physikalisch Verbildete ahnen schnell, dass Formel (18.1) ein *Weg-Zeit-Gesetz* für eine gleichmäßig negativ beschleunigte Bewegung darstellt, also offenbar einen Bremsvorgang modelliert. Wer in Österreich vor dem 1. März 2014 einen Neuwagen gekauft hat, dem gibt sich die Formel (18.2) u. U. als seinerzeit gültige Berechnungsgrundlage für die *Normverbrauchsabgabe* zu erkennen. Für ein neuen „Benziner" war bis dato in Abhängigkeit vom Verbrauch *v* in Litern pro 100 km eine Abgabe in Höhe von *p* % des Nettopreises abzuführen[103]. Die Formel (18.3) beschreibt den *Zusammenhang zwischen dem regionalen Preisniveau p und der regionalen Durchschnittseinkommenshöhe e in den 97 Raumordnungsregionen Deutschlands im Jahr 2006*, normiert auf den Preisniveauwert $p = 100$ für die Region Bonn.

Was haben die drei Gesetze mit der Regelung öffentlicher Angelegenheiten zu tun? Offenbar kann das Weg-Zeit-Gesetz (18.1) dafür genutzt werden, Aussagen zum Bremsweg in Abhängigkeit von der Fahrgeschwindigkeit zu treffen. Solche Aussagen zum Bremsweg können relevant werden, wenn z. B. ein Gemeinderat über die *Einführung einer Geschwindigkeitsbegrenzung* auf 30 km/h entscheiden muss[104]. In dieser Situation

---

[103] Als Berechnungsgrundlage gilt seitdem der CO_2-Emissionswert. Wenn dieser für einen Fahrzeugtyp nicht bekannt ist, wird mit Standardwerten auf Basis des Verbrauchs gerechnet.
[104] Das Beispiel findet sich ausführlich als Unterrichtsvorschlag diskutiert in Fischer und Malle 1985/2004, S. 122ff. Die folgende Darstellung orientiert sich stark an der knappen Diskussion in Fischer 2012, S. 9f.

ist allerdings das Wissen um die Formel ein sehr prinzipielles: Es konstituiert insofern einen ‚Sachzwang' als man um die Tatsache nicht herumkommt, dass langsamer fahrende Fahrzeuge tendenziell schneller zum Stehen kommen, als schneller fahrende (sogar deutlich überproportional schneller). Für konkrete Berechnungen ist allerdings ein Wert für die Bremsverzögerung a zu bestimmen, der „vom Zustand der Reifen, den Bremsen, der Straßenbeschaffenheit und von anderen Faktoren" (Fischer 2012, S. 10) abhängt. In der Realsituation, in der sich ein Gemeinderat für eine Geschwindigkeitsbegrenzung entscheiden wird, wird er kaum selbst mit Hilfe der Formel anfangen, Modellrechnungen anzustellen. Eher wird er ein Gutachten in Auftrag geben, bei dessen Lektüre es dann allerdings hilfreich sein kann, etwa den Begriff „Bremsverzögerung" zu verstehen.

Gesetz (18.2) ist ein typisches Beispiel eines *normativ, vorschreibenden Modells*:[105]: Hier wird nicht ein bestimmter, unabhängig von dieser Formel in der Realität ohnehin vorkommender Zusammenhang beschrieben, sondern durch die Formel wird (bzw. wurde) die Realität einer bestimmten Abgabenhöhe beim Neuwagenkauf erst konstruiert. Als solches ‚passt' das Modell dann auch insofern ‚ideal' auf die Realität, als in Abhängigkeit vom normiert erhobenen Durchschnittsverbrauch und dem verlangten Nettopreis einheitlich stets ohne Ansehen von Fahrzeug, Händler(in) und Käufer(in) derselbe Betrag an Normverbrauchsabgabe zu zahlen ist. Die Regelung selbst ist irgendwann einmal Gegenstand der politischen Aushandlung gewesen. Im konkreten Fall ist sie im Jahr 1991 als Alternative zu einem unabhängig vom Verbrauch zu zahlenden erhöhten Mehrwertsteuersatz für Kraftfahrzeuge eingeführt worden. Ein Ziel dieser Umstellung war es, dass man beim Kauf eines verbrauchsärmeren Fahrzeugs durch einen weniger stark erhöhten Mehrwertsteuersatz „belohnt" werden soll. Aus der Formel liest man direkt ab, dass ein Normverbrauch von 3 Litern eines Benzinfahrzeugs sogar zur vollständigen Entlastung führen würde, tatsächlich ist p nach oben auf 16% beschränkt.

Fragt man nun danach, inwiefern dieses Modell eine sinnvolle oder faire Berücksichtigung unterschiedlicher Verbrauchswerte darstellt, dann liest man die Formel doch wieder als deskriptives Modell: Wird eine entsprechende Zielvorstellung überhaupt abgebildet, werden also z. B. quantitativ ausreichend relevante Kaufanreize für verbrauchsärmere Fahrzeuge gesetzt? Kann man die Umweltbelastung nicht doch noch genauer/fairer erfassen, als über Kraftstoff-Verbrauchswerte?[106] Auf Basis der Formel kann man verschiedene Modellrechnungen anstellen, deren Konsequenzen dann aber in ihrer ‚Sicherheit' und ‚Passung' auf die Realität gerade nicht mehr so ideal und sicher wären, wie die ursprünglich rein normative Lesart der Formel.

Der *Zusammenhang zwischen regionalem Preisniveau und regionaler Durchschnittseinkommenshöhe* (18.3) spielt im politischen Prozess eine Rolle für die Frage, wie man

---

[105] Zur unterschiedlichen Rolle und den unterschiedlichen Ansprüchen an deskriptive und normative Modelle vgl. Freudenthal 1978, S.128ff (wobei dieser nicht viel davon hielt, eine einzelne Gleichung bereits ein Modell zu nennen), zur Ambivalenz dieser Unterscheidung Fischer 2006, S. 73f.

[106] Offenbar gilt dem österreichischen Gesetzgeber die standardisierte Erfassung von Emissionswerten mittlerweile als so weit fortgeschritten, dass die Frage mit „Ja" beantwortet werden könnte, wie die Umstellung auf CO_2-Werte nahe legt. Wie zuverlässig in diesem Bereich Herstellerangaben überhaupt sind, soll hier trotz der einschlägigen Skandale um in Realsituationen massiv überschrittene Stickoxidwerte nicht weiter diskutiert werden.

Armut messen kann bzw. soll. Üblich sind dafür *relative Armutsmaße*, die in Abhängigkeit vom Durchschnittseinkommen in einer bestimmten Vergleichspopulation eine prozentuale Obergrenze festlegen, unterhalb der jemand als von „relativer Armut bedroht" gelten kann, was dann wieder unterschiedliche Maßnahmen zur Armutsbekämpfung initiieren kann.[107] Analog zum Weg-Zeit-Gesetz handelt es sich hier zunächst um ein deskriptives Modell, allerdings merkt man schon in der Beschreibung „Zusammenhang zwischen dem regionalen Preisniveau und der regionalen Durchschnittseinkommenshöhe in den 97 Raumordnungsregionen Deutschlands im Jahr 2006", dass dieser Zusammenhang die Anführungszeichen bei der Qualifizierung als „Gesetz" durchaus verdient: Was hier dargestellt ist, ist eine Regressionsgerade durch die Werte der regionalen Preisniveaus und Durchschnittseinkommenshöhen für das Jahr 2006, wohl eher räumlich begrenzte Momentaufnahme, als allgemeine ökonomische Gesetzmäßigkeit.

Die relevante Auskunft, die der Autor der entsprechenden Studie (Becker 2010) der Politik mit auf den Weg geben will, besteht darin, dass Unterschiede in der regionalen Durchschnittseinkommenshöhe zwar auch zu einem gewissen Grad mit Unterschieden im Preisniveau einhergehen, diese unterschiedlichen Preisniveaus allerdings bei Weitem nicht die durch das Durchschnittseinkommen gemessenen Kaufkraftunterschiede kompensieren. Das kann ein Argument dafür sein, die für Armutsquoten relevanten Durchschnittseinkommen nicht zu tief zu regionalisieren, weil man ansonsten die Einkommensarmut in der Region Duisburg tendenziell deutlich unter- und die in der Region München deutlich überschätzt.

Obwohl Gesetz (18.1) und Gesetz (18.3) funktional ähnlich in dem Sinne sind, als sie in Abhängigkeit von einer messbaren Größe Aussagen dazu machen, wie sich eine andere messbare Größe verhalten sollte, fangen die Unterschiede doch schon auf der Ebene der Frage dessen an, was ‚messbar' eigentlich meint. Für die kontrollierte, intersubjektiv gut vermittelbare Beobachtung und Messung des Anhaltewegs eines Fahrzeugs sind weit weniger Vorentscheidungen zu treffen, als für die Frage, wie man das regionale Durchschnittseinkommen, erst recht die Höhe des regionalen Preisniveaus bestimmt. Die Entscheidung für ein lineares Modell in Gesetz (18.3) und für ein quadratisches Modell in Gesetz (18.1) sind deutlich unterschiedlich durch kontextspezifische theoretische Überlegungen oder eher pragmatische Überlegungen („lineare Regression ist eben einfach") gestützt.

Beide Modelle idealisieren Realsituationen, unterstellen also, dass es in einem gewissen Sinne möglich bzw. sinnvoll ist, den Bremsweg als im Wesentlichen von der Geschwindigkeit bzw. das Preisniveau als im Wesentlichen von der Einkommenshöhe abhängig zu betrachten. Gesetz (18.1) steht zur Rechtfertigung dieser Annahme prinzipiell die Möglichkeit der Überprüfung im Laborexperiment offen: Man versucht mögliche Störfaktoren auszuschließen und überprüft, ob der durch das Gesetz beschriebene Zusammenhang sich mit einer gewissen Regelmäßigkeit bestätigen lässt. Ein solches Vorgehen ist bei Gesetz (18.3) grundsätzlich ausgeschlossen: Man kann die 97 Raumordnungsregionen in Deutschland nicht ins Labor stecken und ihnen verordnen, sich in

---

[107] Der Kontext „relative Armut" wird mathematikdidaktisch inkl. der hier relevanten Regionalisierungsproblematik diskutiert in Vohns 2013.

den kommenden Jahren bitte nur hinsichtlich der Durchschnittseinkommenshöhe zu unterscheiden (vgl. Ortlieb 2008, S. 12f.).

Warum betone ich diese Unterschiede so deutlich? Ich hatte Heinrich Winter mit der Einschätzung zitiert, dass Mathematik in der modernen Gesellschaft nicht mehr „nur das Beschreibungsmittel für Naturwissenschaftler und das Arbeitsmittel für Ingenieure" sei, sondern sich die durch Mathematisierung auszeichnende „rational planende, kalkulierende und agierende Arbeitsweise generell in nahezu allen Wissenschaften ausgebreitet hat". (Winter 1990, S. 133) Schon Helge Lenné hat Ende der 1960er Jahre darauf hingewiesen, dass es eigentlich nicht möglich ist, den Beitrag mathematischer Modellierung zur Erhöhung der Rationalität einer Arbeits- oder Argumentationsweise unabhängig von funktionalen Unterschieden in der Verwendung mathematischer Modelle in unterschiedlichen Wissenschaftsbereichen zu betrachten (vgl. Lenné 1969, S. 130f). Ein Mathematikunterricht, der solchen Unterschieden zu wenig Aufmerksamkeit widmet, ist beständig gefährdet, eben doch anpassend an einer „Mathematikgläubigkeit" oder „Sachzwangideologie" mitzuwirken, die eben dies zumindest latent unterstellt.

18.5 Fazit: Didaktische Thesen und Desiderata

Ein Vorwurf, den man mir bislang machen kann, besteht darin, hier nur die didaktischen und sozialphilosophischen Positionen anderer Autoren weitgehend beschreibend dargestellt, aber selbst nicht Position bezogen, gewichtet und gewertet zu haben. Ich komme dem nun nach, indem ich abschließend vier Thesen bzw. Desiderata zur Diskussion und Reaktion stelle:

1. Jeder Mathematikunterricht, ob er will oder nicht, kann im Sinne staatsbürgerlicher Erziehung wirken, aber Mathematikunterricht wirkt niemals politisch bildend, wenn er sich dieses Zieles nicht explizit annimmt.

Politische Bildung oder Bürger(innen)bildung muss in einer demokratischen Gesellschaft immer vom Ideal der Aufklärung her gedacht sein (im vollen Bewusstsein, dass es sich dabei um ein Ideal handelt) und Bildung ist zuallererst ein Prozess der bewussten Selbstgestaltung.

Was der Mathematikunterricht zur Aufklärung beitragen will, das muss er ausbuchstabieren und an dem muss er sich auch messen lassen. Aber: Wo er sich aus dem Politischen heraushalten will, dort ist er beständig gefährdet, zur Anpassung beizutragen, ohne sich dies selbst klar zu machen.

2. Wo schulmathematische Inhalte in redlicher Weise geeignet erscheinen, außermathematische Phänomene öffentlichen Interesses zu durchdenken, ebenso wie dort, wo schulmathematische Inhalte faktisch mit solchen Phänomenen außerhalb von Schule verbunden sind (egal wie sinnvoll und gut einem das erscheint), hat Mathematikunterricht materiell aufklärende Aufgaben, denen er sich stellen muss.

Hier kann und soll exemplarisch die Expert(inn)enrolle eingenommen werden, also aktiv-rekonstruierend ein Stück sonst nicht hinterfragter Mathematik oder sonst nicht hinterfragter außermathematischer Realität wechselseitig mathematisch und sachkundlich aufgeklärt werden.

3. Dort, wo zur Erkenntnis oder Konstruktion außermathematischer Phänomene öffentlichen Interesses außerhalb von Schule auf solche mathematischen Hilfsmittel zurückgegriffen wird, für die eine autonome Rekonstruktion in der Realsituation den Lai(inn)en regelmäßig nicht möglich sein wird, bleibt eigentlich kein Ausweg, als auf Transfer hinzuarbeiten, darauf, dass das, was sie als Lernende selbst einmal an mathematischer Modellierung durchschaut und verstanden haben, auch in solchen Situationen noch eine Orientierungshilfe darstellt.

Das ist einerseits durchaus Rechtfertigung dafür, sich exemplarisch auch auf solche komplexeren Modellierungsfälle im Mathematikunterricht einzulassen, bei denen außerhalb des geschützten und begleiteten Erfahrungsraumes Schule nicht erwartet werden kann, dass der/die „mündige Bürger(in)" sich jetzt alleine noch einmal hinsetzt und eine solche Modellierung vornimmt oder in ihren Details nachvollzieht.

Es verpflichtet den Unterricht anderseits aber auch, Vorstellungen davon zu entwickeln, was als Grund- und Reflexionswissen unabdingbar ist, um überhaupt noch eine *ernsthafte Öffentlichkeit* (i. S. v. Hannah Arendt oder Jürgen Habermas) konstituieren zu können, wo Expert(inn)en ihre Problembewältigungsvorschläge in gesellschaftliche Urteils- und Entscheidungsprozesse einbringen, ohne der Gesellschaft die Entscheidungen damit bereits weitgehend abzunehmen.

4. Mathematikunterricht, der die sog. „Reine", also nicht-interpretierte Mathematik marginalisiert, läuft nicht minder Gefahr, Aufklärung zu verhindern.

Diese These ist durch den vorliegenden Text am schlechtesten belegt, allenfalls wurde der Punkt in der Besprechung Winters kurz erwähnt (ich verweise ersatzweise/ergänzend auf Vohns 2015). Mir geht es bei diesem Punkt um das Folgende: Das Vertrauen, das die Gesellschaft in Mathematik steckt, hat eben auch mit dem „Systemcharakter" (Fischer 2006, S. 44ff) von Mathematik zu tun, mit der Tatsache, dass es in einem bestimmten Sinne möglich ist, „streng" zu denken, ein in sich konsistentes, Widersprüche vermeidendes Gedankengebäude aufzubauen.

Wo diese Art Mathematik zu denken und zu betreiben nicht mehr vorkommt, ist sie aber mindestens genauso gefährdet als situativ unproblematisches Problemlösemedium zu erscheinen. Ihre wesentliche soziale Funktion als „Vertrauenstechnologie" (Porter 1996) beruht gesellschaftlich nämlich sehr wohl auf ihrem Systemcharakter, wenn dieser im Unterricht nicht mehr erfahren werden kann, so kann er dort auch nicht mehr diskutiert und hinterfragt werden.

Literaturverzeichnis

Alemann, Ulrich von. 1999. Politikbegriffe. In *Handbuch zur politischen Bildung,* herausgegeben von Wolfgang W. Mickel, 79–82. Bonn: Bundeszentrale fuer politische Bildung.

Becker, Bernd. 2010. Aspekte regionaler Armutsmessung. *Wirtschaft und Statistik,* Nr. 6: 383–395. Besucht am 27. Juli 2015. https : / / www. destatis . de / DE / Publikationen/WirtschaftStatistik/Sozialleistungen/Armut042010.pdf.

Dolch, Josef. 1959. *Lehrplan des Abendlandes: Zweieinhalb Jahrtausende seiner Geschichte.* Ratingen: Henn.

Fischer, Roland. 2001. Höhere Allgemeinbildung. In *Situation - Ursprung der Bildung,* herausgegeben von Reinhard Aulke, Anne Fischer-Buck und Karl Garnitschnig, 151–161. Norderstedt: Fischer.

Fischer, Roland. 2006. *Materialisierung und Organisation: Zur kulturellen Bedeutung der Mathematik.* München: Profil Verlag.

Fischer, Roland. 2012. Fächerorientierte Allgemeinbildung: Entscheidungskompetenz und Kommunikationsfähigkeit mit ExpertInnen. In *Domänen fächerorientierter Allgemeinbildung,* herausgegeben von Roland Fischer, Ulrike Greiner und Heribert Bastel, 9–17. Linz: Trauner.

Domänen fächerorientierter Allgemeinbildung. 2012. Herausgegeben von Roland Fischer, Ulrike Greiner und Heribert Bastel. Linz: Trauner.

Fischer, Roland, und Günther Malle. 1985/2004. *Mensch und Mathematik: Eine Einführung in didaktisches Denken und Handeln.* 1. Aufl. 1985 (Zürich: Bibliographisches Institut). Unveränderter Nachdruck. München: Profil-Verlag.

Freudenthal, Hans. 1978. *Vorrede zu einer Wissenschaft vom Mathematikunterricht.* München: Oldenbourg.

Habermas, Jürgen. 2013. *Im Sog der Technokratie.* 2. Aufl. Berlin: Suhrkamp.

Jahnke, Thomas. 1998. Bundestagswahlen – Von der Wahl zur Sitzverteilung. *Mathematik lehren,* Nr. 88: 55–58.

Kanitz, Otto F. 1924. Eine objektive, doch gefährliche Rechenstunde. *Sozialistische Erziehung,* Nr. 4: 433–441.

Keitel, Christine. 1979. Sachrechnen. In *Kritische Stichwörter zum Mathematikunterricht,* herausgegeben von Dieter Volk, 249–262. München: Fink.

Kollosche, David. 2015. *Gesellschaftliche Funktionen des Mathematikunterrichts: Ein soziologischer Beitrag zum kritischen Verständnis mathematischer Bildung.* Wiesbaden: Springer.

Lengnink, Katja, Wolfram Meyerhöfer und Andreas Vohns. 2013. Mathematische Bildung als staatsbürgerliche Erziehung? *Der Mathematikunterricht* 59 (4): 2–7.

Lenné, Helge. 1969. *Analyse der Mathematikdidaktik in Deutschland.* Stuttgart: Klett.

Massing, Peter. 1999. Politische Urteilsbildung. In *Lexikon der politischen Bildung,* herausgegeben von Dagmar Richter und Georg Weißeno, 1:199–201. Schwalbach/Ts: Wochenschau-Verlag.

Münzinger, Wolfgang. 1985. Mathematik. In *Politische Bildung in den Fächern der Schule,* herausgegeben von Wolfgang Sander. Stuttgart: Metzler.

Ortlieb, Claus-Peter. 2008. *Heinrich Hertz und das Konzept des Mathematischen Modells.* Besucht am 28. Juli 2015. http://www.math.uni-hamburg.de/home/ortlieb/OrtliebHertzModell.pdf.

Picher, Franz. 2013. Das Gefangenendilemma: Mathematik als Darstellungs- und Reflexionsmittel. *Der Mathematikunterricht* 59 (4): 32–40.

Porter, Theodore M. 1996. *Trust in numbers: The pursuit of objectivity in science and public life.* 2. print. and 1. paperback print. Princeton NJ: Princeton Univ. Press.

Vohns, Andreas. 2013. Relative Armutsgefährdung - nur eine Zahl? *Der Mathematikunterricht* 59 (4): 49–58.

Vohns, Andreas. 2015. Argumentationen in der Mathematik – Mathematik in Argumentationen: Ein bildsames Spannungsverhältnis? In *Fachlich argumentieren lernen,* herausgegeben von Alexandra Budke, Miriam Kuckuck, Michael Meyer, Frank Schäbitz, Kirsten Schlüter und Günther Weiß, 123–137. Münster: Waxmann.

Wagenschein, Martin. 1970. *Urspüngliches Verstehen und exaktes Denken.* 2. Aufl. Bd. 1. Stuttgart: Klett.

Winter, Heinrich. 1983. Zur Problematik des Beweisbedürfnisses. *Journal für Mathematik-Didaktik* 4 (1): 59–95.

Winter, Heinrich. 1990. Bürger und Mathematik. *ZDM* 22 (4): 131–147.

Winter, Heinrich. 1995. Mathematikunterricht und Allgemeinbildung. *Mitteilungen der GDM,* Nr. 61: 37–46.

19 Ums mathematische Denken verrechnet. Reaktion auf Andreas Vohns

MARTIN RATHGEB

19.1 Das Richtmaß mathematischer Allgemeinbildung bei Vohns. Transparent und plausibel, aber nicht ohne Alternative

In seinem Aufsatz „Rechnen oder Rechnen lassen? Mathematik(unterricht) als Bürgerrecht und Bürgerpflicht" behandelt Andreas Vohns den ‚Gegenstand' *Mathematik und Gesellschaft* aus didaktischer Perspektive. Er akzentuiert diesen Gegenstand im Hinblick auf das ‚Thema' *Aufklärung in öffentlichen Angelegenheiten durch und gegenüber Mathematik*. Ziel und Zweck dieser Aufklärung ist die ‚Urteilsfähigkeit des Staatsbürgers', und zwar seine ‚Urteilsfähigkeit in Sachen des öffentlichen Lebens'. Dieser Fokus auf die *Urteilsfähigkeit des Staatsbürgers in Sachen des öffentlichen Lebens* ist des Autors methodischer Kniff, um sich „qualifiziert und abgrenzbar zum Thema des Bandes äußern zu können [... ohne] zu sehr in Allgemeinplätze abzuleiten" (Vohns, in diesem Band S. 204). In der Tat setzt sich Andreas Vohns mit dem Thema qualifiziert und abgrenzbar auseinander und zudem transparent. Denn von Anfang macht er an keinen Hehl daraus, woran er gewillt ist, zwei „der vielleicht einflussreichsten Konzeptionen mathematischer Bildung aus den letzten dreißig Jahren" (Vohns, in diesem Band S. 203) zu messen. Er misst sie nämlich daran, in welchem Maße Unterricht, der eine dieser Konzeptionen mathematischer Bildung umsetzt, den Menschen in seiner *spezifischen gesellschaftlichen Rolle als Staatsbürger* mathematisch zu bilden vermag. Wohlgemerkt, dies explizierte Richtmaß mathematischer Allgemeinbildung ist ein mögliches. Doch ist es das einzig mögliche? Ist es das wichtigste? Vohns legitimiert sein Richtmaß (leider) nicht. Er diskutiert (leider) nicht, inwiefern es seiner Einschätzung nach das relevante Richtmaß ist. Denn im Hinblick auf Mathematikunterricht gibt es verschiedene *Interessengruppen*. Zum Beispiel weist Paul Ernest in seiner Monographie *The Philosophy of Mathematics Education* (1991) für den Mathematikunterricht bereits fünf Interessengruppen anhand argumentativer Allgemeinplätze bez. ihrer Ziele aus: ‚Industrial Trainers', ‚Technological Pragmatists', ‚Old Humanist Mathematicians', ‚Progressive Educators' und ‚Public Educators'.

© Springer Fachmedien Wiesbaden GmbH, ein Teil von Springer Nature 2018
G. Nickel et al. (Hrsg.), *Mathematik und Gesellschaft*, https://doi.org/10.1007/978-3-658-16123-1_20

Als Reaktion auf Andreas Vohns Aufsatz, in dem die Urteilsfähigkeit des Staatsbürgers in Sachen des öffentlichen Lebens zum Richtmaß seiner mathematischen Allgemeinbildung gemacht ist, lege ich hiermit einige pointierende Verkürzungen und kontrastierende Ergänzungen aus insbesondere (mathematik-)philosophischer Perspektive vor. Um in Sachen Pointierung und Kontrastierung einen Anfang zu wagen, sei der Hinweis gegeben, dass Andreas Vohns in seiner Formulierung „Konzeptionen mathematischer Bildung" (Vohns, in diesem Band S. 203) folgende begriffliche Unterscheidung nicht berücksichtigt; das sei ihm zwar gerne zugestanden, doch darf der Leser dann eben das U nicht für ein X nehmen.

> *„Nach allen bislang angestellten Überlegungen zur Begriffsgeschichte und zum gegenwärtigen Sprachgebrauch liegt es nahe, Bildung als Leitidee und Kriterium dem anthropologischen, Allgemeinbildung hingegen dem schulpädagogischen Grundproblem zuzuordnen.* Etwas vereinfachend, dafür prägnant, läßt sich das auch so ausdrücken: „Bildung" ist eine neuzeitliche Antwort auf die Frage, was den Menschen zum Menschen macht; „Allgemeinbildung" antwortet auf die Frage, was den Heranwachsenden durch die öffentlichen Schulen vermittelt werden sollte." (Heymann 1996, S. 43)

Im Hinblick auf diese Unterscheidung zwischen Bildung und Allgemeinbildung bespricht Vohns ‚Allgemeinbildungskonzeptionen' und nicht ‚Bildungskonzeptionen'. Denn in Auseinandersetzung mit Beiträgen von Heinrich Winter und Roland Fischer diskutiert er das schulpädagogische, nicht das anthropologische Grundproblem. Dabei wird beim Menschen auf sein Bürgersein fokussiert und bei Mathematik auf ihren Aspekt des Rechnens (vgl. Vohns, in diesem Band Aufsatztitel). Das insgesamt verfolgte Ansinnen, nämlich Mathematik(-unterricht) als gesellschaftlich bzw. – wenn man so sagen will – bürgerlich nützlich legitimieren zu wollen, ist – beispielsweise im Hinblick auf Paul Ernests Unterscheidung von fünf Interessengruppen – selbst ein ‚Allgemeinplatz', dessen Kontext beispielsweise in den ersten drei Kapiteln des *Handbuch*[s] *der Mathematikdidaktik* (2015) weiter ausgeleuchtet wird.

Um im Folgenden nun selbst, wie auch Vohns von sich verlangt, „abgrenzbar [... zu bleiben und nicht] zu sehr in Allgemeinplätze abzugleiten" (Vohns, in diesem Band S. 204) werde ich mich im Wesentlichen auf Texte von Winter sowie Aufsätze im erwähnten Handbuch beschränken. Hinsichtlich der erwähnten Reduktionen von Mensch auf Bürger und Mathematik auf Rechnen, kann beispielsweise darauf verwiesen werden, dass Winter im Jahre 1975 noch allgemeine Lernziele für den Mathematikunterricht zu bestimmen versucht hat – und zwar gleichermaßen orientiert an einem weiter gefassten *Bild vom Menschen* und an einem weiter gefassten *Bild von Mathematik*.

19.2 Das Endziel mathematischer Allgemeinbildung bei Vohns. Das rationale Verhalten oder die rationale Haltung der Laien?

Im zweiten Abschnitt „Bürgerliches Rechnen, Aufklärung und Modellbildung (Heinrich Winter)" und im dritten Abschnitt „Ausführen, Delegieren, Reflektieren und Entscheiden (Roland Fischer)" seines Aufsatzes skizziert Andreas Vohns die Allgemeinbildungskonzeptionen der jeweils in Klammern genannten Autoren und vergleicht die Konzeptionen in den beiden letzten Absätzen des dritten Abschnittes miteinander. Um mit zwei Gemeinsamkeiten zu beginnen: Beiden Konzeptionen mathematischer Allgemeinbildung liegt im Umgang mit derselben Zweiteilung, nämlich Experten vs. Laien, jeweils eine Dreiteilung zugrunde, einerseits die Unterscheidung von drei Grunderfahrungen und andererseits die Unterscheidung von drei Wissensbereichen. Die gemeinsame Zweiteilung hat bereits Hans-Werner Heymann im Hinblick auf „Einübung in Verständigung und Kooperation", das ist die sechste seiner sieben *Aufgaben der allgemeinbildenden Schule*, unter der Überschrift „Verständigung und Kooperation zwischen Experten und Laien" auf- und ausgeführt:

> „Welchen Kurs die hochentwickelten Gesellschaften [...] nehmen können und müssen, darüber dürfen nicht allein Experten befinden, sondern das sind Fragen, die alle angehen und über die alle Staatsbürger – als im Höchstmaß betroffene Laien – mitentscheiden müssen. Die Rationalität derartiger Entscheidungen hängt in hohem Maße von der gelingenden Kommunikation zwischen Laien und Experten ab. Betroffenheit und Informiertheit lassen sich nicht gegeneinander ausspielen. Sie in ein sinnvolles Verhältnis zu bringen, ist nicht zuletzt ein Problem der Allgemeinbildung." (Heymann 1996, S. 113)

Im Hinblick auf die skizzierte Kommunikation zwischen Experten und Laien in Angelegenheiten des öffentlichen Lebens besteht also eine doppelte Asymmetrie: Es liegt die „Informiertheit" mitunter der Sachverstand bei den Experten, die „Betroffenheit" mitunter die Entscheidungsbefugnis bei den Laien. Fischers Dreiteilung, nämlich die Unterscheidung von drei Bereichen des Wissens: Grund-, Operations- und Reflexionswissen, erhellt just diese Situation. Denn die Kommunikation mit dem Experten, der insbesondere über ein erhöhtes Operationswissen verfügt, soll dem Laien durch sein geeignet unterrichtetes Grund- und Reflexionswissen möglich sein bzw. – und daran misst sich nach Fischer erfolgreiche mathematische Allgemeinbildung – ermöglicht werden. Dies (prä-)supponiert, dass Reflexionswissen anhand von Grundwissen und geringem Operationswissen ausgeformt werden kann, oder anders betrachtet, dass beim Laien auf Operationswissen weitgehend verzichtet werden kann. Dagegen betont Winter hinsichtlich seiner Dreiteilung, nämlich die Unterscheidung von drei Grunderfahrungen, dass diese drei Grunderfahrungen „vielfältig miteinander verknüpft sind" (Winter [2]2003 [1995], S. 6). Halten wir diesen auffälligen Unterschied in den die Theorie betreffenden (Prä-)Suppositionen nochmals explizit fest: Winter betont Interdependenzen zwischen den drei von ihm ausgewiesenen Grunderfahrungen, im Gegensatz dazu geht es bei Fischer darum, die im (Allgemein-)Bildungsgang bislang verfolgte Verzahnung der drei Wissensbereiche zu lockern und neu zu justieren.

Die Konzeptionen von Heinrich Winter und Roland Fischer werden also von Andreas Vohns in den Abschnitten zwei und drei zunächst einzeln skizziert. Die erste Skizze präsentiert Winters Konzept im Hinblick auf die vom Autor genannten Stichworte „Bürgerliches Rechnen", „Aufklärung" und „Modellbildung". Die zweite Skizze präsentiert Fischers Konzept im Hinblick auf die Stichworte „Ausführen", „Delegieren", „Reflek-

tieren" und „Entscheiden". Die beiden Darstellungen gipfeln in der die beiden letzten
Absätze des dritten Abschnittes umfassenden Beantwortung der Frage: „Worin besteht
nun der Unterschied zwischen Winter und Fischer?" (Vohns, in diesem Band S. 210).
Für die Beantwortung dieser Frage nach dem Unterschied spezifiziert Vohns zunächst
nochmals eine Gemeinsamkeit: „Winters Vorschlag besteht im Kern darin, an ausgewählten paradigmatischen Beispielen die *bestehende Informationsasymmetrie abzubau-*
en" (Vohns, in diesem Band S. 210). Mit „paradigmatischen Beispielen" sind solche
gemeint, „in denen sich etwas für spätere Bürger sachkundlich-inhaltlich Relevantes
vollzieht", aber auch solche „ohne Bezüge auf außermathematische Kontexte" (Vohns,
in diesem Band S. 210). Beide Male soll „nicht einfach Bestehendes angenommen,
sondern die Sache selbst autonom rekonstruiert und dadurch versteh- und hinterfragbar" (Vohns, in diesem Band S. 210) werden. Auch Fischer, so wird als Gemeinsamkeit ergänzt, „schließt derartiges inner- und außermathematisches Handeln (entgegen
manchmal geäußerter Einschätzungen) durchaus *nicht* aus" (Vohns, in diesem Band
S. 211). Der angekündigte Unterschied zwischen Winter und Fischer betrifft dann den
bezweckten und erhofften Transfer aus solchem ‚Abbau bestehender Informationsasymmetrie':

> „Das ist dann [bei Winter; MR] allerdings sehr wohl auch mit der Hoffnung
> verbunden, dass hier ein Transfer stattfindet, also etwas über Möglichkei-
> ten und Grenzen mathematischer Erschließung der Welt erfahren wird,
> was dann auch in nicht im Unterricht thematisierten Beispielen hilft, sich
> rationaler zu verhalten. [...]
> Fischer [...] weist aber sehr deutlich darauf hin, dass im Transfer einer
> aufgeklärt-rationalen Haltung gegenüber Mathematik auf solche außer-
> mathematischen Situationen, die man sich nicht selbst fachlich-operativ
> erschlossen hat, das eigentliche Ziel und auch das eigentliche gesellschaft-
> liche und didaktische Problem besteht." (Vohns, in diesem Band S. 210f.)

Noch weiter pointiert, liegt der Unterschied zwischen Winters Rede von ‚rationalem
Verhalten' und Fischers Rede von ‚rationaler Haltung', genauer: zwischen einem rationalen Verhalten bei „mathematischer Erschließung der Welt" und einer rationalen
Haltung „gegenüber Mathematik [in] außermathematischen Situationen". Die diesbetreffend interessierende Frage lautet dann: Wie wird Fischers Allgemeinbildungskonzept – die Mathematik betreffend – im Hinblick auf das „eigentliche Ziel", nämlich den
„Transfer einer aufgeklärt-rationalen Haltung gegenüber Mathematik auf solche außermathematischen Situationen, die man sich nicht selbst fachlich-operativ erschlossen hat", dem Leser durch die Lektüre des Aufsatzes glaubwürdig, sympathisch oder
– zumindest in seiner Zielsetzung – verständlich gemacht? Und pointiert nachgefragt:
Inwieweit ist Reflexionswissen ‚ohne' Operationswissen und ‚ohne' Sachkenntnis möglich?

19.3 Die Mathematisierung öffentlichen Lebens. Der besondere Wert mathematischer Modelle

Andreas Vohns eröffnet den vierten Abschnitt seines Aufsatzes mit der klaren Formulierung des folgenden Programms:

> „Im Folgenden will ich versuchen, mich in einer „Einkreisung" der Frage zu nähern, was man über Mathematik in Angelegenheiten des öffentlichen Lebens prinzipiell wissen müsste oder lernen könnte, um sich dann innerhalb des öffentlichen Lebens bewusster und reflektierter zu diesen Angelegenheiten verhalten zu können." (Vohns, in diesem Band S. 211)

Dabei ist in der Formulierung „sich [. . .] bewusster und reflektierter verhalten können" verdichtet, worum es der Allgemeinbildung nach Fischer geht, nämlich zu bestimmen, „was man wissen und tun können muss, also lernen sollte, um gut delegieren zu können und sich beraten zu lassen" (Vohns, in diesem Band S. 209); dann nämlich könne man – mehr oder minder gut informiert – seine Aufmerksamkeit dem Entscheiden widmen.

Bereits oberflächlich betrachtet können diese Einkreisung betreffend zwei Phasen unterschieden werden. Die erste Phase gilt einer begrifflichen Erschließung dessen, wovon in der Rede vom ‚öffentlichen Leben' die Rede ist. Vohns unterscheidet diesbezüglich Ulrich von Alemann folgend zwischen drei „Dimensionen des Politischen", nämlich *Form*, *Inhalt* und *Prozess*, und nennt dahingehend jeweils ein Beispiel der Mathematisierung, also ein Beispiel dafür, worauf und worein Mathematik in einer solchen Dimension des Politischen einwirken kann (vgl. Vohns, in diesem Band S. 211). Mathematik ist damit fürs öffentliche Leben als relevantes Erkenntnis- und Konstruktionsmittel ausgewiesen. Die skizzierte Rede von einer Mathematisierung des öffentlichen Lebens betreffend sind nach Vohns mindestens folgende drei Aspekte zu unterscheiden: die Motivation zum Mathematisieren (d. i. der *Konsensbedarf*), die Gefahr durch Mathematisierung (d. i. die *Machtausübung mit Sogwirkung*) und die Unbestimmtheit des Zwangs beim Mathematisieren (d. i. die *Konkurrenz möglicher Mathematisierungen*) (vgl. Vohns, in diesem Band S. 212).

Nach der begrifflichen Erschließung von öffentlichem Leben in der Einkreisung erster Phase, gilt deren zweite Phase einer inhaltlichen Erschließung der Frage, worin der „besondere Wert mathematischer Modelle für die Regelung öffentlicher Angelegenheiten" (Vohns, in diesem Band S. 213) besteht. Fischers Antwort auf diese Frage wird von Vohns in dieser zweiten Phase zunächst in einem einzelnen Absatz allgemein skizziert und nachfolgend anhand von drei seines Erachtens prototypischen Beispielen konkretisiert. Demgemäß wird Mathematik von Fischer verstanden als „Materialisierung des Abstrakten" in einem bzw. mehreren System(en), in welchem bzw. welchen symbolische Darstellungen umgestaltet werden können, indem man Regeln folgt (vgl. Vohns, in diesem Band S. 213). Blicken wir diesbetreffend zunächst zurück auf obige Ausführungen: Dieser Plural an Systemen liefert die bereits angesprochene Unbestimmtheit des Zwangs beim Mathematisieren und es macht das Wissen um diese systemimmanent bestimmten Regeln der Umgestaltung symbolischer Darstellungen das operative Wissen aus, das nach Fischer eher der Experten- als der Laienbildung zuzurechnen ist.

Laienbildung dagegen fokussiert vornehmlich auf Grundwissen und Reflexionswissen, um ihr Klientel auf „Urteils- und Entscheidungssituationen im Bereich des privaten und öffentlichen Lebens" (Vohns, in diesem Band S. 211) vorzubereiten; solche Situationen sollen über die schulischen Erfahrungssituationen hinausgehen dürfen und nicht vom Laien selbst „fachlich-operativ erschlossen" werden müssen.

Vohns also konkretisiert Fischers Antwort auf die Frage nach dem „besondere[n] Wert mathematischer Modelle für die Regelung öffentlicher Angelegenheiten" und damit insbesondere dessen Auffassung von Mathematik anhand von drei Beispielen, die als prototypisch sollen gelten dürfen. Fischers eben nochmals angesprochene Auffassung von Mathematik als „Materialisierung der Abstrakten" wird von Ralf Krömer und Katja Lengnink (in diesem Band Kapitel 13) aus mathematikhistorischer und -didaktischer Perspektive erschlossen und von Gregor Nickel (in diesem Band Kapitel 14) aus (mathematik-)philosophischer Perspektive kommentiert. Ich gehe daher nur noch kurz auf das erste der drei Beispiele ein, anhand derer Fischers Antwort von Vohns erläutert wird, um dann auf Winters mathematisches Allgemeinbildungskonzept, das drei Grunderfahrungen ausweist, zurückzukommen und mit Winter selbst Vohns Darstellungen zu ergänzen.

19.4 Die Mathematisierung realer Phänomene. Die Kommunikation zwischen Laien und mit Experten

Die Angelegenheit öffentlichen Lebens, um die es bei Vohns im ersten Beispiel geht, ist die Einführung einer Geschwindigkeitsbegrenzung. Der Gemeinderat, der hier für die beteiligten Laien steht, werde die Situation nicht selbst Modellieren, sondern ein Expertengutachten in Auftrag geben. In der Kommunikation (unter anderem zwischen Experten und Laien) treten prinzipiell verschiedene Schwierigkeiten auf, die sich anhand der Formulierung bei Vohns meines Erachtens gut illustrieren lassen. Dabei sind solche Beispiele aus der Bewegungslehre bzw. der Fahrphysik auch in Winters Aufsatz „Mathematikunterricht und Allgemeinbildung" angesprochen:

> „Allgemein: Geglückte Mathematisierung eines realen Phänomens lässt hinter die Oberfläche schauen, erweitert wesentlich die Alltagserfahrung. Die Anwendung der Bewegungslehre auf die Fahrphysik ist geradezu ein unentbehrlicher Bestandteil von Aufklärung und Handlungsanweisung im Hinblick auf den motorisierten Straßenverkehr." (Winter [2]2003 [1995], S. 8)

Das erste von Vohns angeführte prototypische Beispiel ist also ein ganz klassisches Beispiel, das unumstritten zur mathematisch-physikalischen Allgemeinbildung (einerseits allgemein bildend, andererseits Allgemeinheit bildend) gehört. Denn auch in den sog. Fahrschulen ist die begriffliche Differenzierung zwischen Reaktionsweg, Bremsweg (bei normaler Bremsung vs. bei Gefahrenbremsung) und Anhalteweg sowie die Kenntnis von drei Faustformeln prüfungsrelevant. Anhand der Geschwindigkeit bzw. des Tachowerts sollen solchen Faustformeln gemäß Reaktions-, Brems- und Anhalteweg approximiert und damit der angemessene Sicherheitsabstand bzw. die erforderliche Sichtweite bei Überholmanövern abgeschätzt werden (können). Über eine gewisse Kenntnis in der Sache und sinnfälliger Begriffe sollen also auch Laien mit Führerschein verfügen. Die Welt soll ihnen dahingehend mathematisch-physikalisch erschlossen sein. In der Kommunikation gibt es allerdings neben dem Vokabular der Experten, hier vielleicht „Bremsverzögerung", aber auch Fallstricke im Vokabular der Laien, hier vielleicht „schneller"; soll heißen: Laien sitzen auch gerne mal Widrigkeiten ihrer eigenen Sprache auf. Horchen wir diesbetreffend auf Vohns in sich durchaus stimmige Formulierung:

> „In dieser Situation ist allerdings das Wissen um die Formel ein sehr prinzipielles: Es konstituiert insofern einen ‚Sachzwang' als man um die Tatsache nicht herumkommt, dass langsamer fahrende Fahrzeuge tendenziell schneller zum Stehen kommen, als schneller fahrende (sogar deutlich überproportional schneller)." (Vohns, in diesem Band S. 213)

Bevor ich auf den zitierten Satz näher eingehe, möchte ich darauf hinweisen, dass Winter in seiner Monographie *Entdeckendes Lernen im Mathematikunterricht. Einblicke in die Ideengeschichte und ihre Bedeutung für die Pädagogik* ganz entsprechend mit „lang" anstelle von „schnell" formuliert: „Wie lang ist die Bremszeit? Wie lang ist der Bremsweg?" (Winter [2]2003 [1995], S. 266). Mit den gleichen Worten wird einerseits nach einer Zeitdauer, andererseits nach einer Streckenlänge gefragt. In diesem Sinne darf der Laie, der einen anderen Laien oder auch Experten auf von Vohns zitierte Weise sprechen hört, die Bedeutung der Vokabel *schneller* in „schneller fahrende" (vs. „langsamer fahrende") Fahrzeuge nicht vorschnell verwechseln mit der Bedeutung von *schneller* in „schneller zum Stehen kommen" oder in „überproportional schneller". Der Laie muss hierbei aufmerksam darauf achten, ob die Geschwindigkeiten oder ob die Anhaltewege der Fahrzeuge miteinander verglichen werden. In „tendenziell schneller zum Stehen kommen" könnte „schneller" auch im Sinne von ‚früher' oder ‚eher', also zeitlich gedacht sein. In der von Vohns intendierten Situation ist man aber wohl weniger an der beim Anhalten verstrichenen Zeit, mehr dagegen an dem währenddessen überstrichenen Raum interessiert, nämlich an dem fürs Anhalten benötigten Weg. Kurz gesprochen: Zum Reflexionswissen der Laien gehört mitunter eine Sensibilität ihrer eigenen Sprache bzw. ihrem eigenen Vokabular gegenüber.

In Angelegenheiten des öffentlichen Lebens, wofür Vohns die Geschwindigkeitsbegrenzung als erstes Beispiel diente, gibt es die Kommunikation betreffend selbstredend weitere Probleme bzw. Herausforderungen. Das ist die von Vohns angesprochene Kommunikation der Laien mit Experten, zu deren Gelingen die geeignete Verständigung der Experten mit Laien gehört. Das ist weiter die Kontrolle der Experten, möglicherweise durch Vergleich verschiedener – möglicherweise jeweils interessengeleiteter – Gutachten und das heißt insbesondere durch Abwägung zwischen Gutachten, Gegengutachten und Vergleichsgutachten von Experten. Argumentierte René Descartes gegen die Vorstellung von einem täuschenden Gott, so soll Allgemeinbildung verhindern, dass Laien durch Experten getäuscht werden. Und last, not least sind das Formen der eristischen Dialektik, die noch vor der Anforderung von Expertengutachten im Gespräch unter Laien von Relevanz sind. Diesbezüglich gehen den Gutachten von Experten nämlich bspw. folgende Entscheidungen der Laien voraus: Wird überhaupt ein Gutachten eingefordert? Betreffs welcher Frage? Von welchem Experten? Was ist man bereit dafür zu zahlen? Und welche Zeit stellt man für die Begutachtung zur Verfügung?

In Angelegenheiten nicht zuletzt des privaten Lebens, aber eben auch im Hinblick auf Klassenfahrten etc., gilt es in der heutigen Medienlandschaft meines Erachtens noch ganz andere Phänomene zu berücksichtigen. Beispielsweise das (Nicht-)Auftreten der Frage, wer – und mittlerweile vielleicht auch schon: was – als Experte gilt. Die mathematischen Systeme, in denen sich Abstraktes heutzutage oftmals materialisiert, sind einerseits spezialisierte Suchmaschinen mit Trefferlisten als ihrer eigenen Form von Gutachten und andererseits Laien, die einander beraten bzw. Auskunft erteilen, ohne dass nach deren Qualifikation, nach ihrer Expertise überhaupt gefragt würde. Lösen wir uns von der Fahrphysik, doch bleiben wir mit unserem Beispiel beim Verreisen. Ein Reisewunsch ist etwas Hochabstraktes zu dessen Materialisierung einiges zu bewerkstelligen ist. So ist bspw. auch nach Wahl von Reisedatum und Verkehrsmittel eine Reise von Bahnhof zu Bahnhof noch nicht im Preis spezifiziert. Es gab Zeiten, da haben sich Reisende noch darüber gewundert, dass ihnen an verschiedenen DB-Schaltern für dieselbe Reise unterschiedliche Preise genannt wurden. Aber es kommt eben auf die spezielle, oft unbemerkte Wahl der Optionen im berücksichtigten Spektrum an Möglichkeiten an. Heutzutage bedienen Reisewillige bahneigene ‚Suchmaschinen' für Reiseverbindungen meist selbst. Es gibt aber auch Seiten im Netz, die nicht zur DB gehören, auf denen man aber Hinweise auf Reiseschnäppchen bekommt, unter anderem Tipps, um an billige DB-Tickets zu kommen. Wer ist da nun Experte zu nennen? Der Schalter-‚Beamte', der Reisewillige oder das bahneigene Suchportal selbst? Vielleicht deren Programmierer? Oder der fremde Ratgeber? Und ist Experte bereits zu nennen, wer nach einer ‚verspäteten' Ankunft einem Interviewer bereitwillig Auskunft über deren Pünktlichkeit gibt? Immerhin wird von der DB ein Halt noch „als pünktlich gewertet, wenn die planmäßige Ankunftszeit um weniger als 6 [im Personenverkehr; MR] bzw. 16 Minuten [im Güterverkehr; MR] überschritten wurde".[108] Wie frei ist man in seiner Gebrauchsdefinition von Pünktlichkeit? Oder anders: Was muss man wissen, können, bereit sein zu tun, um Kommentieren, Beraten zu dürfen, bzw. sich am Diskurs beteiligen zu können? Und anders herum: Welche Experten gelten zu Recht als Experten? Was den Experten zum Experten macht, scheint mir so klar nicht (mehr) zu sein.

Im fünften und damit letzten Abschnitt seines Aufsatzes formuliert Vohns als Fazit vier „Didaktische Thesen und Desiderata" (vgl. Vohns, in diesem Band S. 216f.). Die ersten drei der Thesen gelten einem aufklärenden, einem politisch bildenden Mathematikunterricht, in dem „außermathematische Phänomene öffentlichen Interesses" mathematisierend erschlossen werden. In der vierten und damit letzten These wird auch reine Mathematik, die „deduktiv geordnete Welt eigener Art", von der in der zweiten Winterschen Grunderfahrungen die Rede ist, in den Dienst von – zumindest in den Zusammenhang mit – Aufklärung durch (hier nicht: gegenüber) Mathematik gestellt. Denn von Laien wird zwar kaum operatives Wissen gefordert, doch muss auch ihnen der

---

[108] Vgl.   https://www.bahn.de/p/view/mdb/bahnintern/fahrplan_und_buchung/reiseauskunft/ puenktlichkeitskommunikation/mdb_243202_faq_puenktlichkeit_personenverkehr-stand_17_1_2017.pdf. Eine heikle Nachfrage ist, was mit „Ankunft" selbst eigentlich gemeint ist. Das Öffnen der Türen ist es zumindest nicht.

Zweck des Mathematisierens beim Modellieren verständlich werden. Der für ein außermathematisches Phänomen wie auch immer festgestellte Sachzusammenhang wird
beim *Mathematisieren* der vermeintlichen Sache entkleidet, auf dass das mathematische Modell innermathematisch behandelt, auf dass also *deduziert* werden kann. Das
Modellieren verlässt sich also auf den Systemcharakter der Mathematik und nutzt ihn,
bevor dann die mittlerweile *interpretierten*, zunächst nur systemimmanent erzeugten
Resultate *validiert* werden.

Andreas Vohns eröffnet seine Präsentation der Konzeption mathematischer Allgemeinbildung nach Winter zwar im Rekurs auf den Aufsatz „Mathematikunterricht und Allgemeinbildung" (^{2}2003 [1995]), zitiert wird der Wortlaut der Grunderfahrungen und
zitiert wird für G1 und G2 jeweils aus dem ersten erläuternden Absatz; die Präsentation
verbleibt dann aber weitgehend bei Winters älterem Aufsatz „Bürger und Mathematik"
(1990). Zwischen den beiden Aufsätzen verzeichnet Vohns keinen Bruch –, ihm gelten
also die Ausführungen im älteren als Exempel der Konzeption im jüngeren. Das, nämlich die Außerachtlassung der Erläuterungen zu G3, mag dann bez. der im letzten Absatz von Abschnitt vier von Vohns an Winter zumindest andeutungsweise geübten Kritik verwundern. Denn dort wird mit Hinweis auf Helge Lenné – und meines Erachtens
eben kontra Winter – darauf verwiesen, „dass es eigentlich nicht möglich ist, den Beitrag mathematischer Modellierung zur Erhöhung der Rationalität einer Arbeits- oder
Argumentationsweise unabhängig von funktionalen Unterschieden in der Verwendung
mathematischer Modelle in unterschiedlichen Wissenschaftsbereichen zu betrachten"
(Vohns, in diesem Band S. 216). Verwundern mag dies, insofern einerseits in Winters
Erläuterungen zu G3 zu lesen ist: „Unverzichtbar schließlich ist die Reflexion auf das
eigene Tun, wenn es um die Modellierung außermathematischer Phänomene geht, wo-
mit eine Beziehung zur Grunderfahrung (1) angesprochen ist" (Winter ^{2}2003 [1995],
S. 11), und andererseits bereits der zweite Absatz der Erläuterung von G1 lautet:

> „Schon das Bürgerliche Rechnen, d.h. die für das spätere Berufsleben erfor-
> derlichen Grundkenntnisse an Mathematik, verfehlt trotz seiner Lebensnä-
> he seine mögliche allgemeinbildende Wirkung, wenn der Modellcharakter
> verhüllt und der Lebenszusammenhang undeutlich bleibt.
>
> So ist z.B. der Kern der vielzitierten Zinsrechnung die Einsicht, dass es
> in unserer Gesellschaft üblich ist, für ein geliehenes Kapital Zinsen als
> Miete nach bestimmten überkommenen oder ad hoc vereinbarten Regeln
> (Formeln) einzufordern. Weder die Mietforderung selbst noch gar die Re-
> geln zur Festsetzung der Höhe sind logisch zwingend oder naturgegeben."
> (Winter ^{2}2003 [1995], S. 7)

Was im zweiten Teil des Zitates ausgeführt wird, klingt im Wort *Modellcharakter* des
ersten Teils bereits an: Von welcher Art ist ein Modell? Zunächst mag man das als Frage
nach dem betroffenen Bereich von Erscheinungen der Welt um uns verstehen, nach Natur, Gesellschaft und Kultur. Betrachtet man Winters Beispiele genauer, so sind sie auch
dahingehend von verschiedenem Charakter, dass welche normativ, welche deskriptiv
sind. Eine Mietforderung ist in – vielleicht vielen – Gesellschaften eine Üblichkeit, aber
bestimmt keine Naturgegebenheit. Die Regeln sind weder logisch zwingend noch na-
turgegeben. Winter ‚enthüllt' demgemäß für mehrere Beispiele (und zwar – wie in G1

formuliert – „aus Natur, Gesellschaft und Kultur") den „Modellcharakter", indem er
sie jeweils als „deskriptiv" oder als „normativ" ausweist. Wie weit geht Andreas Vohns
Rede von „funktionalen Unterschieden in der Verwendung mathematischer Modelle"
über den von Winter bedachten „Modellcharakter" und die „Reflexion auf das eigene Tun" beim Modellieren hinaus? Die drei Modelle von Abschnitt vier werden dort
auch nur bez. der Unterscheidung *deskriptiv/normativ* verortet –, dies aber immerhin
dialektisch, insofern angedeutet ist, dass der Modellcharakter changieren kann (vgl.
Vohns, in diesem Band S. 214). Gegenüber Fischer, Vohns und Winter möchte ich ergänzen, dass mancher Modellcharakter durch ‚präskriptiv' besser als durch ‚normativ'
bezeichnet wäre.

Winters Aufsatz „Mathematikunterricht und Allgemeinbildung" besteht aus zwei Teilen. Der erste Teil steht unter der Überschrift „Was ist mathematische Allgemeinbildung?", in ihm sind die Grunderfahrungen mit Beispielen formuliert. Der zweite Teil
steht unter der Überschrift „Zur Realität der Allgemeinbildung". In ihm wird bspw. das
öffentliche Ansehen mathematischer Allgemeinbildung angesprochen.

> „Nach wie vor gilt es offenbar nicht als blamabel, eher als normal oder
> gar als chic, nichts von der Mathematik verstanden zu haben oder zu ver-
> stehen, trotz 13-jähriger Schulbildung. Man hat es ja ohne Mathematik
> (oder angeblich ohne) durchaus zu etwas gebracht. Sobald es in öffent-
> lichen Diskussionen um Themen mit wesentlich quantitativen Aspekten
> geht (Einkommen, Steuern, Zinsen, Abgaben, Mobilität, Wahlen, Beschäf-
> tigung, . . .) kommt regelmäßig bald der Wunsch auf, doch bitte niemanden
> mit Zahlen oder gar Formeln zu ermüden und zu langweilen und die De-
> tails den Experten zu überlassen.
>
> Es wird eher als erheiternd hingenommen, wenn ein Bundeswirtschaftsmi-
> nister nicht weiß, wie viele Nullen eine Milliarde hat, oder wenn ein hoch-
> bezahlter Quizmaster die Lösung der Aufgabe „30 : 0,5", die der Kandidat
> nicht beantworten kann, vom Zettel abliest mit der Bemerkung „60, aber
> fragen Sie mich nicht warum!", was mit großem Beifall honoriert wird."
> (Winter [2]2003 [1995], S. 13)

Damit ist ein weiterer Aspekt mathematischer Allgemeinbildung angesprochen. Denn
entscheidend sind nicht nur des Laien Fähigkeiten in den von Fischer unterschiedenen
Wissensbereichen. (Mit-)Entscheidend ist, dass der Laie die Bereitschaft zeigt, sich auf
die Kommunikation mit den Experten und den öffentlichen Diskurs über Expertengutachten einzulassen, und dass ihm solche Bereitschaft im öffentlichen Raum auch
zugemutet wird. Winter schließt seinen Aufsatz mit einigen Schlagworten zu Katalysatoren – unter anderem Katalysatoren eines solchen Imagewechsels –, nämlich mit
Perspektiven für die zukünftge Lehrer(aus-)bildung:

> „Bereits in der ersten Phase der Lehrerausbildung sollte der künftige Ma-
> thematiklehrer erfahren, dass mathematische Inhalte nicht nur nach in-
> nerfachlichen Ordnungsprinzipien strukturiert, sondern auch aus ande-
> ren pädagogisch relevanten Blickwinkeln gesehen und verstanden werden
> müssen". (Winter [2]2003 [1995], S. 14)

Auf seine Beispiele gehe ich nun nicht weiter ein, möchte aber anmerken, dass auch künftiger Mathematikunterricht die politische (Willens-)Bildung nicht alleine leisten kann und – meines Erachtens – auch nicht sollte leisten müssen; vgl. unten Abschnitt „Der mathematikphilosophische Anspruch".

19.5 Der Bildungsgegenstand Mathematik. Die Darstellung bei Vohns im Vergleich zu der im Handbuch der Mathematikdidaktik

Um zunächst nochmals einen summarischen Rückblick zu geben: Andreas Vohns vergleicht die Konzeptionen mathematischer Allgemeinbildung von Winter und Fischer, die vor dem gemeinsamen Hintergrund der Unterscheidung zwischen Laien und Experten eine je eigene Dreiteilung ausdifferenzieren: einerseits drei Grunderfahrungen, andererseits drei Wissensbereiche. Vohns vergleicht die beiden Allgemeinbildungskonzepte im Hinblick darauf, inwiefern sie ihm geeignet scheinen, die Urteilsfähigkeit des Staatsbürgers in Sachen des öffentlichen Lebens zu befördern. Im Hinblick auf diese „Ansprüche an mathematische Bildung" favorisiert Vohns Fischers Allgemeinbildungskonzept. Diesen speziellen Fokus auf das Wechselverhältnis zwischen Mathematik und Gesellschaft möchte ich mit Blick in das *Handbuch der Mathematikdidaktik* (2015) etwas weiten. Denn „Mathematik als Bildungsgegenstand" ist das gemeinsame Thema der ersten drei Beiträge, die damit einen eigenen Teil des Bandes ausmachen.

Gewisse Beziehungen zwischen Mathematik und Gesellschaft erläutern dort im ersten Beitrag und unter der Überschrift „Gesellschaftliche Bedeutung der Mathematik" Andreas Loos und Günter Ziegler. Sie antworten dafür insbesondere auf die Frage: „Was ist Mathematik und wie steht sie im gesellschaftlichen Kontext?". Die im letzten Abschnitt des Aufsatzes von Vohns angesprochene und im Hintergrund der Unterscheidung zwischen Grunderfahrung G2 und G1 stehende, klassisch gewordene Unterscheidung zwischen reiner und angewandter Mathematik ist für Loos und Ziegler Ausgangspunkt ihrer Antwort. Sie diskutieren dahingehend in je eigenen Unterkapiteln die folgenden drei Aspekte der gesellschaftlichen Bedeutung von Mathematik: „Mathematik als Wissenskultur", „Mathematik als Werkzeug" und „Mathematik als Wissenschaft". Dabei zählt für sie zum Werkzeugcharakter von Mathematik, dass sie einen Beitrag zur „bürgerlichen Emanzipation" leistet, „etwa, wenn es um das Verstehen von Statistiken und deren Verwendung zur Durchsetzung politischer Interessen geht" (Loos und Ziegler 2015, S. 13). Just diesen Gedanken führt Vohns, seinem eigenen Diktum folgend, meines Erachtens tatsächlich „qualifiziert und abgrenzbar" aus. Hinsichtlich der gesellschaftlichen Bedeutung von Mathematik führen Loos und Ziegler aber anders als Vohns an, dass mathematische Bildung nicht nur für mündige Bürger und fähige Fachkräfte von essentieller Bedeutung ist, sondern dass sie auch bedeutsam sei als „Grundlage von Studierfähigkeit über alle Fächer hinweg" (Loos und Ziegler 2015, S. 3). Die Studierfähigkeit ist ein Thema, das Vohns in seinem Aufsatz nicht tangiert: Allgemeinbildung wird von ihm nicht im Hinblick auf eine allgemeine Hochschulreife konkretisiert.

Unter der Überschrift „Schulmathematik und Realität – Verstehen durch Anwenden" diskutieren Andreas Büchter und Hans-Wolfgang Henn folgende Aspekte in je einem eigenen Abschnitt: „Mathematik und die uns umgebende Welt", „Modelle: Brücken zwischen „Mathematik und dem Rest der Welt"", „Realitätsnaher Mathematikunterricht" und „Realitätsnaher Mathematikunterricht in Zeiten von Standards und zentralen Prüfungen". Dabei verstehen die Autoren unter *Realitätsbezug* der Mathematik – anders als Vohns in seinen Beispielen skizziert – nicht nur die Anwendung der Theorie in der Praxis, sondern auch die Anregung der Theorie durch die Praxis. Heinrich Winter formuliert dahingehend:

> „Weder erschöpfend noch überlappungsfrei kann man drei didaktische Funktionen in der Anwendungsorientierung unterscheiden [. . .]:
>
> 1. Angewandte Mathematik als Lehrstoff [. . .]
>
> 2. Sachbezogenheit als Lernprinzip
>
> 3. Wirklichkeitserschließung als Lernziel". (Winter [3]2016 [1989], S. 259f.)

Von Vohns werden in seinem Aufsatz zwar Anwendungen der Theorie in der Praxis angesprochen, nicht aber die Anregungen, welche die Theorie durch die Praxis erfährt. Büchter und Henn zitieren eine Liste didaktischer Begründungen und Zielsetzungen für realitätsnahen Mathematikunterricht von Werner Blum. Für unsere Diskussion ist dabei folgendes von besonderem Interesse:

> „In *pragmatischer Sicht* sollen geeignete Anwendungsbezüge beim Verstehen und Bewältigen von Umweltsituationen helfen und so dazu beitragen, dass Schülerinnen und Schüler für eine volle gesellschaftliche Teilhabe vorbereitet sind. Aus emanzipatorischer Sicht steht dabei die Entwicklung zu „Bürgerinnen und Bürgern" in Vordergrund; bei rein ökonomischer Betrachtung geht es um die Ausbildung berufstüchtiger Arbeitskräfte. [. . .] Die *kulturbezogenen Argumente* verlangen die Reflexion über Mathematik als kulturellem und gesellschaftlichem Gesamtphänomen. [. . .]" (Büchter und Henn 2015, S. 29)

Hinsichtlich dieser terminologischer Vorgaben lässt sich Vohns' Plädoyer pro Fischer und kontra Winter als ‚emanzipatorisch-pragmatische' Argumentation klassifizieren, in die eine ‚kulturbezogene' Sicht eingeht. Denn Vohns Ausführungen betreffs einer Mathematisierung öffentlichen Lebens machen (Aspekte der) Mathematik als funktional ausdifferenziertes soziokulturelles Konstrukt verständlich.

Michael Neubrands Beitrag im *Handbuch der Mathematikdidaktik* ist der dritte und letzte zur Thematik „Mathematik als Bildungsgegenstand". Unter der Überschrift „Bildungstheoretische Grundlagen des Mathematikunterrichts" umfasst er folgende fünf Abschnitte: „Pädagogische Aspekte", „Gesellschaftliche Aspekte", „Funktionen der Schule und die Rolle der Bildungsstandards", „Fachliche bildungsrelevante Charakterisierungen der Mathematik" und „Synthetisierend: Heinrich Winters „Grunderfahrungen"".

> „Aus Gründen der Übersichtlichkeit wird die breite Thematik „Mathematik und Mathematikunterricht im Diskurs über Bildung" entlang von vier Aspekten angeordnet, nämlich nach pädagogischen, gesellschaftlichen,

schulischen und fachlichen Aspekten. Den Abschluss bildet eine Darstellung der drei sog. „Grunderfahrungen", die der Mathematikunterricht nach Heinrich Winter vermitteln soll." (Neubrand 2015, S. 52)

Doch ist von Winter nicht erst in diesem letzten Abschnitt die Rede. Fangen wir also in dem Aufsatz vorne an. Noch im Intro seines Beitrages formuliert Neubrand im Anschluss an Alfred Langewand drei *generelle Orientierungen von Bildung*:

> „Bei „Bildung" geht es also stets um dreierlei, um Universelles, um Individuelles, aber eben auch um die Gestaltung der Bedingungen, diese beiden „harmonisch" und „zwanglos" zusammen zu bringen." (Neubrand 2015, S. 51)

Fürs Beispiel Mathematikunterricht kommt Neubrand auf diese generellen Orientierungen von Bildung am Ende des zweiten Abschnittes anhand von Konkretisierungen zurück: das Fach, die Interessen und Bedeutungen bei Individuen sowie die Unterrichtsgestaltung. Denn bezogen auf den bildungstheoretischen Vorspann in den sog. Bildungsstandards für den Mittleren Schulabschluss instantiiert er das *Universelle*, das *Individuelle* und die *Gestaltung* deren Wechselbeziehung folgendermaßen:

> „keineswegs ist dort auch nur andiskutiert, wie die in den Bildungsstandards genannten Kompetenzen mit Bezug zum Fach, zu den individuellen Interessen und Bedeutungen sowie zur Gestaltung des Mathematikunterrichts, also den drei „generellen Orientierungen von Bildung" (siehe eingangs), gelesen werden könnten." (Neubrand 2015, S. 57)

Und Neubrand kommt auf diese generellen Orientierungen von Bildung ein weiteres Mal zurück, nämlich am Ende des vierten Abschnittes. Dabei ist in der Überschrift der Fokus auf die erste generelle Orientierung (das Fach als Instanz des Generellen) formuliert. Dieser vierte Abschnitt versammelt unter der Überschrift „Fachliche bildungsrelevante Charakterisierungen der Mathematik" fünf Unterabschnitte: von erstens Mathematik als *pädagogische Aufgabe* (vgl. Freudenthal) und zweitens *Fundamentale Ideen* der Mathematik (vgl. Schreiber, Schweiger, Bender, Hischer, Vohns, vom Hofe), über drittens *Allgemeine Lernziele* der Mathematik (vgl. Winter) und viertens *mathematical literacy* und *mathematical proficiency* (vgl. TIMSS, PISA, Jablonka, Kilpatrick et al.), bis hin zu fünftens – last, not least – *Charakteristika moderner mathematischer Allgemeinbildung*. Wohlgemerkt noch im Jahre 2015 und damit nach den KMK-Bildungsstandards aus den Jahren 2003 und später, verweist Neubrand bezüglich Charakteristika moderner mathematischer Allgemeinbildung auf das *Gutachten zur Vorbereitung des Programms „Steigerung der Effizienz des mathematisch-naturwissenschaftlichen Unterrichts"* (1997) der Bund-Länder-Kommission für Bildungsplanung und Forschungsförderung,[109] zu dessen Verfassern er selbst zählt. Aus diesem BLK-Expertengutachten zitiert er zunächst solche Charakteristika, die einerseits das „Spannungsverhältnis von Abbildfunktion und systemischem Charakter" der Wissenschaft Mathematik betreffen und andererseits die „Grundproblematik des Lehrens und Lernens von Mathematik in der Schule" (Neubrand 2015, S. 67). Diesbezüglich ist zu Beginn des fünften Kapitels des Gutachtens eine Dreiteilung zu finden, deren Nähe

---

[109] Erschienen auch als Online-Ausgabe (1998); vgl. http://www.blk-bonn.de/papers/heft60.pdf.

zu Winters Unterscheidung von drei Grunderfahrungen offensichtlich ist, auf den oder dessen Aufsatz aber nicht referenziert wird. Die von ihm aus dem Expertengutachten zitierten Stellen kommentiert Neubrand dann insgesamt folgendermaßen:

> „Alle drei der eingangs vorangestellten generellen Orientierungen werden somit angesprochen, das „Universelle", indem ein breites Bild der Potentiale des Faches Mathematik gezeichnet wird, das „Individuelle", indem die Frage nach dem Sinn einbezogen wird, und Hinweise zur Gestaltung der Beziehungen zwischen Universellem und Individuellem im Mathematikunterricht." (Neubrand 2015, S. 67)

So zeigt sich im Rückblick, dass Neubrand Konzepte mathematischer Allgemeinbildung an Langewands drei Orientierungen von Bildung misst und ihm allem Anschein nach durch das BLK-Gutachten die gegenwärtig noch immer gültigen Charakteristika moderner mathematischer Allgemeinbildung formuliert sind. In Neubrands Artikel über die *Bildungstheoretischen Grundlagen des Mathematikunterrichts*, können wir zwar – und das geht in die von Vohns für seinen Aufsatz gewählte Richtung – den Hinweis lesen, dass ein Aspekt der Definition von mathematical literacy die „Rolle des Bürgers" (Neubrand 2015, S. 66) sei, aber Neubrand kommt dabei und in seinem Aufsatz insgesamt auf Roland Fischers (Allgemein-)Bildungskonzept nicht zu sprechen. Auf Heinrich Winter dagegen weist Neubrand zweifach hin.

Bevor ich im nächsten Abschnitt Neubrands Hinweise auf Winter weiter ausforme und damit meine Reaktion auf Vohns' Aufsatz schließe, werde ich im Interesse des Tagungsthemas *Mathematik und Gesellschaft* noch kurz skizzieren, worauf Neubrand unter der Überschrift „Gesellschaftliche Aspekte" im Hinblick auf seine Thematik, „Mathematik und Mathematikunterricht im Diskurs über Bildung" (Neubrand 2015, S. 52), zu sprechen kommt. Er eröffnet diesen Abschnitt mit einem doppelten Hinweis auf Interdependenzen:

> „Diskussionen um die Bedingungen von Bildung sind immer auch gesellschaftlich bestimmt und tragen daher ihren historischen Kontext mit sich. [...] Bildung ist also auf das Nachdenken über die jeweils historische und gesellschaftliche Bedeutung der zu lernenden Gegenstände angewiesen." (Neubrand 2015, S. 55)

Neubrand diskutiert dann zunächst das Thema allgemeine Bildung mit Wolfgang Klafki, bevor er mit Hans-Werner Heymann speziell auf Mathematikunterricht eingeht. Als „Orientierungsmarken für ein modernes Verständnis von allgemeiner Bildung" bei Klafki werden genannt: drei *Grundfähigkeiten* (Fähigkeit zu Selbstbestimmung, zu Mitbestimmung und zu Solidarität), drei *Grundgedanken* zu Allgemeinbildung (Allgemeinbildung als „Bildung für alle", als „Bildung im Medium des Allgemeinen" und als „Bildung in allem") und drei didaktische *Kernfragen* („wie [kann] die Bedeutung eines Gegenstandes unter den spezifischen Bedingungen der Lernenden betrachtet werden"?, „wie [kann] die Unterrichtsmethodik auf solche Sinnfragen reagieren"? und „wie [soll] das Verständnis von Leistung in diesen Zusammenhängen diskutiert werden"?). Daran knüpft Neubrand den Hinweis:

> „Vor allem aus solchen Ansätzen heraus hat Hans-Werner Heymann (1996)
> den Bezug zur Mathematik hergestellt. [...] Heymanns Bezugspunkt sind
> die gesellschaftlichen Anforderungen an einen allgemeinbildenden Mathe-
> matikunterricht." (Neubrand 2015, S. 56)

Den *allgemeinbildenden Schulen* weist Heymann *sieben Aufgaben* aus. Nach Neubrand
betreffen diese Aufgaben nicht die „interne, fachimmanente Spannweite mathematischen Arbeitens", sondern sie dienen Heymann „als Orientierungsrahmen", als „analytische Kategorien" (Neubrand 2015, S. 56), die „jeweils mit den Möglichkeiten der
Mathematik im Unterricht zu füllen" sind und „also erst bewusst in Verbindung mit
konkreten fachlichen Situationen im Mathematikunterricht gebracht werden müssen"
(Neubrand 2015, S. 56). Nach Neubrand schließt Winter mit seinen Grunderfahrungen an die „erhebliche[n] öffentliche[n] Dispute, ja Kontroversen" (Neubrand 2015, S.
56) an, die Heymanns sieben Aufgaben ausgelöst haben. Beispielsweise müsste „aus
gesellschaftskritischer Sicht", so Lutz Führer, „die allmähliche Einführung in struktu-
rierende Sichtweisen" unter die Aufgaben allgemeinbildenden Mathematikunterrichts
gezählt werden (Neubrand 2015, S. 57).

> „Jedenfalls hat Heinrich Winter die heute vielfach benutzten [...] und
> überraschend breit konsentierten drei „Grunderfahrungen" [...] im An-
> schluss an diese Dispute aufgestellt." (Neubrand 2015, S. 56f.)

19.6 Der mathematikphilosophische Anspruch. Ein vier-faltiges Bild von Mensch und Mathematik

Wie Andreas Vohns skizziert auch Michael Neubrand Heinrich Winters Ausweis von
Grunderfahrungen. Anders als Vohns skizziert Neubrand – und zwar unter den fachlichen Aspekten der Thematik „Mathematik und Mathematikunterricht im Diskurs über
Bildung" (Neubrand 2015, S. 52; vgl. ebd. S. 64f.) – auch Winters Ausweis von *Allgemeinen Lernzielen* für die Schule und speziell den Mathematikunterricht. In seinem
Aufsatz „Allgemeine Lernziele für den Mathematikunterricht" (1975) skizzierte Winter
dem Menschen und der wissenschaftlichen Mathematik ein vier-faltiges Wesen und formulierte der Schule und dem Mathematikunterricht für jede dieser vier Bestimmungen
ein allgemeines Lernziel. Den vier allgemeinen Lernzielen gemäß soll Mathematikunterricht und allgemeiner Schule dem Schüler/der Schülerin Möglichkeiten geben:

(L1) „schöpferisch tätig zu sein": „heuristische Strategien lernen", allgemeiner „Entfaltung schöpferischer Kräfte",

(L2) „rationale Argumentation zu üben": „Beweisen lernen", allgemeiner „Förderung
des rationalen Denkens",

(L3) „die praktische Nutzbarkeit der Mathematik zu erfahren": „Mathematisieren lernen", allgemeiner „Förderung des Verständnisses für Wirklichkeit und ihre Nutzung" und

(L4) „formale Fertigkeiten zu erwerben": „Formalisieren lernen", allgemeiner „Förderung der Sprachfähigkeit".[110]

Und Winter konkretisiert diese Lernziele anhand von insgesamt 12 mathematischen Beispielen, nämlich im Hinblick auf jede Mensch- und Mathematik-Bestimmung anhand von drei Beispielen, im Allgemeinen je eines für die Primarstufe, die Sekundarstufe I und die Sekundarstufe II. Wohlgemerkt skizziert er diese allgemeinen Lernziele für Mathematikunterricht und für Schule überhaupt erst im Kontext von einem vier-faltigen *Bild vom Menschen* und einem vier-faltigen *Bild von der Mathematik*. Der Mensch wird als ein Wesen mit vier verschiedenen Bedürfnissen oder Neigungen, einer *vier-faltigen Natur* bestimmt und gleichermaßen die Wissenschaft Mathematik: Im Hinblick auf das Lernziel (L1) gilt der Mensch als „schöpferisches, erfindendes, spielendes Wesen" und die Mathematik als „schöpferische Wissenschaft"; für das Lernziel (L2) wird der Mensch als „nachdenkendes, nach Gründen und Einsicht suchendes Wesen" und die Mathematik als „beweisende, deduzierende Wissenschaft" betrachtet; im Lernziel (L3) ist der Mensch als „gestaltendes, wirtschaftendes, Technik nutzendes Wesen" und die Mathematik als „anwendbare Wissenschaft" erfasst; hinsichtlich Lernziel (L4) ist der Mensch als „sprechendes Wesen" und die Mathematik „als formale Wissenschaft" bestimmt.[111]

Erst wer um Winters Aufsatz aus dem Jahre 1975 oder um ähnliche Ansätze weiß, weiß, von welchen Auslassungen, von welcher Reduktion Winter schreibt, wenn er im Jahre 1995 bzw. 2003 in seinem Aufsatz „Mathematikunterricht und Allgemeinbildung", aus dem Vohns die drei Grunderfahrungen zitiert, als Satz eins, zwei und vier formuliert:

> „Zur Allgemeinbildung soll hier das an Wissen, Fertigkeiten, Fähigkeiten und Einstellungen gezählt werden, was jeden Menschen als Individuum und Mitglied von Gesellschaften in einer wesentlichen Weise betrifft, was für jeden Menschen unabhängig von Beruf, Geschlecht, Religion u.a. von Bedeutung ist. Das ist natürlich keine Definition, es müssten hierzu mindestens noch Konzepte von den möglichen Bestimmungen des Menschen aufgezeigt werden. [. . .]
> Eine funktionierende Demokratie ist ohne aufgeklärte, also selbständig denkende Bürger nicht vorstellbar." (Winter [2]2003 [1995], S. 6)

Allgemeinbildung nach Winter betrifft demnach den Menschen einerseits als *Individuum* und andererseits als *Mitglied von Gesellschaften*, also mitunter als (Staats-)Bürger. Vohns hat sich in seinem Aufsatz – wohlgemerkt qualifiziert und abgrenzbar – auf letzteren Aspekt beschränkt. Und auch Winter stellt sich in seinem Artikel über Allgemeinbildung bzw. die Grunderfahrungen – anders als in dem über die Allgemeinen Lernziele – nicht mehr dem ersteren Aspekt, nämlich einer *Konzeption von möglichen Bestimmungen des Menschen (und der Mathematik)*. Immerhin ergänzte Winter in der zweiten Auflage seines Aufsatzes „Mathematikunterricht und Allgemeinbildung" ([2]2003 [1995]) gegenüber der ersten nicht nur einige Halbsätze, sondern insbesondere ein Li-

---

[110] Zitiert nach dem leicht bearbeiteten Nachdruck unter http://www.mathe2000.de/sites/default/files/winter-allgemeine-lernziele-mathematik.pdf.

[111] Zitiert nach dem leicht bearbeiteten Nachdruck unter http://www.mathe2000.de/sites/default/files/winter-allgemeine-lernziele-mathematik.pdf.

teraturverzeichnis. In selbigem ist Alexander Israel Wittenbergs Monographie *Bildung und Mathematik* (^{2}1990 [1963]) aufgeführt, darin auch Wittenberg über eine Dreiteilung schreibt, die als Vorform der durch Winter klassisch gewordenen (Winter'schen) Grunderfahrungen gelesen werden kann. In dieser Monographie Wittenbergs findet sich, der Skizze eines Lehrgangs für Geometrie am Gymnasium und weiter den Vorschlägen zur generellen methodischen Umsetzung vorab, durchaus auch ein (skizziertes) Bild von Mathematik (und Mensch), insbesondere von der Bildung des Menschen durch Mathematik. Einer erkenntniskritischen Antwort auf die Frage nach der Natur der Mathematik geht Wittenberg aber einschlägig an anderem Ort nach, nämlich in seiner Dissertation *Vom Denken in Begriffen. Mathematik als Experiment des reinen Denkens* (1957).

In Winter (1990, ^{2}2003 [1995], ^{3}2016 [1989]) wird die Frage, inwiefern *ontologische* und *epistemologische* Fragen an Mensch und Mathematik von Relevanz für *allgemeinbildende* Fragen sind, weder beantwortet noch überhaupt gestellt; und vielleicht muss uns dies Antwort genug sein. Zumindest soll eine diesbetreffende Spurenlese hier nicht mehr angegangen werden. Als knapper Hinweis auf die – mathematikphilosophisch betrachtet – naive (soll heißen: unreflektierte) Argumentation in Winter (^{2}2003 [1995]) mag dienen, dass „mathematische Gegenstände und Sachverhalte" in der Formulierung von G2 schlicht als „geistige Schöpfungen" in einer „deduktiv geordnete[n] Welt" vorgestellt werden. Woher die deduktive Ordnung stammt bzw. wie die Konstitution der Gegenstände und Sachverhalte gedacht ist, ob bspw. ein mehr oder minder naiver Platonismus vertreten wird, ist dort kein Thema, wohl aber bei Pirmin Stekeler-Weithofer (in diesem Band Kapitel 4), auf den Thomas Jahnke aus mathematikdidaktischer Perspektive reagiert (in diesem Band Kapitel 5).

Last, not least: Künftiger Mathematikunterricht kann in Sachen politischer (Willens-)Bildung durchaus eine gewisse erzieherische Funktion übernehmen, muss sich ihrer aber eigens annehmen und sie einerseits pädagogisch, andererseits mathematikdidaktisch – und sollte sie vielleicht auch mathematikphilosophisch – ausbuchstabieren. Denn in Zeiten der saloppen Rede von fake-news, verschiedenen Formen des Relativismus etc. könnte es angebracht sein, Schranken im Hinblick auf scheinbar allgemeine Beliebigkeit – bspw. in Aushandlungsprozessen – auf- und auszuweisen. Mit Vohns' Worten, aber der Hauptstoßrichtung seiner Argumentation entgegen, lässt sich dies folgendermaßen ausführen: „Wo er [Mathematikunterricht, MR] sich aus dem Politischen heraushalten will, dort ist er beständig gefährdet, zur Anpassung beizutragen, ohne sich dies selbst klar zu machen." (Vohns, in diesem Band S. 216). Bei aller sinnfälligen *Befreiung und Distanzierung von Mathematik* kann an Mathematik auf andernorts kaum nachahmbare Weise die *Härte der Sache* erfahren werden.

> „Kein anderes Fach macht dem Schüler in demselben Maße erfahrbar, was es heißt, dass sich eine Sache nicht nach dem subjektiven Interesse und Meinen richtet, sondern fordert, von alldem abzusehen und allein die Sache selbst zur Geltung kommen zu lassen.
>
> Nur im unvoreingenommenen Umgang mit den Sachen kann der Schüler zu sich selbst finden und wahrhaft er selbst werden. In diesem Sinne ist es zu verstehen, was Rainer Kaenders in seiner „Begeisterung für Ma-

thematik" [2008, S. 2; MR] schreibt: „Wenn wir nicht wollen, dass Werbeindustrie, politische Parteien, Regierungen oder andere für die Schüler entscheiden, was wahr, gut und schön ist, dann müssen wir ihnen die Gelegenheit geben, in Kontakt mit den Quellen der Kultur zu kommen und sie mit dem begeistern, was uns begeistert" [...]." (Bandelt und Wiechmann 2016, S. 35)

In vorstehendem Zitat erinnert nicht nur die Rede von „wahr, gut und schön" an Platons Erkenntnisideal vom „Wahren, Guten und Schönen", sondern es erinnert zudem die Rede von den „Quellen der Kultur" auch an Platon selbst und damit weiter an die Rolle, die er der Mathematik in Angelegenheiten der Allgemeinbildung, aber insbesondere in Angelegenheiten der Bildung zuweist: „Mathematische Bildung" ist bei ihm bedeutsam „als Vorspiel zur gerechten Staats- und Seelenführung" (Nickel 2015, S. 150).

Literaturverzeichnis

Bandelt, Hans-Jürgen, und Ralf Wiechmann. 2016. Die Selbstunterwerfung unter ökonomisches Denken. *Pädagogische Korrespondenz* 53:26–48.

Büchter, Andreas, und Hans-Wolfgang Henn. 2015. Schulmathematik und Realität – Verstehen durch Anwenden. In *Handbuch der Mathematikdidaktik,* herausgegeben von Regina Bruder, Lisa Hefendehl-Hebeker, Barbara Schmidt-Thieme und Hans-Georg Weigand, 19–49. Berlin, Heidelberg: Springer.

Gutachten zur Vorbereitung des Programms „Steigerung der Effizienz des mathematisch-naturwissenschaftlichen Unterrichts". 1997. Herausgegeben von Bund-Länder-Kommission für Bildungsplanung und Forschungsförderung (Projektgruppe „Innovationen im Bildungswesen"). Erschienen auch als Online-Ausgabe (1998) unter http://www.blk-bonn.de/papers/heft60.pdf [11.12.2017]. Bonn: BLK, Geschäftsstelle.

Ernest, Paul. 1991. *The Philosophy of Mathematics Education.* London: Falmer Press.

Heymann, Hans-Werner. 1996. *Allgemeinbildung und Mathematik.* Weinheim, Basel: Beltz.

Loos, Andreas, und Günter M. Ziegler. 2015. Gesellschaftliche Bedeutung der Mathematik. In *Handbuch der Mathematikdidaktik,* herausgegeben von Regina Bruder, Lisa Hefendehl-Hebeker, Barbara Schmidt-Thieme und Hans-Georg Weigand, 3–17. Berlin, Heidelberg: Springer.

Neubrand, Michael. 2015. Bildungstheoretische Grundlagen des Mathematikunterrichts. In *Handbuch der Mathematikdidaktik),* herausgegeben von Regina Bruder, Lisa Hefendehl-Hebeker, Barbara Schmidt-Thieme und Hans-Georg Weigand, 51–73. Berlin, Heidelberg: Springer.

Nickel, Gregor. 2015. Mathematik und Bildung – Randnotizen zu einem klassischen Thema. In *Bildung gestalten. Akademische Aufgaben der Gegenwart (Coincidentia Beiheft 5)*, herausgegeben von Silja Graupe und Harald Schwaetzer, 139–162. Münster: Aschendorff Verlag.

Winter, Heinrich Winand. [2]2003 [1995]. Mathematikunterricht und Allgemeinbildung. In *Materialien für einen realitätsbezogenen Mathematikunterricht (ISTRON, Band 8)*, herausgegeben von Hans-Wolfgang Henn und Katja Maaß, 6–15. Hildesheim: Franzbecker.

Winter, Heinrich Winand. [3]2016 [1989]. *Entdeckendes Lernen im Mathematikunterricht. Einblicke in die Ideengeschichte und ihre Bedeutung für die Pädagogik.* Wiesbaden: Springer Spektrum.

Winter, Heinrich Winand. 1975. Allgemeine Lernziele für den Mathematikunterricht? (Vgl. dazu den leicht bearbeiteten Nachdruck unter http://www.mathe2000.de/ sites/default/files/winter-allgemeine-lernziele-mathematik.pdf   [11.12.2017]), *Zentralblatt für Didaktik der Mathematik* 7:106–116.

Wittenberg, Alexander Israel. [2]1990 [1963]. *Bildung und Mathematik. Mathematik als exemplarisches Gymnasialfach.* Stuttgart: Klett.

Wittenberg, Alexander Israel. 1957. *Vom Denken in Begriffen. Mathematik als Experiment des reinen Denkens.* Basel: Birkhäuser. Vgl. dazu https://www.research-collection.ethz.ch/bitstream/ handle/20.500. 11850/134562/eth-33688-02.pdf [11.12.2017].

20 Reaktion auf Andreas Vohns – Bürgerbegriff und Nützlichkeitsgedanke: Historische und mathematikhistorische Aspekte

GABRIELE WICKEL

20.1 Annäherung und Eingrenzung

Zur Thematik der Tagung „Mathematik und Gesellschaft" hat Andreas Vohns seinen Beitrag mit der Überschrift „Rechnen oder Rechnen lassen? Mathematik(unterricht) als Bürgerrecht und Bürgerpflicht" versehen und insbesondere untersucht, wie und unter welchen Bedingungen ein allgemeinbildender Mathematikunterricht dazu befähigen kann, in einer demokratischen Gesellschaft in Angelegenheiten des öffentlichen Lebens als Laie oder Experte zu mündiger Urteilsfähigkeit zu gelangen. Diesen bildungstheoretisch und vor allem mathematikdidaktisch fundierten Ausführungen soll in der vorliegenden ‚Antwort' nichts *entgegengesetzt* werden. Die Reaktion hat das Ziel, einige Aspekte der Ausführungen von Vohns unter historischer und mathematikhistorischer Perspektive zu vertiefen und zu ergänzen, wobei sich einzelne Gesichtspunkte und Anmerkungen zu einem Kaleidoskop zusammenfügen.

20.2 Der Staatsbürger – ein facettenreicher historischer Begriff

Wenn Andreas Vohns das bürgerliche Rechnen kritisch in den Blick nimmt und es historisch als Teil der Erziehung zum fleißigen Untertanen einordnet, dann hat er recht damit zu fordern, dass in einer modernen, pluralistischen Gesellschaft ein neues Nachdenken über allgemeinbildenden Mathematikunterricht für den heutigen Staatsbürger einsetzen soll. Dennoch lässt sich meiner Meinung nach die von Vohns beschriebene Problematik unter historischer Perspektive durch eine Untersuchung des Bürgerbegriffs ergänzen.

© Springer Fachmedien Wiesbaden GmbH, ein Teil von Springer Nature 2018
G. Nickel et al. (Hrsg.), *Mathematik und Gesellschaft*, https://doi.org/10.1007/978-3-658-16123-1_21

Wenn wir weiter in der Geschichte zurückgehen und einen Bürgerbegriff der griechischen Antike betrachten, dann zeigt sich, dass sich der Status eines athenischen Bürgers insbesondere durch seine Teilhabe am politischen Leben, d. h. an den demokratischen Prozessen und Abstimmungen, bemisst. So überliefert der Geschichtsschreiber Thukydides in seinem zweiten Buch über den *Peloponnesischen Krieg* die Totenrede des Staatsmanns Perikles (431–404 v. Chr.) für die gefallenen Athener, in der dieser das ‚Bürger-sein‘ folgendermaßen charakterisiert:

> „Die Verfassung, nach der wir leben, vergleicht sich mit keiner der fremden; viel eher sind wir für sonst jemand ein Vorbild als Nachahmer anderer. Mit Namen heißt sie, weil der Staat nicht auf wenige Bürger, sondern auf eine größere Zahl gestellt ist, Volksherrschaft. Nach dem Gesetz haben in den Streitigkeiten der Bürger alle ihr gleiches Teil, [...]. Wir vereinigen in uns die Sorge um unser Haus zugleich und unsere Stadt, und den verschiedenen Tätigkeiten zugewandt, ist doch auch in staatlichen Dingen keiner ohne Urteil. Denn einzig bei uns heißt einer, der daran gar keinen Teil nimmt, nicht ein stiller Bürger, sondern ein schlechter, und nur wir entscheiden in den Staatsgeschäften selber oder denken sie doch richtig durch." (Thukydides 2002, S. 111; 113)

Auch der Philosoph Aristoteles stellt im dritten Buch seiner *Politik* im Hinblick auf den antiken Polisbürger fest:

> „Der Bürger hat diesen Status nicht, weil er irgendwo ansässig ist [...]. Ein Bürger im eigentlichen Sinne wird nun aber durch kein anderes Recht mehr bestimmt als das der Teilhabe an der Entscheidung und der Bekleidung eines Staatsamtes. [...] wem das Recht eingeräumt ist, an der Ausübung eines Amtes mit politischen Entscheidungsfunktionen und richterlicher Gewalt mitzuwirken, erfüllt nach unserer Bestimmung die Bedingungen eines Bürgers seines Staates." (Aristoteles 1991, Politik III, 1275a5; 1275a20; 1275b15f.)

Die antike griechische Perspektive geht also davon aus, dass ein (männlicher) Bürger in allen gesellschaftlichen Belangen als Experte mitentscheiden kann. So beschreibt Aristoteles weiter, dass Handwerker in der idealen Polis von der Bürgerschaft auszuschließen seien, da sie durch die Ausübung ihrer Tätigkeit keine ausreichenden Möglichkeiten haben, an der Herrschaft teilzunehmen. Dieser eng gefasste Bürgerbegriff in der griechischen Polis zeigt schon in der Theorie, dass die direkte griechische Demokratie nur in den Stadtstaaten möglich war. In der historischen Praxis hat sich gezeigt, dass die Teilhabe aller antiken Polisbürger an der Gestaltung der Gesellschaft selbst in den Stadtstaatgesellschaften nur ein Ideal bleiben konnte.

Die von Vohns dargestellte Problematik resultiert auch daraus, dass wir heute einen modernen (Staats-)Bürgerbegriff betrachten, der in der Geschichte der Neuzeit etwa aus der Zeit der Französischen Revolution stammt. So definiert Denis Diderot in der Enzyklopädie von 1751 als Grundlage des politisch dann in der Revolution umgesetzten Bürgerbegriffs:

> „[...] die Eigenschaft des Staatsbürgers [setzt] eine Gesellschaft [voraus], deren Angelegenheiten jeder einzelne kennt, deren Wohl ihm am Herzen

liegt und in der er zu den ersten Würden zu gelangen hofft." (Diderot und D'Alembert 1984, S. 140)

Auch dieser für die Moderne neue Bürgerbegriff setzt also voraus, dass ein Staatsbürger an der Entwicklung der Gesellschaft durch Kenntnis ihrer Prozesse Anteil hat und die Gesellschaft und sich selbst in ihr weiterentwickeln will. Der moderne Gedanke einer staatsbürgerlichen Erziehung hat sein Fundament ebenfalls in der Französischen Revolution. So wurde etwa nach der Schließung der royalistisch gesinnten Universitäten 1794 die École Polytechnique mit dem Ziel gegründet, die Staatsbürger mathematisch-technisch, aber auch in anderen gesellschaftlichen Bereichen auszubilden (vgl. Katz 2008, S. 702f.), damit sie die Gesellschaft nicht nur kennen, sondern sie auch weiterentwickeln können. Dennoch haben diese Bemühungen auch hier nur einige Lernende als Experten und nicht die Massen erreicht. In diesem von Diderot vorgestellten Bürgerbegriff ist also im Hinblick auf eine sich im 19. Jahrhundert bereits ausdifferenzierende Gesellschaft die von Andreas Vohns angesprochene strukturelle Ausweglosigkeit in der Experten-Laien-Kommunikation angelegt. Denn auch für die Gesellschaft der Französischen Revolution gilt, dass ein Bürger nicht alle Angelegenheiten kennen kann, so dass er zwangsläufig auf die Beratung durch Experten und eine eigene reflektierte Urteilsbildung angewiesen ist.

Es zeigt sich also, dass das von Andreas Vohns – im Rückgriff auf die Bildungskonzeptionen von Winter und Fischer – diagnostizierte Bildungsproblem einen Ursprung im ausgehenden 18. Jahrhundert besitzt. Diese historischen Bemerkungen geben aber auch einen Hinweis darauf, dass die von Andreas Vohns vorgestellten Desiderate bezüglich eines Mathematikunterrichts für den mündigen Staatsbürger nicht nur im Hinblick auf die aktuelle Situation gesellschaftlicher Herausforderungen gedacht werden sollte. Insbesondere in einer sich so schnell wandelnden Zeit mit immer weiter wachsenden gesellschaftlichen Herausforderungen müssen Lernende nicht nur für ihre Gegenwart, sondern auch für ihre Zukunft ausgerüstet werden, so dass in Entscheidungssituationen ein kritischer Vernunftgebrauch des Staatsbürgers möglich wird. Als Frage einer aktiven Lehrkraft bleibt allerdings offen, wie sich Mathematikunterricht – auch im fächerverbindenden Unterricht – konkret den von Vohns dargestellten Herausforderungen stellen kann.

20.3 Ausbildung im „bürgerlichen Rechnen" in der frühen Neuzeit

Im Hinblick auf die erste Wintersche Grunderfahrung wurde von Andreas Vohns beschrieben, dass Aufklärung durch und gegenüber mathematischen Modellen nicht nur ein Bürgerrecht, sondern auch eine Bürgerpflicht sei. Dabei wurde kritisch die Rolle des sogenannten bürgerlichen Rechnens bzw. des einfachen Sachrechnens betrachtet, welches Vohns im Rückgriff auf Winter in den Spannungsfeldern von „mathematischer Systematik und Lebenswirklichkeit" und „Anpassung und Aufklärung" diskutiert. Vohns stellt richtigerweise klar, dass insbesondere das Spannungsverhältnis zwischen Anpassung und Aufklärung in einer modernen demokratischen Gesellschaft neu definiert werden muss. Außerdem wird deutlich, dass auch die individuelle Positionierung des modernen Menschen zwischen den Polen Mathematik und Lebenswirklichkeit in einer hochtechnisierten Gesellschaft überdacht werden muss und der Fachunterricht diese Aspekte betrachten soll. Dazu hat Andreas Vohns weitere Analysen geliefert und Vorschläge gemacht.

Wenn wir aber die genannten Spannungsfelder in der frühen Neuzeit auf ein Erziehungsideal des ‚gehorsamen Untertans‘, auf die Bemühungen, Rechenkenntnisse und einfache angewandte Mathematik ‚unter das Volk zu bringen‘, verkürzen, dann nehmen wir eine anachronistische Sichtweise gegenüber den Bildungsbemühungen im 16. und 17. Jahrhundert ein.

Der Terminus ‚Aufkärung‘ ist in Deutschland natürlich eng mit Immanuel Kant und der Epoche der Aufklärung des 18. Jahrhunderts verbunden. Richtet man allerdings den Blick auf England und Aufklärer wie Thomas Hobbes (1588–1679) und John Locke (1632–1704) sieht man, dass diese Vordenker der Aufklärung schon im 17. Jahrhundert einflussreich waren. Weiterhin zeichnet die englische Gesellschaft in der frühen Neuzeit aus, dass es eine deutlich größere soziale Mobilität als in den absolutistisch geprägten Staaten Kontinentaleuropas gab und der gesellschaftliche Aufstieg und damit auch die gesellschaftliche Einflussnahme – beispielsweise auch durch das parlamentarische System – aufgrund eigener Leistungen möglich war. Diese historischen Aspekte machen deutlich, dass Bildung in der englischen Gesellschaft nicht allein auf Anpassung zielen konnte.

Auch der Begriff der Anpassung sollte vertiefend betrachtet werden. Wenn wir die Geschichte in den Blick nehmen, dann hat mathematische (Aus-)Bildung nie nur der Anpassung gedient, zumal sie nie ausschließlich im Hinblick auf ihren utilitaristischen Charakter vermittelt wurde. Der Begriff der Anpassung ist negativ belegt, weil wir von einem neuzeitlichen Bürgerbegriff ausgehen, den mündigen Bürger vor Augen haben und ein Ideal der gesellschaftlichen Teilhabe aller verfolgen. Diese Vorstellung von der Teilhabe aller ist in vielen Kulturen und zu vielen Zeiten unbekannt und lässt sich auch nur teilweise in der antiken griechischen Demokratie wiederfinden, wobei sie dort aber ebenfalls nicht für alle galt. Die Geschichte zeigt, dass mathematische Bildung auch durch Anpassung zur gesellschaftlichen Partizipation in einem größeren Umfang führen kann, da insbesondere mathematisch gebildete Experten, z. B. *mathematical practitioners*[112], im frühneuzeitlichen England Chancen zum sozialen Aufstieg hatten und so in herausragenden Positionen die Gesellschaft als Bürger gestalten konnten.

Zwei weitere Aspekte können den Grad der ‚Aufklärung‘ in der frühen Neuzeit vertiefend charakterisieren: Zum einen hat die Ausbreitung des Protestantismus in Verbindung mit der Vereinfachung des Buchdrucks in ganz Europa zu einer höheren Individualisierung, Selbstwahrnehmung und Literalität geführt. Zum zweiten hat nach der ‚Entdeckung‘ Amerikas insbesondere die dauerhafte Besiedlung Nordamerikas im 17. Jahrhundert den Europäern, denen in ihren Ländern keine gesellschaftliche Teilhabe

---

[112] Die Bildung und Ausbildung der *mathematical practitioners* in England lässt sich nicht mit der der deutschen Rechenmeister in der frühen Neuzeit vergleichen. Soll für die Kompetenzen der englischen *practitioners* ein kontinentaleuropäischer Vergleichsmaßstab gefunden werden, stellen die Niederlande den geeignetsten dar. Daher ist eine direkte Übertragung der Ausführungen für die frühe Neuzeit in die deutschen Gebieten nicht möglich.

möglich war, eine Chance gegeben, sich in einer neuen selbstständigen Gesellschaft zu formieren. Die Herausbildung dieser Gesellschaft bedurfte dabei wiederum einer Bildung, die nicht nur auf Anpassung zielen konnte, sondern die Menschen ausrüstete, Lebenswirklichkeit in allen Dimensionen aktiv gestalten zu können.

Daher ist eine Untersuchung des Spannungsfelds zwischen Mathematik und Lebenswirklichkeit in der frühen Neuzeit unter mathematikhistorischer Perspektive fruchtbar. Es zeigt sich, dass es auch in der Geschichte der Mathematik und der des Mathematikunterrichts gesellschaftlich relevante Modellierungsprobleme gibt, zu deren Bewältigung Lernende ausgerüstet werden sollten, wobei die Modellierungsprobleme der frühen Neuzeit etwa von Navigation und Geografie, von Kriegskunst, Finanzwesen oder der Baukunst handelten.

Da durch die Besiedlung der neuen Welt insbesondere bei der englischen Bevölkerung Kenntnisse in Navigation gefragt sind, widmen sich zahlreiche Lehrbücher dieser Thematik. So erscheint etwa 1614 eine englische Übersetzung von Bartholomäus Pitiscus' *Trigonometry or the Doctrine of triangles*. Der Übersetzer Raphe Handson gibt in seiner Widmung an Sir Thomas Smith als Motivation an, dass er diesen als Patron ausgewählt habe, da er an der Errichtung öffentlicher Vorlesungen in Navigation beteiligt gewesen sei und durch diese Vorlesungen „ordinary Sailers may become good Sea-men; and good sea-men skillfull Mariners: which how profitable it may proue to the Commonwealth." (Pitiscus 1614, *The Epistle Dedicatorie*, A3^v) Weiterhin erläutert Hanson, dass die Engländer für ihre langen Reisen, die aktuell erforderlich sind, sowohl praktisch erfahrene, als auch theoretisch gut ausgebildete Seeleute benötigen, und dass er daher dieses Buch von Pitiscus zur Trigonometrie übersetzt und mit einem Anhang versehen hat, der sich speziell an die Seeleute richtet (vgl. Pitiscus 1614, *The Epistle Dedicatorie*, A3^{v}f.). In diesem Anhang beschreibt Hanson dann beispielsweise, wie mithilfe der Trigonometrie die Entfernung zwischen der Azoreninsel Santa Maria und Cape St. Vincent, der südwestlichsten Spitze Portugals bestimmt werden kann. Zu dieser Bestimmung gibt er arithmetische und trigonometrische Verfahren an und zeigt, dass die Entfernung zwischen diesen beiden Punkten etwas mehr als 766 zeitgenössische Meilen beträgt, die Seekarten diese Strecke aber mit 960 Meilen, also 194 Meilen zu viel angeben (vgl. Pitiscus 1614, *Questions of Navigation*, S. 8). Diese „errors in navigation" (vgl. Wright 1610) hatten für die praktische Seefahrt ungeheure Auswirkungen, da die Reise über den Atlantik voller Gefahren und die Azoren die letzte Station vor der endgültigen Überquerung des atlantischen Ozeans waren.

Ein weiteres, mehr arithmetisches Beispiel für die mathematische Modellierung gesellschaftlicher Aufgaben zeigt sich in Simon Stevins Werk *De Thiende*, das 1586 auf Niederländisch veröffentlicht und von Robert Norton 1608 unter dem Titel *Disme: the art of tenths, or, decimall arithmetike* ins Englische übersetzt wurde. Schon allein die schnelle Verbreitung von Stevins Arbeit macht deutlich, dass es sich um die Ausarbeitung einer wichtigen Theorie handelt. Für uns heute selbstverständlich im Rahmen der unmittelbaren Lebensvorbereitung und in jedem Fall ein Teil des bürgerlichen Rechnens ist das Rechnen mit Dezimalzahlen. Dabei vergessen wir leicht, dass diese in der Geschichte der Mathematik eine Entwicklung der frühen Neuzeit darstellen. Mit Stevins Werk und dessen Veröffentlichung in Europa wurden das Rechnen mit Dezimalzahlen bekannt, wenn auch nicht unmittelbar verbreitet. Dennoch haben die *mathematical practitioners* neben dem theoretischen Konzept auch immer die Anwendungsmöglichkeiten der jeweiligen Theorie bedacht. So hat etwa der Übersetzer Robert Norton dem Werk von Stevin einen Appendix angefügt, für den er als Ziel festhält:

> „Seing that we haue already described the Disme, we will now come to the vse thereof, shewing by vi. Articles, how all computations which can happen in any mans buisines, may be easily performed thereby [. . .]. (Stevin 1608, *The Appendix*, S. 1)

In seiner Darstellung zeigt Norton dann etwa, wie mithilfe dezimaler Berechnungen Flächen in der Landvermessung berechnet werden können. Dieser Ansatz wird in der folgenden Zeit beispielsweise von Aaron Rathborne in seinem Buch *The Surveyor*, das 1616 in London erschienen ist, wieder aufgegriffen und als Grundlage der Vermessung mit einer dezimalen Messkette in der Praxis festgeschrieben.

Es könnten sich noch zahlreiche weitere Modellierungsbeispiele finden, in denen die Mathematik im Spannungsfeld zwischen mathematischer Systematik und Lebenswirklichkeit ausgearbeitet wird. Dabei ging es den Rechenmeistern und den *mathematical practitioners* nicht nur darum, eine ‚angewandte' Mathematik ‚unter das Volk zu bringen'. Die mathematischen Lehrbücher aus dieser Zeit zeigen, dass die Inhalte abwechseln: zwischen der Bearbeitung von theoretischen – geometrischen und arithmetischen – Konzepten, die natürlich dem Stand der Zeit entsprechen, und praxisbezogenen Anwendungsbeispielen, also gewissermaßen Modellierungsproblemen, die dazu dienen, „den Gegenstand noch einmal neu zu erschaffen", um anderen Problemen der Praxis erfolgreicher begegnen zu können. Mithilfe dieser Lehrbuchliteratur wird durchaus ein Transfer auf die Lebenspraxis und die Entscheidungsmöglichkeiten der Zeitgenossen erwartet.

Dieses Ausrüsten von Lernenden mit Kompetenzen im Hinblick auf die mathematische Systematik und die Mathematik in der Lebenswirklichkeit der damaligen Akteure weisen auf die von Andreas Vohns beschrieben Spannungsverhältnisse hin, wenn auch erst die Veränderung des Menschenbilds durch die Aufklärung im ausgehenden 18. und beginnenden 19. Jahrhundert das Ideal des die Gesellschaft gestaltenden Bürgers ebenso wie den Bürgerbegriff ausgeformt hat (vgl. dazu 20.2).

Andreas Vohns hat in seinem Beitrag weiterhin erläutert, dass innerhalb gesellschaftlicher Entscheidungsprozesse mathematischen Modellen und Aussagen aufgrund der Systemhaftigkeit der Mathematik besonders Vertrauen entgegen gebracht wird. Auch diese Sichtweise möchte ich unter mathematikhistorischer Perspektive kurz betrachten:
Sicherlich hat die sich im 19. und beginnenden 20. Jahrhundert durchsetzende Formalisierung der Mathematik eine besondere Aura der Eindeutigkeit und Beweisbarkeit geschaffen, aber in diese Zeit fällt auch die Diskussion zwischen Formalismus und Intuitionismus und die Auseinandersetzung um die Unvollständigkeit der Axiomatik, so dass der ‚Systemcharakter' der Mathematik seit dieser Zeit auch fassbare Risse hat.

Das besondere Vertrauen von Laien gegenüber mathematischen Lösungsvorschlägen von Experten ist keine Entwicklung der Moderne, sondern lässt sich etwa schon in der frühen Neuzeit beobachten. Dies möchte ich kurz an einem Beispiel konkretisieren: Im England des 17. Jahrhunderts wurden – bedingt durch die gesellschaftlichen Umwälzungen der englischen Reformation – umfassende Bodenreformen durchgeführt. Es trat der neuartige Berufsstand des Vermessers auf, der sich durch die Kenntnis und den Gebrauch mathematischer Methoden auszeichnet. Vom Grundherren wird dieser mathematische gebildete Vermesser geschätzt, da der Landbesitzer nur so „perfect and true knowledge" über die Struktur und den Wert seines Besitzes erlangen kann, und nur mathematische Mittel zu einem „true measuring" führen, dass dann jedem „like a divvine Justicier" die Möglichkeit gibt „to know one's own" (vgl. Wickel 2015, S. 94-98). Dies zeigt, dass schon in der frühen Neuzeit ein Experten-Laien-Dilemma herrscht, bei dem der Grundbesitzer als mathematischer Laie zum einen den Ergebnissen einer mathematischen Landbestimmung große Überzeugungskraft zumisst und ihnen Vertrauen entgegen bringt. Zum anderen wird deutlich, dass der Grundbesitzer als Laie auf Basis der mit mathematischen Methoden erzeugten Ergebnisse agieren muss, etwa beim Weiterverkauf von Land oder bei den Verhandlungen mit seinen Pächtern.

So beschreibt ein zeitgenössischer Lehrbuchautor als Motivation für das Lernen von praktischer Geometrie beispielsweise, dass bei Grundstückskäufen oft Tausende in einen Kauf investiert werden, ohne die genaue Größe oder den Wert des Grundbesitzes zu kennen. Bei weiteren Grundstücksspekulationen kann es dazu kommen, dass sich in kurzer Zeit von einem Verkauf zum nächsten der Grundstückswert verdoppelt, und zwar ohne dass eine Vermessung je den genauen Wert angegeben hätte (vgl. Rathborne 1616, Preface).

Literaturverzeichnis

Aristoteles. 1991. *Politik, Buch II/III.* Übers. u. erläutert v. Eckart Schütrumpf. Berlin: Akademie-Verlag.

Diderot, Denis, und Jean-Baptiste le Rond D'Alembert. 1984. Bürger. In *Artikel aus der von Diderot und D'Alembert herausgegebenen Enzyklopädie.* Ausw. u. Einf. v. Manfred Naumann, übers. v. Theodor Lücke. Leipzig: Reclam.

Katz, Victor J. 2008. *A history of mathematics. An introduction.* 3. Aufl. Boston, London: Addison-Wesley.

Pitiscus, Bartholomäus. 1614. *Trigonometry or the Doctrine of triangles.* Trans. by Raphe Handson, printed by Edw. Allde, STC (2nd ed.) / 19967. London.

Stevin, Simon. 1608. *Disme: the art of tenths, or, decimall arithmetike, [...],* Published in English with some additions by Robert Norton, printed by S. S[tafford], STC (2nd ed.) / 23264, London.

Thukydides. 2002. *Geschichte des Peloponnesischen Krieges.* Hrsg. u. übers. v. Georg Peter Landmann. Düsseldorf, Zürich: Patmos Verlag.

Wickel, Gabriele. 2015. *Praktische Geometrie zwischen Theorie und Anwendung – Eine Fallstudie anhand von Aaron Rathbornes „The Surveyor" (London, 1616)*. Bisher unveröffentlichte Dissertation. Siegen.

Wright, Edward. 1610. *Certaine errors in navigation*. Printed by Felix Kingsto[n], STC (2nd ed.) / 26020. London.

21 Soziale Dimensionen der Wahrnehmung von Mathematik durch Schüler

David Kollosche

Abstract: Soziopolitische Studien beforschen Mathematikunterricht hinsichtlich gesellschaftlicher Konsequenzen mathematischer Bildung. In Fokus steht dabei unter anderem die kritische Diskussion der gesellschaftlichen Rolle, die Schüler im Bezug zu Mathematik während ihrer Beschulung ausbilden. Schülervorstellungen von Mathematik könnten darüber empirisch Auskunft geben, wurden bisher jedoch nur mit dem Ziel einer Verbesserung des Lernens von Mathematik untersucht. Diese Forschung wird hier kurz resümiert, bevor ein alternativer theoretischer Zugang auf der Basis der Soziologie Foucaults vorgestellt wird. Es folgt die Beschreibung der Methode und der Ergebnisse einer explorativen Fragebogen-Studie zu Schülervorstellungen von Mathematik, an der 199 Neuntklässler teilgenommen haben. Nach dem Versuch einer soziopolitischen Interpretation der gewonnenen Ergebnisse, in der vor allem die Polarisierung der Wahrnehmung von Mathematik, die berichtete Nützlichkeit von Mathematik und vermeintliche Besonderheiten des mathematischen Arbeitens und Denkens in den Fokus gerückt wird, werden abschließend das Potential und die Probleme der vorgelegten Studie diskutiert.

21.1 Problemaufriss

Im Rahmen soziopolitischer Studien zum Mathematikunterricht (Valero 2004) werden erhebliche Zweifel geäußert, inwieweit das Erlernen von Mathematik die primäre gesellschaftliche Funktion von Mathematikunterricht darstellt und inwieweit Mathematikunterricht an Regelschulen ebenso andere Funktionen wie die Erziehung zu einem durch Mathematik regierbaren Individuum verfolgt. Lave 1988 konnte exemplarisch aufzeigen, dass in der Regel kaum Transfer zwischen unterrichtlich gelernter und außerschulisch genutzter Mathematik stattfindet, während Maaß und Schlöglmann (2000) dokumentieren, dass Erwachsene in der Regel nicht souverän über die mathematischen Inhalte des Sekundarstufenunterrichts verfügen. Entsprechend kann die

© Springer Fachmedien Wiesbaden GmbH, ein Teil von Springer Nature 2018
G. Nickel et al. (Hrsg.), *Mathematik und Gesellschaft*, https://doi.org/10.1007/978-3-658-16123-1_22

Annahme, dass Mathematikunterricht in seiner gesellschaftlichen Wirkungsweise vornehmlich der fachlichen Qualifikation der Schüler diene, durchaus angezweifelt werden. Im Sinne einer Soziologie des Mathematikunterrichts gibt es Versuche, mit der Formung gesellschaftlich funktionaler mathematischer Identitäten mit dem Ziel der Regierbarkeit der Gesellschaft durch Mathematik eine weitere gesellschaftliche Funktion des Mathematikunterrichts sowohl deskriptiv als auch sozialkritisch zu erschließen (Dowling 1998; Fischer 1984; Kollosche 2014; Skovsmose 2005; Ullmann 2008). Im Rahmen dieser Untersuchungen wird wiederholt die These hergeleitet, dass Schüler einerseits zu einem blinden Glauben an Mathematik und damit zu systemtragenden Technokraten erzogen oder andererseits durch Mathematik traumatisiert und damit zu mathematikmeidenden Duldern geformt werden (z. B. Kollosche 2014, Kap. 8.5). Falls der gegenwärtige Mathematikunterricht diese und womöglich weitere gesellschaftliche Folgen hat, müssten sich diese jedoch in den Beziehungen der Schüler zur Mathematik wiederspiegeln. Vor diesem Hintergrund sollen im vorliegenden Beitrag Schülervorstellungen von Mathematik thematisiert werden.

21.2 Studien zu Schülervorstellungen

Vorstellungen von Schülern zur Natur der Mathematik und des Mathematikunterrichts und zu ihrer eigenen Rolle innerhalb dieser Diskurse werden innerhalb der Mathematikdidaktik seit einigen Jahrzehnten beforscht, wobei insbesondere auf den Konzepten *beliefs* und *affect* aufbauende Untersuchungen hervorstechen. *Beliefs* können verstanden werden als funktionale, handlungsleitende, weitgehend stabile, aber grundsätzlich veränderliche Vorstellungen zu einem Diskursbereich, wobei im Bezug zu *beliefs* über Mathematik und Mathematikunterricht vor allem untersucht wurde, welche Ausprägungen diese annehmen, wie sie zu Stande kommen und welche Auswirkungen sie auf das Erlernen von Mathematik haben (Leder, Pehkonen und Törner 2002; Maaß und Schlöglmann 2009). So untersuchten Maaß und Ege (2007) die *beliefs* von 112 Hauptschülern in Interviews mit Hilfe der qualitativen Inhaltsanalyse entlang eines theoriegeleiteten Kategorienschemas und berichteten unter anderem, dass ein Großteil der Schüler Mathematikaufgaben als schwer empfinden, Ruhe und Konzentration für das Mathematiklernen brauche und die Mathematik als abstraktes Regelwerk wahrnehme. Doch während die *beliefs*-Forschung zunächst theoretisch abgeleitete Vorstellungsmuster empirisch zu quantifizieren versuchte, wandte sie sich zunehmend qualitativen Methoden zur offenen Erhebung unterschiedlichster *beliefs* zu. Diese methodische Verschiebung ging einher mit einer konzeptionellen Umorientierung zum *affect*-Konzept, welches zusätzlich Einstellungen und Emotionen in den analytischen Blick nahm. So berichten Di Martino und Zan (2011) im Zuge der Analyse von 1662 Essays von vermutlich italienischen Schülern der ersten bis 13. Klasse, dass viele Schüler bezüglich Mathematik das strenge Befolgen von Regeln sowie das Fehlen von Emotionen, Individualität und Sinnstiftung bemängeln. Kislenko, Grevhom und Lepik (2007) befragten 245 norwegische Schüler der neunten und elften Klasse mit Hilfe eines geschlossenen Fragebogens. Ihre quantitative Auswertung ergab, dass die große Mehrheit der Schüler Mathematik als wichtig erachtet, dass ebenfalls eine große Mehrheit der Schüler angibt, sich im Mathematikunterricht trotz fehlender Freude durch schwere Arbeit bewähren zu müssen, und dass jeder zweite Schüler Mathematik langweilig findet.

Für die vorliegende Untersuchung sind die diskutierten Forschungsansätze und -ergebnisse aus drei Gründen problematisch. Erstens liegen kaum aktuelle und umfangreiche Befunde zu den Vorstellungen *deutscher* Schüler vor. Zweitens führen quantitative Auswertungsmethoden und damit zusammenhängende theoriebasierte Erwartungen an die Vorstellungen von Schülern oft dazu, dass vornehmlich von den jeweiligen Forschern erwartete Vorstellungen untersucht werden und andere den Schülern wichtige Themen (wie ‚Angst') aus dem Blick geraten. Drittens greift keine der vorgestellten Studien soziopolitische Fragestellungen auf. Im Falle der kognitionspsychologisch ausgerichteten *beliefs*- und *affect*-Forschung ist dies auf Grund der generellen Ignoranz sozialer Einflüsse und der Zurückführung von Vorstellungen auf mentale Systeme (vgl. Maaß und Schlöglmann 2009, S. vii) zwar verständlich. Hinsichtlich der berichteten technokratischen Wahrnehmung von Mathematik, der erlebten Schwierigkeit des Fachs, der empfundenen Langeweile und der fehlenden Sinnstiftung drängt sich jedoch die politisch brisante Frage auf, ob Mathematikunterricht systematisch ein technokratisches Verständnis von Mathematik hervorbringt und bestimmte Schüler aus dem mathematischen Diskurs ausschließt.

In Rahmen dieser Untersuchung wird folglich angenommen, dass Schülervorstellungen von Mathematik Einblicke gewähren in die Identität, die Schüler während ihrer Schullaufbahn bezüglich der Mathematik aufbauen und mit der sie schließlich in die Gesellschaft entlassen werden. Diese Identität beeinflusst maßgeblich, inwiefern Schüler an Mathematik teilhaben und sie hinterfragen können, inwieweit sie gegenüber Mathematik mündig werden oder inwieweit sie durch Mathematik regiert werden können. Angesichts der beschriebenen Unzulänglichkeiten bestehender theoretischer Ansätze besteht die leitende Frage dieser Untersuchung nicht nur darin, welche Vorstellungen Schüler von Mathematik haben, sondern wie sich diese beschreiben und soziologisch deuten lassen. Zur Beantwortung dieser Fragen soll diese Untersuchung einen Beitrag leisten.

21.3 Schülervorstellungen als Techniken des Selbst

Schülervorstellungen als Techniken des Selbst im Sinne der Soziologie Foucaults (1982) zu verstehen, eröffnet die Möglichkeit, die Formung und die gesellschaftliche Funktionalität individueller Vorstellungen soziologisch zu erklären (vgl. Kollosche 2015). Foucault versteht Macht als das Verfügen über Techniken einerseits zur Führung anderer und andererseits zur Führung des Selbst (bspw. zum gepflegten Auftreten, gewandten Sprechen oder geschickten Rechnen). Besonders interessiert sich Foucault für sogenannte Disziplinartechniken. Damit meint Foucault nicht nur Techniken, die im alltagssprachlichen Sinne auf Disziplinierung abzielen, sondern alle Techniken zur Führung anderer, die auf der Selbstführung dieser anderen aufbauen. Beispielsweise sind Lernumgebungen zum Entdecken eine Technik zur Führung der Schüler, in denen der Lehrende bestimmte Verhaltensweisen erwartet und deren Ausbleiben sanktioniert.

Diese Führungstechnik kann dazu führen, *dass* Schüler Mathematik lernen; sie zeigt den Schülern aber nicht, *wie* sie Mathematik lernen können. Hierzu müssen die Schüler stattdessen geeignete Techniken zur Führung des Selbst hervorbringen. Der Einsatz solcher Disziplinartechniken ist für Foucault konstitutiv für alle modernen Bildungs- und Erziehungsanstalten und die Ausbildung entsprechender Selbstführungstechniken als das verstehbar, was in pädagogischen Diskursen ‚Lernen' heißt.

Die Verbindung von gesellschaftlicher und psychologischer Analyseebene kommt in dieser Konzeption von Bildung dadurch zustande, dass einerseits auf gesellschaftlicher Ebene systematisch Techniken zur Führung der Schüler entwickelt und eingesetzt werden, dass die individuelle Reaktion auf diese Führung in Form der Ausbildung von geeigneten Selbstführungstechniken aber psychologisch beschreibbar ist. Folgenschwer ist dabei, dass die selbst hervorgebrachten und das Funktionieren innerhalb der Disziplinarinstitution erlaubenden Selbstführungstechniken vom Individuum verinnerlicht werden und seine Identität verändern, so wie im Rahmen einer gesellschaftlich akzeptablen Kleiderordnung jedes Individuum seinen eigenen Kleidungsstil hervorbringen und sich damit identifizieren kann. Bezüglich der Analyse von Schülervorstellungen von Mathematik wird daher angenommen, dass diese im Sinne von Selbstführungstechniken für die Schüler funktionale Rationalisierungen des Erlebten darstellen. Dass die Ausbildung dieser Selbstführungstechniken tatsächlich im Mathematikunterricht angeregt wird, bleibt hier eine Vermutung, welche aber auf Grund der unvergleichlich intensiven Beschäftigung der Schüler mit Mathematik im Rahmen des Mathematikunterrichts durchaus begründet erscheint. Entsprechend sind die Vorstellungen, die Schüler zu Mathematik haben, untrennbar mit ihrem Mathematikunterricht verbunden und insbesondere nicht unabhängig vom Mathematikunterricht auf die Wissenschaft Mathematik bezogen, wie sie von studierten Mathematikern wahrgenommen wird. Die aufgefunden Schülervorstellungen werden schließlich interpretiert als Ausdruck einer mathematikbezogenen Identität, welche Schüler im Rahmen des Mathematikunterrichts ausbilden und ihre gesellschaftlichen Teilhabemöglichkeiten nachhaltig beeinflusst.

21.4 Methodisches Vorgehen

Im Rahmen des Masterseminars ‚Schülervorstellungen von Mathematik' an der Universität Potsdam wurden 199 Neuntklässler unterschiedlicher Schulformen und Bundesländer mit Hilfe eines offenen Fragebogen zu ihren Vorstellungen von Mathematik befragt.

Ein Ziel der anonymen Befragung war die explorative und vornehmlich qualitative Analyse spontaner Schüleräußerungen. In wenigstens jedem zehnten Fragebogen wiederkehrende Äußerungen wurden im Sinne einer *thematic analysis* (Braun und Clarke 2006) zu Themen gruppiert, wobei widersprüchliche und differenzierende Aussagen außer Acht gelassen wurden. Dieser Analyseschritt ist nicht völlig objektivierbar, weshalb beispielhaft angegeben wurde, welche Äußerungen welchen Themen zugeordnet wurden. Anschließend wurden die Schülerantworten hinsichtlich der gefundenen The-

1.	Welches ist dein Lieblingsfach und welches Fach magst du am wenigsten? Wie würdest du die Mathematik dort einordnen?
2.	Finde mindestens drei Wörter, die deine Stimmung und Einstellung gegenüber Mathematik beschreiben!
5.	Woran denkst du, wenn du das Wort „Mathematik" hörst?
6.	Was ist einfach an der Mathematik und was ist schwer?
9.	Wo hilft Mathematik im Alltag?
11.	Was schätzt du an Mathematik und was stößt dich ab?

Tabelle 21.1. Auszüge aus dem in der Untersuchung genutzten Fragebogen mit 15 Fragen.

men markiert und ausgezählt, so dass Aussagen sowohl zur Qualität als auch zur Quantität der Themen getroffen werden können. Die Analyse erhebt dabei keine Ansprüche auf Repräsentativität; wohl aber erlauben die ermittelten Häufigkeiten Einsichten in die Dominanz der Themen in den Schülerantworten der Stichprobe. Schließlich wurde den Schülern vornehmlich an Hand der Antworten auf Frage 1 eine positive, neutralwidersprüchliche oder negative Grundeinstellung zur Mathematik zugeordnet. Dieses analytische Konstrukt erlaubt es, die Dominanz der Themen innerhalb unterschiedlicher Schülergruppen zu analysieren. Im Folgenden werden die Ergebnisse der Untersuchung zunächst beschrieben und dann soziopolitisch interpretiert.

21.5 Ergebnisse der thematischen Analyse

Im Rahmen der *thematic analysis* wurden unter den Schülerantworten folgende wiederkehrende Themen identifiziert. Gegensätzliche Themen wurden dabei bereits zu Paaren zusammengefasst.

– Psychosomatisches Wohl- bzw. Unwohlsein. *Mathematik ruft psychisches und körperliches Wohl- bzw. Unwohlsein hervor:* Spannung, Spaß / Stress, Angst, müde, Kopfschmerzen.
– Leichtes bzw. schweres Verständnis. *Mathematik ist leicht bzw. schwer zu verstehen:* Verständlich, leicht / kompliziert, schwer.
– Starkes bzw. schwaches Interesse. *Mathematik ist interessant bzw. uninteressant:* interessant / uninteressant, langweilig.
– Hohe bzw. niedrige Nützlichkeit. *Mathematik ist nützlich bzw. unnütz für das aktuelle oder spätere Leben:* wichtig, bedeutsam / nutzlos, sinnlos, überflüssig.
– Herausfordernde Anstrengungen. *Mathematik bedarf herausfordernder Anstrengungen:* Anstrengung, Herausforderung, fordernd, Konzentration, Disziplin
– Logische Dimension. *Mathematik ist logisch, sie folgt bestimmten Denkregeln:* logisch, Logik.

– Bewertung. *Mathematik hat viel mit Prüfen und Benoten zu tun:* Noten, Tests, Klassenarbeiten.

Tabelle 21.2. Liste aller in der thematischen Analyse gefundenen Themen mit Kernaussage und Textbeispielen aus den Schülerantworten. Beim Thema ‚Logische Dimension' wurden nur Schülerantworten vor Frage 7, die explizit nach Logik fragt, berücksichtigt.

Insgesamt wurde 57 Schülern eine positive, 72 Schülern eine neutrale oder widersprüchliche und 70 Schülern eine negative Grundeinstellung zur Mathematik bescheinigt. Die folgende Tabelle zeigt die relativen Häufigkeiten der Nennung der speziellen Themen in den 199 Fragebögen differenziert nach der Grundeinstellung zur Mathematik.

	+	±	−	Ø
psychosomatisches Wohlsein	33%	6%	0%	12%
psychosomatisches Unwohlsein	4%	29%	61%	33%
leichtes Verständnis	37%	7%	0%	13%
schweres Verständnis	2%	31%	61%	33%
starkes Interesse	42%	22%	0%	20%
schwaches Interesse	4%	35%	74%	40%
hohe Nützlichkeit	39%	32%	24%	31%
niedrige Nützlichkeit	7%	18%	21%	16%
herausfordernde Anstrengungen	33%	28%	23%	28%
logische Dimension	47%	24%	20%	29%
Bewertung	7%	11%	20%	13%

Tabelle 21.3. Relative Häufigkeiten der Themen differenziert nach Grundeinstellung zur Mathematik.

Die Differenzierung des Datensatzes nach der Grundeinstellung zur Mathematik erwies sich als nützlich, da zwischen den entstandenen Gruppen klare Unterschiede zu erkennen waren. Beispielsweise berichteten Schüler mit positiver Grundeinstellungen kaum von psychosomatischen Unwohlsein, Schüler mit negativer Grundeinstellung aber mehrheitlich.

21.6 Soziopolitische Interpretation der Ergebnisse

Die folgende soziopolitische Interpretation ausgewählter Analyseergebnisse stellt den Versuch dar, an Hand der erhobenen Schülervorstellungen neue Perspektiven auf das Erleben von Mathematik und die gesellschaftlichen Folgen dieses Erlebens zu eröffnen. Zunächst lässt sich in den Wahrnehmungen der Mathematik durch Schüler eine starke *Polarisierung* feststellen. Während mehr als jeder dritte Schüler mit einer positiven Grundeinstellung zur Disziplin die Mathematik verbindet mit Wohlsein, leichtem Verständnis und starkem Interesse, berichtet die große Mehrheit der Schüler mit einer negativen Grundeinstellung von psychischem und körperlichem Unwohlsein, Verständnisproblemen und geringem Interesse. Dabei sind „Langeweile" und „langweilig" die in der gesamten Stichprobe am häufigsten auftretenden Motive. Viele Schüler begründen ihre Ausführungen und beschreiben Mathematik beispielsweise als „trocken" oder „tot" und bemängeln fehlende Emotionen, Diskussionen und Sinnzuschreibungen. Besonders auffällig sind Motive des psychischen oder körperlichen Unwohlseins, von denen die große Mehrheit der Schüler mit negativer Grundeinstellung berichtet, beispielsweise „Verzweiflung", „Stress", „Demotivation", „Depression", „Angst", „Erschöpfung" und „Kopfschmerzen". Eine Schülerin schreibt: „Mathe ist das einzigste Fach wovor ich Panik kriege. [...] Bei mir löst es Angst und Kopfweh aus." Vor dem Hintergrund des theoretischen Rahmens lässt sich vermuten, dass diese Schüler keine funktionalen Selbstführungstechniken, die ihnen Erfolg im Mathematikunterricht ermöglichen, entwickeln wollen oder können. Psychosomatische Beschwerden lassen sich dann als Symptome dieser Hilflosigkeit verstehen, während Desinteresse eine ausweichende und schützende Selbstführungstechnik darstellen kann. Während die Schüler für fehlendes Interesse durchaus Begründungen ausbreiten, die eng mit der Natur der mathematischen Disziplin verbunden sind, lässt sich die Polarisierung der Schülerschaft aus soziologischer Sicht vor allem als Effekt des Mathematikunterrichts verstehen, in dem Führungstechniken eingesetzt werden, die offensichtlich systematisch zu einer Distanzierung eines Großteils der Schüler führt. Die eingangs diskutierte These, dass der Mathematikunterricht systematisch zur Traumatisierung und Mathematikmeidung beiträgt, wird durch diese empirischen Befunde also gestützt.

Bemerkenswert ist, dass selbst Schüler mit negativer Grundeinstellung zur Mathematik dieser eher *Nützlichkeit* als Unnützlichkeit bescheinigen. Diese Einschätzung wird meist begleitet von sehr generellen Einschätzungen. Einige Schüler stellen heraus, dass Mathematik eine Voraussetzung für attraktive Berufe sei. Andere Schüler berichten, dass Mathematik „überall" sei und dass sie „überall angewendet" werden könne. Über die Selektion und Anwendbarkeit der Mathematik hinausgehende Argumente für die Nützlichkeit der Mathematik werden nicht geliefert. Insbesondere ist auffällig, dass die Einschätzungen zur Nützlichkeit sehr pauschal formuliert werden und dass *kein* Schüler ein konkretes Beispiel für nützliche Inhalte aus dem Mathematikunterricht nennt. Angesichts dessen und vor dem Hintergrund der Tatsache, dass die unmittelbare Nützlichkeit der Inhalte des Mathematikunterrichts der 9. Klasse auch im wissenschaftlichen Diskurs durchaus bezweifelt wird (Heymann 1996), liegt die Vermutung nahe, dass sich die Nützlichkeitszuschreibung nicht aus eigenen Erfahrungen der Schüler ergibt, sondern als reiner *Glaube* an die Nützlichkeit eine Selbstführungstechnik darstellt, mit der Schüler und Lehrer der unterrichtlichen Beschäftigung mit Mathematik Sinn verleihen. Dieser institutionell gepflegte Glaube mag dazu beitragen, andere Effekte des Mathematikunterrichts wie der Ausschluss weiter Teile der Schüler aus dem mathematischen Diskurs zu überdecken.

Überraschend war schließlich, dass viele Schüler die Mathematik mit *herausfordernden Anstrengungen* und *Logik* assoziieren. Die Schüleräußerungen legen dabei nahe, dass viele Schüler die Mathematik insbesondere in Abgrenzung zu anderen Disziplinen als ein Fach wahrnehmen, in dem auf eine sehr spezielle Art gedacht werden muss und zu dessen Bewältigung besondere Anstrengungen nötig sind. Im vorgestellten Theorierahmen lässt sich vermuten, dass die Mathematik sehr spezielle Techniken zur Führung des eigenen Denkens verlangt und dass dessen Ausbildung als große Herausforderung und Anstrengung wahrgenommen wird. Diese Interpretation deckt sich durchaus mit entsprechenden Analysen des mathematischen Denkens (Kollosche 2014). So können einige Schüler das Streben nach Regelhaftigkeit, Entscheidbarkeit und Unpersönlichkeit des mathematischen Denkens durchaus erkennen und ausdrücken. Sie berichten beispielsweise, dass man in der Mathematik „alles bis auf den Ursprung zurückverfolgen" könne, dass man immer zwischen „falsch oder richtig" unterscheiden könne oder dass die Mathematik Gefühle ignoriere und „berechnend" sei. Dass sich dazu jedoch kaum eine kritische oder reflektierte Stellungnahme seitens der Schüler finden lässt, deutet darauf hin, dass die Funktionsweisen von Mathematik im Mathematikunterricht kaum thematisiert wurden und den Schülern damit Zugänge zu einer kritischen Beschäftigung mit Mathematik – auch auf gesellschaftlicher Ebene – versperrt bleiben.

21.7 Resümee und Ausblick

Im Rahmen der Studie konnte die theoretisch hergeleitete These, dass der Mathematikunterricht systematisch zur Meidung von Mathematik erzieht, empirisch bestätigt werden. Über Schulen, Bundesländer und Schulformen hinweg bringt der gegenwärtige Mathematikunterricht große Gruppen von Schülern hervor, die sich nicht für Mathematik interessieren und darüber hinaus gelernt haben, die Beschäftigung mit Mathematik mit Unwohlsein zu verbinden. Damit ist die Vermutung gestützt, dass der Mathematikunterricht dazu beiträgt, einen Teil der Schülerschaft zu meidenden Duldern der Mathematik zu erziehen, die mathematische Organisationsformen innerhalb unserer Gesellschaft eher nicht hinterfragen und somit durch Mathematik regierbar sind. Der Zusammenhang zwischen dem Erleben von Mathematik im Unterricht und der später eingenommenen Rolle gegenüber mathematischer Organisation in unserer Gesellschaft ist dabei jedoch noch nicht empirisch untersucht.

Das auf der Soziologie Foucaults aufbauende Konzept der Selbstführungstechniken hat sich in einem ersten Versuch der soziopolitischen Interpretation der Schüleräußerungen als durchaus hilfreich erwiesen. Die Konzepte Foucaults bieten dabei jedoch eine Fülle von Analysemöglichkeiten (vgl. Kollosche 2015), welche durch die vorliegende Untersuchung nicht befriedigt werden kann. So bleibt beispielsweise unklar, durch welche im Unterricht umgesetzten Disziplinartechniken die Ausbildung der hier diskutierten Selbstführungstechniken hervorgerufen wird.

Die Datenerhebung per Fragebogen und die anschließende Auswertung per *thematic analysis* hat es erlaubt, für explorative Zwecke durchaus interessante Daten zu gewinnen, wobei insbesondere die zentralen Ergebnisse von Kislenko, Grevhom und Lepik (2007) reproduziert werden konnten. Die quantitative Analyse der Daten erlaubt nur wenige Aussagen, welche sich zwar mit qualitativem Blick näher analysieren lassen, aber kaum tiefgründige Erklärungen etwaiger Zusammenhänge zulassen. Aus qualitativer Sicht sind die Antworten auf den Fragebogen wiederum nicht reichhaltig genug, um in der Form von Fallstudien die Zusammenhänge und Hintergründe von Schülervor-

stellungen tiefgründig zu untersuchen. Für ein tieferes Verständnis dieser Zusammenhänge und Hintergründe scheint vielmehr eine Interviewstudie erfolgsversprechend.

Insgesamt konnte im Rahmen dieser Studie gezeigt werden, dass sich Schülervorstellungen durchaus mit dem Ziel ihrer soziopolitischen Analyse erheben und bewerten
lassen. Der Beitrag konnte dabei erste Thesen aufstellen und Anregungen zur theoretischen Fundierung und methodischen Umsetzung einer solchen Untersuchung liefern.
Weitere Studien sind jedoch nötig, um zu einem facettenreichen Verständnis der pädagogischen und soziopolitischen Zusammenhänge und Hintergründe von Schülervorstellungen zu Mathematik zu gelangen.

Literaturverzeichnis

Braun, Virginia, und Victoria Clarke. 2006. Using thematic analysis in psychology. *Qualitative Research in Psychology* 3 (2): 77–101.

Di Martino, Pietro und Rosetta Zan. 2011. Attitude towards mathematics: A bridge
between beliefs and emotions. *ZDM Mathematics Education* 43: 471–482.

Dowling, Paul. 1998. *The sociology of mathematics education: Mathematical myths /
pedagogic texts.* London: Falmer.

Fischer, Roland. 1984. Unterricht als Prozeß der Befreiung vom Gegenstand: Visionen
eines neuen Mathematikunterrichts. *Journal für Mathematik-Didaktik* 5: 51–85.

Foucault, Michel. 1982. How is power exercised? In *Michel Foucault: Beyond Structura-
lism and Hermeneutics,* herausgegeben von Hubert L. Dreyfus und Paul Rabinow,
216–226. New York: Harvester.

Heymann, Hans W. 1996. *Allgemeinbildung und Mathematik.* Weinheim: Beltz.

Kislenko, Kirsti, Barbro Grevholm und Madis Lepik. 2007. Mathematics is important
but boring: Students' beliefs and attitudes towards mathematics. In *Relating Practice and Research in Mathematics Education: Proceedings of the Fourth Nordic Conference on Mathematics Education,* herausgegeben von Christer Bergsten, 349–360.
Trondheim: Tapir.

Kollosche, David. 2014. *Gesellschaftliche Funktionen des Mathematikunterrichts: Ein
soziologischer Beitrag zum kritischen Verständnis mathematischer Bildung.* Berlin:
Springer.

Kollosche, David. 2015. Criticising with Foucault: Towards a guiding framework for
socio-political studies in mathematics education. *Educational Studies in Mathematics* 91 (1): 73–86.

Lave, Jean. 1988. *Cognition in practice: Mind, mathematics and culture in everyday life.*
Cambridge: Cambridge University Press.

Beliefs: A Hidden Variable in Mathematics Education? 2002. Herausgegeben von Gilah C. Leder, Erkki Pehkonen und Günter Törner. Dordrecht: Kluwer.

Maaß, Jürgen und Wolfgang Schlöglmann. 2000. Erwachsene und Mathematik. *mathematica didactica* 23 (2): 95–106.

Beliefs and attitudes in mathematics education: New research results. 2009. Herausgegeben von Jürgen Maaß und Wolfgang Schlöglmann. Rotterdam: Sense.

Maaß Katja, und Patrick Ege. 2007. Mathematik und Mathematikunterricht aus der Sicht von Hauptschülern. *mathematica didactica* 30 (2): 53–85.

Skovsmose, Ole. 2005. *Travelling through education: Uncertainty, mathematics, responsibility.* Rotterdam: Sense.

Ullmann, Philipp. 2008. *Mathematik, Moderne, Ideologie: Eine kritische Studie zur Legitimität und Praxis der modernen Mathematik.* Konstanz: UVK.

Valero, Paola. 2004. Socio-political perspectives on mathematics education. In *Researching the Socio-Political Dimensions of Mathematics Education: Issues of Power in Theory and Methodology,* herausgegeben von Paola Valero und Robyn Zevenbergen, 5–23. Boston: Kluwer.

22 Analysis im Kontext gesellschaftlich wirksamer Mathematisierungen

Franz Picher

In der schulischen Behandlung von Ableitung und Integral stehen häufig solche Mathematisierungen im Mittelpunkt, die Beobachtungen in der (Um-)Welt beschreiben – etwa im Rahmen der Beschreibung von Bewegungen. Als Ergänzung hierzu wird die Betrachtung normativer, vorschreibender Mathematisierungen mithilfe von Ableitung und Integral vorgeschlagen, die in wirtschaftlichen Zusammenhängen in der Gesellschaft wirksam werden. Obschon dabei zunächst ein vornehmlich pragmatisch-anwendungsorientierter Aspekt im Mittelpunkt steht, kann ausgehend davon auch die zweite wesentliche Spielart in der Beschäftigung mit Mathematik – ein erkenntnistheoretischer Aspekt – bedient werden.

22.1 Theoretischer Rahmen

22.1.1 Mensch und Mathematik

Leitend für die folgenden ‚Konkretisierungen' ist eine Idee von ‚Bildung' als ein ‚Sich-Bilden' des Individuums und daher eine Auseinandersetzung mit Mathematik, die nicht vom Menschen entkoppelt ist, sondern vielmehr gerade das „Verhältnis von Mensch und Wissen" (Fischer und Malle 2004, S. 7) in den Mittelpunkt stellt. Dabei tritt der Mensch einerseits als ein Erkenntnis suchendes Individuum und andererseits als ein sich gemeinschaftlich organisierendes Wesen in Erscheinung. Beides steht in enger Verbindung zur Beschäftigung mit Mathematik.

22.1.2 Grundrelationen

Da der Mensch nicht für sich alleine gedacht werden kann, spielt die Berücksichtigung von „Grundrelationen, in denen Menschen leben" (Vollrath und Roth 2012, S. 5), und dabei insbesondere der Mensch in seinen Beziehungen zu (Um-)Welt und Gesellschaft, eine wichtige Rolle. Dadurch trägt man auch der Tatsache Rechnung, dass der Mensch sich nur unter Bezugnahme auf die genannten Grundrelationen verstehen kann.

© Springer Fachmedien Wiesbaden GmbH, ein Teil von Springer Nature 2018
G. Nickel et al. (Hrsg.), *Mathematik und Gesellschaft*, https://doi.org/10.1007/978-3-658-16123-1_23

Was kann Mathematik zu einem Verständnis in diesem Sinne beitragen? Nun, Mathematik wird von uns Menschen gemacht bzw. betrieben, daher können wir durch eine Beschäftigung mit ihr auch etwas über uns selbst lernen, indem wir einen spezifischen *Blick auf den Menschen* erlangen (Mathematik als Reflexionsmittel: (vgl. Picher 2008, S. 36)). Wir verwenden Mathematik in unserem Umgang mit der Welt in Form von Modellen zur Beschreibung und Erklärung von Phänomenen in dieser Welt. Mittels Mathematik erlangen wir somit einen spezifischen *Blick auf die Welt* (Mathematik als Erkenntnismittel: vgl. etwa (Dressler 2007); (Heymann 1996, S. 184); (Winter 1995)). Mathematik wird schließlich – in Form von vorschreibenden Modellen – zur Gestaltung des Lebens in (großen) Gemeinschaften herangezogen; man denke an die Rollen von Geld, von Kennzahlen und von Zahlen ganz allgemein. Die Betrachtung unseres Einsatzes von Mathematik ermöglicht uns somit einen spezifischen *Blick auf die Gesellschaft*, in der wir leben (Mathematik als Konstruktionsmittel: vgl. (Fischer 2006); (Heymann 1996, S. 184)). Richtungsweisend bzw. orientierend kommt in Bezug auf unser Leben gemeinsam mit anderen schließlich eine ethisch-religiöse Dimension hinzu, die vierte der genannten grundlegenden Aufgaben von Schule: die *Herausbildung von – und den Umgang mit – Normen und Werten*, zugespitzt etwa in den Fragen: Wie wollen wir sein? Was ist uns wichtig?

22.1.3 Desiderata

Im Rahmen der Beschäftigung mit Analysis kann Obiges durch die explizite Behandlung der Frage nach dem Sinn anhand zweier im österreichischen Mathematik-Lehrplan für die Sekundarstufe II (BMBWK. 2004. Bundesministerium für Bildung, Wissenschaft und Kultur 2004) genannter Aspekte der Mathematik, die Schülerinnen und Schüler erkennen sollen, bedient werden: Es sind dies einerseits ein *pragmatisch-anwendungsorientierter Aspekt (Aspekt 1)* und andererseits ein *erkenntnistheoretischer Aspekt (Aspekt 2)*. (Die spezifische Ausdifferenzierung der beiden Aspekte im vorliegenden Beitrag unterscheidet sich zum Teil von derjenigen im genannten Lehrplan.)

Dadurch kann sodann sowohl der geforderten Beschäftigung mit den Grundrelationen genüge getan werden (Aspekt 1 stellt die Rolle von Mathematik in Welt und Gesellschaft ins Zentrum, Aspekt 2 den Erkenntnis suchenden Menschen) als auch ein ‚alters-angemessener‘ Abschluss und Ausblick in Bezug auf Schulmathematik gefunden werden. Dienlich ist hierfür eine begriffliche Entwicklung im Rahmen der Beschäftigung mit den mathematischen Konstrukten Ableitung und Integral. Im Falle der Ableitung geschieht dies etwa ausgehend von der anschaulichen Arbeit mit Änderungen an einer Stelle in Anwendungs-Kontexten (Aspekt 1), um dann darauffolgend die analytische Definition der lokalen Änderungsrate mithilfe eines formalen Grenzwertbegriffs losgelöst vom Kontext zu betrachten (Aspekt 2). Im Rahmen der Behandlung des Integrals wird im Folgenden vorgeschlagen, von der (zumeist vorhandenen) (Grund-)Vorstellung des Integrals als Flächenbilanz, die in vielen Anwendungskontexten bedeutsam ist, auszugehen (Aspekt 1), und darauf aufbauend zu allgemeineren Überlegungen zum Integral als theoretische Erweiterung des ‚Messens‘ überzugehen (Aspekt 2).

22.2 Konkretisierungen

22.2.1 Ableitung– Beschreibung von Änderungen

Pragmatisch-anwendungsorientierter Aspekt.   Ich schlage vor, die Ableitung als eine weitere Beschreibungsform für Änderungen einzuführen ((Picher 2009, S. 791 ff.) und (Picher 2011, S. 151 ff.)) und dabei zunächst Anwendungen hierfür zu betrachten. Neben den ‚typischen' Kontexten wie Geschwindigkeit und Steigung aus der Physik, wo eine kontinuierliche Vorstellung meist näher liegt, bieten sich gerade auch Beispiele aus der Wirtschaft an, wo eine diskrete Vorstellung meist näher liegt.

So werden in den Wirtschaftswissenschaften etwa häufig kontinuierliche Kostenfunktionen betrachtet, obwohl weder Produktionsmenge noch Kosten kontinuierliche Größen darstellen. Die kontinuierliche Modellierung ist insbesondere dann praktisch, wenn ein Verlauf betrachtet wird – d. h. es interessieren nicht so sehr die tatsächlichen Kosten für eine vorgegebene Produktionsmenge, sondern es interessiert vielmehr die Änderung der Kosten bei Änderung der Produktion. Aus diesem Grund ist die lokale Änderungsrate der Kosten in den Wirtschaftswissenschaften eine wichtige Modellgröße, und man verwendet eine eigene Bezeichnung dafür, nämlich ‚Grenzkosten'. Grenzkosten stellen eine übliche Modellierung für den Kostenzuwachs im Falle einer zusätzlich produzierten Einheit dar, welche auch in Schulbüchern häufig thematisiert wird. Die mathematisch-ökonomische Definition lautet

$$\text{Grenzkosten} = \lim_{\Delta x \to 0} \frac{\Delta K}{\Delta x} = \frac{dK}{dx}$$

wobei K die Produktionskosten und x die produzierte Menge bedeuten.

Weniger verbreitet ist die sogenannte ‚Fahrstrahlanalyse' zur Betrachtung der Änderung der Stückkosten (vgl. etwa (Dietz 2012, S. 451 ff.) und (Tietze 2011, S. 277 f. sowie S. 277 ff.)). Die Fahrstrahlanalyse scheint insbesondere geeignet für eine Einführung in kontinuierliche Modellierungen, weil hierbei die Beschreibung von Änderungen mittels Funktionen, die Vorstellung eines Kontinuums sowie die Interpretation von Steigung bzw. Tangentensteigung wesentliche Rollen spielen.

Abbildung 22.1 illustriert hierzu die folgenden Gedanken: Der Strahl durch den Ursprung (als Fixpunkt) und einen Punkt (beweglich gedacht) auf der Kostenfunktion wird als ‚Fahrstrahl' bezeichnet. Die Steigung des Fahrstrahls entspricht gerade den Stückkosten. Das bedeutet, dass man an der Änderung der Steigung des Fahrstrahls, wenn der Punkt auf der Kostenfunktion wandert, die Änderung der Stückkosten beobachten kann. Der strichlierte Graph zeigt diese Stückkosten in Abhängigkeit von der Anzahl. Die Stelle mit den minimalen Stückkosten erkennt man am Fahrstrahl mit der geringsten Steigung, dort hat die strichlierte Funktion ihr Minimum. An der Stelle dieses Minimums ist der Fahrstrahl zugleich Tangente an die Kostenfunktion. Die Grenzkosten sind dann gleich den Stückkosten. Diese Stelle mit den minimalen Stückkosten ist wirtschaftlich von Interesse, sie wird als Betriebsoptimum bezeichnet.

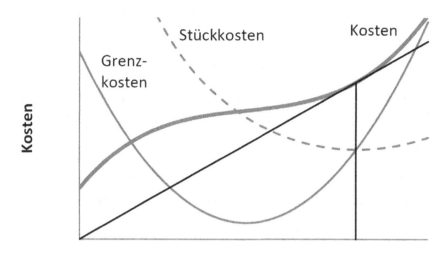

Abbildung 22.1. Fahrstrahlanalyse

Erkenntnistheoretischer Aspekt. Als der vornehmlich anwendungsorientierten Einführung nachfolgende Reflexionsanlässe bieten sich Fragen wie die folgenden an: Warum lässt man sich in zunächst diskret gedachten Anwendungskontexten auf die lokale Änderungsrate ein? Welche Vorteile ergeben sich durch ihre Verwendung? Diese führen etwa zu nachfolgenden Gedankengängen: Die lokale Änderungsrate stellt ein ‚Änderungsmaß' dar, das zwar aus dem Differenzenquotienten – und somit aus zwei Änderungen – hervorgeht, aber auch als ‚Änderung in einem Punkt' aufgefasst und somit auch als Zustand interpretiert werden kann. Ein Vorteil liegt gerade in dieser Ungebundenheit. Durch die Möglichkeit der Definition einer Änderung an jeder Stelle eines Intervalls kann mit Änderungsfunktionen (Ableitungsfunktionen) – also Funktionen, bei denen jedem Punkt eine Änderung an dieser Stelle zugeordnet wird – wie mit Zustandsfunktionen gearbeitet werden. Dadurch können alle Berechnungsverfahren für Änderungsmaße, die Änderungen zwischen zwei Zuständen beschreiben, auch auf Änderungsmaße, die die Änderung einer Änderung beschreiben, erweitert werden. Dies geschieht beispielsweise dann, wenn man die zweite Ableitung einer Funktion betrachtet. Die erste Ableitung– die ja zunächst die Änderung eines Bestandes beschreibt – wird als Bestand aufgefasst, dessen Änderung dann betrachtet werden kann. Damit werden Einschränkungen in der mathematischen Beschreibung von Zuständen und Änderungen reduziert. Das Arbeiten mit Änderungen in völlig analoger Weise zum Arbeiten mit Zuständen wird ermöglicht, weil mittels Grenzwert die Anzahl der Variablen reduziert wird. Ein Wert für die Kostenänderung lässt sich nun auch für eine (einzelne) Produktionsmenge festlegen, und nicht nur für ein Intervall zwischen zwei Produktionsmengen. Allgemeiner: Für einzelne Stellen einer Funktion lässt sich das Änderungsverhalten festlegen.

22.2.2 Integral– Messen

Pragmatisch-anwendungsorientierter Aspekt. In vielen Anwendungen spielt die Visualisierung des verwendeten mathematischen Modells in Form der Darstellung von Funktionsgraphen eine wesentliche Rolle, insbesondere hinsichtlich des Verständnisses der Bedeutung des gewählten Modells im gegebenen Kontext. In der Schulmathematik spielt daher die Beschäftigung mit Funktionsgraphen in Anwendungszusammenhängen zurecht eine wichtige Rolle. Im Rahmen des pragmatisch-anwendungsorientierten Aspekts in der Beschäftigung mit dem Integral -Begriff wird die Auseinandersetzung mit der Analyse von Funktionsgraphen dahingehend weitergeführt, dass nun auch Flächen ‚unter‘ Funktionsgraphen betrachtet werden, denen in vielen Anwendungskontexten eine Bedeutung zugeschrieben werden kann. Diese Vorgangsweise stellt einen vorstellungsorientierten Zugang zum Integral als Flächenbilanz dar (vgl. Jahnke und Wuttke 2002). Mögliche gesellschaftlich wirksame Mathematisierungen sind dabei etwa die folgenden:

- Darstellung von Steuertarifen (Abbildung 22.2): Die Fläche unter der Funktion des Grenzsteuersatzes in Abhängigkeit vom zu versteuernden Einkommen beschreibt die insgesamt zu zahlende Steuer.

- Gini-Index (Abbildung 22.3): Die Fläche zwischen erster Mediane und Lorenzkurve (ordnet jedem Anteil der Bevölkerung, geordnet nach steigendem Einkommen, den Einkommensanteil dieser Bevölkerungsgruppe am Gesamteinkommen zu) ist ein Maß für die wirtschaftliche Ungleichheit in einem Land.

- Konsumentenrente (Abbildung 22.4): Die Konsumentenrente (Differenz zwischen den kumulierten individuellen Wertschätzungen eines Gutes und dem sich am Markt einstellenden Gleichgewichtsumsatz) ist als Fläche im Preis-Menge - Diagramm veranschaulichbar.

Erkenntnistheoretischer Aspekt. Die in Anwendungskontexten als zentral beschriebene Interpretation des Integrals als Flächenbilanz kann als Grundlage für eine weiterführende, reflektierte Betrachtung des Integrals als theoretische Erweiterung des Messens dienen – hier steht nun der Erkenntnis suchende Mensch im Mittelpunkt. Als Einstieg bietet sich hierbei eine rückblickend-abschließende Reflexion in Bezug auf (Schul-)Mathematik an. Fragen, mit denen man sich beschäftigen kann, lauten:

- Wo beschäftigten wir uns im Mathematikunterricht mit Flächenberechnungen? In welchen Schulstufen? Bei welchen Inhalten?

- Wofür standen die Flächen jeweils?

- Finden Sie Beispiele, wo die Fläche für etwas anderes stand – also nicht die Maßzahl der Fläche an sich interessierte, sondern etwas anderes!

In der Beschäftigung mit diesen Fragen zeigt sich, dass – im Unterschied zu den genannten Beispielen ‚Steuer‘, ‚Gini-Index‘ und ‚Konsumentenrente‘ – in der Schule freilich zunächst der Flächeninhalt als solcher für sich steht und auch für sich interessiert: Es werden etwa Flächenformeln für Vielecke behandelt. Der Flächeninhalt eines Recktecks

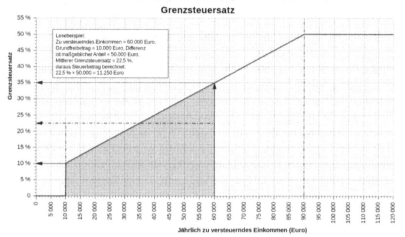

Abbildung 22.2. Steuertarif (Brechtel 2014)

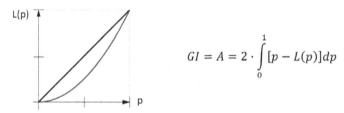

$$GI = A = 2 \cdot \int_0^1 [p - L(p)]\,dp$$

Abbildung 22.3. Gini-Index (vgl. Fischer und Malle 2004, S. 253)

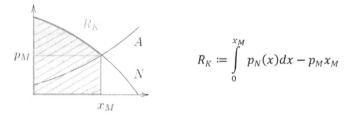

$$R_K := \int_0^{x_M} p_N(x)\,dx - p_M x_M$$

Abbildung 22.4. Konsumentenrente (Dietz 2012, S. 504)

wird alsbald aber auch als Metapher für das Produkt zweier Zahlen, welche zunächst für keine Längen stehen, verwendet. Die Maßzahl der Fläche ist somit nicht mehr das, was eigentlich interessiert – genauso ist dies bei der Betrachtung von Flächen in statistischen Darstellungen wie ‚Kreisdiagramm‘ oder ‚Histogramm‘. Abgesehen davon lassen sich in der Schulmathematik– vor der Behandlung des Integrals – recht wenige weitere Beispiele finden, in denen nicht der Flächeninhalt an sich interessiert: etwa der ‚Flächeninhalt eines Parallelogramms als Länge des Kreuzprodukt-Vektors der aufspannenden Vektoren‘. Als Beispiele, die in engem Zusammenhang mit der Behandlung des

Integrals stehen, können genannt werden: ‚Wahrscheinlichkeit als Fläche unter der entsprechenden Dichtefunktion' und Flächen in Diagrammen aus der Kinematik, wo etwa der zurückgelegte ‚Weg als Fläche(nbilanz) unter der Geschwindigkeits-Zeit-Funktion' auftritt.

Ein Rück- bzw. Überblick wie der eben skizzierte ist nun schon für sich wertvoll und bietet sich gerade im Rahmen der Behandlung des Integrals am Ende der schulischen Laufbahn als ‚Abschluss' an. Wenn dabei zudem von konkreten Beispielen abstrahiert wird, kann es zu neuen Erkenntnissen kommen, wenn etwa über – nicht nur in der Schulmathematik wichtige – grafische Darstellungen reflektiert wird. Hierbei könnte unter anderem das Folgende thematisiert werden:

- „Bei jedem Gegenstandsbereich bedeutet das *Zeichnen* eines Funktionsgraphs eine *Transformation* der gegebenen Größen (i.w.S.) in Längen" (Bender 1990, S. 121, Hervorhebungen im Original)

- „Funktionale Abbildungen und Graphen schlagen eine Brücke zwischen den verschiedensten Wirklichkeitsgebieten" (Städtler 2010, S. 70).

Städtler spricht in diesem Zusammenhang von einem Bildungsdefizit im Hinblick auf das „Denkprinzip ‚grafische Veranschaulichung'" (a. a. O., S. 73). Darüber könnte im Rahmen der Behandlung von grafischen Darstellungen – wie beispielsweise jenen in diesem Artikel – ebenso reflektiert werden, wie über Aspekte, die im Rahmen der schulischen Behandlung des Integral -Begriffs hinzu kommen, wie etwa

- die funktionale Beschreibung des Flächeninhalts,

- die Definition des Flächeninhalts unter integrierbaren Funktionen (im Unterschied zur ‚naiven' Sicht der Pre-Existenz des Inhalts),

- die Exaktifizierung der Flächenberechnung mittels Grenzwert überlegungen (zuvor in der Schule anschauliche Überlegungen, etwa beim Kreis), und – zusammenfassend –

- der Rückblick auf die schrittweise Erweiterung bezüglich der Aspekte, im Hinblick auf welche Funktionsgraphen untersucht (interpretiert) werden.

Die Betrachtung des Integrals als theoretische Erweiterung des Messens ermöglicht sodann auch Ausblicke auf höhere Mathematik (Maßtheorie) sowie Einblicke in Geschichte und Philosophie der Mathematik.

Literaturverzeichnis

Bender, Peter. 1990. Zwei "Zugänge" zum Integralbegriff? *Mathematica didactica* 13:102–127.

BMBWK. 2004. Bundesministerium für Bildung, Wissenschaft und Kultur. 2004. Änderung der Verordnung über die Lehrpläne der allgemein bildenden höheren Schulen; Bekanntmachung der Lehrpläne für den Religionsunterricht. *Bundesgesetz-*

blatt für die Republik Österreich BGBl , II Nr. 277/2004 (Juli). http://www.ris.bka. gv.at.

Brechtel, Udo. 2014. Linear progressiver Tarif. 4. Oktober 2015. https://commons. wikimedia.org/wiki/File:Linear_progressiver_Tarif_Grenzsteuersatz.svg.

Dietz, Hans M. 2012. *ECOMath 1 – Mathematik für Wirtschaftswissenschaftler.* 2. Auflage. Springer.

Dressler, Bernhard. 2007. Modi der Weltbegegnung als Gegenstand fachdidaktischer Analysen. *Journal für Mathematik-Didaktik* 28 (3/4): 249–262.

Fischer, Roland. 2006. Mathematik – ihre Rolle bei gesellschaftlichen Entscheidungen. In *Materialisierung und Organisation – Zur kulturellen Bedeutung der Mathematik,* 51–85. Erstveröffentlichung: IFF Wien, 1996. Profil.

Fischer, Roland, und Günther Malle. 2004. *Mensch und Mathematik.* 1. Auflage: Zürich: Bibliographisches Institut, 1985. Profil.

Heymann, Hans W. 1996. *Allgemeinbildung und Mathematik.* Weinheim: Beltz.

Jahnke, Thomas, und Hans Wuttke. 2002. *Mathematik – Analysis.* Cornelsen.

Picher, Franz. 2008. *Sozialreflexion im Mathematikunterricht – Kooperation oder Verweigerung.* Profil.

Picher, Franz. 2009. Beschreibung von änderungen. *Beiträge zum Mathematikunterricht 2009 Online. Vorträge auf der 43. Tagung für Didaktik der Mathematik. Jahrestagung der Gesellschaft für Didaktik der Mathematik vom 02.03. bis 06.03.2009 in Oldenburg.* Jg. 2009:791–794.

Picher, Franz. 2011. Änderungen besser verstehen – Mathematik besser verstehen. In *Mathematik verstehen – Philosophische und Didaktische Perspektiven,* 147–156.

Städtler, Thomas. 2010. *Die Bildungs-Hochstapler: warum unsere Lehrpläne um 90% gekürzt werden müssen.* Spektrum-Akademischer-Verlag-Sachbuch. Heidelberg: Spektrum Akad. Verl.

Tietze, Jürgen. 2011. *Einführung in die angewandte Wirtschaftsmathematik.* 16. Aufl. 1. Auflage: 1988. Vieweg+Teubner.

Vollrath, Hans-Joachim, und Jürgen Roth. 2012. *Grundlagen des Mathematikunterrichts in der Sekundarstufe.* 2. Aufl. Spektrum.

Winter, Heinrich. 1995. Mathematikunterricht und Allgemeinbildung. *Mitteilungen der Gesellschaft für Didaktik der Mathematik* 61:37–46.

23 Ich wähle was, was Du nicht siehst - Elektronische Wahlen und deren Bedeutung für Gesellschaft und Unterricht

JÖRN SCHWEISGUT

Elektronische Wahlen, also demokratische Wahlen mit dem Einsatz elektronischer Medien wie Wahlcomputer oder Internet sind seit Beginn der 1990er Jahre Thema von Forschung und Diskussion. Während in einigen europäischen Ländern bereits Elektronische Wahlen für politische Wahlen eingesetzt werden, gibt es in anderen Ländern großen Widerstand und Bedenken. So hat das Bundesverfassungsgericht 2009 einen Leitsatz formuliert, der Elektronische Wahlen im Prinzip für Bundestagswahlen ausschließt.

Sind Elektronische Wahlen dennoch „sicher"? Was müssen die Wahlberechtigten über Elektronische Wahlsysteme wissen und in welcher Tiefe müssen sie die Systeme verstehen?

In diesem Artikel geht es um eine kurze Gegenüberstellung von Urnenwahlen und Elektronischen Wahlen, Einsatzmöglichkeiten Elektronischer Wahlen und die Bedeutung Elektronischer Wahlen für die Gesellschaft und den Unterricht.

23.1 Urnenwahlen und Elektronische Wahlen im Vergleich

Bei klassischen, stimmzettelbasierten Urnenwahlen gibt es verschiedene Probleme. Die Wahlbeteiligung sinkt. Beispielsweise haben in den letzten Kommunal- und Europawahlen in Hessen deutlich weniger als 50% der Wahlberechtigten ihre Stimme abgegeben. Ein weiteres Problem ist in dem ansteigenden Anteil der Briefwahl zu sehen. Die Leute möchten am Wahltag flexibel sein und stimmen daher vorher schon ab - dann aber ohne die Informationen, die die Wählerinnen und Wähler am Wahltag haben, also möglicherweise auf einer anderen Entscheidungsgrundlage. Die Auszählung ist bei Urnenwahlen mit großen Kosten und großem Aufwand verbunden - insbesondere bei komplexen Stimmzetteln, die beispielsweise Panaschieren und Kumulieren gestatten. Von Elektronischen Wahlen verspricht man sich eine höhere Wahlbeteiligung insbesondere von jungen Wahlberechtigten, da das Medium inzwischen zum Alltag der "di-

© Springer Fachmedien Wiesbaden GmbH, ein Teil von Springer Nature 2018
G. Nickel et al. (Hrsg.), *Mathematik und Gesellschaft*, https://doi.org/10.1007/978-3-658-16123-1_24

gital natives" (siehe Prensky 2001, S. 1) gehört. Elektronische Wahlen ermöglichen den Wahlberechtigten ihre Stimme am Wahltag selbst abzugeben und dennoch ähnlich flexibel und ortsunabhängig zu sein wie bei der Briefwahl. Die schnelle und kostengünstige, verifizierbare Auszählung ist ein großer Vorteil Elektronischer Wahlen. Zudem können Wahlcomputer die Wählerinnen und Wähler beim Ausfüllen komplexer Stimmzettel unterstützen.

23.2 Anforderungen an Elektronische Wahlen

Bei Elektronischen Wahlen bestehen zunächst die gleichen Anforderungen wie bei Urnenwahlen. Die Wählerinnen und Wähler sollen beispielsweise die Möglichkeit haben, ihre Stimme in einer gleichen, geheimen und freien Wahl abzugeben. Diese Anforderungen sind teilweise durch das elektronische Medium leichter zu erreichen als bei Urnenwahlen. Es gibt aber Anforderungen, die sich widersprechen und daher die Erstellung eines elektronischen Wahlsystems erschweren. Im Folgenden werden diese kurz dargestellt.

23.2.1 Prüfen der Wahlberechtigung und Geheime Wahl

Eine Wählerin oder ein Wähler möchte seine Stimme an den Wahlserver übermitteln. Dazu muss er sicher wissen, dass er tatsächlich mit dem Wahlserver kommuniziert und sich nicht ein anderer Server als Wahlserver ausgibt. Diese Authentizität lässt sich kryptographisch durch challenge-and-response-Protokolle (siehe beispielsweise Beutelspacher, Neumann und Schwarzpaul 2005, S. 222 ff.) oder Zero-Knowledge-Proofs of Knowledge (siehe beispielsweise Fiat und Shamir 1986, S. 186 ff.) lösen. Umgekehrt muss natürlich auch der Wahlserver prüfen, dass er mit einer bestimmten Wählerin oder einem bestimmten Wähler kommuniziert und dieser wahlberechtigt ist und noch keine Stimme abgegeben hat. Das lässt sich mit den gleichen Maßnahmen bewerkstelligen. Der Server weiß also, von wem die Stimme kommt. Damit die Wahl geheim ist, muss die Stimme verschlüsselt werden und zwar so, dass ein Angreifer sie nicht lesen kann. Die Stimme wird dann am Wahlserver entschlüsselt. Das alleine erfüllt aber nicht die Eigenschaft der geheimen Wahl. Denn wenn der Server durch die oben beschriebene Authentifikation des Wählers die verschlüsselte Stimme der Wählerin bzw. dem Wähler zuordnen kann und den Schlüssel zur Entschlüsselung kennt, weiß er, wie sich die Wählerin bzw. der Wähler entschieden hat. Es ist möglich, diese widersprüchlichen Anforderungen gleichzeitig zu erfüllen. Dazu darf sich das Vertrauen in den Wahlserver nicht auf eine Person, eine Autorität, konzentrieren. Das heißt, es darf nicht möglich sein, dass eine Autorität im selben Zeitpunkt die Herkunft der Stimme kennt und diese entschlüsseln kann. Das funktioniert z.B. mit einer homomorphen Verschlüsselung (siehe beispielsweise Schweisgut 2007, S. 13 ff.) und einem Geheimnisteilungssystem (siehe beispielsweise Shamir 1979, S. 612 ff.). Der Schlüssel zur Entschlüsselung ist auf viele Autoritäten aufgeteilt. Nur zusammmen können sie entschlüsseln. Die Geheimtextstimmen werden addiert und anschließend von vielen Autoritäten im Ganzen entschlüsselt. Man erhält die Summe bzw. die Auszählung der Klartexte.

23.2.2 Verifizierbarkeit und Erpressungsresistenz

Die Bevölkerung oder im lokalen Fall der einzelne Wähler möchte verifizieren können, dass die Stimmen richtig gezählt werden, bzw. dass die eigene Stimme richtig in die Auszählung einfließt. Das funktioniert z.B., indem der Wahlserver die Korrektheit der Handlung dem Wähler beweist. Auf der anderen Seite wird ein Wähler erpressbar oder bestechlich, wenn er mithelfen kann, einen Beweis seiner Wahlentscheidung zu erstellen und an einen Erpresser oder Bestecher weiterzuleiten. Daher darf der Beweis des Wahlservers nur für den Wähler selbst Gültigkeit haben. Technisch beweist der Wahlserver dem Wähler daher die Aussage „Die Stimme wurde richtig gezählt oder ich bin der Wähler." Das lässt sich mit z.B. mit sogenannten Designated-Verifier-Beweisen (siehe beispielsweise Markus Jakobsson and Kazue Sako and Russell Impagliazzo 1996 und Schweisgut 2007, S. 32 ff.) erreichen.

23.2.3 Robustheit

Unehrliche Wähler dürfen die Wahl nicht stören oder unterbrechen können. Die Verwendung elektronischer Medien führt zu erheblich mehr Möglichkeiten, mit geringem Aufwand den Wahlverlauf in hohem Ausmaß zu stören oder die Durchführung teilweise oder ganz zu verhindern. Störversuche müssen daher von den Systemen schnell erkannt und die beteiligten Instanzen müssen ausgeschlossen werden. Es gibt organisatorische Maßnahmen wie Overprovisioning oder statusbehaftete Firewalls, um beispielsweise Denial-of-Service-Angriffe abzuwehren.

23.2.4 Akzeptanz und Transparenz

Ein Wahlsystem besteht also aus beweisbar-sicheren kryptographischen Grundbausteinen, die zu einem komplexen Wahlsystem zusammengesetzt werden. An dieser Stelle stellt sich die Frage nach der Transparenz und der Akzeptanz Elektronischer Wahlen. Man kann die Sicherheit von kryptographischen Grundbausteinen beweisen. Diese Beweise sind aber zum Teil nur Experten verständlich (siehe hierzu auch Abschnitt 23.5). Die Sicherheit von Protokollen ist im Allgemeinen nicht beweisbar. Zudem handelt es sich hier um komplexe Protokolle, bei denen man mögliche Angriffsszenarien u.U. nicht schnell erkennt. Das führt alles zu einer eingeschränkten Transparenz. Der Wähler muss sich als Laie auf die Meinung von Experten verlassen. Dies kann im Fall von demokratischen Wahlen zu einer geringen Akzeptanz führen.

23.3 Bedeutung demokratischer Wahlen

Wahlen ermöglichen es, dass in einer Demokratie die Staatsgewalt vom Volk ausgeht.
Beim Wählen nimmt der Wähler seine Möglichkeit wahr, das ihm gegebene Wahlrecht
auszuüben. Vor knapp 100 Jahren bekamen Frauen in Deutschland das Wahlrecht auf
nationaler Ebene und noch vor 25 Jahren gab es in Europa noch eine Region (Kanton
Appenzell) ohne Frauenwahlrecht. Das Wahlrecht - insbesondere im Sinne einer gleichen, von Geschlecht und Klassenzugehörigkeit unabhängigen Wahl - ist daher nicht
selbstverständlich und die Wähler wissen um diese Errungenschaft. Das ist ein Grund,
warum der Urnengang zu einem feierlichen Akt wird. Es ist für Wähler etwas beson-
deres, am Wahltag zum Wahllokal zu gehen und ihre Stimme abzugeben.
Daher beinhaltet die klassische Stimmabgabe mehr als nur einen kurzen Klick am di-
gitalen Endgerät auf eine der Wahloptionen. Diese Bedeutung kann ein Medium, das
tagtäglich auch für triviale Dinge genutzt wird, nicht transportieren.

23.4 Einsatz Elektronischer Wahlen

Eine gute Übersicht über den Einsatz Elektronischer Wahlen bietet die Weltkarte des
Competence Center for Electronic Voting and Participation unter https://www.e-voting\
index{E-Voting}.cc/en/it-elections/world-map/.
In Europa gibt es große Unterschiede beim Einsatz Elektronischer Wahlen. Während
beispielsweise in der Schweiz über SMS und Internet Volksabstimmungen durchgeführt und in Estland seit 2005 das Parlament elektronisch (über Internet) gewählt
werden kann, haben andere Staaten, wie z.B. Norwegen, Österreich und Irland die
Verwendung Elektronischer Wahlen gestoppt. In Deutschland hat das Bundesverfassungsgericht 2009 in einem Leitsatz formuliert, dass „[...] die wesentlichen Schritte
der Wahlhandlung und der Ergebnisermittlung vom Bürger zuverlässig und ohne besondere Sachkenntnis überprüft werden können." (siehe Zweiter Senat des Bundesverfassungsgerichts 2007). Das schließt Elektronische Wahlen für politische Wahlen
in Deutschland prinzipiell aus, denn die Überprüfung ohne Sachkenntnis ist mit den
derzeitigen kryptographischen Protokollen ausgeschlossen. Für politische Wahlen wäre dann allenfalls eine teure Parallellösung von elektronischer und papiergebundener
Stimmzettelabgabe möglich, bei der die für die Wähler transparente Papiervariante
zum Vergleich und Backup eines schnellen elektronischen Wahlsystems dient.

23.5 Auseinandersetzung mit Elektronischen Wahlen in der Schule

Es gibt dennoch gute Gründe, sich mit Elektronischen Wahlen näher zu beschäftigen.
Erstens müssen Wähler das Urteil, aber auch solche Parallellösungen einschätzen und
bewerten können. Zweitens ist es zumindest denkbar, dass das Bundesverfassungsgericht sich womöglich bei einer veränderten wissenschaftlichen Grundlage in der Zu-

kunft anders entscheidet. Und der wichtigste Grund ist der, dass es noch eine ganze Reihe anderer möglicher Einsatzbereiche Elektronischer Wahlen in der Gesellschaft in Deutschland gibt. In Universitätswahlen, Sozialwahlen, etc. werden bereits Elektronische Wahlen eingesetzt und dieser Trend wird vermutlich in der nahen Zukunft noch zunehmen.

Der allgemeingebildete Laie (siehe Fischer 2013, S. 337) sollte entscheiden können, ob er seine Stimme elektronisch abgeben möchte oder vielleicht sogar, ob eine Elektronische Wahl in seinem Verantwortungsbereich eingesetzt werden sollte. Daher bietet sich aus meiner Sicht eine fächerverbindende/-übergreifende Auseinandersetzung mit Elektronischen Wahlen in der Schule (in Mathematik, Politik und Wirtschaft, Informatik und bei Wahlautomaten ggf. auch in der Physik) an. Ein Grundverständnis für Elektronische Wahlen sollte im Sinne der Urteilskompetenz als Höhere Allgemeinbildung (nach Fischer) vermittelt werden. Dabei gehören die Eigenschaften kryptographischer Grundbausteine zu den Grundkenntnissen.

Die Details und die Beweise zur Sicherheit der Grundbausteine zählen weitgehend zum Expertenwissen, auch wenn man in Mittel- und Oberstufe durchaus beispielhaft einzelne kryptographische Grundbausteine wie die auf Stützstellen von Polynomen basierende Geheimnisteilungsverfahren (siehe beispielsweise Shamir 1979, S. 612 ff. oder Schweisgut 2007, S. 50 ff.) oder die anschaulich erklärbaren Zero-Knowledge-Proofs of Knowledge (siehe z.B. Quisquater u. a. 1989, S. 628 ff.) behandeln kann.

Eine kreative Auseinandersetzung mit der Modellbildung Elektronischer Wahlen (also ein Operieren) ist im Sinne von Fischer (siehe Fischer 2013, S. 337 f.) erwünscht und kann zu einer besseren Urteilsfähigkeit über elektronische Wahlsysteme (Reflexionswissen) und allgemein zu einer Sensibilisierung für Themen des Datenschutzes und der Datensicherheit führen.

23.6 Fazit

Es ist gut, dass Angriffe auf Nedap Wahlcomputer im Jahr 2006 (siehe Kurz und Rieger 2007) und der Leitsatz des Bundesverfassungsgerichts 2009 die übertriebenen Erwartungen an Elektronische Wahlen gedämpft haben. Im Gartner Hype-Cycle für neue Technologien (siehe Fenn und Raskino 2008) haben Elektronische Wahlen das „Tal der enttäuschten Erwartungen" bereits durchschritten und nun kommt die Phase der produktiven Entfaltung des Potentials. Um so wichtiger ist es, elektronische Wahlverfahren bewerten und angemessen damit umgehen zu können.

Wenn die Bürger die Eigenschaften der kryptographischen Grundbausteine kennen, können Sie elektronische Wahlsysteme modellieren oder Schwächen in elektronischen Wahlsystemen entdecken.

Wie es mit dem Einsatz Elektronischer Wahlen in ein paar Jahrzehnten aussieht, weiß niemand mit Sicherheit vorauszusagen. Es ist möglich, dass sie sich durchsetzen. Genauso ist es möglich, dass man sich bewusst macht, dass eine Wahl mehr ist als ein Klick und man sich dieses Mehr leisten möchte. In jedem Fall ist es wichtig, dass jeder Wähler die Entscheidung der Experten verstehen und einschätzen kann.

Literaturverzeichnis

Beutelspacher, Albrecht, Heike Neumann und Thomas Schwarzpaul. 2005. *Kryptografie in Theorie und Praxis - mathematische Grundlagen für elektronisches Geld, Internetsicherheit und Mobilfunk.* Vieweg. ISBN: 978-3-528-03168-8.

Fenn, Jackie, und Mark Raskino. 2008. *Mastering the Hype Cycle - How to Choose the Right Innovation at the Right Time (Gartner).* Harvard Business Review Press. ISBN: 978-1-422-12110-8.

Fiat, Amos, und Adi Shamir. 1986. How to Prove Yourself: Practical Solutions to Identification and Signature Problems. In *Advances in Cryptology - CRYPTO '86, Santa Barbara, California, USA, 1986, Proceedings,* herausgegeben von Andrew M. Odlyzko, 263:186–194. Lecture Notes in Computer Science. Springer. doi:10.1007/3-540-47721-7_12. http://dx.doi.org/10.1007/3-540-47721-7_12.

Fischer, Roland. 2013. Entscheidungs-Bildung und Mathematik. In *Mathematik im Prozess - Philosophische, Historische und Didaktische Perspektiven,* herausgegeben von Martin Rathgeb, Markus Helmerich, Ralf Krömer, Katja Lengnink und Gregor Nickel, 335–345. doi:10.1007/978-3-658-02274-7.

Kurz, Constanze, und Frank Rieger. 2007. NEDAP-Wahlcomputer - Manipulationsmethoden an Hard- und Software. *Informatik Spektrum* 30 (5): 313–321.

Markus Jakobsson and Kazue Sako and Russell Impagliazzo. 1996. Designated Verifier Proofs and Their Applications. In *Advances in Cryptology - EUROCRYPT '96, International Conference on the Theory and Application of Cryptographic Techniques, Saragossa, Spain, May 12-16, 1996, Proceeding,* herausgegeben von Ueli M. Maurer, 1070:143–154. Lecture Notes in Computer Science. Springer. ISBN: 3-540-61186-X. doi:10.1007/3-540-68339-9_13. http://dx.doi.org/10.1007/3-540-68339-9_13.

Prensky, Marc. 2001. Digital Natives, Digital Immigrants Part 1. *On the Horizon* 9 (5): 1–6. doi:10.1108/10748120110424816. http://dx.doi.org/10.1108/10748120110424816.

Quisquater, Jean-Jacques, Myriam Quisquater, Muriel Quisquater, Michaël Quisquater, Louis C. Guillou, Marie Annick Guillou, Gaïd Guillou u. a. 1989. How to Explain Zero-Knowledge Protocols to Your Children. In *Advances in Cryptology - CRYPTO '89, 9th Annual International Cryptology Conference, Santa Barbara, California, USA, August 20-24, 1989, Proceedings,* herausgegeben von Gilles Brassard, 435:628–631. Lecture Notes in Computer Science. Springer. ISBN: 3-540-97317-6. doi:10.1007/0-387-34805-0_60. http://dx.doi.org/10.1007/0-387-34805-0_60.

Schweisgut, Joern. 2007. Elektronische Wahlen unter dem Einsatz kryptografischer Observer. Diss., Justus-Liebig-Universität. http://geb.uni-giessen.de/geb/volltexte/2007/4817.

Shamir, Adi. 1979. How to Share a Secret. *Commun. ACM* 22 (11): 612–613. doi:10.
    1145/359168.359176. http://doi.acm.org/10.1145/359168.359176.

Zweiter Senat des Bundesverfassungsgerichts. 2007. Leitsätze zum Urteil des Zweiten
    Senats vom 3. März 2009 im Verfahren über die Wahlprüfungsbeschwerden (-
    2BvC 3/07, 2 BvC 4/07). http://www.bundesverfassungsgericht.de/SharedDocs/
    Entscheidungen/DE/2009/03/cs20090303_2bvc000307.html.

24 Reflexionen von Studierenden auf die Rolle von Mathematik in unserer Gesellschaft am Beispiel der mathematischen Modellierung

Annika M. Wille

Mathematische Modellierung gehört zu den Schnittstellen zwischen Mathematik und außermathematischer Kultur, die unsere Gesellschaft für den Einzelnen teils sichtbar, teils versteckt mit prägen (vgl. Heymann 1998, S. 21-22). Laut Heymann ist eine Aufgabe von Schule, Schülerinnen und Schüler dazu zu befähigen, „Mathematik auch dort zu ‚sehen‘, wo sie bei flüchtiger Betrachtung ‚unsichtbar‘ bleibt" (S. 22). Bezogen auf die Mathematiklehrerausbildung formuliert er die These, dass die Lehramtsstudierenden sowohl Erfahrung mit „Modellierung primär nicht-mathematischer Phänomene" sammeln sollten, als auch Anregungen bekommen sollten, wie Schülerinnen und Schüler an mathematische Modellierung herangeführt werden können (vgl. S. 26).

In der Lehramtsausbildung an der Universität ist ein Schwerpunkt die Vermittlung von fachdidaktischem Wissen, wohingegen später in der Schule die praktische Umsetzung im Unterrichtsalltag im Vordergrund steht. Im optimalen Fall können Lehramtsstudierende beides miteinander verbinden und aufeinander beziehen. Eine Möglichkeit, Studierenden eine Brücke zwischen den zwei Polen „Fachdidaktisches Wissen" und „Praktische Umsetzung" anzubieten, wurde in einer Lehrveranstaltung zur Mathematischen Modellierung an der Alpen-Adria-Universität Klagenfurt untersucht.

24.1 Lehrveranstaltung „Modellieren im Mathematikunterricht"

In der Veranstaltung „Modellieren im Mathematikunterricht" an der Alpen-Adria-Universität Klagenfurt im Wintersemester 2011/2012, von der Autorin gemeinsam mit Andreas Vohns, wurden die Studierenden zunächst praktisch an mathematische Modellierung herangeführt, indem sie Modellierungskreisläufe kennenlernten und selbst modellierten. Es nahmen 18 Studierende an der Veranstaltung teil. In einer späteren Sitzung erarbeiteten sich die Studierenden verschiedene Texte von Blum 2010, Henn und Maaß 2003, Maaß 2007 (S. 15-18), Heymann 1996 (S. 142-145, S. 180-182, S.

© Springer Fachmedien Wiesbaden GmbH, ein Teil von Springer Nature 2018

G. Nickel et al. (Hrsg.), *Mathematik und Gesellschaft*, https://doi.org/10.1007/978-3-658-16123-1_25

Abbildung 24.1. Folien der Gruppenarbeiten

188-194) und Leiß 2007 (S. 22-24) zu der übergeordneten Frage, warum man im Mathematikunterricht modellieren solle oder warum nicht. In *Gruppenarbeiten* wurden *Folien* erstellt, auf denen stichpunktartig festgehalten wurde, was für oder gegen Modellierung im Mathematikunterricht spreche (siehe Abbildung 24.1). Darauf folgten *Einzelarbeiten*, wobei 16 Studierende des Kurses einen *(selbst) erdachten Dialog* schrieben (vgl. Wille 2008, Wille 2013).

Selbst erdachte Dialoge wurden bisher hauptsächlich im Mathematikunterricht eingesetzt, sowohl bei der Einführung von neuen Themen als auch zur Reflexion. Dabei schreibt eine Schülerin oder ein Schüler einen Dialog zwischen zwei Protagonisten, die sich über eine mathematische Fragestellung unterhalten. Einen *Anfangsdialog* vorzugeben, den der einzelne fortsetzt, hat sich als hilfreich erwiesen, wenn der Einstieg in das Thema direkt erfolgen soll und wenn man möchte, dass der Dialog auf eine bestimmte Weise fortgeführt werden soll. Wenn sich die Protagonisten zum Beispiel im Anfangsdialog häufig abwechseln, so wird dies in der Regel beibehalten.

Der Anfangsdialog, den die Studierenden fortführen sollten, lautete wie folgt:

> Führen Sie den unten stehenden Dialog zweier Lehramtsstudierenden fort.
>
> S1:   Ich denke gerade darüber nach, was Gründe sein könnten, später im Mathematikunterricht mit meinen Schülerinnen und Schülern zu modellieren.
>
> S2:   Mmmm... ich bin ja nicht so fürs Modellieren.
>
> S1:   Es spricht aber viel dafür!
>
> S2:   Dann erzähle mir mal, was denn zum Beispiel dafür spricht. Aber sei gefasst darauf, dass ich viel nachfragen werde!

In einem darauf folgenden *Fragebogen*, beantworteten die Studierenden, was für sie beim Schreiben des erdachten Dialogs hilfreich gewesen war oder nicht, und ob sie sich beim Schreiben eher als S1, S2, als beide oder keiner von beiden gesehen hatten.

24.2 Auswertung

Zunächst soll inhaltlich betrachtet werden, welche Rolle die Studierenden der mathematischen Modellierung als Teil der Mathematik zuschrieben, die die Gesellschaft mit prägt. Nach einer Analyse, wie die Dialogizität das Schreiben der Studierenden beeinflusste, wird exemplarisch verdeutlicht, wie sich der Prozess des inhaltliche Reflektierens der Studierenden äußerte.

24.2.1 Inhaltliche Betrachtung

Zu Beginn wurde bereits erwähnt, dass Modellierung eine nicht immer für jeden sichtbare, aber prägende Schnittstelle zwischen Mathematik und außermathematischer Kultur ist. In den erdachten Dialogen gingen die Studierenden hierauf ein, indem sie äußerten, durch Modellierung solle *ein Bezug zur Realität* entweder hergestellt oder aufgezeigt werden. Zum einen argumentierten die Studierenden also vom Unterricht her, eine Motivation für die Schulmathematik zu finden. Zum anderen ging es darum, *die teilweise versteckte Rolle von Mathematik in der Gesellschaft für die Schülerinnen und Schüler sichtbar zu machen*.

Ein weiterer Punkt war *die Validierung von Ergebnissen*, aber auch die Fähigkeit beurteilen zu können, *wo mathematische Modelle sinnvoll seien oder nicht*. Als letztes wurde in einem Fall die Rolle von *Mathematik als Kommunkationsmedium* genannt.

24.2.2 Dialogische Betrachtung

Die Form des Dialogs beeinflusst den Prozess der Auseinandersetzung der Studierenden mit dem Thema in folgender Weise: Es zeigt sich in den erdachten Dialogen der
Studierenden:

- dass die Frage nach dem „Wie" im Vordergrund steht
- ein ständiges Hinterfragen der Argumente
- der Bezug auf den konkreten Mathematikunterricht
- und der Bezug auf sich selbst.

Auf jeden der vier Punkte wird nun kurz eingegangen.

Die Frage nach dem „Wie".   Durch alle erdachten Dialoge zieht sich die Frage, *wie konkret* im Unterricht Modellierung umgesetzt werden kann oder *wie* es zu positiven oder
negativen Effekten im Unterricht kommen kann. Dabei beziehen sich die Studierenden
zum großen Teil auf die gelesenen Texte, jedoch werden sie vor dem Hintergrund des
kommenden Unterrichtsalltags betrachtet.

Eine Studentin schreibt beispielsweise in ihrem erdachten Dialog:

> „S1:   (…) doch durch das Modellieren können Schüler zum Beispiel auch
>   neue Sichtweisen auf Phänomene in ihrer Alltagswelt bekommen.
>
> S2:   Wie denn das schon wieder?
>
> S1:   Ich werde dir ein Beispiel nennen, um dir zu erklären, wie ich das
>   meine (…)"

Daraufhin greift sie das bei Heymann (1996) genannte Beispiel eines Fahrplans für
eine Bushaltestelle (S. 190) auf und führt es weiter aus.

Bei einer weiteren Studentin heißt es:

> „S1:   Auf Grund von Modellierungsbeispielen muss ein Bezug zur Realität
>   erstellt werden.
>
> S2:   Wie funktioniert das?"

Und wieder folgt ein konkretes Beispiel.

Auch bei anderen Studierenden liest man Fragen, wie zum Beispiel „Wie meinst du das
genau?", „und wie soll das mit Modellierung gehen?" oder „Wie denn das?"

Hinterfragen der Argumente.   Eine weitere Auffälligkeit in den Texten der Studierenden ist das ständige Hinterfragen der Argumente, eine Folge der Dialogizität. Eine Studentin schreibt beispielsweise:

> „S1:   (…) durchs Modellieren können die Schülerinnen und Schüler sich
> verschiedene Sachverhalte besser vorstellen.
> S2:   Für was soll das gut sein?
> S1:   Um komplizierte Inhalte vereinfacht darzustellen.
> S2:   Aber das ist doch nicht für alle Schüler notwendig.
> S1:   Du hast recht, aber (…)"

Auch in den Fragebögen gingen einige Studierende auf das Hinterfragen im Dialog ein. Eine Studentin bewertet dies positiv:

> „Was ich auch gut fand ist, dass ich mich damit auch immer wieder hinterfragt habe bzw. geschaut habe, ist das jetzt überhaupt verständlich, was ich da gesagt habe oder ist das eigentlich gar kein richtiger Grund bzw. Erklärung dafür, dass man Modellierungsaufgaben im Unterricht einsetzen sollte."

Und im Fragebogen beschreibt eine andere Studentin ausführlich, wie im Dialog zweier Gesprächspartner verschiedene Aspekte betrachtet werden können:

> „Denn man kann im einen Gesprächspartner die für sich positiven Dinge am Modellieren unterbringen, indem man dem anderen diese Vorteile gut erklären und schmackhaft machen versucht.
>
> Und im Gegenzug kann man sofort mit dem zweiten Gesprächspartner die eigenen Aussagen widerlegen oder diese genau hinterfragen und man könnte auch die für sich unklaren und kritischen Punkte im zweiten Gesprächspartner unterbringen."

Ein weiterer Student erwähnt die Argumentation im Dialog und hebt dabei hervor, dass die Argumente überprüft werden mussten:

> „Man musste Argumente und Gegenargumente finden und beide auf Validität prüfen. Das geschah im Laufe des Dialogs."

Bezug auf den konkreten Mathematikunterricht.   Alle Studierende bezogen sich auf den konkreten Mathematikunterricht. So lässt ein Student beispielsweise seinen Protagonisten S2 sagen: „Jetzt werd' doch mal konkreter!" Und eine Studentin stellt sich sehr detailliert eine Schulstunde vor:

> „S2:   Bleibt aber noch das Zeitproblem. Eine Stunde ist so kurz. Bis die
> SchülerInnen ihre sieben Sachen aus der Tasche geräumt haben, an
> ihren Plätzen sitzen und man ins Klassenbuch eingetragen hat, (…)"

Später geht sie in ihrem Dialog ausführlich auf die möglichen, konkreten Gruppenarbeiten zur Modellierung im Unterricht ein.

Bezug auf sich selbst.   Schließlich sieht man häufig in den Texten, wie sich der Schreibende auf sich selbst bezieht. Ein Student lässt seine Protagonisten beispielsweise sagen:

> „S2:   Würdest du dir das wirklich antun?
> S1:   Ja, ich denke schon."

Und im Fragebogen schreibt dieser Student, dass er sich in der Rolle von S1 sah und kommentiert:

„Geholfen hat mir der Dialog dabei, für mich selbst zu überlegen, ob ich als Lehrer modellieren würde."

Eine andere Studentin schreibt in der Rolle von S1 was sie mit Modellierung erreichen wolle und warum das für sie wichtig sei:

„S2:   Und was magst du mit den Modellierungsaufgaben erreichen?

S1:   Mein Ziel ist es, in der Schule die SchülerInnen dazu anzuleiten, dass sie nicht immer nur das präsente, gerade erlernte Wissen anwenden können. Ich möchte, dass sie lernen, das erlernte Wissen zu verknüpfen und Brücken zum Alltag herstellen.

S2:   Das ist mal ein Ziel :-) und warum findest du das so wichtig?

S1:   Für viele SchülerInnen ist die Mathematik fremd und sehr abstrakt. Sie wissen nichts damit anzufangen. Ich glaube aber, wenn man einen Bezug zur Realität herstellt und sie sich überlegen, was sie da gerade gerechnet hat bzw. was das Ergebnis bedeutet, könnte man der Schulmathematik einen Sinn geben."

Auch bei anderen Studierenden findet man Formulierungen wie zum Beispiel: „möchte ich erreichen" oder „Von Bedeutung für mich ist".

24.2.3 Der Prozess des inhaltlichen Reflektierens der Studierenden

Welche Reflexionsprozesse über Modellierung und ihre Rolle für die Gesellschaft werden nun sichtbar? Der erdachte Dialog einer Studierenden soll exemplarisch veranschaulichen, welche Art von Reflexion durch die dialogischen Elemente – *Frage nach dem Wie, das Hinterfragen, Bezug zum konkreten Unterricht, Bezug zu sich selbst* – vorangetrieben und gestaltet werden konnte.

Die Studierende beginnt mit dem Wunsch, Schülerinnen und Schüler zum kritischen Denken und Handeln anregen und erziehen zu wollen. Sofort wird vom anderen Protagonisten *hinterfragt*, was das mit Modellierung zu tun habe. Die Antwort vom Protagonisten S1 ist:

„Ich finde Modellierungsaufgaben fordern und fördern das Reflektieren und Hinterfragen des Gegebenen und stellen die Aufgaben oft auch in einen größeren Zusammenhang mit dem bereits Gelernten und mit den Erfahrungen aus dem Alltag."

Das „Ich finde" lässt einen *Bezug zu sich selbst* erkennen. Dies wird auch durch den Fragebogen belegt, wo die Studentin schrieb: „Ich war wohl eher S1".

Nun wird der Gedanke weiter ausgeführt und darauf hingewiesen, Schülerinnen und Schüler sollten auch erkennen in welchem Kontext das Anwenden mathematischer Modelle „völliger Irrsinn" wäre.

Der *Bezug zum Unterricht*, aber auch der zur Literatur (Heymann), findet in der nächsten Frage statt:

> „War das nun der einzige Vorteil den ein Modellierungsbeispiel mit sich bringt? Denn wenn ich allein den „kritischen Vernunftgebrauch" fördern möchte, finde ich bestimmt eine andere Methode für den Unterricht."

Daraufhin sagt der andere Protagonist, Schülerinnen und Schüler könnten neue Sichtweisen auf Phänomene in ihrer Alltagswelt bekommen. Auf dies folgt (wie oben schon zitiert) die *Frage nach dem „Wie"*, sowie die ausführliche Besprechung von Fahrplänen an Bushaltestellen. Das Beispiel wird abgeschlossen mit einer Reflexion des gelesenen Heymann -Textes inklusive dem Aspekt des Sichtbarmachens von Mathematik:

> „Derartige Hinterfragungen von Standard-Situationen sind eben typische Beispiele für eine Anwendung von Mathematik im Alltag. Das Ziel ist hier, dass Schüler mittels Mathematik neue Aspekte der behandelten Sache erschließen können und dass ihnen die Augen geöffnet werden für die Zusammenhänge, die meist ohne mathematische Betrachtungsweise vielleicht nicht möglich wären."

Wieder bleiben die Aussagen nicht so stehen, sondern es wird *hinterfragt*: „Sprichst du hier nicht nur von einer gewünschten Idealvorstellung?" Im weiteren erdachten Dialog werden nun Fermi-Aufgaben erklärt und motiviert, aber auch wieder hinterfragt (was diese mit Mathematik zu tun hätten). Noch einmal wird das Sichtbarmachen von Mathematik angesprochen:

> „Und da diese Fermi-Aufgaben meistens Fragen aus der Lebenswelt der Schüler sind, können sie erstens ihre Erfahrungen bei den Schätzungen und der Überprüfung mit einbringen und zweitens werden sie dadurch vielleicht angeregt, die Welt einmal mit der „mathematischen Brille" zu sehen. Dadurch werden sie erkennen, dass Mathematik und der „Rest der Welt " eigentlich gar nicht so getrennt sind, wie sie vielleicht angenommen haben."

Am Schluss geht um die Rolle von Mathematik als Kommunikationsmedium, aber auch um *die konkrete Frage*, wie die Leistungen der Schülerinnen und Schüler beurteilt werden sollten.

Das heißt, theoretische Sichtweisen werden immer wieder in Frage gestellt, bzw. ihre Relevanz für den Unterricht diskutiert. Dabei geht es ebenso um praktische Fragen, wie das Vergeben von Noten, wie um theoretische, ob und wie Mathematik und der „Rest der Welt" miteinander verbunden seien. Insgesamt sieht man ein *Ineinanderverwobensein* von theoretischen Betrachtungen und praktischen Überlegungen.

24.3 Fazit

In den erdachten Dialogen der Studierenden wurde ersichtlich, dass sich der einzelne Schreibende nicht allein *theoretisch mit der Warum-Frage* auseinandersetzte, als vielmehr mit der Frage, *wie konkret* im Unterrichtsalltag Modellierung stattfinden könne und welche Probleme dort auftauchen könnten. Statt allein aus fachdidaktischer Perspektive die Frage zu betrachten, warum man Modellieren solle oder nicht, was die Rolle der Modellierung als Teil der Mathematik in der Gesellschaft sei und was davon Schülerinnen und Schüler erfahren sollten, versetzten sich die Studierenden in die Per-

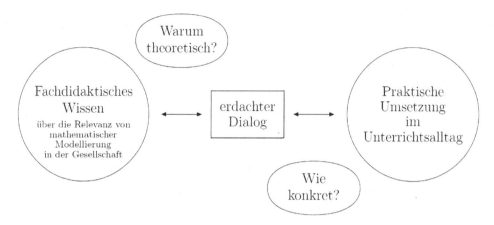

Abbildung 24.2. Brückenfunktion erdachter Dialoge zwischen fachdidaktischen Wissen über die Relevanz
mathematischer Modellierung für die Gesellschaft und der praktischen Umsetzung im Unterrichtsalltag

son des Lehrenden hinein. Dabei kam es zu einem Ineinanderverweben von theoretischen Betrachtungen und konkreten Überlegungen zum praktischen Unterricht. Häufig
wurde der konkrete Teil etwas äusführlicher diskutiert als die theoretischen Fragen.

Insofern unterstützen die erdachten Dialoge einen Reflexionsprozess, der als Brücke
dienen kann zwischen theoretischen fachdidaktischem Wissen über die Relevanz von
mathematischer Modellierung in der Gesellschaft und der praktischen Umsetzung im
Unterrichtsalltag.

Die Zwischenstellung von erdachten Dialogen zwischen fachdidaktischen Wissen und
der praktischen Umsetzung im Unterrichtsalltag im Spannungsfeld der Fragen „Warum
theoretisch?" und „Wie konkret?" illustriert das Diagramm in Abbildung 24.2.

Bezogen auf die Rolle der Mathematik für die Gesellschaft reflektierten die Studierenden auf der einen Seite ihre Sichtbarkeit oder Unsichtbarkeit und hatten auf der
anderen Seite die Schülerinnen und Schüler im konkreten Unterricht im Blick, die eine
„mathematische Brille" erhalten sollten, um die vorher unsichtbare Mathematik sehen
zu können.

Literaturverzeichnis

Blum, W. 2010. Modellierungsaufgaben im Mathematikunterricht. Herausforderung
für Schüler und Lehrer. *Praxis der Mathematik in der Schule* 34:42–48.

Henn, H.-W., und K. Maaß. 2003. Standardthemen im realitätsbezogenen Mathematikunterricht, herausgegeben von H.-W. Henn und K. Maaß, 8:1–5. Schriftenreihe der

ISTRON-Gruppe: Materialien für einen realitätsbezogenen Mathematikunterricht – Band 8. Hildesheim: Franzbecker.

Heymann, H. W. 1996. *Allgemeinbildung und Mathematik.* Weinheim, Basel: Beltz.

Heymann, H. W. 1998. Thesen zur Mathematiklehrerausbildung aus der Perspektive eines Allgemeinbildungskonzeptes, herausgegeben von R. Biehler, H. W. Heymann und B. B. Winkelmann, 16–28. Mathematik allgemeinbildend unterrichten: Impulse für Lehrerbildung und Schule. Köln: Aulis-Verlag Deubner & Co KG.

Leiß, D. 2007. *"Hilf mir, es selbst zu tun" – Lehrerinterventionen beim mathematischen Modellieren.* Hildesheim: Franzbecker.

Maaß, K. 2007. *Mathematisches Modellieren – Aufgaben für die Sekundarstufe I.* Berlin: Cornelsen.

Wille, A. M. 2008. Aspects of the concept of a variable in imaginary dialogues written by students. In *Proceedings of the 32nd Conference of the International Group for the Psychology of Mathematics Education (PME32), vol. 4,* herausgegeben von O. Figueras, J. Cortina, S. Alatorre, T. Rojano und A. Sepúlveda, 417–424. Mexico: Cinvestav-UMSNH.

Wille, A. M. 2013. Mathematik beim Schreiben denken – Auseinandersetzungen mit Mathematik in Form von selbst erdachten Dialogen, herausgegeben von M. Rathgeb, M. Helmerich, R. Krömer, K. Lengnink und G. Nickel, 239–254. Mathematik im Prozess. Philosophische, Historische und Didaktische Perspektiven. Wiesbaden: Springer.

Zusammenfassungen

© Springer Fachmedien Wiesbaden GmbH, ein Teil von Springer Nature 2018
G. Nickel et al. (Hrsg.), *Mathematik und Gesellschaft*, https://doi.org/10.1007/978-3-658-16123-1

Claus Peter Ortlieb: „Wesen der Wirklichkeit" oder „Mathematikwahn"?

Prof. Dr. Claus Peter Ortlieb
Marienterrasse 14
D-22085 Hamburg
c.p.ortlieb@t-online.de

Der Text wendet sich gegen die in den exakten Naturwissenschaften und wohl auch unter Mathematikern weit verbreitete Vorstellung, die Wirklichkeit sei ihrem Wesen nach mathematischer Art, die Mathematik und die in ihrer Sprache formulierten Gesetzmäßigkeiten also eine von den Menschen und ihrem Blick auf die Welt unabhängige Natureigenschaft. Die genaue Analyse des tatsächlichen mathematisch-naturwissenschaftlichen Vorgehens belegt – wie schon Kant wusste –, dass diese Vorstellung falsch ist. Es handelt sich bei ihr um einen Fetischismus, der die eigene, historisch spezifische Erkenntnisform und ihr Instrumentarium in den Erkenntnisgegenstand projiziert und zu dessen Eigenschaft macht. Ein Zusammenhang mit dem von Marx aufgedeckten Warenfetischismus liegt nahe.

Katja Krüger: Reaktion auf Claus Peter Ortlieb – Eine mathematikdidaktische Sicht

Prof. Dr. Katja Krüger
Universität Paderborn – Institut für Mathematik
Warburgerstr. 100, D-33098 Paderborn
kakruege@math.upb.de

Die Reaktion aus mathematikdidaktischer Perspektive befasst sich mit der von Ortlieb vertretenen These, die Mathematik verdanke ihre Bedeutung in der Gesellschaft nicht nur dem unbestreitbaren Erfolg der mathematischen Naturwissenschaften, sondern auch dem unbegründeten „Glauben", die Wirklichkeit selbst sei gesetzesförmig. Es wird skizziert, wie die zunehmende Bedeutung der Mathematik in der modernen Gesellschaft Ziele und Inhalte des gymnasialen Mathematikunterrichts zu Beginn des 20. Jahrhunderts beeinflusste. Anschließend erfolgt ein kurzer Ausblick, inwiefern die von Ortlieb problematisierte fehlende Unterscheidung von mathematischem Modell und Wirklichkeit in der mathematikdidaktischen Diskussion aufgenommen wurde.

Peter Ullrich: Reaktion auf Claus Peter Ortlieb – Bewertungen in Moral und Gesellschaft mittels Mathematik

Prof. Dr. Peter Ullrich
Universität Koblenz-Landau – Mathematisches Institut
Universitätsstraße 1, D-56070 Koblenz
ullrich@uni-koblenz.de

In dem Beitrag werden zwei Beispiele (aus der deutschen Aufklärungund aus der jüngsten Geschichte) diskutiert, in denen von Nicht- Mathematikern versucht wurde, Bewertungen und Analysen aus dem Bereich von Moral und Gesellschaft mit Methoden aus der (elementaren) Mathematik zu begründen.

Pirmin Stekeler-Weithofer: Mathematische Bildung vs. formalistische Generalisierung

Prof. Dr. Pirmin Stekeler-Weithofer
Universität Leipzig – Institut für Philosophie
Beethovenstr. 15, D-04107 Leipzig
stekeler@uni-leipzig.de

Die folgenden Überlegungen zur mathematischen Bildung in ihrer Beziehung zur Philosophie, Logik und Ideengeschichte der mathematikgeprägten Wissenschaften skizzieren eine Art Topographie oder Landkarte dazu, wie Mathematik als besondere Form des Wissens zu verstehen ist. Die als wahr bewerteten Sätze der Mathematik können oder sollten dabei immer (auch) als Artikulationen zulässiger Regeln in einem schematischen Schließen und Rechnen begriffen werden. Ihre Beweise sind Nachweise der Zulässigkeit. Als solche sind sie keine rechnenden Ableitungen, sondern müssen als Folgerungen wahrer Aussagen deutbar sein. Um sie voll zu verstehen, muss man die jeweils relevante Form der Zulässigkeit kennen – samt der sprachtechnischen Grundlagen der abstrakten Gegenstände und Wahrheiten in ihrem methodischen Aufbau.

Thomas Jahnke: Mathematikdidaktische Kommentare zu "Mathematische Bildung vs. Formalistische Generalisierung"

Prof. (em.) Dr. Thomas Jahnke
Universität Potsdam – Institut für Mathematik
Karl-Liebknecht-Straße 24, D-14476 Potsdam
jahnke@uni-potsdam.de

Die sieben didaktischen Monita aus dem Beitrag „Mathematische Bildung versus Formalistische Generalisierung" werden gesichtet und diskutiert.

Albrecht Beutelspacher: Die Innensicht der Außensicht der Innensicht

Prof. Dr. Albrecht Beutelspacher
Justus-Liebig-Universität Gießen – Mathematisches Institut
Arndtstr. 2, D-25292 Gießen
Albrecht.Beutelspacher@math.uni-giessen.de

Wie sehen Mathematiker die Welt? Wie sehen sie andere Menschen? Wie sehen Nicht-mathematiker die Mathematik? Ist Verständigung möglich? An diesen Fragen entzündet sich der Beitrag, der einerseits versucht diese Fragen systematisch anzugehen, aber auch persönliche Erfahrungen einfließen lässt.

Maren Lehmann: Eine schicksalhafte Verbindung: Mathematik und Soziologie

Prof. Dr. Maren Lehmann
Zeppelin Universität – Lehrstuhl für soziologische Theorie
Am Fallenbrunnen 3, D-88045 Friedrichshafen am Bodensee
maren.lehmann@zu.de

Die Diskussion um eine mögliche Unterscheidung von Soziologie und Mathematik – von soziologischer und mathematischer Beobachtung – und um eine mögliche Zirkularität dieser Unterscheidung wird vor dem Hintergrund historischer Einblicke in die Anfänge der Soziologie (Comte, Spencer, Simmel u.a.) dargestellt.

**Martin Lowsky: "Ein Kreis ist nicht absurd [. . .]. Aber einen Kreis gibt es nicht."
(Sartre) Oder: Die Mathematik erlöst vom Ekel**

Dr. Martin Lowsky
Bustorfer Weg 89
D-24145 Kiel
martinlowsky@t-online.de

In diesem Beitrag geht es um den Gegensatz zwischen Objekten der Mathematik und Objekten der sichtbaren Welt. Jean-Paul Sartre beschreibt in seinem Roman La Nausée (Der Ekel, 1938), wie der Mensch sich vor der Fülle und dem aufdringlichen Gewimmel der sichtbaren Dinge ekeln kann: die Absurdität des Daseins als Ekel. Der Mathematiker, so ist im Sinne Sartres zu sagen, kennt diesen Ekel nicht, denn er definiert sich seine Objekte selbst und ist darauf aus, die Vielzahl zu reduzieren. Mittels Isomophie (und Homomorphie) erklärt er Verschiedenes als ‚gleich'. So erlöst die Mathematik vom Ekel – auch darin liegt ihre Faszination.

Allerdings wird Sartres Standpunkt fraglich, wenn man bedenkt, dass Beweise oft eine Vielzahl von Fallunterscheidungen berücksichtigen müssen und es neben eleganten Beweisen auch ‚weniger elegante' gibt.

Reinhard Winkler: Mathematik als zentraler Teil des Projektes Aufklärung auf breiter Front

Prof. Dr. Reinhard Winkler
TU Wien – Institut für Diskrete Mathematik und Geometrie
Wiedner Hauptstraße 8-10, A-1040 Wien
reinhard.winkler@tuwien.ac.at

Methodisch fußt die Mathematik auf strenger Logik und bildet somit ein vorbildliches Spielfeld für folgerichtiges Denken. Darüber herrscht zweifellos breiter Konsens. Dass damit aber nicht nur sterile Glasperlenspiele innerhalb in sich geschlossener Systeme möglich sind, sondern wesentliche Beiträge zu einer im besten Sinne aufgeklärten Gesellschaft geleistet werden könn(t)en, verdient durchaus fundierter Begründungen und exemplarischer Illustrationen. Solche zu geben, ist das Anliegen des vorliegenden Artikels – sowohl in Form allgemeiner Überlegungen als auch anhand konkreter Beispiele.

Hans Niels Jahnke: Mathematik und Gesellschaft: Was folgt aus der Geschichte dieser Beziehung für unser Verständnis von Bildung?

Prof. Dr. Hans Niels Jahnke
Universität Duisburg Essen – Fakultät für Mathematik
Thea-Leymann-Str. 9, D-45127 Essen
njahnke@uni-due.de

Anknüpfend an Arbeiten aus den 1970er Jahren wird die Vielschichtigkeit der Beziehung von Mathematik und Gesellschaft diskutiert. Mathematische Bearbeitungen praktischer Probleme haben sich häufig als nicht sehr effizient erwiesen (Beispiel Ballistik), in der Mathematik selbst aber bedeutende Entwicklungen angestoßen. Dennoch war das immer stärkere Eindringen der Mathematik in die Ausbildung von Spezialisten und von breiteren Bevölkerungsschichten letztlich eine unabdingbare Bedingung für die Industrialisierung im 19. Jahrhundert. Dies wird abschließend am Beispiel der Humboldtschen Bildungsreform in Preußen erörtert.

Eva Müller-Hill: Reaktion auf Hans Niels Jahnke – Eine mathematik-philosophische Sicht

Prof. Dr. Eva Müller-Hill
Universität Rostock – Institut für Mathematik
Ulmenstraße 69, D-18051 Rostock
eva.mueller-hill@uni-rostock.de

Katja Lengnink & Ralf Krömer: Materialisierung, System, Spiegel des Menschen. Historische und didaktische Bemerkungen zur Sozialanthropologie der Mathematik nach Roland Fischer

Prof. Dr. Ralf Krömer
Bergische Universität Wuppertal
Arbeitsgruppe Didaktik und
Geschichte der Mathematik
Gaußstr. 20
D-42119 Wuppertal
rkroemer@uni-wuppertal.de

Prof. Dr. Katja Lengnink
Justus-Liebig-Universität Gießen
Institut für Didaktik der Mathematik

Karl-Glöckner-Str. 21c
D-35394 Gießen
Katja.lengnink@math.uni-giessen.de

In dieser Arbeit werden die Fischerschen Thesen zur Bedeutung von Mathematik in unserer Gesellschaft anhand von historischen Beispielen geprüft, um die Beziehung zwischen Mathematik und Gesellschaft aus historischer Perspektive in den Blick zu nehmen. Aus dieser Analyse werden Konsequenzen für mathematische Bildung gezogen.

Gregor Nickel: Materialisierung, System, Spiegel: Anmerkungen aus philosophischer Perspektive

Prof. Dr. Gregor Nickel
Universität Siegen – Departement Mathematik
Walter-Flex-Str. 3, D-57068 Siegen
nickel@mathematik.uni-siegen.de

Lisa Hefendehl-Hebeker: Einwirkungen von Mathematik(unterricht) auf Individuen und ihre Auswirkungen in der Gesellschaft

Prof. i. R. Dr. Lisa Hefendehl-Hebeker
Universität Duisburg-Essen – Fakultät für Mathematik
D-45117 Essen
lisa.hefendehl@uni-due.de

Es entspricht der allgemeinen Wahrnehmung und empirische Studien bestätigen es, dass in der Gesellschaft ein unscharfes, oft reduziertes und einseitiges Bild von Mathematik vorherrschend ist. Persönliche Befindlichkeiten, die sich im Mathematikunterricht einstellen und durch das Fach und die Art seiner Präsentation ausgelöst werden, bewegen sich zwischen gegensätzlichen Polen – traumatisch besetzter Angstabwehr auf der einen und idealisierender Wertschätzung auf der anderen Seite – mit vielen Zwischenabstufungen. Der Beitrag konstruiert idealtypisch mögliche Facetten von Personen, denen es in der Schule sehr unterschiedlich mit der Mathematik ergangen ist, und denkbare Weisen des Umgehens mit diesen Prägungen im weiteren Lebenslauf.

Florian Schacht: Reaktion auf Lisa Hefendehl-Hebeker – Mathematik als existenzielle Erfahrung. Eine Spurensuche in Bruno Latours Anthropologie der Modernen

Prof. Dr. Florian Schacht
Universität Duisburg-Essen – Fakultät für Mathematik
Thea-Leymann-Straße 9, D-45127 Essen
florian.schacht@uni-due.de

Vor dem Hintergrund von Bruno Latours Anthropologie der Modernen wird diskutiert, inwiefern normative Fragen und damit verbundene Werturteilsbildung im Mathematikunterricht dazu beitragen können, Reflexionsprozesse bewusst zu initiieren. Dabei wird begründet, dass Mathematik mehr ist als ein nützliches Werkzeug. Vielmehr Besondere der Mathematik kann im Kontext wertebezogener Fragen zu individuellen Handlungsentscheidungen im Unterricht in existenzieller Weise *erfahren* werden.

Michael Korey: F ist für den Fürsten. Annäherungen an einen „fürstlichen Blick" auf die Mathematik in der Frühen Neuzeit und dessen Relevanz für den heutigen Schulunterricht

Dr. Michael Korey
Oberkonservator
Mathematisch-Physikalischer Salon
Staatliche Kunstsammlungen Dresden, Zwinger
D-01067 Dresden
michael.korey@skd.museum

Andreas Vohns: Rechnen oder Rechnen lassen? Mathematik(unterricht) als Bürgerrecht und Bürgerpflicht

Prof. Dr. Andreas Vohns
Alpen-Adria-Universität Klagenfurt – Institut für Didaktik der Mathematik
Sterneckstraße 15, A-9020 Klagenfurt
andreas.vohns@aau.at

Ein Ziel schulischer Bildung bestehet darin, die Heranwachsenden zu mündigen, politisch urteilsfähigen Staatsbürgerinnen und -bürgern heranzubilden. Im vorliegenden Beitrag wird erörtert, inwiefern Aufklärung gegenüber Mathematik in öffentlichen Angelegenheiten in diesem Rahmen ein wesentliches Anliegen mathematischer Bildung darstellt und wie zwei unterschiedlichen Bildungskonzeptionen (Heinrich Winter, Roland Fischer) sich zu der Frage verhalten, welche Art der Auseinandersetzung mit Mathematik zur Umsetzung dieses Anliegens wünschenswert wäre. An drei exemplarischen Beispielen wird schließlich konkretisiert, worin einerseits die Bedeutung von

Mathematik in öffentlichen Angelegenheiten bestehen kann und was in den unterschiedlichen Beispielen jeweils ein mündiger Umgang mit mathematischen Modellen sein könnte (und was für einen solchen Umgang jeweils an (und über die) enthaltene(r) Mathematik verstanden werden müsste).

Martin Rathgeb: Ums mathematische Denken verrechnet. Reaktion auf Andreas Vohns

Dr. Martin Rathgeb
Universität zu Köln – Institut für Mathematikdidaktik
Gronewaldstr. 2, D-50931 Köln
mrathge1@uni-koeln.de

Gabriele Wickel: Reaktion auf Andreas Vohns – Bürgerbegriff und Nützlichkeitsgedanke: Historische und mathematikhistorische Aspekte

Dr. Gabriele Wickel
Kreuzbergstraße 13
57250 Netphen
g.wickel@web.de

Andreas Vohns untersucht die gesellschaftliche Funktion des Mathematikunterrichts unter fachdidaktischer Perspektive. Diese Perspektive wird durch eine historische und mathematikhistorische Sichtweise ergänzt, die einen besonderen Schwerpunkt auf die Ausbildung des Bürgerbegriffs im ausgehenden 18. Jahrhundert legt, und darüber hinaus das Lernen unter einem utilitaristischen Blickwinkel zu Beginn der frühen Neuzeit betrachtet.

David Kollosche: Soziale Dimensionen der Wahrnehmung von Mathematik durch Schüler

Prof. Dr. David Kollosche
PH Vorarlberg
Liechtensteiner Str. 33, A-6800 Feldkirch
david.kollosche@ph-vorarlberg.ac.at

Soziopolitische Studien beforschen Mathematikunterricht hinsichtlich gesellschaftlicher Konsequenzen mathematischer Bildung. In Fokus steht dabei unter anderem die kritische Diskussion der gesellschaftlichen Rolle, die Schüler im Bezug zu Mathematik während ihrer Beschulung ausbilden. Schülervorstellungen von Mathematik könnten darüber empirisch Auskunft geben, wurden bisher jedoch nur mit dem Ziel einer Verbesserung des Lernens von Mathematik untersucht. Diese Forschung wird hier kurz resümiert, bevor ein alternativer theoretischer Zugang auf der Basis der Soziologie Foucaults vorgestellt wird. Es folgt die Beschreibung der Methode und der Ergebnisse einer explorativen Fragebogen-Studie zu Schülervorstellungen von Mathematik, an der 199 Neuntklässler teilgenommen haben. Nach dem Versuch einer soziopolitischen Interpretation der gewonnenen Ergebnisse, in der vor allem die Polarisierung der Wahrnehmung von Mathematik, die berichtete Nützlichkeit von Mathematik und vermeintliche Besonderheiten des mathematischen Arbeitens und Denkens in den Fokus gerückt wird, werden abschließend das Potential und die Probleme der vorgelegten Studie diskutiert.

Franz Picher: Analysis im Kontext gesellschaftlich wirksamer Mathematisierungen

Dr. Franz Picher
Bischöfliches Gymnasium Graz
Lange Gasse 2, A-8010 Graz
franz.picher@gmx.net

In der schulischen Behandlung von Ableitung und Integral stehen häufig solche Mathematisierungen im Mittelpunkt, die Beobachtungen in der (Um-)Welt beschreiben – etwa im Rahmen der Beschreibung von Bewegungen. Als Ergänzung hierzu wird die Betrachtung normativer, vorschreibender Mathematisierungen mithilfe von Ableitung und Integral vorgeschlagen, die in wirtschaftlichen Zusammenhängen in der Gesellschaft wirksam werden. Obschon dabei zunächst ein vornehmlich pragmatisch-anwendungsorientierter Aspekt im Mittelpunkt steht, kann ausgehend davon auch die zweite wesentliche Spielart in der Beschäftigung mit Mathematik – ein erkenntnistheoretischer Aspekt – bedient werden.

Jörn Schweisgut: Elektronische Wahlen und deren Bedeutung für Gesellschaft und Unterricht

Dr. Jörn Schweisgut
joern.schweisgut@math.uni-giessen.de

Elektronische Wahlen, also demokratische Wahlen mit dem Einsatz elektronischer Medien wie Wahlcomputer oder Internet sind seit Beginn der 1990er Jahre Thema von Forschung und Diskussion. Während in einigen europäischen Ländern bereits Elektronische Wahlen für politische Wahlen eingesetzt werden, gibt es in anderen Ländern großen Widerstand und Bedenken. So hat das Bundesverfassungsgericht 2009 einen Leitsatz formuliert, der Elektronische Wahlen im Prinzip für Bundestagswahlen ausschließt. Sind Elektronische Wahlen dennoch „sicher"? Was müssen die Wahlberechtigten über Elektronische Wahlsysteme wissen und in welcher Tiefe müssen sie die

Systeme verstehen? In diesem Artikel geht es um eine kurze Gegenüberstellung von Urnenwahlen und Elektronischen Wahlen, Einsatzmöglichkeiten Elektronischer Wahlen und die Bedeutung Elektronischer Wahlen für die Gesellschaft und den Unterricht.

Annika M. Wille: Reflexionen von Studierenden zur Rolle der Mathematik in unserer Gesellschaft

Dr. Annika M. Wille
Alpen-Adria-Universität Klagenfurt – Institut für Didaktik der Mathematik
Sterneckstraße 15, A-9010 Klagenfurt
Annika.Wille@aau.at

Mathematische Modellierung ist eine nicht immer für jeden sichtbare, aber prägende Schnittstelle zwischen Mathematik und außermathematischer Kultur. In einer Lehrveranstaltung zur Mathematischen Modellierung an der Alpen-Adria-Universität Klagenfurt wurde ein Reflexionsprozess bei Studierenden angestoßen, der als Brücke dienen kann zwischen theoretischem fachdidaktischen Wissen über die Relevanz von mathematischer Modellierung in der Gesellschaft und der praktischen Umsetzung im Unterrichtsalltag. Untersucht wurde, welche Rolle die Studierenden der mathematischen Modellierung als Teil der Mathematik zuschreiben, die die Gesellschaft mit prägt, und wie sich der Prozess des inhaltlichen Reflektierens der Studierenden äußerte.

Index